建筑装饰装修工程管理丛书

建筑装饰装修工程
材料手册

陆　军　叶远航　周　洁　孙志高　主编

U0287659

中国建筑工业出版社

图书在版编目（CIP）数据

建筑装饰装修工程材料手册／陆军等主编．—北京：
中国建筑工业出版社，2024.4
（建筑装饰装修工程管理丛书）
ISBN 978-7-112-29670-5

Ⅰ.①建… Ⅱ.①陆… Ⅲ.①建筑装饰—工程装修—
手册 Ⅳ.① TU767-62

中国国家版本馆 CIP 数据核字（2024）第 056050 号

本书以图文结合的形式，分别就"电气电工""给水排水""泥水基础""木
作基础""油漆及裱糊""装饰饰面"等材料进行详细介绍。每类材料以基本
概述开端，再详述其构造、材质、特征、功能、分类、品牌、价格，以及生
产工艺、验收窍门、应用要点、耗量计算和知识小百科等，为读者展示多维
度的装饰材料运用技巧，使读者能够快速构建装饰材料知识框架。

本书既可作为装饰装修工程从业者快速入门的培训资料，也可作为高等
院校相关专业的参考资料。

责任编辑：徐仲莉　王砾瑶
责任校对：赵　力

建筑装饰装修工程管理丛书
建筑装饰装修工程材料手册
陆　军　叶远航　周　洁　孙志高　主编
*
中国建筑工业出版社出版、发行（北京海淀三里河路 9 号）
各地新华书店、建筑书店经销
北京建筑工业印刷有限公司制版
天津裕同印刷有限公司印刷
*
开本：880 毫米×1230 毫米　1/32　印张：15½　字数：458 千字
2024 年 7 月第一版　2024 年 7 月第一次印刷
定价：**128.00** 元
ISBN 978-7-112-29670-5
（42311）

建筑装饰装修工程材料手册
编写委员会

主　　　编：陆　军　叶远航　周　洁　孙志高

主要参编人员：张德扬　周晓聪　林銮兵　蒋祖科

　　　　　　　吉荣华　林　燕　施玉凤　朱美容

　　　　　　　涂培培　董馨皇　周　亮　顾增华

Foreword

前言

　　装饰装修工程作为建筑工程的一个重要分部，也是整个建筑工程的"杀青"环节，对建筑效果起决定性作用。装饰材料是构成装饰装修工程的物质基础，对工程的品质把控与设计效果起至关重要的作用。装饰工程实则是技术与艺术的结合，在充分发挥装饰材料技术性能的同时，将材质不同色彩、质感、形态的对比与协调融入设计中，方能创作出集技术与艺术于大成的装饰作品。

　　随着科学技术的发展，各种高新技术在材料生产中得到广泛应用。无论是基础工序的电线、水管、水泥、砂石、板材、龙骨，还是饰面工序的木石、金属、陶瓷、玻璃等材料不断推陈出新、更新迭代，为构建风貌迥异的装饰作品提供了丰富的物质保障。作为装饰装修工程从业者，只有准确熟练地掌握材料的基础知识，合理选择与运用材料，才能在有效控制工程成本的前提下，完美实现精工工艺，自由诠释设计思想。

　　本书作为《建筑装饰工程施工手册》的姊妹篇，以图文结合的形式，分别就"电气电工""给水排水""泥水基础""木作基础""油漆及裱糊""装饰面层"等材料进行详细介绍。每类材料以基本概述开端，再详述其构造、材质、特征、功能、分类、品牌、价格，以及生产工艺、验收窍门、应用要点、耗量计算和知识小百科等，为读者展示多维度的装饰材料运用技巧，使读者能够快速构建装饰材料知识框架。

　　编写本书的初衷是作为装饰装修工程从业者快速入门的培训资料，也是对《建筑装饰工程施工手册》材料知识的拓展，故两者结合阅读效果更佳。编写过程中，参考并引用了已公开发表的文献资料和相关书籍的部分内容，并得到许多领导和朋友的帮助与支持，对此我们表示衷心的感谢！由于编者经验有限，且编写时间仓促，疏漏和不足之处敬请各界同仁批评指正。

陆军

2023 年 10 月 1 日于福州

Contents

目录

Contents

目录

第 1 章　水电安装材料

🏠 1.1　电气电工材料

🏠 1.2　给水排水材料

1.1.1 强电电线

1. 材料简介

图 1.1.1-1 电线

电线（图 1.1.1-1）是传输电能的导线，分裸线、电磁线和绝缘线。室内装饰装修工程中所涉及的电线一般以绝缘线为主。绝缘线一般由导电线芯、绝缘层和保护层组成。线芯按使用要求可分为硬型、软型、移动型和特软型，线芯按芯数又可分为单芯、二芯、三芯和四芯四种。绝缘层一般采用橡胶、塑料等。这类绝缘电线广泛用于交流电压 500V 以下和直流电压 1000V 以下的各种仪器仪表、电信设备、动力线路及照明线路。

习惯上把布电线叫作电线，把电力电缆简称电缆（图 1.1.1-2）。"电线"和"电缆"并没有严格的界限，通常将单层绝缘、芯数少、产品直径小、结构简单的产品称为电线。电线通常由一根或几根导线组成，外面包以轻软的保护层；电缆则由一根或几根绝缘包导线组成，外面再包以金属或橡

图 1.1.1-2 电缆

皮制的坚韧外层。电线一般是单芯，100m 一卷，无线盘；电缆一般有 2 层以上的绝缘，多数是多芯结构，绕在电缆盘上，长度一般大于 100m。

电线通常用绝缘层中心金属导体横截面面积来区分型号规格（图 1.1.1-3）。建筑装修工程中常用电线型号一般有 1.5、2.5、4、6、10、16 平方（mm^2）等。

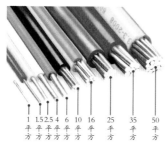

图 1.1.1-3 BV 线（聚氯乙烯绝缘铜芯线）的规格

2. 构造、材质

构造：电线电缆由导体、绝缘层、屏蔽层和保护层四部分组成（图 1.1.1-4、图 1.1.1-5）。

材质：

导体：铜（黄铜、红铜）、镀锡铜、镀银铜、铝、铝合金、铜包铝、铜包钢等。

绝缘层：聚氯乙烯（PVC）、聚乙烯（PE）、交联聚乙烯（XLPE）等。

屏蔽层：铜、铝等。

保护层：钢、铝、铅、铜、聚氯乙烯（PVC）、聚乙烯（PE）、聚氨酯（PUR）、聚酰胺（PA）等。

图 1.1.1-4　BV 线结构图

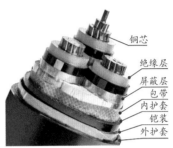

图 1.1.1-5　铠装电缆结构图

3. 分类（表 1.1.1-1）

表 1.1.1-1

名称	图片	产品说明	应用
塑铜线		（1）学名为 BV 线，全称铜芯聚氯乙烯绝缘电线。内芯为铜线，外层为塑料绝缘层。 （2）外皮的颜色，一般红色、黄色、绿色线为火线（相线），蓝色线为零线，黄绿双色线为地线。 （3）聚氯乙烯燃烧后会产生大量黑烟以及含卤素的有毒气体，对人体有较大的伤害，吸入一定量会导致人窒息死亡	允许在普通住宅建筑的室内装饰装修工程中采用 BV 线
BYJ 线		（1）BYJ 线是 BV 线的升级替代产品，其绝缘层材料与 BV 线不同，BV 线绝缘层是聚氯乙烯，BYJ 线的绝缘层是交联聚乙烯。 （2）交联聚乙烯绝缘在电阻性能、重量、耐温、抗老化、抗腐蚀等各方面性能均优于聚氯乙烯，且无卤元素，燃烧后不产生有毒气体	适用于额定电压 450/750V 及以下，安全环保要求高的场所，如地铁、机场、医院、大型图书馆、体育馆、酒店、学校、商场等

名称	图片	产品说明	应用
铝芯线		铝芯线的型号为BLV。铝芯线价格低，但是电阻大、能耗比铜芯线多，使用寿命短，所以现在室内装饰装修多使用铜芯线	铝芯电缆比铜芯电缆便宜得多，适合于低资工程或临时用电
软铜芯线		RV是聚氯乙烯绝缘超软铜芯导线。全称铜芯聚氯乙烯绝缘连接软电线	散热好，比较软，可用在活动的连接部位
护套线		（1）护套线可以理解为两根或者三根并列平行的BV线（或BYJ线），在三根或者两根并列平行的BV线（或BYJ线）外面再裹一层胶皮，就是护套线。（2）护套线也是一种最常用的家用电线，通常是由两芯或者三芯组成的	可以露在墙体之外作明线使用
橡套线		（1）又称水线，可以浸泡在水中使用。（2）外层为工业用绝缘橡胶，具有很好的绝缘和防水作用	耐水，加厚的绝缘橡胶较耐磨损，室外专用电线

4. 参数指标

导体材质：无氧铜。

绝缘材质：PVC（聚氯乙烯）、聚乙烯、绝缘橡胶。

额定电压：450/750V。

导体线径：1.5mm²、2.5mm²、4mm²、6mm²、10mm²。

导线颜色：红、黄、蓝、绿、黄绿（双色）。

整盘长度：电线一般为100m；电缆一般大于100m。

产品认证：CCC认证。

阻燃等级：A、B、C级。

耐火等级：一级（A类、B类）、二级（A类、B类）、三级（A类、B类）、四级（A类、B类）。

（1）常用型号

BV：聚氯乙烯绝缘铜芯线（B表示布电线，V表示聚氯乙烯绝缘层），简称单股塑铜线。

WDZ–BYJ：无卤低烟阻燃交联聚乙烯绝缘（铜芯）电线（图 1.1.1–6）。

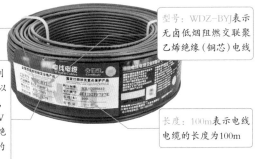

规格：1×2.5（mm²）表示导线为1根，即单芯，导线的横截面面积为2.5mm²

型号：WDZ–BYJ表示无卤低烟阻燃交联聚乙烯绝缘（铜芯）电线

额定电压：450/750V表示分别适用于额定电压450/750V及以下的动力装置、固定布线等，其中450V为额定相电压，750V为额定线电压。常见电线的绝缘耐压值为450/750V，电缆的绝缘耐压值为0.6/1kV

长度：100m表示电线电缆的长度为100m

图 1.1.1–6　电线包装

WDZ–YJY：无卤低烟阻燃交联聚乙烯绝缘电缆。

BVR：聚氯乙烯绝缘铜芯软线（R 表示多股铜芯软线），简称多股铜芯软线。

BLV：聚氯乙烯绝缘铝芯线（L 表示铝芯）。

BVV：聚氯乙烯绝缘和护套（铜芯）线（VV 表示聚氯乙烯绝缘层＋聚氯乙烯绝缘护套），又称双层聚氯乙烯护套线。

BVVR：聚氯乙烯绝缘和护套（铜芯）软线（R 表示多股铜芯软线）。

ZR–BV：铜芯聚氯乙烯绝缘阻燃电线（ZR 表示绝缘料加有阻燃剂），离开明火不燃。阻燃 BV 线又分为 A、B、C 三个等级，其中 A 级最好。

NH–BV：铜芯聚氯乙烯绝缘耐火电线（NH 表示绝缘料耐火），即着火情况下还可以正常使用。

（2）参数标记说明

导体代号：T 表示铜导线，一般省略不写；L 表示铝芯导线。

护层代号：V 表示 PVC 护套，Y 表示聚乙烯料，N 表示尼龙护套，P 为铜丝编织屏蔽。

特征代号：B 表示扁平型，R 表示柔软型，S 表示双绞型。

常见电线电缆代号所代表的含义如表 1.1.1–2 所示。

表 1.1.1-2

代号	名称	代号	名称
B	布电线	ZR	阻燃
R	软线	ZB	B 级阻燃
L	铝芯	ZC	C 级阻燃
V	聚氯乙烯	NH	耐火型
BV	聚氯乙烯绝缘铜芯线	ZBN	B 级阻燃耐火型
VV	聚氯乙烯绝缘层与聚氯乙烯绝缘护套	ZCN	C 级阻燃耐火型
BVV	聚氯乙烯绝缘和护套（铜芯）线	WD	无卤低烟
BVVR	聚氯乙烯绝缘和护套（铜芯）软线	WDZ	无卤低烟阻燃
Y	聚乙烯	WDZB	B 级无卤低烟阻燃
YJ	交联聚乙烯绝缘	WDZN	无卤低烟阻燃耐火型
BYJ	交联聚乙烯绝缘（铜芯）电线	WDZBN	B 级无卤低烟阻燃耐火型
YJY	交联聚乙烯绝缘聚乙烯护套电力电缆	WDZCN	C 级无卤低烟阻燃耐火型
WDZB-BYJ	B 级无卤低烟阻燃交联聚乙烯绝缘（铜芯）电线	WDZB-YJY	B 级无卤低烟阻燃聚乙烯绝缘电缆
WDZBN-BYJ	B 级无卤低烟阻燃耐火型交联聚乙烯绝缘（铜芯）电线	WDZBN-YJY	B 级无卤低烟阻燃耐火型聚乙烯绝缘电缆

5. 相关标准

（1）3C 认证标准。

（2）现行国家标准《额定电压 450/750V 及以下聚氯乙烯绝缘电缆 第 3 部分：固定布线用无护套电缆》GB/T 5023.3。

（3）现行国家标准《额定电压 1kV（$U_m = 1.2kV$）到 35kV（$U_m = 40.5kV$）铝合金芯挤包绝缘电力电缆 第 1 部分：额定电压 1kV（$U_m = 1.2kV$）和 3kV（$U_m = 3.6kV$）电缆》GB/T 31840.1、《额定电压 1kV（$U_m = 1.2kV$）到 35kV（$U_m = 40.5kV$）铝合金芯挤包绝缘电力电缆 第 2 部分：额定电压 6kV（$U_m = 7.2kV$）到 30kV（$U_m = 36kV$）电缆》GB/T 31840.2、《额定电压 1kV（$U_m = 1.2kV$）到 35kV（$U_m = 40.5kV$）铝合金芯挤包绝缘电力电缆 第 3 部分：额定电压 35kV（$U_m = 40.5kV$）电缆》GB/T 31840.3。

6. 生产工艺

以 BV 线的生产工艺流程为例（图 1.1.1-7）：

单丝拉制 → 单丝退火 → 绞制 → 绝缘挤出 → 检验

图 1.1.1-7 BV 线的生产工艺流程图

（1）单丝拉制

将电线电缆线芯原料铜杆材通过拉丝机一道或数道拉伸模具的模孔，使其截面减小、长度拉长、强度提高（图 1.1.1-8）。拉丝是电线电缆的首道工序。

图 1.1.1-8 单丝拉制

（2）单丝退火

铜单丝在加热到一定的温度下，以再结晶的方式提高单丝的韧性、降低单丝的强度，以符合电线电缆对导电线芯的要求。退火工序的关键是杜绝铜丝的氧化。

图 1.1.1-9 绞制

（3）绞制

为了提高电线电缆的柔软度、整体度，让 2 根以上的单线，按照规定的方向交织在一起称为绞制（图 1.1.1-9）。在 BV 线产品中，$10mm^2$ 及以上产品需要经过这道工序，$6mm^2$ 及以下产品是单芯产品，不需要绞制。

（4）绝缘挤出

利用挤塑机直接挤出包覆塑料护套（图 1.1.1-10）。塑料绝缘挤出要求绝缘厚度的偏差值达标且不偏心；绝缘层表面要求光滑，不得出现表面粗糙、烧焦、杂质；绝缘层横断面致密结实、无肉眼可见的针孔、气泡。

图 1.1.1-10 绝缘挤出

（5）检验

进行外观尺寸与结构检测、电线电缆电气性能检测（图 1.1.1-11）和电线电缆机械性能检测。检测合格后使用全自动打包机将线缆卷盘并缠绕包装。

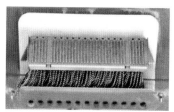

图 1.1.1-11　绝缘测试

7. 品牌介绍（表 1.1.1-3）

表 1.1.1-3

品牌	简介
中宝电缆 ZHONGBAO CABLE	广东中宝电缆有限公司成立于 1988 年，公司位于佛山市顺德区，是一家集电线电缆研发、生产、销售于一体的高新技术企业。荣获"广东省优质产品""广东省名牌产品"
远东电缆 FAR EAST CABLE	远东电缆有限公司前身创建于 1985 年，地处长三角经济圈宜兴市，是中国综合实力位居前列的电线电缆制造企业。远东电缆荣获"全国质量奖"，是全国质量诚信企业
熊猫电线	上海熊猫线缆股份有限公司始创于 1947 年，在中国电气装备用电线电缆行业中历史悠久、影响广泛。"熊猫"商标荣获"上海市著名商标""线缆行业百强企业"等新时代荣誉
上上电缆	江苏上上电缆集团有限公司创建于 1967 年，拥有国家认定企业技术中心和博士后科研工作站，是一家集科、工、贸于一体的省级企业集团，是电线电缆专业性生产企业。全球绝缘线缆企业规模排名前列
宝胜电线 BAOSHENG WIRE	江苏宝胜电缆厂成立于 1985 年，宝胜科技创新服务有限公司：中航工业成员单位，中国知名商标，中国十大品牌排行列前茅，中国 500 强企业，亚洲品牌 500 强，中国电线电缆行业标志性品牌
江南电缆 JIANGNAN CABLE	无锡江南电缆有限公司成立于 1985 年，是集电线电缆生产、销售、研发于一体的国家重点高新技术企业，中国制造业 500 强、中国民营企业 500 强、中国机械工业 500 强、中国能源集团 500 强企业

8. 价格区间（表 1.1.1-4）

表 1.1.1-4

名称	规格	价格
塑铜线	BV 1.5mm² 100m	100～120 元 / 盘
	BV 2.5mm² 100m	145～160 元 / 盘
	BV 4mm² 100m	230～250 元 / 盘
	BV 6mm² 100m	340～360 元 / 盘
铝芯线	VLV 1.5mm² 100m	50～60 元 / 盘
	VLV 2.5mm² 100m	80～95 元 / 盘
	VLV 4mm² 100m	120～135 元 / 盘
	VLV 6mm² 100m	170～185 元 / 盘
软铜芯线	BVR 1.5mm² 100m	105～125 元 / 盘
	BVR 2.5mm² 100m	155～170 元 / 盘
	BVR 4mm² 100m	235～255 元 / 盘
	BVR 6mm² 100m	345～365 元 / 盘
	BVR 10mm² 100m	365～380 元 / 盘
护套线	RVV 1.5mm² 100m（3 芯）	350～400 元 / 盘
	RVV 2.5mm² 100m（3 芯）	550～600 元 / 盘
	RVV 4mm² 100m（3 芯）	900～950 元 / 盘
	RVV 6mm² 100m（3 芯）	1200～1300 元 / 盘
橡套线	YJV 2.5mm²（5 芯）	8～10 元 /m
	YJV 4mm²（5 芯）	13～16 元 /m
	YJV 6mm²（5 芯）	19～24 元 /m
	YJV 10mm²（5 芯）	30～36 元 /m

注：以上价格为 2023 年网络电商平台价格，价格受品牌、规格、功能、材质以及原材料价格浮动、市场环境等因素的影响（以上价格仅供参考）。

9. 验收要点

（1）资料检查

1）应有产品合格证书，检验报告及使用说明书等质量证明文件。

2）电线电缆的检验报告为长期有效，一般情况下有效期5～10年。

3）制造期为3年以内的电线最佳，电线绝缘皮的使用年限为15～20年，生产日期越靠近使用日期，则使用寿命越长。

（2）外包装检查

包装完整，包装上应有厂名、厂址、检验章和"CCC"标志，包装上的产品品牌、规格、型号应与订单要求一致。表面有喷码的电线电缆需核对其品名、规格型号是否与订单要求一致。

（3）实物检查

1）外观检查：导体表面应有光泽，无断线、松股、跳线、压伤和毛刺等缺陷；绝缘层表面应光滑平整，色泽均匀；电线铜芯应呈紫红铜，质地略软，光泽度高，色泽柔和，黄中带红，有光泽、手感软。若铜芯偏暗发硬，黄中发白，属再生杂铜，电阻率高，导电性能差，使用过程中容易升温而导致安全隐患。

绝缘层应色彩鲜亮，质地细密，用打火机点燃应无明火。外护套表面应光滑平整，色泽均匀，无明显的疙瘩、鼓包、破口、褶皱、擦伤等现象；铠装层表面应光滑、圆整，不得存在卷边、毛刺、漏包等缺陷。

电缆应有制造厂名、产品型号和额定电压的连续标志，厂名标志可以是标志识别线或者是制造厂名或商标的重复标志。

2）尺寸检查：国家标准规定其长度误差不超过总长度的0.5%。施工单位现场使用时测量及复查，发现短缺现象，对所缺米数可要求10倍补偿。

3）重量偏差检查：质量好的电线，一般都在规定的重量范围内。如常用的横截面面积为1.5mm² 的塑料绝缘单股铜芯线，每100m重量为1.8～1.9kg；2.5mm² 的塑料绝缘单股铜芯线，每100m重量为2.8～3.0kg；4.0mm² 的塑料绝缘单股铜芯线，每100m重量为4.1～4.2kg等。质量差的电线重量不足，要么长度不够，要么电线铜芯杂质过多。

10. 应用要点

（1）导线颜色的选用要点

敷设导线时，相线（L）、零线（N）和接地线（PE）应采用不同颜色，以便区分，不仅可以规范敷设接线的标准，也为日后检修或更换导线提供方便，同时还保证了施工安全。

绿　蓝　黄　红　黄绿

图 1.1.1-12　导线颜色

通常配线时，相线（L）使用红色、黄色、绿色；零线（N）使用蓝色；接地线（PE）使用黄绿双色（图 1.1.1-12）。

（2）塑铜线型号的选用要点（表 1.1.1-5）

表 1.1.1-5

型号	最大承载电流	应用
1.5mm^2	14.5A	用于控制信号、基础照明线
2.5mm^2	19.5A	普通插座线，单台 1 匹的空调插座线
4mm^2	26A	空调、热水器、按摩浴缸等大功率电器专用插座线
6mm^2	34A	进户线，若没有过大功率的电器，通常使用此种线做进户线
10mm^2	65A	进户线，若大功率电器较多，需使用此类线做进户线

11. 材料小百科

影响电线价格差异的因素：

电线之所以价格差异巨大，是由生产过程中所用原材料不同造成的。原材料市场上电解铜每吨在 5.5 万元左右，而回收的杂铜每吨只有 4 万元左右；绝缘材料和护套料的优质产品价格每吨在 8000～8500 元，而残次品价格每吨只需 4000～5000 元，价格更悬殊。另外，长度不足，绝缘体含胶量不够，也是造成价格差异的重要原因。每盘线长度，优等品是 100m，而次品只有 90m 左右；绝缘体含胶量优等品占 35%～40%，而残次品只有 15%。

1.1.2 弱电线缆

　　弱电主要有两类，一类是国家规定的安全电压等级及控制电压等低电压电能，有 36V 以下交流与 24V 以下直流之分。如 24V 直流控制电源，或应急照明灯备用电源；另一类是载有语音、图像、数据等信息的信息源，如电话、电视、计算机的信号电。弱电线缆一般用于综合布线工程，如计算机网络的电线电缆通信工程、电话；扩声与音响工程，如建筑物中的背景音乐；电视信号工程，如电视监控系统、有线电视的线。弱电线缆主要包括网络线、电话线、音频线、视频线等（图 1.1.2-1）。因工程实践中，网络线应用最广，且部分应用可替代其他线缆，下文将围绕"双绞线网线"展开。

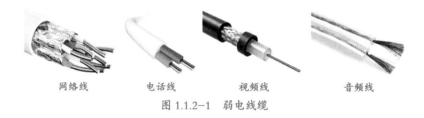

网络线　　　　　电话线　　　　　视频线　　　　　音频线

图 1.1.2-1　弱电线缆

1. 材料简介

　　局域网组网离不开网线。工程常用的网线（图 1.1.2-2）主要有双绞线、同轴电缆、光缆三种。双绞线采用一对互相绝缘的金属导线互相绞合的方式来抵御一部分外界电磁波干扰，"双绞线"也因此得名。双绞线一般由两根 22～26 号绝缘铜导线相互缠绕而成，典型的双绞线由四对一起包在一个绝缘电缆套管里。

图 1.1.2-2　网线

　　不同线对具有不同的扭绞长度，扭绞长度一般为 14～38.1cm，按逆时针方向扭绞。相邻线对的扭绞长度在 12.7cm 以上，一般扭线越密，其抗干扰能力就越强。与其他传输介质相比，双绞线在传输距离、信道宽度和数据传输速度等方面均有一定的限制，但价格低廉。双绞线可分为屏蔽双绞线（STP＝SHIELDED）和非屏蔽双绞线（UTP＝UNSHIELDED）。

2. 构造、材质

（1）构造：网线叫作"双绞线"，一根网线内部由 8 根细线和 1 根抗拉线组成。双绞线一般由两根 22～26 号绝缘铜导线相互缠绕而成。有的网线加了十字骨架隔离 4 对双绞线，以减少线对之间的串扰和回波损耗。

（2）材质：绝缘材料为聚乙烯，外护套为聚氯乙烯，导线为铜。

3. 分类

（1）按网线屏蔽分类：非屏蔽双绞线（UTP）、屏蔽双绞线（STP）、铝箔屏蔽网线（FTP），STP/FTP 是在 UTP 的基础上在线芯外加一层屏蔽层，能有效减少信号衰减。也有一种比较特殊的网线——双层防水网线。

（2）按网线速率分类：五类线（CAT 5）、超五类线（CAT 5E）、六类线（CAT 6）、超六类线（CAT 6A）、七类线（CAT 7）、超七类线（CAT 7A）。标号越高，网线所能稳定传输的最高速率也就越高，网线线芯的直径也越大（表 1.1.2-1）。

表 1.1.2-1

名称	图片	产品说明	线缆类型	支持最高带宽	传输速率
五类线（CAT 5）		该类电缆增加了绕线密度，用于语音传输和最高传输速率为 100Mbps 的数据传输，适用于 100BASE-T 和 10BASE-T 网络	屏蔽/非屏蔽	100MHz	0.1bit/s
超五类线（CAT 5E）		具有衰减小、串扰少等优点，并且具有更高的衰减与串扰的比值和信噪比、更小的时延误差，是常用的网线。主要应用于百兆或千兆以太网，远距离传输千兆会不稳定	屏蔽/非屏蔽	100MHz	1bit/s
六类线（CAT 6）		六类网线在串扰、回波损耗方面的性能要远优于超五类网线，网络性能更加稳定，一般用在千兆网络中，六类线及以下的类型多用于家庭使用	屏蔽/非屏蔽	250MHz	1bit/s

名称	图片	产品说明	线缆类型	支持最高带宽	传输速率
超六类线（CAT 6A）		超六类网线标志是 CAT 6A，而不是 CAT 6E，CAT 6E 属于 CAT 6 的改进版，CAT 6A 在串扰、衰减和信噪比等方面有很大改善，是万兆网线	屏蔽/非屏蔽	500MHz	10bit/s
七类线（CAT 7）		七类线为屏蔽双绞线，传输速率可以达到10Gbps，可用于万兆网络的发展及数据中心等场合	双屏蔽	600MHz	10bit/s

4. 参数指标

导体材质：纯铜、铝、铜包铝、铜包铁、铁、混合性线材。

绝缘材质：高密度聚乙烯绝缘、聚氯乙烯护套。

性能等级：CAT 5/CAT 5E、CAT 6/CAT 6A、CAT 7/CAT 7A。

屏蔽性能：屏蔽（STP＝SHIELDED）/非屏蔽（UTP＝UNSHIELDED）（图 1.1.2-3）。

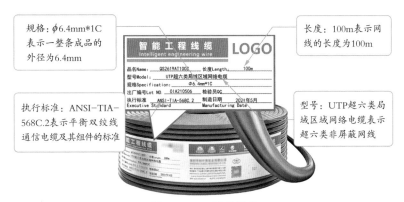

图 1.1.2-3　网线标签

传输速率：10Mbps、16Mbps、100Mbps、1000Mbps、10Gbps。

传输频率（传输带宽）：16MHz、20MHz、100MHz、150MHz、250MHz、500MHz、600MHz。

运行温度：运行温度标准为 -20～60℃，最高可达70℃，但传输性能会下降。

单股线径：（0.50±0.01）～（0.58±0.01）mm。

整箱长度：300～305m。

5. 相关标准

（1）现行国家标准《综合布线系统工程设计规范》GB 50311。

（2）现行国家标准《综合布线系统工程验收规范》GB 50312。

6. 生产工艺

以网线的生产工艺流程为例（图 1.1.2-4）：

图 1.1.2-4 网线的生产工艺流程图

（1）芯线制作

通过串联一体机将无氧铜杆拉丝到对应粗细的导体（图 1.1.2-5），再包裹上高密度聚乙烯塑料，完成单根芯线制作，芯线分为蓝、白蓝、橙、白橙、绿、白绿、棕、白棕八个颜色。用对绞机把芯线按对应的颜色与绞距对绞。

图 1.1.2-5 拉丝

（2）成缆护套

把对绞好的芯线通过成缆机成缆在一起（图 1.1.2-6），再通过护套机加覆绝缘，聚氯乙烯压出外壁（图 1.1.2-7），并喷上对应的产品编码。

图 1.1.2-6 成缆

图 1.1.2-7 压出护套

（3）成圈检验

采用自动切割机按规定米数裁条切割，自动机器打卷，并装入对应规格的外包箱。品管人员按一定比例抽查成品，用网络分析仪或者福录克等设备对产品进行检验，使用千分尺测量线径是否达标（图1.1.2-8），使用显微镜检测绝缘是否偏芯。

图 1.1.2-8　检验

7. 品牌介绍（排名不分先后，表 1.1.2-2）

表 1.1.2-2

品牌	简介
CHOSEAL 秋葉原	秋叶原（Choseal）是深圳市秋叶原实业有限公司的简称，公司创建于1989年，是一家专业生产、研发、销售秋叶原A/V线材、移动插座和电线电缆的制造企业，已成为中国驰名商标
UGREEN 绿联	深圳市绿联科技股份有限公司成立于2012年，是一家集研发、设计、生产、销售于一体的国家级高新技术企业，是全球科技消费电子知名品牌企业
AMP NETCONNECT 安普	美国安普公司（AMP Inc.）是泰科（Tyco Electronics）国际有限公司的子公司。美国安普公司成立于1941年，位于美国马萨诸塞州，是全球电气、电子和光纤连接器以及互联系统的首要供货商

8. 价格区间（表 1.1.2-3）

表 1.1.2-3

名称	规格	价格
超五类线（CAT 5E）	【0.5mm 线芯非屏蔽】100m	100～150 元
	【0.5mm 线芯单屏蔽】100m	120～160 元
六类线（CAT 6）	【0.57mm 线芯非屏蔽】100m	120～160 元
	【0.58mm 线芯双屏蔽】100m	200～260 元
超六类线（CAT 6A）	【0.58mm 线芯双屏蔽】100m	220～280 元
七类线（CAT 7）	【0.58mm 线芯双屏蔽】100m	350～420 元

注：以上价格为2023年网络电商平台价格，价格受品牌、规格、功能、材质以及原材料价格浮动、市场环境等因素的影响（以上价格仅供参考）。

9. 验收要点

（1）资料检查：应有产品合格证书、检验报告及使用说明书等质量证明文件。

（2）外包装检查：包装完整，包装上的产品品牌、规格、型号以及数量应与订单要求一致。

（3）实物检查：

1）绝缘层表面应光滑平整，色泽均匀；外护套表面应光滑平整，色泽均匀，无明显的疙瘩、鼓包、破口、褶皱、擦伤等现象；注意是否使用了二次回收的铜。高品质铜线更柔软，容易捋直，回收铜线相对较硬，比较难捋直。

2）识别网线外皮上的标志。通常情况下，正规品牌的网线外皮上都有网线的种类标志以及厂家的商标，例如 CAT 5 标志表示该网线是五类线，CAT 6 标志就代表网线是六类线。需核对其品名、规格型号是否与订单要求一致。

3）检查网线的绕距。网线的绕距就是网线扭绕一节的长度，通常使用绕距来表示每对线对相互缠绕的紧密程度。许多不合格网线为了减少制作环节、降低工艺成本，常常将四对线对按照同一绕距进行缠绕，甚至许多劣质网线的绕距竟然高达几厘米，这样线对之间的串扰大增，严重影响了网线的性能。

（4）性能测试：

1）测试网线速度：对网线的传输速度进行测试是鉴别网线质量真伪最有效的手段；测试时为了更贴近实际使用环境，同时减少外界干扰环节，建议采用双机直联的方式进行。取 10m 网线，做成直连线后，如两台计算机传输文件的速率为 10～12Mbps，说明此网线的传输标准可以达到五类标准；传输文件的速率为 70～120Mbps，说明网线的传输标准可以达到六类标准。

2）测试网线柔韧性：品质良好的网线在设计时考虑到布线的方便性，尽量做得很柔韧，弯曲方便，且不易折断。取一段网线来回折 20 次，如线径无弯化，说明合格；反之，如网线断裂或明显变细、变软，则说明网线不合格。

3）测试网线可燃烧性：切取 2cm 左右的网线外皮，用打火机对着外皮燃烧，正品网线的外皮会在火焰下逐步熔化变形，但外皮不会自己燃烧；而伪劣网线不到2s就被轻易点燃，伴有大量黑烟。

4）测试网线抗高温性：正品网线外皮可抵抗50℃左右的高温，不会出现类似网线软化或变形现象。截取一段外皮放在火炉旁，如很快变软，则说明其抗高温性不佳。

10. 应用要点

从路由器到终端设备的网线不要长于50m，网线过长会引起网络信号衰减，沿路干扰增加，使传输数据出错，因而造成上网卡顿、网页出错等情况。网线用水晶头连接，现在还有更加方便的免压水晶头（图1.1.2-9）。

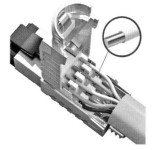

图 1.1.2-9　免压水晶头

网线有两种接法（图1.1.2-10），如下：

568A标准：白绿，绿，白橙，蓝，白蓝，橙，白棕，棕；

568B标准：白橙，橙，白绿，蓝，白蓝，绿，白棕，棕。

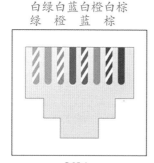

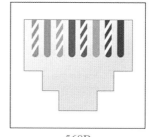

图 1.1.2-10　568A、568B 标准示意图

直通线连接：568B-568B，常用的网线接法。

交叉线连接：568A-568B，DTE或DCE同类设备的连接法。

11. 材料小百科

双绞线常见的各类型号：

（1）一类线：主要用于传输语音（20世纪80年代初之前的电话线缆）。

（2）二类线：传输频率1MHz，用于语音传输和最高传输速率4Mbps的数据传输，常见于使用4Mbps规范令牌传递协议的旧的令牌网。

（3）三类线：在ANSI和EIA/TIA568标准中指定的电缆，该电缆的传输频率16MHz，用于语音传输及最高传输速率为10Mbps的数据传输，主要用于10BASE-T。

（4）四类线：传输频率20MHz，用于语音传输和最高传输速率16Mbps的数据传输，主要用于基于令牌的局域网和10BASE-T/100BASE-T。

（5）五类线：其增加了绕线密度，传输频率100MHz，用于语音传输和最高传输速率100Mbps的数据传输，主要用于100BASE-T和10BASE-T。

（6）超五类线：最大传输速率150～155Mbps，具有更高的衰减与串扰的比值（ACR）和信噪比（Structural Return Loss）、更小的时延误差，性能极大提高。

（7）六类线：传输频率1～250MHz，六类布线系统在200MHz时综合衰减串扰比（PS-ACR）有较大的余量，其提供2倍于超五类的带宽。六类布线的传输性能远远高于超五类标准，最适用于传输速率高于1Gbps的应用。

（8）超六类线：最大传输频率500MHz，最大传输速度可达到10Gbps，在串扰、衰减和信噪比等方面有很大改善，应用于万兆位网络。有非屏蔽和屏蔽两种。

（9）七类线：传输频率可达600MHz，是六类线的2倍以上，传输速率可达10Gbps，是ISO 7类/F级标准中最新的一种双绞线，主要为了适应万兆位以太网技术的应用和发展。仅有屏蔽双绞线。

在选择双绞线时，需要考虑网络需求、设备兼容性和成本等因素。无论选择哪种类型的双绞线，都需要确保其符合相关的标准和规范，并由专业人员进行安装和测试，以确保网络的性能与稳定。

1.1.3 电线套管

1. 材料简介

电线套管又称电线保护管、电线导管，是在配管布线施工中穿入导线，并起到保护导线作用的管道。可实现电线、电缆的穿入与更换，避免导线受到外部机械损伤，保证电气线路绝缘及安全，同时还方便日常维修。

从材质上分，目前常用的电线套管主要有塑料套管（图 1.1.3-1）和钢质套管（图 1.1.3-2）两大类。塑料套管一般是以聚氯乙烯树脂为主要原料，添加各种稳定剂而成的各种规格的塑料管材，而常用的塑料套管有 PVC-U 套管、PVC 波纹管等。钢质套管则采用优质冷轧带钢，经高频焊管机组自动焊缝成管。根据连接方式与壁厚的不同主要分为 SC 管、KBG 管、JDG 管和金属波纹管等。

图 1.1.3-1 塑料套管

图 1.1.3-2 钢质套管

电工底盒按用途可分为接线盒、灯头盒、开关插座盒。当配管布线遇管路过长或弯曲过多时一般可通过增设接线盒过渡穿线；而灯头盒、开关插座盒主要起到连接电气、按回路分线、安装开关与插座的作用。电工底盒按材质分主要分为塑料底盒和钢质底盒两大类，一般与同种材质的套管配套使用。

2. 构造、材质

（1）PVC 套管：以聚氯乙烯树脂为主要原料制成的圆形空心管，添加一些助剂使其具有难燃、耐腐蚀、耐磨等性能。

（2）SC 管：由优质冷轧带钢经高频焊管机组自动焊缝成型，SC

管的连接方式主要有两种，一种是螺纹连接，另一种是使用套管连接（图 1.1.3-3）。

（3）JDG 管：由优质冷轧带钢经高频焊管机组自动焊缝成型，采用螺钉紧定方式连接套管及其金属附件的圆形空心管（图 1.1.3-4）。

螺纹接头   套管接头   盒接   直接   弯头

图 1.1.3-3   SC 管配件   图 1.1.3-4   JDG 管配件

（4）KBG 管：由优质冷轧带钢经高频焊管机组自动焊缝成型，采用压钳扣压方式连接套管及其金属附件的薄壁圆形空心管（图 1.1.3-5）。

盒接   直接   弯头

图 1.1.3-5   KBG 管配件

（5）包塑金属波纹套管：又称可挠（金属）电线保护套管，是用条形镀锌钢带或不锈钢带经螺旋式卷曲后制成的波纹空心圆管，其接缝处采用机械啮合制成，管外表层包覆软质阻燃聚氯乙烯材料（图 1.1.3-6）。

（6）配件：波纹管接头，内锁扣和本体特殊设计，装卸只需拔插，无须工具（图 1.1.3-7）。

图 1.1.3-6   波纹管   图 1.1.3-7   波纹管接头

（7）黄腊管：黄腊管（聚氯乙烯玻璃纤维软管）是以无碱玻璃纤维编织而成，并涂以聚乙烯树脂经塑化而成的电气绝缘漆管（图 1.1.3-8）。内直径 $\phi 1 \sim \phi 20$mm。

（8）线盒：塑料线盒是由聚丙烯（PP）、聚碳酸酯（PC）或聚氯乙烯（PVC）材料一体注塑成型；金属线盒采用冷轧钢板冲压钣金工艺成型。线盒主要由盒体、出线孔、安装孔座组成（图1.1.3-9）。

塑料线盒　　　　　金属线盒

图1.1.3-8　黄腊管　　　　图1.1.3-9　线盒

3. 分类（表1.1.3-1）

表1.1.3-1

名称	图片	产品说明	应用
PVC套管		（1）属于冷弯型硬质塑料管，耐腐蚀、阻燃、绝缘性好、易切割、施工方便。 （2）耐高温形变、耐老化性能较金属管略差。 （3）通过PVC专用接头采用胶水连接	广泛应用于电器、电机、变压器的引出线绝缘，线束、电子元器件的绝缘套保护等
SC管		（1）SC管是厚壁镀锌钢管，SC代表一种穿线方式（穿低压流体输送用焊接钢管敷设）。 （2）SC管的连接方式主要有两种：一种是螺纹连接，另一种是使用套管，需要后期焊接	用于暗敷设或对强度要求高的场所
JDG管		（1）属于金属穿线管，表面光滑、不易产生污垢与细菌。耐火性能良好，接地简单，无须专门做跨接接地、焊接与套丝，较普通金属导管施工简单。方便维修且可重复使用。 （2）解决了PVC管耐火性差、接地困难、温差骤变情况下容易变形等问题。 （3）通过专用接头采用螺钉紧定连接，较普通碳素钢套管施工简单，损耗小	多用于综合布线、消防布线等领域，不宜应用到对金属管有严重腐蚀的场所

名称	图片	产品说明	应用
KBG管		（1）属于金属穿线管，具有良好的防火和抗电击性能，可起到屏蔽和抗干扰的作用。 （2）扣压连接取代了传统的螺纹连接或焊接施工，无须专门再做跨接，即可保证管壁良好的导电性，简化施工，提高工效。 （3）采用扣压钳将管与管件压扣，达到紧密连接，较JDG套管更简单方便	主要应用于通信、网络综合布线等低压布线领域，不宜应用到对金属管有严重腐蚀的场所
金属波纹管		（1）除兼具耐高温、耐磨损、阻燃以外，还具有较好的伸缩性、灵活性，可实现任意弯曲与重复弯曲。 （2）防水和抗压性能较弱，不适合埋地敷设	主要适用于自动化机床、自动化仪表、工业传感器线路保护
黄腊管		是热塑性工程塑料，综合了大部分塑料的优越性能，耐低温、耐磨损、耐化学腐蚀、自身润滑、吸收冲击能	适用于电机、电器、仪表、无线电等装置的布线绝缘和机械保护
塑料线盒		（1）不导电、质轻耐用，具有一定的弹性、安装方便、防潮性好、性价比高。 （2）力学性能较差，受撞击或挤压，韧性差的暗盒容易出现开裂	作为底盒用于安装固定开关和插座的面板。作为穿线盒连接管线，便于穿线
金属线盒		（1）价格偏高，强度与防火性能比塑料线盒好，但耐严重腐蚀性能不如塑料线盒。 （2）易氧化生锈，不耐严重腐蚀；有导电现象，如无可靠接地，容易造成触电事故	比塑料线盒强度更高、防火效果更好，一般与金属线管配套使用

4. 参数指标

（1）电工套管

品名：PVC套管、JDG管、KBG管、包塑金属波纹套管、黄腊管。

材质：PVC–U硬质聚氯乙烯、优质冷轧钢带、玻璃纤维。

规格：

1）PVC 套管：管径 $\phi16mm$、$\phi20mm$、$\phi25mm$、$\phi32mm$、$\phi40mm$、$\phi50mm$ 等。室内常用 $\phi20mm$ 和 $\phi25mm$ 两种，也称 4 分管和 6 分管。壁厚 1.0～2.2mm。长度 2m、3m、4m 等。

2）SC 管：管径 $\phi16mm$、$\phi20mm$、$\phi25mm$、$\phi32mm$、$\phi40mm$、$\phi50mm$、$\phi65mm$、$\phi80mm$、$\phi100mm$、$\phi125mm$、$\phi150mm$、$\phi200mm$、$\phi250mm$ 等，壁厚一般在 2.8mm 以上，潮湿或埋地敷设穿线管厚度应不小于 2.0mm，干燥场所穿线管厚度不小于 1.5mm。长度 4m。

3）JDG 管：管径 $\phi16mm$、$\phi20mm$、$\phi25mm$、$\phi32mm$、$\phi40mm$、$\phi50mm$；按管壁壁厚分为标准型 1.6mm 与普通型 1.2mm。长度 3m、4m 等。

4）KBG 管：管径 $\phi16mm$、$\phi20mm$、$\phi25mm$、$\phi32mm$、$\phi40mm$、$\phi50mm$；$\phi16mm$、$\phi20mm$ 的壁厚 1.0mm，$\phi25mm$、$\phi32mm$、$\phi40mm$、$\phi50mm$ 的壁厚 1.2mm，长度 3m、4m 等。

5）包塑金属波纹套管：管径 $\phi3\sim\phi150mm$，长度 10m、15m、25m、50m、100m、200m。

6）黄腊管：管径 $\phi1\sim\phi20mm$，通常整卷为 50m、100m、200m、300m、400m 等。

（2）电工底盒

品名：塑料暗盒、金属暗盒、塑料明盒、金属明盒。

材质：PP、PC、PVC、铁合金、锌合金。

系列：75 型、86 型、118 型、120 型，其埋深为 50mm、60mm、70mm 等。

（3）参数标志说明

1）PVC-U：PVC 为"聚氯乙烯 Polyvinyl Chloride"的英文缩写，U 为 Unplasticized 的英文缩写，表示"未增塑过的，不加增塑剂的"。PVC-U 表示非塑化聚氯乙烯、硬质聚氯乙烯。

2）JDG 管：JD 为"紧定 jinding"的拼音首字母，G 为"管 guan"的拼音首字母。JDG 管表示紧定式线套管。

3）KBG 管：K 为扣压式连接中"扣 kou"的拼音首字母，B 为薄壁中"薄 bo"的拼音首字母，G 为"管 guan"的拼音首字母。KBG 管表示扣压式薄壁线套管。

5. 相关标准

（1）现行行业标准《建筑用绝缘电工套管及配件》JG/T 3050。

（2）现行国家标准《低压流体输送用焊接钢管》GB/T 3091。

（3）现行行业标准《电气安装用阻燃PVC塑料平导管通用技术条件》XF 305。

（4）现行团体标准《套接紧定式钢导管电线管路施工及验收规程》T/CECS 120。

（5）现行行业标准《隔爆型接线盒》JB/T 4258。

6. 生产工艺

（1）PVC套管生产工艺流程（图1.1.3–10）：

配料挤出 → 真空定型 → 冷却 → 喷印切割

图1.1.3–10　PVC套管生产工艺流程图

图1.1.3–11　挤出

1）配料挤出

将充分搅拌混合的聚氯乙烯粒料输送至挤塑机，在高温下塑化，经双螺杆的挤压输送，从机头模具中挤出成管状，并缓慢挤出（图1.1.3–11）。螺杆机的模具直接决定了PVC软管的大小。

2）真空定型

挤出管材牵引正常后，启动真空定型水箱上的真空泵，使通过定径铜套的管材在真空的环境中被吸附在定径筒套内壁上。根据管材的外径允许偏差调节真空度，真空度越高，管材外径越大。

3）冷却

定径后的管材在牵引机的牵引下进入冷却水箱，经过喷淋冷却或浸泡冷却（图1.1.3–12）。

图1.1.3–12　浸泡冷却

4）喷印切割

在机器控制板内输入要打印的管材型号规格数据。PVC 管一边传送一边喷印所输入的管材型号规格数据（图 1.1.3–13）。在装配线的末端采用环形切割机将 PVC管切割成标准长度。

图 1.1.3–13　喷印

（2）钢套管生产工艺流程（图 1.1.3–14）：

图 1.1.3–14　钢套管生产工艺流程图

1）开卷

首先根据管径计算出周长，即带钢的宽度，再将加工好宽度的成卷带钢安装在卷轴上。经过五辊矫直机矫直后，带钢被送至辊轧成型机中。

图 1.1.3–15　辊轧

2）辊轧

带钢在辊轧成型机中，通过模具中的多组滚轮实现连续的变形，将平面带钢辊轧出弧线（图 1.1.3–15）。

3）焊接

高频焊机利用高频电流所产生的集肤效应和相邻效应，将辊轧成型后的接缝焊接起来（图1.1.3–16）。

4）除毛刺

清除钢管焊接后出现的毛刺，清除钢管毛刺的几种方法如下：

图 1.1.3–16　高频焊接

① 切削法：刀刃或旋转切削头伸进管内切削毛刺（图 1.1.3–17）。

② 辗压法：滚压装置伸进管内使内毛刺塑性变形，以减薄内毛刺高度。

③ 氧化法：钢管焊接开始时，用通气喷嘴向内焊缝喷射氧气流，利用焊缝焊接余热，使内毛刺加速氧化，并在气流冲击下脱落。

图 1.1.3-17　除毛刺

图 1.1.3-18　定尺切割

④ 拉拔法：钢管通过模具时，在浮动塞的环形刀刃作用下，清除钢管内毛刺。

5）切割

使用自动裁切机将辊轧成形后的管件裁切成特定的长度（图 1.1.3-18），通常长度为每条 3m 或 4m。

（3）PVC 线盒生产工艺流程（图 1.1.3-19）：

图 1.1.3-19　PVC 线盒生产工艺流程图

1）注塑

聚氯乙烯塑料颗粒经注塑机加热融化，模具闭合开始注塑（图 1.1.3-20），直至模具型腔填充至约 95% 为止。持续施加压力，压实熔体，增加塑料密度（增密），以补偿塑料的收缩行为。在保压过程中，由于模腔中已经填满塑料，背压较高。

图 1.1.3-20　注塑

2）脱模

坯件冷却固化到一定刚性，根据产品的结构特点选择合适的脱模方式，采用顶杆脱模（图 1.1.3-21）或脱料板脱模。

3）组装

注塑成型后的线盒被输送到组装螺母流水线进行组装（图 1.1.3-22）。

图 1.1.3-21　脱模

图 1.1.3-22　组装螺母

7. 品牌介绍（排名不分先后，表 1.1.3-2）

表 1.1.3-2

品牌	简介
LESSO 联塑	中国联塑集团控股有限公司（简称中国联塑）是国内大型建材家居产业集团，1986 年，西溪塑料五金厂在广东省顺德市成立。1996 年，中国联塑成立并注册了联塑商标
日丰管 管用五十年	日丰创建于 1996 年，是中国新型塑料管道研发生产与推广应用的知名企业。生产基地位于广东省佛山市、天津、湖北、陕西、重庆等地，管道产品远销 100 多个国家和地区
VASEN 伟星	浙江伟星新型建材股份有限公司创建于 1999 年，系中国民营企业 500 强伟星集团有限公司的控股子公司，专注于研发、生产、销售高质量、高附加值的新型塑料管道
中财管道 ZHONGCAI PIPES	隶属于中财集团旗下，国内大型塑料管道制造商之一，从事塑料管道产品设计、生产、研发，提供管道系统集成解决方案。目前共有以浙江中财管道科技股份有限公司为基础的十大生产基地
申捷 SHENJIE	上海申捷管业有限公司成立于 2004 年，是一家集研发、生产、销售镀锌穿线管、C 型钢、电缆桥架及相关五金配件于一体的综合型民营企业
朋正 ®	上海鹏正电气科技有限公司成立于 1996 年，专业从事集现代建筑电气管道、网络布线、通信器材、镀锌电线管、焊管、钢质电缆、桥架、五金、运输、生产、销售于一体的企业

8. 价格区间（表 1.1.3-3）

表 1.1.3-3

名称	规格	价格
PVC 套管	φ16（厚度 1.2mm）	2～3 元 / 根（3m）
	φ20（厚度 1.3mm）	2.5～3.5 元 / 根（3m）
	φ25（厚度 1.4mm）	4～5 元 / 根（3m）
SC 管	φ25（厚度 2.5mm）	10～12 元 /m
	φ32（厚度 2.5mm）	12～15 元 /m
	φ40（厚度 2.5mm）	13～16 元 /m
	φ50（厚度 2.5mm）	18～22 元 /m
JDG 管	φ20（厚度 1.0mm）	3.5～4 元 /m
	φ20（厚度 1.2mm）	3.8～4.5 元 /m
	φ25（厚度 1.0mm）	4～5 元 /m
	φ25（厚度 1.2mm）	4.5～5.5 元 /m
KBG 管	φ20（厚度 1.0mm）	3.5～4 元 /m
	φ20（厚度 1.2mm）	3.8～4.5 元 /m
	φ25（厚度 1.0mm）	4～5 元 /m
	φ25（厚度 1.2mm）	4.5～5.5 元 /m
金属波纹管	φ8	45～60 元 / 卷（100m）
	φ12	50～75 元 / 卷（100m）
黄腊管	内直径 10mm【50m/ 卷】	20～35 元 / 卷（50m）
线盒	塑料暗盒 86 型	1～3 元 / 只
	金属暗盒 86 型	2～4 元 / 只

注：以上价格为 2023 年网络电商平台价格，价格受品牌、规格、功能、材质以及原材料价格浮动、市场环境等因素的影响（以上价格仅供参考）。

9. 验收要点

（1）资料检查：应有产品合格证书、检验报告及使用说明书等质量证明文件。

（2）包装检查：包装完整，包装上的产品品牌、规格、型号应与订单要求一致。

（3）实物检查：

1）管材表面喷码清晰，管件完整、无缺损、无变形，浇口平整、无裂纹。检查管内、外壁镀锌层应良好均匀，表面无剥落与锈蚀。管材及连接附件应表面光洁，无裂纹、毛刺、飞边、砂眼等缺陷。

2）管材管件配套良好，管材及连接附件的壁厚应均匀，管口平整光滑，检测管材与连接管的壁厚应符合导管规格尺寸表的要求。

3）对于 JDG 管，尚需检查其紧定螺钉是否符合要求，螺纹应整齐光滑、配合良好、顶针坚固、旋转紧定断开的"脖颈"尺寸正确。锁紧螺母外形完好无损，丝扣清晰，无翘曲变形。

4）镀锌或其他涂层钢管的外表面应有完整的镀层（涂层），表面不得有剥落、气泡；镀锌钢管应进行镀锌层均匀性试验。在硫酸铜溶液中连续浸渍 5 次不得变红。

5）镀锌钢管应进行耐腐蚀试验，盐水雾喷试验时，经铬酸盐光泽处理的电镀锌钢管表面不可产生白色腐蚀生成物。经供需双方协议，镀锌钢管可作镀锌层的质量测定。其平均值应不小于 $500g/m^2$，但其中任何一个试样不得小于 $480g/m^2$。

6）钢管的外表面不得有裂纹和结疤，钢管内表面应光滑，焊缝处允许无高度大于 1mm 的毛刺。钢管的螺纹应整齐、光洁、无裂纹，允许有轻微毛刺。螺纹的断缺或齿形不全，其长度总和不超过规定长度的 10% 时允许存在，相邻两扣的同一部位不得同时断缺。

7）钢管经供需双方协议，也可按理论重量交货。交货时，每批钢管的重量允许偏差为理论重量的 $-8\%\sim10\%$，单根钢管的重量允许偏差为理论重量的 $\pm7.5\%$。按理论重量交货时，镀锌或其他涂层钢管根据镀层（涂层）种类及其厚度的不同，允许比无镀层（涂层）的钢管重 $1\%\sim6\%$。

10. 应用要点

（1）布管

电线管尽量布置在水管上方。线管走地时，管间距不得小于20mm，以防地面铺贴空鼓。强弱电的间距必须大于或等于300mm，防止弱电信号被强电干扰。当必须有交叉时需用锡纸包裹。电管和煤气管的距离不得小于150mm。

（2）布线

保护管的内径不应小于电缆外径的1.5倍。保护管管径的选择根据导线或电缆的外径计算，应为线束的1.5～2倍，管内弃填系数取40%左右。一般情况下管径16mm的不宜超过3根电线，管径20mm的不宜超过4根电线。布线管宜减少弯曲，当管长超过30m无弯头、管长超过20m且有1个弯头、管长超过15m且有2个弯头、超过8m有3个弯头时，均应在中间增设接线盒或拉线盒。

（3）配件选用

接线盒一般与线管配套选用，钢管布线所采用的配件，如管卡、接线盒、开关盒、插座盒、灯座盒、拐角盒等均应采用铁制品，不宜使用塑料制品，以防发生触电事故。金属线管和盒（箱）必须与PE线有可靠的电气连接。

11. 材料小百科

KBG管与JDG管：

（1）两者最大的不同就是连接方式不同，JDG管直接上螺丝达到紧定连接，而KBG管是用扣压钳达到扣压紧定连接，无须螺丝。

（2）两者弯头处理方法不同，JDG管使用弯管器煨弯，KBG管采用弯管接头配件。

（3）两者管壁厚度不完全一样，JDG管通常比KBG管壁厚一点。KBG管最厚为1.2mm，而JDG管最厚为1.6mm，可适用于预埋敷设。

（4）维护方面，JDG管会比KBG管好，JDG管可以拆卸，KBG管紧固后难以拆卸。

1.1.4 电缆桥架

1. 材料简介

电缆桥架分为槽式电缆桥架（图1.1.4-1）、托盘式电缆桥架和梯级式电缆桥架、网格桥架等，一般由支架、托臂和安装附件等组成。可以独立架设，也可以敷设在各种建（构）筑物和管廊支架上，其结构简单、造型美观、配置灵活、维修方便。

图 1.1.4-1　槽式电缆桥架

电缆桥架就像是血管的外壁，让电缆与外界形成隔离，把电缆包裹后悬挂固定，通过电缆桥架的科学组合，可以有效地组织控制，让每根电缆清晰、有序、高能、有效地工作。

2. 构造、材质

构成：由桥架、盖板、盖扣、连接片、螺丝、七字扣，以及丝杆、吊框、托臂、横担、支架等安装构件等组成（图1.1.4-2）。

材质：镀锌钢、不锈钢、铝合金、玻璃钢等。

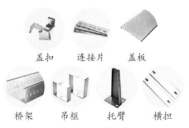

图 1.1.4-2　电缆桥架构件

3. 分类

（1）按结构（表1.1.4-1）

表 1.1.4-1

名称	图片	产品说明	应用
托盘式电缆桥架		（1）重量轻，载荷大，造型美观、占用体积小、结构简单，安装方便，备有护罩。 （2）表面处理可分为镀锌、静电喷塑和热镀锌三种，在重腐蚀环境中可做特殊防腐处理。 （3）散热、透气性较差	适用于动力电缆、控制电缆的敷设。石化、电力、轻工、电信等领域应用最为广泛

名称	图片	产品说明	应用
槽式电缆桥架		（1）全封闭型电缆桥架，封闭、防尘、防干扰，对控制电缆的屏蔽干扰和重腐蚀环境中的防护有较好的效果。 （2）散热、透气性较差	适用于敷设计算机电缆、通信电缆、热电偶电缆及其他高灵敏系统的控制电缆等
梯级式电缆桥架		（1）梯级式电缆桥架备有护罩，重量轻，占地面积小，成本相对较低，外形美观，安装方便，散热性能好，通风相对较好。 （2）不防尘，难以防止干扰	适用于直径较大电缆的敷设，高、低压动力电缆的敷设
组合式电缆桥架		（1）采用宽100mm、150mm、200mm的三种基本型可组装成所需尺寸的电缆桥架。不需弯通、三通等配件，可根据安装需要任意转向、变宽、分支、引上、引下。不需打孔，焊接后可用管引出，方便工程设计、生产运输、安装施工，是桥架系列的二代产品，结构简单、配置灵活、安装方便。 （2）散热、透气性较差，价格相对比较高	适用于各项工程、各个单位、各种电缆的敷设

（2）按材质（表1.1.4-2）

表1.1.4-2

名称	图片	材料特点	应用
镀锌钢桥架		（1）镀锌冷轧钢板通过剪切、成型等工序制成对应规格的镀锌桥架。 （2）有良好的防腐和抗干扰能力。重量轻、造价低	适用于架空、电缆沟、隧道等无腐蚀及相对干燥环境
铝合金桥架		（1）铝合金桥架具有优越的防腐蚀性，由1060铝板制成，铝含量高达99.6%。 （2）寿命长、耐腐蚀、抗电磁干扰，尤其是抗屏蔽干扰	适用于化工、石油、工厂、医药等行业

名称	图片	材料特点	应用
不锈钢桥架		（1）由304不锈钢材质制成，性能和价值均高于其他材质的桥架。 （2）强度高、耐腐蚀、耐老化、寿命长	适用于潮湿、强腐蚀性的环境
玻璃钢桥架		（1）由玻璃纤维增强塑料和阻燃剂及其他材料组成，通过复合模压料加夹不锈钢屏蔽网压制而成。既有金属桥架的刚性，又有玻璃钢桥架的韧性。 （2）强度较高、重量轻、阻燃绝缘、造价低、耐腐蚀性能好、抗老化性能强	可在化工、冶金、石油等强腐蚀环境中使用

4. 参数指标

材质：镀锌钢、铝合金、不锈钢、玻璃钢、热浸锌、防火喷涂。

类型：托盘式、槽式（图1.1.4-3）、梯级式、组合式。

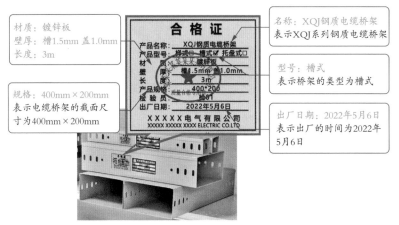

图1.1.4-3 电缆桥架合格证

规格：

截面：50mm×50mm、80mm×60mm、100mm×100mm、150mm×100mm、200mm×100mm、300mm×100mm、300mm×150mm、400mm×100mm、500mm×150mm、500mm×200mm、600mm×200mm等。

厚度：0.8mm、1.0mm、1.2mm（非标）；1.5mm、1.8mm、2.0mm、2.5mm、3.0mm（国标）。

长度：一般为 2m、3m、4m、6m。

5. 相关标准

（1）现行行业标准《电控配电用电缆桥架》JB/T 10216。

（2）现行团体标准《钢制电缆桥架工程技术规程》T/CECS 31。

（3）现行国家标准《通用型片状模塑料（SMC）》GB/T 15568。

6. 生产工艺

镀锌钢桥架生产工艺流程（图1.1.4-4）：

图 1.1.4-4　镀锌钢桥架生产工艺流程图

（1）裁板

将成卷的定宽热镀锌钢板带安装在卷轴上。按相应桥架槽体及盖板规格与厚度裁切宽度（图1.1.4-5），此道工序主要针对采用折弯成型的工艺。

图 1.1.4-5　裁板

（2）冲孔

每条桥架两端均需要冲压连接板孔，用于桥架连接，采用液压冲孔设备将裁切好的板材按设定的参数进行冲孔（图1.1.4-6）。

图 1.1.4-6　冲孔

（3）成型

使用折弯机进行折弯成型，或使用辊轧成型，通过模具中的多组滚轮，将平面金属板材多次辊轧出棱线转折（图1.1.4-7）。

图 1.1.4-7　辊轧成型

（4）切割

使用自动裁切机将辊轧成型后的桥架裁切成特定的长度，对于在裁板工序中已经裁好长度的就无须这道工序。一般为了方便大楼电梯能进入或方便运输等因素，桥架通常长度为2m或3m每条。电缆桥架的表面处理分为镀锌、喷塑、喷漆三种。

7. 品牌介绍（表1.1.4-3）

表1.1.4-3

品牌	简介
众恒科技 BMZH	八闽众恒（福建）科技有限公司创建于2013年，位于福州市青口投资区，福建省科技型企业，主要生产销售电线电缆、架桥、配电柜、母线槽等专业优质产品

8. 价格区间（表1.1.4-4）

表1.1.4-4

名称	规格（mm）	价格
镀锌钢桥架	200×100×1.2	35～55元/m
	400×150×1.5	75～82元/m
铝合金桥架	200×100×1.2	70～80元/m
	400×100×1.5	140～150元/m
304不锈钢桥架	200×100×1.2	120～130元/m
	400×100×2.0	300～310元/m
玻璃钢桥架	200×100×3.5	40～50元/m
	400×150×4.0	70～85元/m

注：以上价格为2023年网络电商平台价格，价格受品牌、规格、功能、材质以及原材料价格浮动、市场环境等因素的影响（以上价格仅供参考）。

9. 验收要点

（1）资料检查：应有产品合格证书、检验报告及使用说明书等质量证明文件。

（2）包装检查：包装完整，包装上的产品品牌、规格、型号应与订单要求一致。

（3）实物检查：

1）热镀锌电缆桥架：表面应均匀，无毛刺、过烧、挂灰、伤痕等缺陷；每件电缆桥架上直径小于2mm的漏镀点每米不超过2个；且在任一100cm^{2}面积内不得有2个及以上漏镀点；不得有影响安装的锌瘤。

2）电镀锌或锌合金电缆桥架：表面应均匀、光亮，不得有起皮、气泡、花斑、局部未镀、划伤等缺陷。

3）热固型粉末静电喷涂或喷漆镀锌＋喷涂或喷漆：表面应均匀、平整、光滑，无起皱、气泡等缺点。

4）电缆桥架断面形状应端正，无弯曲、扭曲、裂纹、边沿毛刺等缺陷。

10. 应用要点

桥架选用及安装要点：

实际工程应用中，电缆桥架尺寸选用应遵循如下规定，所穿入电缆总的横截面面积和电缆桥架横断面面积的比值，电力电缆应该小于2/5，控制电缆应当小于1/2。对于特殊形状桥架，将现场测量的尺寸交给材料供应商，由厂家依据尺寸制作，减少现场加工。

桥架安装前，必须与各专业协调，避免与大口径消防管、喷淋管、冷热水管、排水管及空调管和排风设备发生矛盾。跨越建筑物变形缝的桥架应按企业标准《钢制电缆桥架安装工艺》做好伸缩缝处理，钢制桥架直线段超过30m时，应设热胀冷缩补偿装置。桥架安装应横平竖直、整齐美观、距离一致、连接牢固，同一水平面内水平度偏差不超过5mm/m，直线度偏差不超过5mm/m。

11. 材料小百科

（1）热镀锌

热镀锌也叫热浸镀锌，具有镀层均匀、附着力强、使用寿命长等优点，是一种有效的金属防腐方式，使熔融金属与铁基体反应产生合金层，从而使基体和镀层二者相结合。先将钢铁制件酸洗，去除制件表面的氧化铁，酸洗后，通过氯化铵或氯化锌水溶液或氯化铵和氯化锌混合水溶液槽中清洗，最后送入热浸镀槽中。

（2）冷镀锌

冷镀锌也叫电镀锌，是利用电解设备将管件经过除油、酸洗后放入成分为锌盐的溶液中，并连接电解设备的负极，在管件的对面放置锌板，连接在电解设备的正极接通电源，利用电流从正极向负极的定向移动就会在管件上沉积一层锌。

（3）粉末静电喷涂

粉末静电喷涂俗称静电喷塑，是利用高压静电电晕电场原理。喷枪头上的金属导流杯接上高压负电，被涂工件接地形成正极。在喷枪和工件之间形成较强的静电场。当运载气体（压缩空气）将粉末涂料从供粉桶经输粉管送到喷枪的导流杯时，其周围产生密集的电荷，粉末带上负电荷，在静电力和压缩空气的作用下，粉末均匀地吸附在工件上，经加热、粉末熔融固化（或塑化）成均匀、连续、平整、光滑的涂膜。

（4）电泳涂装

电泳涂装是涂装金属工件最常用的方法之一。电泳工艺分为阳极电泳和阴极电泳。若涂料粒子带负电，工件为阳极，涂料粒子在电场力作用下在工件沉积成膜，称为阳极电泳；反之，若涂料粒子带正电，工件为阴极，涂料粒子在工件上沉积成膜，称为阴极电泳。采用水溶性涂料，以水为溶解介质，节省了大量的有机溶剂，大大降低了大气污染和环境危害，安全卫生，同时避免了火灾隐患。电泳涂装的涂膜厚度均匀，附着力强，涂装质量好，工件各个部位如内层、凹陷、焊缝等处都能获得均匀、平滑的漆膜，解决了其他涂装方法对复杂形状工件的涂装难题。

（5）电泳与电镀的区别

1）电泳是指带电颗粒在电场作用下，向着与其电性相反的电极移动，利用带电粒子在电场中移动速度不同而达到分离。电镀是利用电解原理在某些金属表面上镀上一薄层其他金属或合金的过程。

2）电泳件无须更换电泳线，只要调配槽液色浆，就可做出色彩多样的工件和多样的颜色。而电镀件要做出多样的颜色，需要真空电镀。外观上电镀件有金属感，而电泳件只是涂料的油感。

3）电镀镀的是一层金属，而电泳镀的是一层树脂，但电泳相比电镀更加简单、方便。

1.1.5 配电箱

1. 材料简介

配电箱（图 1.1.5-1）就是分配电的控制箱，是用来安装总开关、分路开关和漏电开关等电气元器件的箱体。除合理地分配电路电能、方便电路开合外，还可通过电气元器件实现过载、短路、漏电保护等安全功能。

图 1.1.5-1 配电箱

2. 构造、材质

构成：由箱体、面板、盖板组成。箱体内部有导轨、导轨支架、电排（零线排、地线排）等（图 1.1.5-2），箱体周围设有进出线敲落孔以便于接线。

材质：箱体多为冷轧钢板（表面喷涂保护漆），面框为阻燃ABS 材料或冷轧钢板（表面喷涂保护漆），透明盖板为 PC 材料。

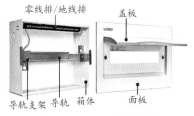

图 1.1.5-2 配电箱结构

3. 分类（表 1.1.5-1）

表 1.1.5-1

名称	图片	材料解释	应用
暗装电箱		（1）配电箱安装到墙体里面，整洁美观。 （2）盖板比箱体尺寸大 3~5cm。 （3）暗装配电箱应在土建施工时预留安装洞口，位置和标高依设计图样而定	适用于住宅、办公室及其他中高档场所
明装电箱		（1）配电箱安装在墙体表面。 （2）箱体与盖板尺寸相同。 （3）明装配电箱在土建墙面装修完毕后安装，根据图样设计位置和标高确定配电箱的位置，画出固定螺栓的位置	适用于不太讲究美观的场所，如工厂、出租房等

4. 参数指标

安装方式：暗装／明装。

材质：

箱体：冷轧钢板；

盖板：冷轧钢板、ABS、PC 材料；

地线排、零线排（图 1.1.5-3）：铜。

额定电压：AC 230V/400V。

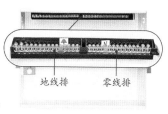

图 1.1.5-3　地线排、零线排

额定频率：50/60Hz。

外壳防护等级：IP30/IP40。

导轨排数：单排（8～20 位）、双排（24 位）、三排（36 位）。

规格：箱宽 215mm/230mm/270mm/305mm/360mm/415mm× 箱高 240mm× 箱厚 90mm 等；箱板厚 1.0mm、1.2mm、1.5mm、2.0mm。

5. 相关标准

（1）现行国家标准《电气装置安装工程　低压电器施工及验收规范》GB 50254。

（2）现行国家标准《家用和类似用途固定式电气装置的电器附件安装盒和外壳　第 1 部分：通用要求》GB/T 17466.1。

（3）现行国家标准《家用和类似用途固定式电气装置的电器附件安装盒和外壳　第 24 部分：住宅保护装置和其他电源功耗电器的外壳的特殊要求》GB/T 17466.24。

6. 生产工艺

配电箱生产工艺流程（图 1.1.5-4）：

开孔 → 辊轧 → 焊接 → 喷涂 → 组装

图 1.1.5-4　配电箱生产工艺流程图

（1）开孔

将适合宽度的钢带安装在卷轴上，在配电箱开孔和折弯的位置采用液压冲孔设备将钢带按设定的参数进行开孔（图 1.1.5-5）、裁切。

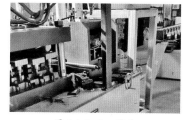

图 1.1.5-5　开孔

（2）辊轧

带钢在辊轧成型机中经过一系列连续的辊子，将平面金属板材辊轧出棱线转折。使用折弯机进行折弯 90°（图 1.1.5-6），形成一个方框，并自动切断端部。

图 1.1.5-6　折弯

图 1.1.5-7　焊接

（3）焊接、喷涂

使用焊接设备把箱体的端部和转角分别焊接起来，成为一个牢固的整体（图 1.1.5-7）。将焊接后的箱体清洗后，经自动喷涂线进行表面喷涂。

（4）组装

将箱体、安装轨道或支架、电排、面框（阻燃 ABS 材料注塑成型）、透明盖板（PC 材料注塑成型）等组装在一起。

7. 品牌介绍（排名不分先后，表 1.1.5-2）

表 1.1.5-2

品牌	简介
CHNT 正泰电工	正泰集团股份有限公司创建于 1984 年，具有集发电、储电、输电、变电、配电、售电、用电于一体的全产业链优势。中国民营企业 100 强
DELIXI 德力西	德力西集团是 2007 年与施耐德电气合资成立的电气公司，业务覆盖配电电气、工业控制自动化、家居电气三大领域。连续 21 年荣登中国企业 500 强
HONYAR 鸿雁	杭州鸿雁电器有限公司是中国普天旗下的大型央企。公司成立于 1981 年，知名电工品牌，浙江省重点高新技术企业，国内知名的专业建筑电器连接和建筑电气控制系统的集成供应商
BULL 公牛	公牛集团有限公司于 1995 年成立公牛电器，是国内领先的高档开关插座、转换器的专业供应商。专业从事电源连接器及相关产品研发、生产和销售的公司

8. 价格区间（表1.1.5-3）

表1.1.5-3

名称	规格（mm）	价格
暗装强电箱	305×240×90（12位 单排）	90～120元/个
	415×240×90（8位 单排）	120～140元/个
	445×240×90（20位 单排）	140～160元/个
明装强电箱	230×240×90（8位 单排）	68～80元/个
	305×240×90（12位 单排）	90～120元/个
	360×240×90（15位 单排）	110～125元/个

注：以上价格为2023年网络电商平台价格，价格受品牌、规格、功能、材质以及原材料价格浮动、市场环境等因素的影响（以上价格仅供参考）。

9. 验收要点

（1）资料检查：应有产品合格证书、检验报告及使用说明书等质量证明文件。

（2）包装检查：包装完整，包装上的产品品牌、规格、型号应与订单要求一致。

（3）实物检查：

1）检查箱体应该完好无缺，箱体材质应具有足够的强度和防护性能。

2）根据箱体宽度选用相应的箱体钢板厚度，箱体宽度≤500mm，钢板厚度＞1.0mm；宽度500～800mm，钢板厚度＞1.2mm；宽度＞800mm，钢板厚度＞1.5mm。

3）确认电箱上的标志是否清晰，包括额定电压、额定电流等。

4）拆开电箱内盖检查接线，线路应井然有序，不能有裸露。

5）电线连接应牢固，接线端子有无松动。

6）箱体内接线汇流排应分别设立零线、保护接地线、相线，且应完好无损，良好绝缘；零线排、地线排应采用不易腐蚀生锈铜合金。

7）空气开关的安装座架应光洁无阻并有足够的空间，导轨应为标准35mm导轨。

10. 应用要点

（1）箱体安装：

配电箱底部距地面不小于1.6m，如用于户外，距离地面不应低于1.8m。将暗装底箱预埋入墙体内，调整底箱至适当位置并固定，底箱外沿可与墙体预计完工表面齐平或低于墙体预计完工面15mm以内。

（2）配电箱盘面组装要点：

配电系统采用TN-C-S系统时，一般应在建筑物进线处的配电箱内分别设置N母线和PE母线，并自此分开，再以连接板或其他方式与母线相连，N线应与接地绝缘，PE线应采用专门的导线，并靠近相线敷设。

根据电气系统图要求，将电气开关装置安装到导轨上，做好成套连接确认无误后，将装有成套装置的导轨组件使用安装螺钉贴紧墙体与底箱固定连接，连接好线缆及接地线。

注意：

（1）接地排（PE）到底箱接地螺钉之间的接地线应可靠连接。

（2）零排组件和地排组件的安装螺钉拧紧力矩为（0.9±0.1）N·m。

（3）配电箱的门均应由明显可靠的裸软铜线PE线接地。

配电箱内应分别设置零线（N）和保护接地线（PE）汇流排，各支路零线和保护地线应在汇流排上接，不得绞接，并应有编号。配电箱内的接地应牢固。保护接地线的截面应按规定选择，并应与设备的主接地端子有效连接（图1.1.5-8）。

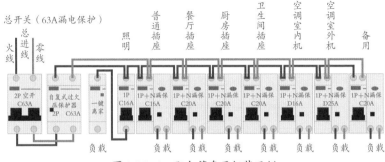

图1.1.5-8　配电箱盘面组装示例

配电箱盘全部安装完毕后，用500V兆欧表（图1.1.5-9）对线路进行摇测。摇测项目包括相线与相线之间、相线与零线之间、相线与接地线之间、零线与地线之间，两人进行摇测，做好记录，作为技术资料存档。

图1.1.5-9　兆欧表

11. 材料小百科

（1）火线、零线和接地线

单相电路里的两根供电电线，一根叫火线（学名相线），另一根叫零线（学名中性线）。火线和零线的区别在于它们对地的电压不同。火线对地电压为220V（称为相电压），零线对地电压等于零（其本身与大地相连）。日常使用的电源插座大多是单相三线插座或单相二线插座。单相三线插座中，中间为接地线，也作定位用，另外两端分别接火线和零线，接线顺序是左零右火，即左边为零线，右边为火线。凡外壳是金属的家用电器都采用单相三线制电源插头。三个插头呈正三角形排列，其中上面最长最粗的铜制插头就是地线。地线下面分别是火线（标志字母为"L"Live Wire）、零线（标志字母为"N"Neutral Wire），顺序是左零右火。

1）用颜色区分：在动力电缆中黄色、绿色、红色分别代表A相、B相、C相（三相火线）蓝色代表零线，黄绿双色代表接地线。

2）用电笔区分：火线用电笔测试时氖管会发光，而零线则不会。

3）用电压表区分：不同相线（即火线）之间的电压为线电压380V，相线（火线）与零线（或良好的接地体）之间的电压为相电压220V，零线与良好的接地体的电压为0V。

（2）工作接地、保护接零、保护接地

工作接地（图1.1.5-10）是指将电力系统的某点（如中性点）直接接大地，或经消弧线圈、电阻等与大地金属连接，如变压器、互感器中性点接地等。高压系统采取中性点接地可使接地继电保护装置准确动作并消除单相电弧接地过电压；中性点接地系统可防止零序电压偏移，保持三相电压基本平衡；其与地间电位差近于零，可降低人体接触电压；一相接地电流成为很大的单相短路电流，保护装置能迅速切断故障线；在设计电气设备和线路时，绝缘水平只需按相电压考虑，可降低设计绝缘等级。

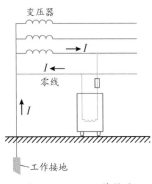

图 1.1.5-10　工作接地

保护接零（图 1.1.5-11）是将电气设备的金属外壳和电网的零线可靠连接。当某一相绝缘损坏致使电源相线碰壳，电气设备的外壳及导体部分带电时，因外壳及导体部分采取了接零措施，该相线和零线构成回路。由于单相短路电流很大，使线路保护的熔断器熔断。从而使设备与电源断开，避免了人身触电伤害的可能性。

保护接地（图 1.1.5-12）是电气设备的金属外壳通过导线与大地连接，当人体触及带电外壳时，人体相当于接地电阻的一条并联支路，由于人体电阻远远大于接地电阻，所以通过人体的电流将会很小，避免了人身触电事故。

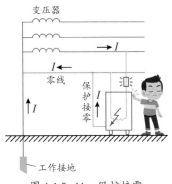

图 1.1.5-11　保护接零

保护接地既适用于一般不接地的高低压电网，也适用于采取其他安全措施（如装设漏电保护器）的低压电网；保护接零只适用于中性点直接接地的低压电网。如果采取了保护接地措施，电网中可以无工作零线，只设保护接地线；如果采取了保护接零措施，则必须设工作零线，利用工作零线做接零保护。

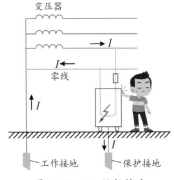

图 1.1.5-12　保护接地

1.1.6 空气开关

1. 材料简介

图 1.1.6-1 空气开关

空气开关（图 1.1.6-1）又称自动空气断路器，是以其灭弧介质命名的一种只要电路中电流超过额定电流就会自动断开的开关。其集控制和多种保护功能于一身，除能完成接触和分断电路外，还能对电路或电气设备发生的短路、严重过载及欠电压等进行保护，同时也可以用于不频繁地启动电动机，是低压配电网络和电力拖动系统中非常重要的一种电器。

漏电保护器是在设备发生漏电故障，或致命危险的人身触电时具有漏电保护断电功能。根据功能与结构特征，漏电保护器主要分为漏电保护继电器、漏电保护插座、漏电保护开关，而配电箱中通常配置的即为漏电保护开关。

漏电保护断路器（图 1.1.6-2）是空气开关与漏电保护器的功能组合，在空气开关的基础上多了漏电保护功能。其同时具有过载、短路、过压、欠压、漏电保护的功能。可做总电源或分支线保护开关用，是一种既有手动开关作用，又能自动进行失压、漏电、过载和短路保护的电器。可用来保护线路或电动机的过载和短路，亦可在正常情况下作为线路的不频繁转换启动之用。当电

图 1.1.6-2 漏电保护断路器

气线路或电器等发生漏电、短路时，漏电保护断路器会瞬间动作（通常为 0.1s），断开电源，保护线路和用电设备的安全。如出现人员触电时，断路器同样可以瞬间动作，断开电源，保护人身安全。

漏电保护断路器只是用于防止人触电和漏电，对于电路过载（短

路）不起保护作用。空气开关用于防止电路短路、过载（有的有失压保护功能），不能保护触电，只是起熔断丝的作用，两者不能混用。当一个空气开关带有漏电保护功能时，称为漏电保护断路器（漏电保护开关）。如果是一个仅用于漏电保护的电气装置，则称为漏电保护器。

2. 构造、材质

（1）空气开关

构成：空气开关由操作机构（手柄、锁扣、跳扣、杠杆）、短路保护的电磁脱扣器、过载保护的双金属片装置、触头组、灭弧系统、外壳和接线端子组成（图 1.1.6–3）。

材质：紫铜、铁、ABS 塑料或聚碳酸酯（PC）等。

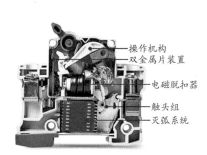

图 1.1.6–3　空气开关

1）操作机构：是一套连杆装置。当主触点通过操作机构闭合后，就被锁钩锁在合闸位置。如果电路中发生故障，则脱扣器将产生作用使脱扣机构中的锁钩脱开，于是主触点在释放弹簧的作用下迅速分断。

2）短路保护的电磁脱扣器：当线路发生短路或严重过载电流时，短路电流超过瞬时脱扣整定电流值，电磁脱扣器产生足够大的吸力，将衔铁吸合并撞击杠杆，使搭钩绕转轴座向上转动与锁扣脱开，锁扣在弹簧的作用下将主触头分断，切断电源。

3）过载保护的双金属片装置：当线路发生一般性过载时，过载电流虽不能直接使电磁脱扣器动作，但能使热元件产生一定热量，促使双金属片受热向上弯曲，推动杠杆使搭钩与锁扣脱开，将主触头分断，切断电源。

4）触头组：动触头和静触头，静触头固定不动，动触头在合闸和断开时通过与静触头接触和分离来实现通断电流。

5）灭弧系统：灭弧系统即灭弧罩，用于熄灭分离触点时产生的火花。由于触点断开的瞬间会产生电火花，这些火花可能损坏组件，因此需要将其尽快熄灭。灭弧罩安装有若干绝缘板的金属栅板。电弧通过电磁力运动到栅板，进入栅板之后，电弧被分成许多串联电弧，在灭弧栅中，电弧电阻增大，电流减小，直至电路无法维持电弧，强迫电路断开。

（2）漏电保护器

构成：漏电保护器由零序电流互感器、电子组件板（控制线路板）、漏电脱扣器（由牵引线圈、铁芯、弹簧等组成）、合闸按钮（漏电指示）及试验按钮组成（图1.1.6-4）。

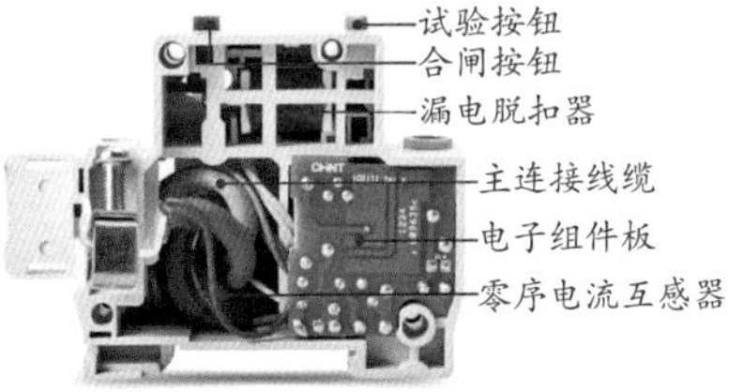

材质：紫铜、铁、ABS塑料或聚碳酸酯（PC）等。

图 1.1.6-4　漏电保护器

1）零序电流互感器：零序电流互感器是一个用来检测剩余电流的元件。被保护的相线、中性线均穿过环形铁芯，构成了互感器的一次线圈 N1，缠绕在环形铁芯上的绕组构成了互感器的二次线圈 N2，如果没有漏电发生，这时流过相线、中性线的电流向量和等于零，因此在 N2 上也不能产生相应的感应电动势。当系统发生人身触电（人同时接触火线和大地而不是接触火线和零线，漏电保护器只能保护这种情况）或设备外壳带电时，则相线、中性线的电流向量和不等于零，出现了较大的剩余电流，就使 N2 上产生感应电动势，这个信号就会被送到中间环节进行进一步的处理。

2）电子组件板：包括放大器、比较器，就是对来自零序电流互感器的漏电信号进行放大和处理，并输出到执行机构，让漏电脱扣器运作。

3）漏电脱扣器：电磁铁收到电子组件板发出的指令信号，拉动通往空气开关锁扣的杠件，扣动空气开关的锁扣，使跳扣与锁扣脱开，将主触头分断，切断故障处的电源。

4）试验按钮：通过试验按钮和限流电阻的串联，模拟漏电路径，以定期检查装置能否正常运作、完好、可靠。

5）合闸按钮：当漏电保护器处于断开状态时，需要重新合闸前，应先按下合闸按钮让电磁脱扣器复位，再合闸。

3. 分类（表 1.1.6-1）

表 1.1.6-1

名称	图片	产品说明	应用
1P 空开		单极开关只接一根火线，火线可断开	适用于 220V 的照明回路
1P＋N 空开（DPN）		（1）1P 基础上加一个零线（N 极）进出线端。但 N 极是不断开的（有的可以断开，但没有保护元件），可看作一个接线端子，方便接线，只切断火线不断零线。 （2）实现对火线的控制和对零线的连接，这样可节省配电箱内的零排。 （3）DPN 是指可接零火线的普通断路器，不带漏电保护功能	适用于 220V 的照明回路。为了便于连接，一些空气开关会采用 1P＋N
2P 空开		双极开关可以同时接零线和火线，双极（2P）火线和零线能同时切断	适用于 220V 的插座回路及家庭中配电箱内的总开关
3P 空开		3P 为 380V 三个进（出）线端，进三根火线，三相线能全部断开	适用于控制 380V 的动力回路（一般为工业电器），三相电总线开关和三相电设备

名称	图片	产品说明	应用
4P 空开		（1）4P 为 380V 三相四线，三根火线一根零线，同时切断火线零线。 （2）4 个极都具有主动性，但任一极接线发生故障都能正确而迅速地跳开	适用于带零线的 380V 三相电器的控制开关，也能做总开关
1P＋N 带漏保		（1）1P 基础上加一个零线（N 极）进出线端。但 N 极是不断开的（有的可以断开，但没有保护元件），可以看作一个接线端子，方便接线，只切断火线不断零线。 （2）带有漏电保护功能	适用于 220V 的需要带漏电保护的场景
2P 带漏保		（1）双极开关可同时接零线和火线，双极（2P）火线和零线能同时切断零线和火线。 （2）带有漏电保护功能	适用于带漏电保护 220V 的插座回路及家庭中配电箱中的总开关
3P 带漏保		（1）3P 为 380V 三个进（出）线端，进三根火线。三相线能全部断开。 （2）带有漏电保护功能	适用于控制 380V 的动力回路（一般为工业电器），三相电总线开关和三相电设备
3P＋N 带漏保		（1）3P 基础上加一个零线（N 极）进（出）线端，N 极是不断开的（有的可以断开，但没有保护元件），可看作一个接线端子方便接线，只切断火线不断零线。 （2）三极所接线在发生故障时都能正确迅速地跳开，而这个 N 极不具有主动性，只具有随跳性，即随着 3P 的动作而动作，否则它不会动作。 （3）带有漏电保护功能	适用于零线不能断开的场合，如 TN-C 系统中零（PEN）线用于安全保护的前端，以保证零（PEN）线始终贯通

名称	图片	产品说明	应用
4P 带漏保	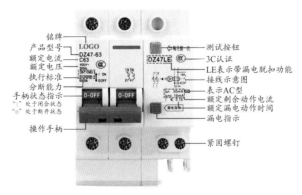	（1）4P 为 380V 三相四线开关，三根火线一根零线，可同时切断火线零线。 （2）4 个极都具有主动性，但任一极接线发生故障都能正确而迅速地跳开。 （3）带有漏电保护功能	适用于零线允许断开（零线不用作安全保护）的场合，如住宅小区 TN-C 系统中入户后的总开关以及后面（或终端）的分开关、TT 系统中的总开关等
过欠压保护器 2P		（1）当线路中过电压和欠电压超过规定值时能自动断开，并能自动检测线路电压，当线路中电压恢复正常时能自动闭合的装置（自复式有这个功能）。 （2）在线路中作为过电压、欠电压、断相、断零线保护用	适用于住宅分户箱进线或需要保护单相用电设备的配电线路的保护，以及商场配电

4. 参数指标

漏电保护断路器的主要性能参数：额定电流、额定电压、电源频率、额定漏电动作电流、额定漏电动作时间、额定漏电不动作电流等（图 1.1.6-5）。

图 1.1.6-5　漏电保护断路器

示例："DZ47LE-63""C63""I△n30mA""I△no15mA""t≤0.1s"

1）产品型号 DZ47LE-63：DZ 为"自动"的反拼音；47 为设计序号；LE 表示带漏电脱扣功能；63 表示断路器的壳架等级额定电流为 63A。

2）额定电流 C63：C 表示 C 型断路器的脱扣电流（若为 D，则表示 D 型），即起跳电流，C63 表示起跳电流为 63A。空开、漏保的额定电流有几安培至几百安培，但普通的 DZ47-63 系列的最大电流为 63A。

3）额定漏电动作电流 I△n30mA：在规定条件下，能使漏电保护器动作的电流值。如 I△n30mA 的漏电保护器，当通入电流值达到 30mA 时，即动作断开电源。

4）额定漏电不动作电流 I△no15mA：在规定的条件下，漏电保护器不动作的电流值，一般应选漏电动作电流值的二分之一。如漏电动作电流 30mA 的漏电保护器，在电流值达到 15mA 以下时，保护器不应动作，否则因灵敏度太高容易误动作，影响用电设备的正常运行。

5）额定漏电动作时间 t≤0.1s：是指从突然施加额定漏电动作电流起，到保护电路被切断为止的时间。例如 30mA×0.1s 的保护器，从电流值达到 30mA 起，到主触头分离止的时间不超过 0.1s。

极数：1P、1P＋N、2P、3P、3P＋N、4P。

额定电流：10A、16A、20A、25A、32A、40A、50A、63A。

产品类型：C 代表照明，D 代表动力。

额定电压：AC 230/400V。

功能：短路、过载、漏电保护。

〰 AC 型：仅对交流漏电起保护作用。

〰 A 型：对交流漏电、脉动直流漏电都起保护作用。

接线方式：压板接线。

安装方式：导轨安装。

使用环境温度：−25～60℃。

储存环境温度：−40～80℃。

电气寿命：10000 次，是指带电合闸次数可达 10000 次。

机械寿命：20000 次，是指不带电合闸次数可达 20000 次。

耐冲电压：6kV 是指电绝缘性能能够达到 6000V 电压。

分断能力：$I_{cn} = I_{cs}$（6000A）表明这个断路器最大可切断 6000A 的短路电流，是短路极限分断电流，即在不超过这个电流下，空气开关可以做出跳闸切断电路，超过这个极限有可能造成开关烧蚀失效。断路器的额定短路分断能力 I_{cn} 包括额定极限短路分断能力 I_{cu} 和额定运行短路分断能力 I_{cs}。在小型断路器中只做额定运行短路分断能力 I_{cs} 的试验。所以小型断路器上的 6000A 或 4500A 就是小型断路器能够可靠瞬间切断的最大短路电流。

防护等级：IP20 表示防尘等级和防水等级。防尘等级 2：防止人的手指接触到电器内部的零件，防止中等尺寸（直径大于 12.5mm）的外物侵入。防水等级 0：对水或湿气无特殊的防护。

5. 相关标准

（1）3C 认证标准。

（2）现行国家标准《剩余电流动作保护装置安装和运行》GB/T 13955。

（3）现行国家标准《电气附件　家用及类似场所用过电流保护断路器　第 1 部分：用于交流的断路器》GB/T 10963.1。

6. 生产工艺

以漏电保护开关的生产工艺流程为例（图 1.1.6-6）：

图 1.1.6-6　漏电保护开关的生产工艺流程图

（1）注塑

将聚碳酸酯粒料放入注塑机料斗，启动注塑机，加热后将塑料溶液喷入模具中，模压冷却，完成开关外壳及操作手柄、连杆机构的塑料件的成型（图 1.1.6-7）。

图 1.1.6-7　注塑

（2）五金加工

用冲床及模具将铜板、镀锌板材冲压、折弯成所需要的各个形状尺寸。如触头组、灭弧片、接线端子的部件成型，以供后续组装使用（图1.1.6-8）。

图1.1.6-8　五金加工

（3）电路板印制

打印好的线路纹样用复印纸拓

图1.1.6-9　印制电路板

在塑料板上。裁剪导体铜片，打磨铜板，将表面形成的一层氧化膜磨掉，保证电路板的导电能力。将打印好的纹样与电路板吻合，再对其进行转印。转印完成后将线路板放入腐蚀液中，去除暴露的铜膜。在线路板上两个线板相接处打孔，使电流实现传输。最后在电路板上铺盖一层松香作为保护膜保护（图1.1.6-9）。

（4）功能件组装

进入自动组装流水线，将操作机构、触头组、电磁铁、灭弧片，双金属片、接线端子等与外壳组装在一起（图1.1.6-10）。自动化检测设备设置好测试参数，对产品进行通电测试（图1.1.6-11），确保每个开关都能准确动作，方可进行验收、包装。

图1.1.6-10　组装

图1.1.6-11　检测

7. 品牌介绍（排名不分先后，表 1.1.6-2）

表 1.1.6-2

品牌	简介
Schneider Electric	施耐德电气有限公司（Schneider Electric SA）是世界 500 强企业之一，1836 年由施耐德兄弟建立。总部位于法国吕埃
ABB	ABB 集团为全球 500 强企业，总部位于瑞士苏黎世。由瑞典阿西亚公司（ASEA）和瑞士的布朗勃法瑞公司在 1988 年合并而成

8. 价格区间（表 1.1.6-3）

表 1.1.6-3

名称	规格	价格	规格	价格
空气开关	DPN 16A	10 ～ 13 元 / 只	3P 32A	25 ～ 30 元
	DPN 20A	10 ～ 13 元 / 只	3P 40A	25 ～ 30 元
	DPN 25A	10 ～ 15 元 / 只	3P 50A	25 ～ 30 元
	2P 16A	10 ～ 20 元 / 只	3P 63A	25 ～ 30 元
	2P 20A	10 ～ 20 元 / 只	3P 80A	40 ～ 50 元
	2P 25A	10 ～ 20 元 / 只	4P 16A	35 ～ 40 元
	2P 32A	10 ～ 20 元 / 只	4P 20A	35 ～ 40 元
空气开关	2P 40A	10 ～ 25 元 / 只	4P 25A	35 ～ 40 元
	2P 50A	10 ～ 25 元 / 只	4P 32A	35 ～ 40 元
	2P 60A	10 ～ 25 元 / 只	4P 40A	35 ～ 40 元
	3P 16A	20 ～ 25 元 / 只	4P 50A	35 ～ 40 元
	3P 20A	25 ～ 30 元 / 只	4P 63A	35 ～ 40 元
	3P 25A	25 ～ 30 元 / 只	4P 80A	90 ～ 100 元
漏电保护断路器	2P 16A	20 ～ 50 元 / 只	3P 25A	35 ～ 40 元
	2P 20A	20 ～ 50 元 / 只	3P 32A	40 ～ 50 元
	2P 25A	20 ～ 50 元 / 只	3P 40A	40 ～ 50 元
	2P 32A	20 ～ 50 元 / 只	4P 32A	50 ～ 60 元
	2P 40A	25 ～ 60 元 / 只	4P 40A	80 ～ 90 元

注：以上价格为 2023 年网络电商平台价格，价格受品牌、规格、功能、材质以及原材料价格浮动、市场环境等因素的影响（以上价格仅供参考）。

9. 验收要点

（1）资料检查：应有产品合格证书，IEC 标志、CCC 标志、长城认证、PICC 中保质量认证等标志，检验报告及使用说明书等质量证明文件，并注意认证书的有效期。

（2）包装检查：包装完整，包装上的产品品牌、规格、型号应与订单要求一致。

（3）实物检查：

1）外壳材料手感应细腻，参数标志字迹清晰，材质良好。无边角毛刺，无缝隙、裂缝、螺钉生锈、电镀不均，无金属变形等现象。产品尺寸应精确，整体坚固。

2）开关应灵活、无卡死滑扣等现象，手柄推拉时应感觉有弹性和一定的压力感。劣质的空开，扳动开关时手感绵软，回弹无力；开关时的声音应是沉闷的，表明触点的磨擦小，接触良好。

3）空气开关外壳应为阻燃 PC 塑料，内部使用纯铜线，越重说明用料越足，高质量的空开重量应在 85g 以上。

4）空气开关合闸状态，用万用表测量相间绝缘电阻及外壳绝缘。

5）测量空气开关进线和出线电阻，电阻大表明触头接触不好。

10. 应用要点

漏电保护断路器选择要点：

漏电保护断路器在发生触电或泄漏电流超过允许值时，漏电保护断路器可有选择地动作；漏电保护断路器在正常泄漏电流作用下不应误动作，以防止供电中断而造成不必要的经济损失。根据保护范围、人身设备安全和环境要求确定漏电保护断路器的电源电压、工作电流、漏电电流及动作时间等参数。

漏电保护断路器作为直接接触防护的补充保护时（不能作为唯一的直接接触保护），应选用高灵敏度、快速动作型漏电保护断路器。

一般环境选择动作电流不超过 30mA，动作时间不超过 0.1s，这两个参数保证了人体如果触电时，不会使触电者产生病理性生理危险效应。在浴室、游泳池等场所漏电保护断路器的额定动作电流不宜超过 10mA。在触电后可能导致二次事故的场合，应选用额定动作电流为 6mA 的漏电保护断路器。

11. 材料小百科

（1）C 型断路器与 D 型断路器（图 1.1.6-12）

C 型断路器主要用于家庭用电、配电控制与照明保护，比如用作控制配电或者照明灯的连接，属于阻性负载。其长延时动作范围为 $5\sim10I_\mathrm{n}$（I_n 为开关的额定电流）。除非一些大型功率的电器要考虑选用 D 型断路器。

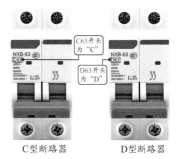

图 1.1.6-12　断路器

D 型断路器主要用于工业用电、动力用电的保护。比如用来控制电机，属于感性负载。其长延时动作范围为 $10\sim12I_\mathrm{n}$，主要用在电器瞬时电流较大的环境下，适用于高感负载和较大冲击电流的系统，常用于保护具有很高冲击电流的设备，如变压器、电磁阀等。

C 型断路器能够对电流起到保护作用，比如当电路中电流比较大时能够启动过流保护，但如果超过负荷就不能启动，而 D 型断路器当电路中负荷比较高时，就有过载保护的功能，但是 D 型断路器没有过流保护。

C 型断路器的分断能力为 $5\sim10$ 倍，而 D 型断路器的分断能力稍微高一些，能够达到 10 倍以上，但不超过 14 倍，且 D 型断路器的短路分断倍数要比 C 型的更大一些。

（2）空气开关的脱扣类型

1）手动脱扣：这种脱扣方式是最基本的，用手扳动即可，这也是每个空气开关必备的方式。

2）热动式脱扣：如果磁性开关没有断路，热元开关就会根据热量来断开电路。

3）电磁式脱扣：利用电磁的原理进行断路保护，电流超过一定额定功率的时候就会产生磁力，断开电源。

4）复式脱扣：当热元件的热量达到一定值时，金属装置就会弯曲，脱离扣件，导致断路。

1.1.7 开关插座

1. 材料简介

开关（图 1.1.7-1）是用来隔离电源或在电路中接通、断开电流，或改变电路连接的一种装置。

开关的种类繁多，按其启闭形式可分为拉线式、扳把式、翘板式、触摸式等多种；按功能不同可分为延时、声控、红外感应等；按装配形式可分为单联（即单面板装配一只开关，以此类推）、双联、多联；按控制类型可分为单控开关、双控开关、多控开关（即开关位置

图 1.1.7-1 开关

按单地、两地、多地控制同一光源）。而照明开关是用来接通和断开照明线路电源的一种低压电器，通过配管布线安装在墙壁预埋线盒上的"墙壁开关"在目前室内装饰装修中最常用。

插座（图 1.1.7-2）又称电源插座，是指电路接线回路上可接入的基座，通过插头与插座可实现电器设备与电路的连接及断开。

插座分为弱电与强电两大类。其中强电插座按接线不同可分为单相二极、单相三极（带接地接零保护）、三相三极、三相四极；按功率不同分为 50V 级的 10A、15A，250V级的 10A、15A、20A、30A，380V 级的 15A、25A、30A。住宅供电一般为 220V 电源，应选择电压为 250V 级的插座。普通电器可使用额

图 1.1.7-2 插座

定流量 10A 的插座，空调等大功率电器应选用 15A 以上的插座。

2. 构造、材质

构造：

开关：由翘板、开关载流件、开关触点、底座等组成（图1.1.7-3）。

插座：由盖板、保护门、插套、底座等组成（图1.1.7-4）。

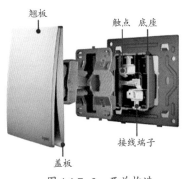

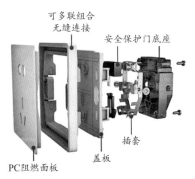

图 1.1.7-3　开关构造　　　　　图 1.1.7-4　插座构造

材质：

面板：ABS、PC、PA66 尼龙、电玉粉、电木粉、PP 聚丙烯。

金属载流件：黄铜、锡磷青铜、红铜。

开关触点：纯银、银合金。

3. 分类

（1）开关（表 1.1.7-1）

表 1.1.7-1

名称	图片	产品说明	应用
单控开关（背面）		（1）最简单的一种开关形式，通过单独一个开关控制一路或多路灯具。 （2）分为单联单控、双联单控、三联单控、四联单控	最为简单、普遍的一种控制形式，应用场景广泛
双控开关（背面）		（1）双控翘板开关可与另一个双控开关组合，实现两个位置交替控制同一路或多路灯具。 （2）分为单联双控、双联双控、三联双控、四联双控	用于需要在两个位置控制同一光源的场所
多控开关（背面）		（1）又叫中途开关，就是在一组双控开关中间串联上一个（多个）双刀双掷开关，实现多个位置交替控制同一路或多路灯具。 （2）分为单联多控、双联多控	用于需要在两个位置以上控制同一光源的场所

名称	图片	产品说明	应用
红外线感应开关		内置红外线感应器，当人进入开关控制范围时，会自动连通负载开启灯具或设备，离开后会自动关闭，很适合装在阳台	用于楼道、走廊、厕所、庭院等场所
调光开关		调光开关可以通过旋转的按钮，控制灯具的明亮程度及开、关灯具	用于对灯具亮度有不同需求的空间

（2）插座（表 1.1.7–2）

表 1.1.7–2

名称	图片	产品说明	应用
三孔插座		（1）额定电流分为 10A 和 16A 两种，10A 用于电器和挂机空调，16A 用于 2.5P 及 2.5P 以上的柜机空调。 （2）还有带防溅水盖的三孔插座，适合用于厨房和卫生间	16A 多用于挂机空调、柜机空调、冰箱等
四孔插座		四孔插座分为两种，一种为普通两个二孔插组合，另一种为 25A 三相四级插座，这里特指后者	25A 多用于功率大于 3P 的空调
五孔插座		（1）面板上有五个孔，可以同时插一个三头和一个双头插头。 （2）分为正常布局和错位布局两类	可以同时插一个三头和一个双头插头，室内普遍适用
多功能五孔插座		（1）面板上有五个孔，可以同时插一个三头和一个双头插头。 （2）同时带有 USB 插口，实现 USB 充电	除正常五孔插座功能外，同时可进行 USB 接口的充电
带开关插座		插座的电源可以经由开关控制，所控制的电器不需要插、拔插头，只需要打开或关闭开关即可供电和断电	主要用于洗衣机、电磁炉、电饭煲、热水器、内置烤箱等电器

名称	图片	产品说明	应用
地面插座		（1）安装在地面上的插座，既有强电插座又有弱电插座。 （2）能够将开关面板隐藏起来与地面高度平齐，通过按压的方式即可弹开使用	主要用在有很多办公桌的办公空间，可以避免从墙面插座上接线，致使地面到处是电线
网络插座		将计算机等用网设备与网络信号连接起来的插座	用于接入网络信号
电话插座		将电话与电话信号连接起来的插座，分为单口和双口两种，双口可以同时连接两台电话机	用于接入电话信号
音响插座		用于接通音响设备的插座。包括一位音响插座，用于接音响；二位音响插座，用于接功放	用于接入音响设备

4. 参数指标

（1）开关

产品名称：单联单控、单联双控、单联多控；双联单控、双联双控、双联多控；三联单控、三联双控等。

产品尺寸：86mm×86mm。

安装孔距：60mm。

产品材质：阻燃 PC 料。

开关触点：纯银、银合金。

额定电流：6AX、10AX、16AX。

额定电压：250V。

（2）插座

产品名称：三孔、四孔、五孔、斜五孔、五孔＋USB、网络、电话等。

产品尺寸：86mm×86mm。

安装孔距：60mm。

产品材质：阻燃 PC 料。

载流件：黄铜、锡磷青铜、红铜。

额定电流：10AX、16AX、25AX、30AX。

额定电压：250V、380V。

5. 相关标准

（1）3C 认证标准。

（2）现行国家标准《家用和类似用途插头插座　第 1 部分：通用要求》GB 2099.1。

（3）现行国家标准《家用和类似用途固定式电气装置的开关》GB/T 16915。

（4）现行行业标准《电器附件用面板、调整板和安装盒尺寸要求》JB/T 8593。

6. 生产工艺

开关插座的生产工艺流程（图 1.1.7-5）：

图 1.1.7-5　开关插座的生产工艺流程图

图 1.1.7-6　注塑

（1）注塑（图 1.1.7-6）

将聚碳酸酯粒料放入注塑机的料斗里，启动注塑机，原材料通过管道进入注塑机内部，加热后将塑料溶液喷入模具中，通过注塑机高温压缩，完成面板注塑、功能键底座注塑、功能键面盖注塑、安装板注塑、按键注塑。

（2）五金加工（图 1.1.7-7）

冲床及模具将铜板冲压、折弯成所需要的各个形状尺寸。如开关载流件、插套、接线端子的部件成

图 1.1.7-7　五金加工

形，以供后续组装使用。

（3）组装（图 1.1.7-8）

开关功能件组装，把功能件装于安装板上，装面板等。进入检测环节，对产品外观进行检测，通断及操作手感测试，测试合格后进行打包。

图 1.1.7-8　功能件组装

7. 品牌介绍（排名不分先后，表 1.1.7-3）

表 1.1.7-3

品牌	简介
simon	西蒙集团于 1916 年诞生在西班牙奥洛特市，国际业务轨迹和范围覆盖小型电气材料、工位连接、内外部照明、控制系统及电动车充电领域
legrand 罗格朗	罗格朗始于 1865 年法国，全球知名电气与智能建筑系统解决方案提供商，专注于建筑电气电工及信息网络产品和系统的全球制造商
SIEMENS	德国西门子股份公司创立于 1847 年，是全球电子电气工程领域的领先企业，是一家专注于工业、基础设施、交通和医疗领域的科技公司

8. 价格区间（表 1.1.7-4）

表 1.1.7-4

开关	规格	价格
一开单控开关	86 型	5～9 元 / 只
一开双控开关	86 型	8～11 元 / 只
二开单控开关	86 型	8～12 元 / 只
二开双控开关	86 型	13～16 元 / 只
三开单控开关	86 型	15～18 元 / 只
三开双控开关	86 型	18～20 元 / 只
四开单控开关	86 型	23～25 元 / 只

插座	规格	价格
三孔插座	86 型	12 ～ 15 元／只
五孔插座	86 型	15 ～ 17 元／只
三孔带开关插座	86 型	20 ～ 25 元／只
五孔带开关插座	86 型	25 ～ 29 元／只
地面插座	86 型	15 ～ 17 元／只
电视插座	86 型	30 ～ 35 元／只
网络插座	86 型	45 ～ 50 元／只

注：以上价格为 2023 年网络电商平台价格，价格受品牌、规格、功能、材质以及原材料价格浮动、市场环境等因素的影响（以上价格仅供参考）。

9. 验收要点

（1）资料检查：应有产品合格证书、3C 认证书、检验报告及使用说明书等质量证明文件。

（2）包装检查：包装完整，包装上的产品品牌、规格、型号应与订单要求一致。

（3）实物检查：

1）检查开关插座表面是否完好无损，面板表面应无气泡、裂纹、缺料、肿胀；无明显的擦伤、毛刺、变形、凹陷、杂色点等缺陷。面板、边框和壳体通常选用 PC 料，后座选用尼龙 PA66 调色加阻燃材料，而少数优质品牌后座也使用 PC 料制作。检查铜片厚薄和铜质量，材质是否有韧性；金属件无毛刺、裂痕、腐蚀痕迹、生锈及螺钉头损伤等不良情形。

2）掂量单个开关插座重量。如果是合金的或者薄铜片，手感较轻。好的开关插座选用的铜片及接线端子通常比较厚实，分量相对较重。铜件是开关插座的关键部分，也是识别假冒劣质产品的重点部位，要谨防不良厂家加铁板以增加重量。

3）抽样检查开关控制，确保开关按钮正常通、断电；开关的额定开关次数应大于 10000 次，按压手感轻巧而不紧涩，无阻滞感；不会发生开关按钮停在中间某个位置的状况。

4）开关触点先看大小，越大越好，而且动触点、静触点大小和材质要一致。再看材质，开关触点通常采用纯银或银合金，而银镍合金优于纯银，是比较理想的触点材料，其导电性能、硬度比较好，抑制电弧的能力强，也不容易氧化生锈。开关采用黄铜螺钉压线，接触面大而好，压线能力强，接线稳定可靠。

5）插座额定的插拔次数不应低于 5000 次，插套铜片松紧适宜并有一定的厚度，插头插拔用力均匀且应需一定的力度。插孔需配有保护门，单脚无法插入。带接地触头的电气附件应构造成当插头插入时，接地插销先与接地插套连接，然后载流插销才带电。当拔出插头时，载流插销应在接地插销断开之前断开。

6）插座的插套宜采用锡磷青铜（颜色紫红色）。锡磷青铜片弹性好，抗疲劳性优于黄铜，不易氧化，特别是经过酸洗磷化抗氧化处理后导电性能更稳定。优质插座的插套应该采用优质锡磷青铜以一体化工艺制作，无铆接点，电阻低，不容易发热，更安全耐用。

10. 应用要点

什么是多控开关？多控开关的接线方式：

多控开关即可实现在多个不同位置控制同一个电器的开关。以三地控制同一盏灯的情景为例，接线方式与原理如图 1.1.7-9 所示。

（1）准备两个单联双控开关（双控 A、双控 B）与一个单联多控开关。

（2）将电源出线连接双控 A 的 L 极，双控 B 的 L 极出线连接灯座。

（3）单联多控开关实则组合了两个联动的双控开关，接线前，先将多控开关的 L11 与 L22 串联，L12 与 L21 串联（部分产品生产时已串联，故外部只有 4 个接线口）。

（4）双控 A 的 L1、L2 极与多控开关的 L1、L2 极实现

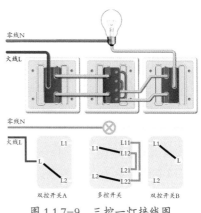

图 1.1.7-9　三控一灯接线图

火线端的连接，双控开关 B 的 L1、L2 极与多控开关的 L12—L21、L11—L22 极实现控制端的连接。

（5）综上同理，如要实现三地以上控制时，仅需在中间增加多控开关即可。

11. 材料小百科

（1）面板材料的特点

1）聚碳酸酯：简称 PC 料，俗称防弹胶。透明度高、耐冲击、耐中性油、耐弱酸碱、不耐强碱、不耐紫外光，高温下遇水易分解。具有高强度及弹性系数，尺寸稳定性良好，耐老化性好，绝缘性能优良。使用温度范围广，增强后的 UL 温度指数达 120～140℃。

2）脲醛树脂：又称尿素甲醛树脂（简称 UF），其压塑粉俗称电玉粉，是 20 世纪 90 年代前国内生产开关插座的主要材料。与高级 PC 料相比，其抗冲击性、耐磨性、绝缘性能及耐高温性差一些，还容易变色，表面摸多了就显得很毛糙。电玉粉是多用于中、低档次品牌开关、插座面板的材料。

3）ABS 工程塑料：为低档工程塑料、易变色、低强度。ABS 为丙烯腈—丁二烯—苯乙烯三元共聚物，是一种通用型工程塑料，其品种多样，用途广泛，也称"通用塑料"。许多低档、超低档开关插座产品仍然采用 ABS 制作面板、边框和固定架。

（2）插座载流材料的特点

1）黄铜：质硬、弹性略弱、导电率中等，呈亮黄色。

2）锡磷青铜：质硬、弹性好、导电率较黄铜好、呈红黄色。

3）红铜：质略软、弹性好、导电率高、呈紫红色。

（3）开关触点材料的特点

1）纯银：电阻低、质地柔软、熔点低、易产生电弧烧坏电线或开关元件、易氧化。纯银做触点其实并不合适，很容易氧化。氧化生锈使导电性能变差，锈点易发热使触点烧化，造成通电不畅。

2）银合金：电阻低、质地耐磨、熔点高、抗氧化、综合性能比纯银优越。银镍合金是目前比较理想的触点材料，导电性能、硬度比较好，也不易氧化生锈。银镉合金触点在其他方面也都较好，但镉元素属于重金属，且和银的融合性较差，导电时可能拉出电弧。

1.1.8 光源

1. 材料简介

光源原本是一个物理学名词，即能发出一定波长范围的电磁波（包括可见光以及紫外线、红外线和 X 射线等不可见光）的物体。光源可以分为自然光源（天然光源）和人造光源。照明光源是指用于建筑物内外照明的人造光源，即俗称的"灯泡""灯管"等。近代照明光源按发光形式主要分为热辐射光源、气体放电光源和半导体电光源三类。热辐射光源是通过电流流经导电体产生高温下辐射光能的光源，如白炽灯和卤钨灯等。气体放电光源是电流流经气体或金属蒸气产生气体放电而发光的光源，如弧光放电，如荧光灯、霓虹灯、低压钠灯等低气压气体放电灯；高压汞灯、高压钠灯、金属卤化物灯等高压气体放电灯；超高压汞灯等超高压气体放电灯等。半导体电光源是在电场作用下，使固体物质或者半导体 p-n 结发光的光源，如场致发光光源和发光二极管。

2. 构造、材质

（1）白炽灯

构造：普通白炽灯主要由玻壳、灯丝、导丝、芯柱、灯头等组成（图 1.1.8-1）。

材质：钨丝、玻璃、钼丝、金属灯头。

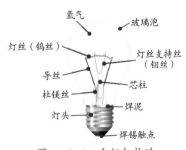

图 1.1.8-1　白炽灯构造

（2）卤素灯

构造：由钨丝、石英玻璃管、卤素气体（惰性气体，保护灯丝不被氧化）、钼材料的电极等组成（图 1.1.8-2）。

材质：钨丝、石英玻璃、卤素气体等。

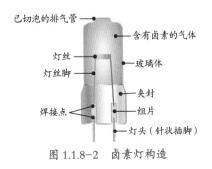

图 1.1.8-2　卤素灯构造

（3）荧光灯

构造：日光灯主要由灯管、镇流器、启辉器组成（图 1.1.8-3）。
节能灯主要由灯管、电子镇流器、灯头组成（图 1.1.8-4）。

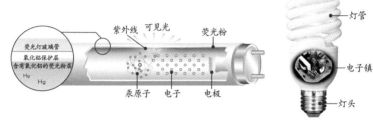

图 1.1.8-3　日光灯发光原理

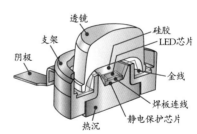

图 1.1.8-4　节能灯构造

传统型荧光灯即低压汞灯，其发光原理是利用低气压的汞蒸气在放电过程中辐射紫外线，从而使荧光粉发出可见光，属于低气压弧光放电光源。

无极荧光灯无电极，即不再使用灯丝和电极，去除了制约传统光源寿命的灯电极，避免了灯电极损耗，从而显著提高了荧光灯的性能和寿命。

材质：玻璃、汞、荧光粉、金属、聚对苯二甲酸丁二酯（PBT）、ABS 塑料等。

（4）LED 灯

构造：主要由支架、银胶/硅胶、晶片、金线、环氧树脂、模条等组成（图 1.1.8-5）。电致发光的半导体材料（发光二极管）置于带有引线的架子上，四周用环氧树脂密封。发光二极管

图 1.1.8-5　LED 灯构造

的核心部分由 p 型半导体和 n 型半导体组成，在 p 型半导体和 n 型半导体之间有一个过渡层，称为 p-n 结。

材质：

支架：经电镀而成，由里到外是由铜、镍、铜、银所组成的。

银胶：主要成分为银粉（75%～80%）、环氧树脂（10%～15%）、添加剂（5%～10%）。

晶片：发光的半导体材料。晶片是由磷化镓（GaP）、镓铝砷（GaAlAs）或砷化镓（GaAs）、氮化镓（GaN）等材料组成。

金线：连接晶片 PAD 与支架，并使其能够导通。

3. 分类（表 1.1.8-1）

表 1.1.8-1

名称	图片	产品说明	应用
白炽灯		（1）又称钨丝灯泡，灯丝是钨丝，使用久了钨丝会不断被高温蒸发，逐渐变细直至断开。 （2）按其灯头结构可分为插口式和螺口式两种。 （3）功率因数高、显色性好、能瞬时点亮、价格低且实用性强。 （4）发光效率低，大部分变成热辐射能，可见光仅为 2%～4%，发光效率为 10～18lm/W，寿命短，灯泡易发黑。 （5）使用寿命与钨丝承受的温度有关，因此白炽灯的功率越大，寿命就越短	适用于工业企业场所，以及住宅、走廊等对照度要求不高的场所
卤素灯		（1）又称卤钨灯，玻壳是用石英玻璃制成的，也称石英灯，是在白炽灯基础上改进技术生产的照明光源，其发光原理与白炽灯相同，灯泡内除了充入惰性气体，还充有少量的卤族元素（氟、氯、溴、碘）或卤化物。 （2）卤素灯分为溴钨灯和碘钨灯两类，溴钨灯寿命不如碘钨灯（溴钨灯约 1000h，碘钨灯可达 1500h），但溴钨灯的发光效率比碘钨灯高 5%。 （3）卤素灯体积小、光色好、效率高且集中，更便于光的控制，解决了灯泡易发黑的问题，使用寿命是白炽灯的 1.5 倍。光效比白炽灯提高 30%，耐振性差。 （4）卤钨灯发光热量高，容易导致周边温度升高，灯座温度较高，必须安装在专用的隔热金属灯架上，且不能安装在木灯架上	适用于体育场、剧场、汽机房、主机房等对显色要求高的场所

名称	图片	产品说明	应用
荧光灯		（1）即低压汞灯，也称日光灯，利用低压汞蒸气在通电后释放紫外线，使荧光粉发可见光，因其属于低气压弧光放电光源，用稀土元素三基色荧光粉制作的即为节能荧光灯，比白炽灯节能80%。 （2）按照直径分类有T4、T5、T8、T10、T12五种，按照形状可分为直管形和环形两类，其中环形有U形、双H形、球形、SL形、ZD形等。 （3）发光效率比白炽灯高约3倍，光线柔和、发光面积大、亮度高、炫光小、不装灯罩也可使用。 （4）有闪频，不能频繁开关。功率因数低，为0.5左右。温度低于−10℃启动困难。低照度（80lx以下）时有昏暗感	适用于照度要求高的场所，如主控制室、精密工作场所、仪表计量室、办公室等场所
LED灯		（1）LED为发光二极管，是一种能将电能转化为可见光的固态半导体器件，其利用固体半导体芯片作为发光材料，在半导体中通过载流子发生复合放出过剩的能量而引起光子发射，直接发出红、黄、蓝、绿、青、橙、紫、白色的光。它可以直接将电转化为光，用它制成的光源即为LED灯，是目前最新型的节能灯。 （2）可分为灯泡和灯带，前者用于灯具，后者多为彩色，用于制作暗藏灯带。 （3）发光效率高、线损小、启动快；节能，能耗为白炽灯的1/10，为节能灯的1/4；环保，无有害气体和外壳玻璃破碎对环境的污染；寿命长、耐振，使用寿命可达10^5h。能在−40～50℃环境温度及电压波动很大的环境下正常工作。 （4）LED灯寿命虽很长，但做成灯饰，在高温和封闭的环境下寿命会急剧降低	适用于家庭、宾馆、商超、办公室、学校、停车场、仓库、工厂、通道走廊、景观带、广告箱体等

4. 参数指标

通用参数

品名：白炽灯、卤素灯、荧光灯、LED 灯。

色温：暖光（3300K 以下）、自然光（3300～5000K）、冷光（5000K 以上）、双色可调、三色可调、五色可调、七色可调、无极调色。

显色指数：白炽灯（97）、日光色荧光灯（80～94）、白色荧光灯（75～85）、暖白色荧光灯（80～90）、卤钨灯（95～99）、LED 灯（70～90）。

功率：3～400W，详见具体产品。

灯形：球泡、条形、拉尾泡、U 形、螺旋管、环形、蝴蝶形、烛形、直管形。

灯头：卡口（B15、B22）、螺口（E14、E27）、其他（图 1.1.8-6）。

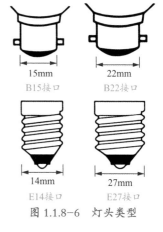

图 1.1.8-6　灯头类型

5. 相关标准

（1）现行国家标准《金属卤化物灯（钪钠系列）　性能要求》GB/T 18661。

（2）现行国家标准《普通照明用自镇流荧光灯　性能要求》GB/T 17263。

（3）现行国家标准《普通照明用非定向自镇流 LED 灯　性能要求》GB/T 24908。

6. 生产工艺

（1）白炽灯的生产工艺流程（图 1.1.8-7）

图 1.1.8-7　白炽灯的生产工艺流程图

1）泡壳制造（图 1.1.8-8）

熔炼得到的黏稠玻璃经过两个滚筒相互作用截成玻璃条，传送带上的喷头往玻璃条里吹气，再经过前方铸模的挤压和塑形，即以吹塑的方式得到灯泡外壳的造型。待泡壳冷却后，在泡壳的内壁喷洒涂料使灯泡的光线更加柔和。

2）灯丝制造（图1.1.8-9）

将钨砂经氢气还原成金属钨粉，压制成钨条放在氢气炉中通电烧结制成钨棒，用旋锤机锻造，通过金刚石细孔多次拉拔成细丝，

图1.1.8-8　泡壳制造

并卷曲成螺纹状钨丝。选择与钨丝绕丝匹配的钼丝，退火处理后与钨丝绕制，用化学剂去油后，将绕后的灯丝定型。将定型后的灯丝再次绕制，化学去油，然后湿氢定型。并切割成所需长度的灯丝，送入烧氢退火炉定型。最后用化学剂去除钨丝中的钼丝并清洗。

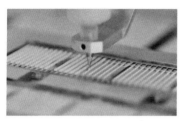

图1.1.8-9　灯丝制造

3）灯芯制造（图1.1.8-10）

将玻璃管与排气管加工定尺，清洗烘干后放入自动上料机。火焰将玻璃管的一端烧熔，扩口，将排气管烧软后拉细。往玻璃管里面插入两根金属线，用来连接灯泡底座和灯丝。再插入一根长一点的玻璃

图1.1.8-10　灯芯制造

管抽出灯泡里的空气，防止灯丝氧化。喷灯把玻璃管底部融化，用两边的夹子将玻璃管和金属丝融合在一起，再将玻璃管放到旋转料架上安装灯丝。

4）灯泡制造

将灯芯套入制作好的泡壳内，用加热器将灯罩的底部加热软化，将泡壳底部和灯芯玻璃管结合成灯泡。用火焰对定型的模具进行加热，模具将灯罩和灯芯按一定的模型塑造为一体。利用抽气装置将灯泡内的空气抽真空，同时冲入氮气（图1.1.8-11）或氩—氮混合气体。再将底部进行加热、定型和封闭。

5）装配

将灯泡一根导电线拉直，另一根弯曲成 90° 备用。用火焰进行加热，使灯头和灯泡之间更好地衔接。剪掉多余的导电线，将导电线和灯头之间的位置进行焊接，一边

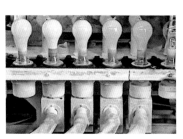

图 1.1.8-11　冲入氮气

图 1.1.8-12　装配灯头

加热一边焊接，确保灯泡和灯头之间的稳定性，最后进行灯头的顶端焊接（图 1.1.8-12）。

（2）荧光灯的生产工艺流程（图 1.1.8-13）

图 1.1.8-13　荧光灯的生产工艺流程图

1）灯管成型

把玻璃管加工成荧光灯所需要的形状，如 U 形、螺旋形（图 1.1.8-14）、直管等，玻管还要经过一系列的细加工，如弯脚、割角等工序。

2）涂粉烤管

图 1.1.8-14　灯管成型

将胶粘剂、溶剂、加固剂等与荧光粉搅拌混合成荧光粉浆，使荧光粉能牢固、均匀地分布在玻璃管内壁上，并用相应的方式涂覆（图 1.1.8-15）。通过烤管使胶粘剂热分解，使灯管内表面荧光粉涂层中的胶粘剂分解成一氧化碳和二氧化碳等气体。

图 1.1.8-15　涂粉

3）封口排气

将芯柱和灯管熔接起来，把灯丝、芯柱和灯管口封接严密，只留下排气管供排气使用（图 1.1.8-16）。将灯管内部影响光源寿命、光衰退，导致灯管发黄、发黑的有害气体如氧气等排尽。阴极分解激活、注汞、充入氩气。

图 1.1.8-16 封口

（3）LED 灯珠的生产工艺流程（图 1.1.8-17）

图 1.1.8-17 LED 灯珠的生产工艺流程图

1）固晶（图 1.1.8-18）

通过自动固晶机将每一块不同波长的 LED 芯片组合，使用 LED 固晶胶将芯片按设定的位置排列固定在 COB 支架上面。再将固晶胶烤干，让 LED 芯片和 LED 支架形成良好的粘接。烘烤完成后，使用推拉力测试仪进行固胶推力测试。

图 1.1.8-18 固晶

2）焊线

固晶完成后，将 LED 芯片上的焊盘和 LED 支架上的导电区域使用金属线焊接。焊接金属丝主要有金线、合金线和铜线。焊线机用金线

图 1.1.8-19 焊线

将每一块芯片与支架电路进行连接导通，形成电路（图 1.1.8-19）。

3）点胶（图 1.1.8-20）

在 LED 支架所成型的杯状区域使用 LED 封装胶水进行填充，

图 1.1.8-20 点胶

将 LED 芯片和透镜、支架等器件一起封装成 LED 灯珠。LED 的封装主要有点胶、灌封、模压三种。制作白光 LED 灯珠时，胶水需要添加适量的荧光粉以使灯珠产生白光，并精准调配荧光粉比例及控制胶量，确保灯珠的显色、光效、色温等参数合格。

图 1.1.8-21　烘烤固化

4）固化

注胶完成后，将 LED 灯珠送入烤箱，在约 160℃的恒温条件下进行 5h 的烘烤，确保荧光胶完全固化以及稳定（图 1.1.8-21）。

5）检验

图 1.1.8-22　检验

测试 LED 的光电参数，包括 LED 灯珠的光通量、显色指数、色温、波长、电流、电压等性能测试（图 1.1.8-22），以及灯珠外观、外形尺寸检查，同时根据要求对 LED 产品进行分选。

7. 品牌介绍（排名不分先后，表 1.1.8-2）

表 1.1.8-2

品牌	简介
OPPLE 欧普照明	欧普照明股份有限公司始于 1996 年，总部位于上海市，分别在苏州市吴江区、广东省中山市拥有工厂。主要从事照明光源、灯具、控制类产品的研发、生产、销售和服务
nVc 雷士照明	NVC 雷士电工属于惠州雷士光电科技有限公司，成立于 2006 年，位于广东省惠州市，集研发、生产、销售于一体的电工企业，雷士已获"中国驰名商标""国家免检产品"等殊荣
Pak 三雄极光	三雄极光创立于 1991 年，总部位于广东省广州市，是一家开发和生产高品质、高档次的绿色节能照明产品的企业。拥有 5 大生产基地，年生产能力上千万套产品，综合竞争力强

品牌	简介
PHILIPS	飞利浦成立于1891年，位于荷兰，主要生产照明、家庭电器、医疗系统方面的产品。在全球28个国家有生产基地，在150个国家和地区设有销售机构，拥有8万项专利

8. 价格区间（表1.1.8-3）

表1.1.8-3

名称	规格	价格
白炽灯	25W、40W、60W	2～10元/只
卤素灯	175W、200W、225W、250W	9～22元/只
荧光灯	12W、15W、20W、30W、36W、40W	9～20元/只
LED灯	3W、4W、5W、6W、7W、8W	10～50元/只

注：以上价格为2023年网络电商平台价格，价格受品牌、规格、功能、材质以及原材料价格浮动、市场环境等因素的影响（以上价格仅供参考）。

9. 验收要点

（1）资料检查：应有产品合格证书、检验报告及使用说明书等质量证明文件。

（2）包装检查：检查灯泡、灯管的包装是否完好无损，包装上的产品品牌、规格、型号应与订单要求一致。

（3）实物检查：

1）检查灯泡、灯管的外观是否完好无损，有无变形、划伤、磨损、掉漆、裂纹等缺陷。插针有无变形、晃动；灯管有无松动、异响等。

2）检查灯泡、灯管的尺寸是否符合规格要求。

3）检查灯泡、灯管的光学性能，如亮度、色温、色彩还原指数等是否符合要求，有无明显可视频闪，荧光粉涂层厚薄是否均匀。

4）检查灯泡、灯管的电气性能，如电压、电流、功率、功率因数等。

5）检查灯泡、灯管的安全性能，如绝缘性能、防水性能等。

10. 应用要点

照明光源选择要点：

（1）色温选择：色温越低颜色越暖。色温在 2700～3000K 的灯光适合用于家庭、酒店等舒适的环境；色温在 4000～5000K 的灯光适合用于办公室、商业场所等需要提高工作效率的环境；色温在 6000～6500K 的灯光适合用于医院、实验室等需要高亮度、高色温的环境。

（2）显色指数选择：显色指数越高，灯光照射下物体的颜色还原度越高。显色指数在 80 以上的灯光适合用于家庭、商业场所等需要还原真实颜色的环境；显色指数在 90 以上的灯光适合用于展厅、餐厅、医院、实验室等需要高还原度的环境。

（3）亮度选择：亮度在 500～1000lm 的灯光适合用于家庭、酒店等舒适的环境；亮度在 1000～2000lm 的灯光适合用于办公室、商业场所等需要提高工作效率的环境；亮度在 2000lm 以上的灯光适合用于医院、实验室等需要高亮度的环境。

11. 材料小百科

（1）光源频闪

直流电没有频率，即频率为零；交流电频率为 50Hz（图 1.1.8-23），所以会有频闪，频率越高，频闪越小。传统的荧光灯具直接用于 50Hz 的交流电，其频闪是 100Hz，用数码相机拍摄的时候因为采样频率的不同会出现水波纹。而 LED 灯具是直流电源供电，其光源

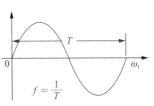

我国为50Hz，美国、日本为60Hz

图 1.1.8-23　交流电频率

发出的光也将是直流形式的（在直流基础上叠加有微小的波动或称脉动）。

从物理角度，使用直流电源供电的 LED 光源的波动程度的确远远低于交流供电光源的波动程度。但是，供电电源是交流电，交流电经整流和滤波后依然存在交流成分，即纹波电流，它是光源产生频闪的罪魁祸首。纹波电流叠加在直流上，具有不同的频率和曲线。该交流成分使 LED 模组的功率发生波动，反过来又会使亮度发生变

化。叠加交流的数量及频率是产生频闪的决定性因素，很难完全避免交流纹波通过 LED 光源，所以 LED 灯具也会存在频闪。

（2）镇流器

由于气体放电光源（如荧光灯、霓虹灯、金卤灯等）是一种具有负阻性电光源，即当灯电流上升时，灯管的工作电压下降，但是供电电压不会下降，多出的这点电压加到灯管后会使灯电流进一步上升，如此循环，最终烧坏灯管或使灯管熄灭，所以要使灯管正常工作，应配以镇流元件，用以限制和稳定灯电流。这个限流装置叫作镇流器。目前气体放电光源常用的镇流器有两种：电感式镇流器和高频交流电子镇流器。

（3）光通量、光强、光照度、光亮度

人类对光的感知是通过眼睛来实现的，不同的光让人们感受到明与暗、红与蓝、冷与暖。这都是大脑对光的主观反应。光通量、光强、光亮度、光照度是人类对光的明暗的一种主观标准化描述（图 1.1.8–24）。光通

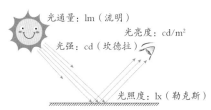

图 1.1.8–24　光通量 / 光强 / 光照度 / 光亮度

量看的是光源的总体属性；光强、光亮度描述的是局部属性；而光照度描述的是被照的结果。

1）光通量（lm，流明）

描述一个物体发射出人眼所能感受到的光辐射功率，通常用来描述发光源的发光能力。把光想象成粒子，一个物体源源不断地往外发射粒子，这些粒子碰到视网膜就会给人一个刺激信号（可见度）。当一个理想单色光源，只发射波长为 555nm 的绿色光子（555nm 的绿光是人眼最敏感的波段），其每秒发射的总粒子的可见度为 1lm。1lm 与一支蜡烛所发出的光通量见度差不多，早期科学家定义流明时普遍还在使用蜡烛，故以烛光来作参考。

2）光强（cd，坎德拉）

光强是用来描述发光源在某方向的发光强度（主观可见的感受）。1cd ＝ 1lm/sr。

若点发光源是均匀向四周发光的，则每个方向上的发光强度为发光源的光通量除以 4π。1cd 差不多相当于一根蜡烛对应的强度。因为光源前进过程中总是不断扩散的，越远光照亮的面积越大，随之也会变得越暗，但是相同立体角内的光通量总数是不变的，因此立体角很适合用来描述与距离无关的光强度。

3）光照度（lx，勒克斯）

被光均匀照射的物体，距离该光源 1m 处，在 $1m^2$ 面积上得到的光通量是 1lm 时，它的照度是 1lux。习惯称"烛光米"。光照度的单位是勒克斯，是英文 lux 的音译，也可写为 lx。夏季中午太阳光下的照度约为 10^9lx；阅读书刊时所需的照度为 50～60lx。

光照度就是单位面积上接收到的光通量。即光源照到物体表面，每平方米的区域接收到的光粒子数量。光照度可用照度计直接测量。有时为了充分利用光源，常在光源上附加一个反射装置，使某些方向能够得到比较多的光通量，以增加这一被照面上的照度。例如汽车前灯、手电筒、摄影灯等。

4）光亮度

单位是 cd/m^2，表示发光面明亮的程度，即发光表面在指定方向的发光强度与垂直且指定方向的发光面的面积之比。用来描述一些面光源在某方向上的发光强度，如屏幕、漫反射之类的。因为发光体有了面积，首先计算单位面积的光通量，然后计算单位面积的发光源在某个方向上的发光强度。

（4）总结

每个光子携带一个可见因子，不同波长的光子携带的可见因子大小是不同的。

光通量：发光源每秒发射的可见因子总数（总发射速度）。

光强度：发光源朝某个立体角方向发射可见因子的速度。

光照度：某个区域单位面积接收可见因子的速度。

光亮度：面光源单位面积朝某方向发射可见因子的速度。

（5）显色指数

太阳光和白炽灯均辐射连续光谱，在可见光的波长（380～780nm）范围内，包含红、橙、黄、绿、青、蓝、紫等各种色光（图 1.1.8–25）。物体在太阳光和白炽灯的照射下，显示出它真实的颜色，但当物体在非连续光谱的气体放电光源的照射下,颜色就会有不同程度的失真。光源对物体真实颜色的呈现程度即为光源的显色性。显色性高的光源对颜色表现较好,所见到的颜色也就接近自然色;显色性低的光源对颜色表现较差,所见到的颜色偏差也较大。

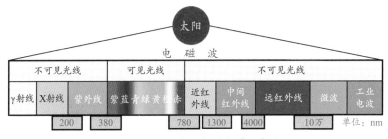

图 1.1.8-25　太阳电磁波谱示意图

　　显色指数(ra)是为了对光源的显色性进行定量的评价,引入显色指数的概念。国际照明委员会(CIE)把太阳的显色指数定为100,各类光源的显色指数各不相同。以日光照明下的物体色作为物体的本色,白炽灯的显色指数非常接近日光,因此被视为理想的基准光源。高压钠灯显色指数为23,荧光灯管显色指数在60~90。

　　用光源显色性指数区分显色优良,100~75为显色优良;75~50为显色一般;50以下为显色性差。相同光色的光源会有相异的光谱组成,光谱组成较广的光源较有可能提供较佳的显色品质。当光源光谱中很少或缺乏物体在基准光源下所反射的主波时,会使颜色产生明显的色差。色差程度越大,光源对该色的显色性越差。显色指数系数仍为目前定义光源显色性评价的普遍方法。

　　(6)色温

　　色温是一种温度衡量方法(图1.1.8-26),表示光线中包含颜色成分的一个计量单位。通常用于物理和天文学领域,这个概念基于一个虚构黑体,黑体在被加热到不同的温度时会发出不同颜色的光,

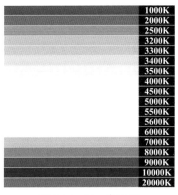

图 1.1.8-26　色温图

逐渐由黑变红，转黄，发白，最后发出蓝色光。当加热到一定的温度对应黑体发出的光所含的光谱成分，就称为这一温度下的色温，计量单位用"K"表示（开尔文是温度单位，以绝对零度作为计算起点，即 0K＝−273.15℃）。

开氏温度与摄氏温度的比例是一比一，只要把摄氏温度加上273.15 即为开氏温度，开尔文（K）＝273.15＋摄氏度（T）。如某一光源发出的光与某一温度下黑体发出的光所含的光谱成分相同，就称其为某 K 色温。如 100W 灯泡发光的颜色与绝对黑体在 2527℃时的颜色相同，则此灯泡发光的色温约为 2800K（273.15＋2527℃）。

使用这种方法标定的色温与大众所认知的"暖"和"冷"正好相反，例如，通常人们会感觉红色、橙色和黄色较暖，白色和蓝色较冷，而实际上红色的色温最低，然后逐步增加的是橙色、黄色、白色和蓝色，蓝色是最高的色温。

低色温光源的特征是能量分布中，红辐射相对来说要多一些，通常称为"暖光"。色温提高后，能量分布中，蓝辐射的比例增加，通常称为"冷光"（图 1.1.8−27）。

1）白光（6000～6500K）

白光如中午的太阳光，较高的流明和显色性，应用范围广泛。

2）中性光（4000～4500K）

中性光适用于需要中性光照明的场所，可以营造温馨、明亮、舒适的氛围。

3）暖光（3000～3500K）

暖光是温暖之光，适用于居家、酒店、咖啡厅等温馨静谧的环境。

白光　　　　中性光　　　　暖光

图 1.1.8−27　冷暖光和中性光

▌1.1.9 灯具

1. 材料简介

图 1.1.9-1　吊灯

灯具作为安装照明光源（灯泡）的专用载体，能实现透光、分配和改变光分布的功能。灯具包括除光源外所用于固定和保护光源所需的全部零部件，以及与电源连接所必需的线路附件。现代灯具也被称作灯饰，其不仅是照明器具，还是室内外装饰中装点空间的饰品。

灯具按用途大致可分为家居照明灯具、商业照明灯具、工业照明灯具、道路照明灯具、景观照明灯具、特种照明灯具等；按安装形式一般可分为吊灯（图 1.1.9-1）、吸顶灯、筒灯、射灯、壁灯、轨道灯与移动灯（台灯、落地灯）等。

2. 构造、材质

（1）吊灯

构造：由挂板、吸顶盘、吊杆、吊链或吊索、灯体、灯杯等组成。

材质：金属、玻璃、水晶、亚克力、树脂、竹编、木制等。

（2）吸顶灯

构造：由灯罩、底盘、铝基板、驱动电源、光源等组成（图 1.1.9-2）。

材质：金属、塑料、玻璃、亚克力等。

（3）筒灯

构造：由灯体、灯盒、LED 芯片、驱动、柔光面板等组成（图 1.1.9-3）。

材质：铝合金、聚丙烯（PP）、亚克力等。

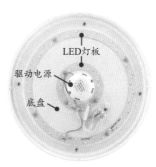

图 1.1.9-2　吸顶灯构造

（4）射灯

构造：由外壳、灯珠、铝基板、驱动组成（图1.1.9-4）。

材质：铝合金、聚丙烯（PP）、玻璃、亚克力等。

图1.1.9-3　筒灯构造　　　　　图1.1.9-4　射灯构造

（5）壁灯

构造：由灯罩、灯座、灯臂、壁盘和光源等组成。

材质：玻璃、木质、金属、塑料、亚克力、布艺等。

（6）台灯

构造：由底座、支架、灯罩、光源、开关等组成。

材质：玻璃、木质、金属、塑料、亚克力等。

（7）落地灯

构造：由底座、支架、灯罩、光源、开关等组成。

材质：木质、金属、塑料、布艺、玻璃等。

3. 分类（表1.1.9-1）

表1.1.9-1

名称	图片	产品说明	应用
吊灯		（1）吊灯（pendant luminaire），用吊绳、吊链、吊管等悬吊在顶棚上的灯具。 （2）有欧式烛台吊灯、中式吊灯、水晶吊灯、羊皮纸吊灯、罩花吊灯等	适用于吊顶空间相对较高且装饰要求个性的场所

名称	图片	产品说明	应用
吸顶灯		（1）吸顶灯具（ceiling luminaire），可直接安装在顶棚表面上的灯具。 （2）有方罩吸顶灯、圆球吸顶灯、半圆球吸顶灯、方罩吸顶灯等。灯罩材质一般是塑料、有机玻璃	适用于装饰简洁、吊顶高度有限的场所
筒灯		（1）筒灯（downlight）是下射式灯具，是嵌装于天花板内部的隐置性灯具，光线向下投射，属于直接配光，提供局部小光束。 （2）可以用不同的反射器、镜片、百叶窗、灯泡来取得不同的光线效果。筒灯不占据空间，可增加空间的柔和气氛	适用于点缀吊顶装饰，也应用于无主灯照明空间
射灯		（1）射灯（spotlight）通常有直径小于0.2m出光口并形成一般小于0.34rad（20°）发散角的集中光束的投光灯。 （2）光线直照需要强调的器物，突出主观审美作用，达到重点突出、环境独特、层次丰富、气氛浓郁、缤纷多彩的艺术效果。 （3）射灯光线柔和，雍容华贵，既可对整体照明起主导，又可局部采光，烘托气氛	一般安置在饰物、装饰画、家具的四周或上部，提供突出展示的光源
壁灯		（1）壁灯（wall luminaire）即直接固定在墙上或柱子上的灯具。 （2）根据工艺与材质分为铁艺锻打壁灯、全铜壁灯、羊皮壁灯等。 （3）根据结构与造型分为双头玉兰壁灯、双头橄榄壁灯、双头鼓形壁灯、双头花边杯壁灯、玉柱壁灯、镜前壁灯等	安装于墙壁，用于营造烘托氛围的环境光源

名称	图片	产品说明	应用
台灯		（1）台灯（table lamp）即放置于台面，利用插头连接电源的便携式灯具。 （2）按材质分为陶瓷灯、木灯、铁艺灯、铜灯、树脂灯、水晶灯等，按功能分为护眼台灯、装饰台灯、工作台灯等，按光源分为灯泡、插拔灯管、灯珠台灯等	用作工作台、学习台节能护眼台灯
落地灯		（1）落地灯（floor lamp）即装有高支柱直接立于地面上可移式灯具。 （2）落地灯常用作局部照明，不讲全面性，而强调移动的便利，落地灯的灯罩材质种类丰富，用户可根据自己的喜好选择	一般放在沙发旁或空间拐角处，用于营造环境气氛

4. 参数指标

品名：吊灯、吸顶灯、筒灯、射灯、壁灯、台灯、落地灯。

材质：金属、玻璃、水晶、亚克力、ABS、树脂、竹编、木制等。

光源：LED 灯、荧光灯、卤素灯、白炽灯。

功率：5W、7W、12W、15W、18W、20W、24W、32W、40W、50W、60W、75W、100W、150W、200W 等。

电压：100～240V。

光色：白光（6000～6500K）、中性光（4000～4500K）、暖光（3000～3500K）。

尺寸：详见产品说明书。

5. 相关标准

（1）3C 认证标准。

（2）现行国家标准《灯具　第 1 部分：一般要求与试验》GB 7000.1。

（3）现行国家标准《LED 筒灯性能要求》GB/T 29294。

6. 生产工艺

以工艺花灯的生产工艺流程为例（图 1.1.9-5）：

图 1.1.9-5　工艺花灯的生产工艺流程图

（1）压铸

将铜锭放入熔炉熔融，在压铸机上装上事先预热好的模具，合模进行压铸（图 1.1.9-6）。压铸过程中应保证熔融金属在模具内具有很好的流动性，保证外观光滑，质地致密，无气孔、夹渣、微裂等缺陷。

图 1.1.9-6　压铸

（2）钻孔

严格依据设计图纸定位后进行机械钻孔，确保各种零件连接的精密性、位置关系的对称性、连接方式和长度的统一性。

图 1.1.9-7　焊接

（3）焊接

水晶灯架除了开孔部位用螺丝紧固，其余均用风焊将灯柱与各部件按图纸焊接在一起（图 1.1.9-7）。

（4）抛光

电镀前针对材料的粗糙程度和工件的质量要求选择不同的打磨用砂和打磨步骤，使金属表面变平滑光亮。铁件抛光，先用 240 砂开皮，再依次过 260 砂、280 砂，如要求较高，再过 320 砂，打砂的作用是让金属表面越来越细致。过完砂后再过麻轮，如要求高，再过杂布轮，以黄蜡和紫蜡作为抛光蜡。铜件的抛光更加严格，除以上工序外还要过白布轮，以绿蜡为抛光蜡。

图 1.1.9-8　电镀

加固电镀的颜色并延长其退化。

（6）电路装配

将吊灯上下层和所有的分配器装在一起，并且把连接电灯的灯线隐藏起来，最后装上灯套管，安装电源，连接电路，盖上外罩（图 1.1.9-9）。

（5）电镀

利用电解作用使金属制件表面附着一层金属膜，防止金属氧化锈蚀，提高耐磨性、导电性、反光性、抗腐蚀性及美观度（图 1.1.9-8）。封釉是电镀的最后一道工序，避免空气中盐分的腐蚀和氧化，有利于

图 1.1.9-9　电路装配

7. 品牌介绍（排名不分先后，表 1.1.9-2）

表 1.1.9-2

品牌	简介
OPPLE 欧普照明	欧普照明股份有限公司始于 1996 年，总部位于上海市，分别在苏州市吴江区、广东省中山市拥有工厂。主要从事照明光源、灯具、控制类产品的研发、生产、销售和服务
HUAYI 华艺照明	华艺灯饰照明股份有限公司创立于 1986 年，位于广东省中山市。中国驰名商标，构建了涵盖灯具、光源、配件等相关产品的集研发、生产和销售于一体的全生态成熟产业链
JOJO LIGHTING 佐希照明	JOJO Lighting，来自法国的专业照明品牌，JOJO Lighting 于 2010 年郑重授权广东恒裕灯饰股份有限公司为其中国区生产基地，对其品牌产品进行生产及东南亚市场销售
CDN 西顿照明	西顿照明成立于 2004 年，位于广东省惠州市，是一家集设计、生产、市场营销及服务于一体的专业、系统化照明解决方案服务商。产品通过 3C、CE、RoHS 等国内外权威机构的认证

8. 价格区间（表1.1.9-3）

表1.1.9-3

名称	规格	价格
吊灯	单头吊灯	100～300元/盏
	多头吊灯	500～5000元/盏
吸顶灯	12～24W（普通白色）	40～60元/盏
筒灯	1.5W、2W、3W、4W、5W、6W、7W、12W、18W、20W	20～50元/盏
射灯	3W/7W/12W	20～50元/盏
壁灯	5～60W	60～200元/盏
台灯	15～25W	100～600元/盏
落地灯	20～100W	200～600元/盏

注：以上价格为2023年网络电商平台价格，价格受品牌、规格、功能、材质以及原材料价格浮动、市场环境等因素的影响（以上价格仅供参考）。

9. 验收要点

（1）资料检查：应有产品合格证书、3C认证标志、检验报告及使用说明书等质量证明文件。

（2）包装检查：包装完整，包装上的产品品牌、规格、型号应与订单要求一致。

（3）实物检查：

1）检查看灯体表面是否有发黑、生锈、变形、划痕、模痕、掉漆、流漆、污垢等缺陷。

2）检查灯具的光源是否正常，是否有闪烁、颜色偏差等问题。

3）检查灯具的附件是否齐全，包括安装配件等。

10. 应用要点

灯具的安装要点：

灯具固定应牢固可靠，在砌体和混凝土结构上严禁使用木楔、尼龙塞或塑料塞固定。质量大于0.5kg的软线吊灯，灯具的电源线不应受力，超过1kg的灯具应设置吊链；质量大于3kg的悬吊灯具，应固定在螺栓或预埋吊钩上，螺栓或预埋吊钩的直径不应小于灯具挂销直径，且不应小于 6mm；质量大于 10kg 的灯具，固定装置及吊装装置应按灯具重量的 5 倍恒定均布荷载做强度试验，且持续时间不得少于 15min。

一般室内灯具的安装高度不低于 1.8m，在危险潮湿场所安装则不能低于 2.5m，如果难以达到上述要求，应采取相应的保护措施或改用 36V 低压供电。吊灯的安装高度，其最低点离地面不宜小于 2.2m。选购时需考虑空间层高，层高低于 2.8m 不适宜安装吊灯。

安装在公共场所的大型灯具的玻璃罩，需采取防止玻璃罩向下溅落的措施。

以白炽灯作为光源的吸顶灯具不能直接安装在可燃构件上，灯泡不能紧贴灯罩。当灯泡与绝缘台之间的距离小于 5mm 时，灯泡与绝缘台之间应采取隔热措施。

11. 材料小百科

（1）节能灯分类

节能灯分为以卤磷酸钙为荧光粉的卤粉灯，以氧化钇、多铝酸镁、多铝酸镁钡按比例混合成的三基色灯，以三基色荧光粉和卤粉按不同比例混合的混合粉灯三种。

1）卤粉灯：卤粉灯发光偏青色，所发出的光线不自然，热稳定性差，光效低，光衰大。对视力影响较大，长期使用可导致近视。

2）三基色灯：节能效果明显，使用寿命长，无频闪、噪声，光线柔和、不刺眼，显色性好，灯管工作电压区宽，整灯工作时温升低，灯管启动性能好，光通量稳定，对视力有一定的保护作用。区分卤粉灯管和三基色粉灯管时，可同时点亮两灯管，把双手放至两灯管附近，灯光下手色发白、失真则为卤粉灯管；手色呈现皮肤本色则为三基色粉灯管。

3）混合粉灯：粉质由卤粉和三基色粉混合而成。价格便宜、灯管亮度不足、光线不柔和、光效低、光衰大。对视力影响较大，显色指数低，长期使用易导致近视。

（2）翻砂铸造

翻砂铸造是指用黏土黏结砂作造型材料生产铸件，将熔化的金属浇灌入铸型空腔中，冷却凝固后获得产品的生产方法。

"砂型铸造"时先将下半型放在平板上，放砂箱填型砂紧实刮平，将造好的下半砂型翻转180°，放上半型，撒分型剂，放上砂箱，填型砂并紧实、刮平，将上砂箱翻转180°。分别取出上、下半型，再将上型翻转180°和下型合好，砂型造完，等待浇筑。这套工艺俗称"翻砂"。砂型制成后，就可以浇筑，也就是将铁水灌入砂型的空腔中。浇筑时，铁水温度在1250~1350℃。再经过除砂、修复、打磨等过程，制成一件合格铸件。

（3）压铸

压铸是一种金属铸造工艺，其特点是对模具内腔融化的金属施加高压，模具通常是用强度更高的合金制成的。压铸过程类似注塑成型。大多数压铸铸件不含铁，例如锌、铜、铝、镁、铅、锡以及它们的合金。根据压铸类型的不同，需要使用冷室压铸机或者热室压铸机。

铸造设备和模具的造价高昂，因此压铸工艺一般只会用于大批量制造产品。制造压铸的零部件相对来说比较容易，一般只需四个主要步骤，单项成本增量很低。压铸特别适合制造大量的中小型铸件，因此压铸是各种铸造工艺中使用最广泛的一种。同其他铸造技术相比，压铸件的表面更为平整，拥有更高的尺寸一致性。

（4）灯饰水晶

水晶是一种稀有矿物，也是一种宝石，是石英晶体，在矿物学上属于石英家族。主要化学成分是二氧化硅。

由于天然水晶价值昂贵，且瑕疵多，不适合批量使用。水晶灯的水晶属于人工合成K9水晶玻璃，与天然水晶、人工合成水晶及熔融水晶有一定的区别，属于仿水晶玻璃，不属于水晶品类。从化学成分上，水晶玻璃是由玻璃和部分金属铅合成的，含24%铅或以上者称全铅水晶，低于24%者则称为铅水晶。加铅的好处是增加重量，有质感，透光性更好，清澈和明亮，自然光透过后折射出的七彩光强；坏处是比较软，容易磨花，所以不一定铅越多越好。

水晶灯璀璨闪烁，主要取决于水晶球的纯度、切割面以及含铅量。因而选购时要看水晶球有没有裂痕、气泡、水波纹和杂质；切割面上是否光滑，棱角是否分明，从而达到最好的折射效果；高品质的水晶球，都会采用氧化铅含量不少于30%的全铅水晶。

1.2.1　水管及配件

1. 材料简介

给水管主要有金属管、塑料管与复合管。金属水管通常有铜管、不锈钢管与镀锌铁管，其中铜管、不锈钢管具有安全、抑菌、耐用等优势，是生活用水最理想的水管。塑料水管有 PPR 管、UPVC 管、PE 管、PE-X 管、PE-RT 管等，其中 PPR 给水管具有安全、无毒、安装方便、性价比高等诸多优点，最能匹配生活饮用水需要管道具有无毒无辐射、不含重金属等有害物质、耐腐能力好、使用寿命长等性能的要求，是生活饮用水给水管的首选。复合水管有钢塑复合管、铝塑管（PAP）等，如铝塑管是一种由中间纵焊铝管，内外层聚乙烯塑料以及层与层之间热熔胶共挤复合而成的新型管道，其拥有金属管坚固耐压和塑料管抗酸碱、耐腐蚀两大特点，是新一代管材的典范。

排水管分为塑料排水管、柔性接口铸铁管、混凝土管（CP）和钢筋混凝土管（RCP）。其中塑料排水管中的 UPVC（硬聚氯乙烯）管与传统铸铁管相比，具有质轻、耐压、耐腐、耐酸碱、水流阻力小、安装方便、造价低廉等优点，是民用建筑中比较常用的排水管。

2. 构造、材质

（1）PPR 管：以 PPR 为主要成分，PPR 是由（PP 聚丙烯和 PE 聚乙烯）气相法合成的无规共聚聚丙烯，其结构特点是 PE 分子无规则地链接在 PP 分子中。

（2）铝塑管：管壁可以分为五层，从最里层向外分别是 PE（聚乙烯）或 PEX（交联聚乙烯）、热熔胶、铝合金、热熔胶、聚乙烯或交联聚乙烯共挤复合而成。

（3）铜管：采用纯度为 99.9% 的 TP2 紫铜为原料制成的空心管状结构。

（4）PE 管：以聚乙烯（PE）树脂为主要成分，是乙烯经聚合制得的一种热塑性树脂管材。

（5）HDPE 管：使用高密度聚乙烯（high density polyethylene，HDPE）树脂制成，一种结晶度高、非极性的热塑性树脂管材。

（6）PE-RT 管：采用 MDPE（中密度聚乙烯）与辛烯聚合而成，性能介于高密度和低密度聚乙烯之间，既保持 HDPE 的刚性，又有 LDPE 的柔性、耐蠕变性。

（7）PEX 管：由聚乙烯料（主要原料是 HDPE）以及引发剂、交联剂、催化剂等助剂制成，将聚乙烯线性分子结构通过物理及化学方法变为三维网络结构。

（8）UPVC 管：由聚氯乙烯树脂与稳定剂、润滑剂等配合后用热压法挤压成型的管材。

（9）铸铁管：由灰铸铁采用高速离心铸造制成，可分为无承口 W 型（俗称卡箍式）、法兰机械式 A 型、（双）法兰机械式 B 型、柔性承插式四种。

3. 分类（表 1.2.1-1）

表 1.2.1-1

名称	图片	产品说明	应用
PPR 管		（1）又称三型聚丙烯管或无规共聚聚丙烯管。具有节能节材、环保、轻质高强、耐腐蚀、内壁光滑不结垢、施工和维修简便、使用寿命长等优点。 （2）耐高温性差，不能超过 70℃；耐压性差，不能超过 10MPa。 （3）热熔连接	目前室内给水管应用最广泛的一种管道材料
铜管		（1）可抑制细菌生长，99% 的细菌进入铜管 5h 后会被杀死。耐腐蚀、抗高低温差、强度高、抗压、不易爆裂、使用寿命长。 （2）价格高且施工难度大，易造成热量损耗，能源消耗大，使用成本高。 （3）卡套连接、焊接连接	因其价格昂贵，一般用作规格要求比较豪华的生活供水管

名称	图片	产品说明	应用
铝塑管		（1）又称铝塑复合管，同时具有塑料抗酸碱、耐腐蚀和金属坚固、耐压两种材料特性，同时还具有不错的耐热性和可弯曲性。 （2）中间铝层有隔光阻氧功能，可有效杜绝微生物和藻类植物的滋生。 （3）卡压连接、锁扣连接、热熔连接	适用于热水管道系统、室内燃气管道系统、太阳能空调配管系统等
PE-RT管		（1）俗称耐热聚乙烯管，采用中密度聚乙烯与辛烯聚合而成，耐高温、抗冻性能好。 （2）具有良好的柔韧性，施工可盘卷和弯曲减少管件，降低成本。具有优越的耐低温性能，冬季低温下弯曲施工无须预热。 （3）温度70℃以下，压力0.4MPa以下，可安全使用50年以上。 （4）热熔承插、热熔对接、电熔连接	适用于冷热水管路系统、饮用水系统、地面辐射采暖系统以及高温地源热泵系统等
PEX管		（1）又称交联聚乙烯管，是聚乙烯线性分子结构通过物理及化学方法变为三维网络结构，提高耐热性能、抗蠕变能力和抗开裂性，交联度越高，性能提高越明显。 （2）可任意弯曲，不含有害成分、不霉变和滋生细菌，可防紫外线侵蚀，使用寿命长。 （3）热熔连接、电熔连接、卡压连接	适用于冷热水管饮用水管、纯净水系统管道、地板采暖系统用管或常规取暖系统用管
UPVC管		（1）管壁光滑，流体阻力小，输水能力可比铸铁管提高20%，比混凝土管提高40%。 （2）具有较好的抗拉抗压强度，但其柔性不如其他塑料管，受冲击时易脆裂。 （3）抗冻和耐热性能差，遇热易变形，不适用于冷热水及有承压要求的水管。 （4）使PVC变得更柔软的化学添加剂酞对人体内肾、肝、睾丸影响很大，会导致癌症、肾损坏，不宜作为直接饮用水供水管	一般适用于排污管道。可作生活用水供水管，但不宜作为饮用水供水管与热水管

名称	图片	产品说明	应用
铸铁管		（1）耐高温、阻燃防火、延展性好，强度高，耐压，灰铸铁使其具有更好的耐腐蚀性。 （2）其延伸率可达 10% 以上，抗拉强度大于 420MPa，耐压可达 4MPa 以上，满足高压、高抗变形的要求。 （3）化学性质稳定，辅以喷锌、喷漆等防腐处理，使用寿命长	适用于民用建筑及市政工程、净水厂、污水处理厂、垃圾场等给水排水

（1）PPR 管配件的种类（表 1.2.1–2）

表 1.2.1–2

名称	图片	材料解释	应用
弯头		异径弯头、活接内牙弯头、带座内牙弯头、90° 弯头、45° 弯头、90° 承口外螺纹弯头、90° 承口内螺纹弯头、过桥弯头等	可以连接 PPR 管与外牙、水表、内牙等配件
过桥弯管		（1）当两水路交叉时，需要进行桥接，同时也使得管道安装后外形美观。 （2）圆角过桥弯管、尖角过桥弯管	用于两路水路交叉时，过桥弯管弯曲的部分放置在上层，避免直接交叉
三通		（1）管道配件、连接件，又称管件三通、三通管件或三通接头。 （2）等径三通、异径三通、承口内螺纹三通等	用于三条等径或不等径管路汇集处
直通		（1）塑料端连接塑料管路、金属端连接金属阀门，实现管路与阀门连接。 （2）内丝直通、外丝直通、等径直通、异径直通	用于连接金属管件或阀门
活接		（1）方便在阀门损坏时更换。 （2）活接的成本比较高。 （3）内牙活接、外牙活接、等径活接	一般用于厨房和卫生间

（2）UPVC 管配件的种类（表 1.2.1–3）

表 1.2.1–3

名称	图片	材料解释	应用
直落水接头		（1）直落水接头下口插入下方的立管端口内，上口包住上立管端头。 （2）用于连接管路以及管路透气、溢流、消除伸缩余量	连接直落水管道的接头
四通		（1）有立体四通、等径四通、异径四通、直角四通以及顺水四通等类型。 （2）作用与三通类似，不同的是四通能够同时连接四根管路	连接直落水管道的接头
三通		（1）正三通、左斜三通、右斜三通、瓶型三通。 （2）用于连接三个等径的管道，改变水流的方向	连接直落水管道的接头
弯头		（1）90° 弯头、45° 弯头、异径弯头、U 形弯头。 （2）用于管道转弯处，连接两根直径相等的管子	连接直落水管道的接头
存水弯		（1）存水弯在内部能形成一定高度的水柱，能阻止排水管道内各种污染性气体以及小虫进入室内。 （2）S 存水弯用于与排水横管垂直连接的场所；P 存水弯用于与排水横管或排水立管水平直角连接的场所	直落水管道存水接头
伸缩节		（1）消除热胀冷缩产生的应力，PVC 管在受热长度发生延长时能伸入伸缩节的套管中，防止排水主管路与支路的接头部分因热胀冷缩而发生变形开裂。 （2）分为立管伸缩节和横管伸缩节，两者不能混用	立管伸缩节应安装在楼板上方靠近地坪的位置；横管上伸缩节应设置水流汇合配件上游端

名称	图片	材料解释	应用
检查口		（1）检查口通常安装于立管和转水弯处，以便清掏堵塞的异物。 （2）分为立管检查口、45°弯头带检查口、90°弯头带检查口等。 （3）塑料排水立管宜每六层设置一个检查口，但在建筑底层和设有卫生器具的二层以上建筑物高层，应设置检查口，当立管水平拐弯或有乙字管时，该立管拐弯和乙字管处应设检查口。 （4）当排水横支管管段超过规定长度时，应设置检查口。 （5）在水流偏转角大于45°的排水横管上，应设检查口或清扫口	通常安装在立管处和转水弯处，在管道堵塞时将盖子拧下，方便疏通
管帽		（1）又称封头、堵头、盖头、闷头。 （2）管帽起到防护作用，大大提高了管道的耐腐蚀性	用于管口封闭、保护管道
管卡		（1）具有结构简单、成本低、安装方便、锁紧效果好且安全可靠的优点。 （2）吊卡、立管卡	固定管路，避免管道晃动

4. 参数指标

材质：无规共聚聚丙烯、紫铜、PE（聚乙烯）或PEX（交联聚乙烯）、铝合金复合、MDPE（中密度聚乙烯）、交联聚乙烯、聚氯乙烯。

工作压力：1.6MPa（PPR管、铝塑管、PEX管）、2.10～2.75MPa（铜管）、0.15～0.3MPa（PE-RT管）、0.2MPa（UPVC管）。

工作温度：−20～75℃（PPR管）、−95～135℃（铜管）、−40～95℃（铝塑管）、−40～60℃（PE-RT管）、−20～95℃（PEX管）、−20～60℃（UPVC管）。

规格（表 1.2.1–4）：

表 1.2.1–4

名称	管径（mm）	壁厚（mm）	长度/卷长（m）
PPR 管	$\phi16$、$\phi20$、$\phi25$、$\phi32$	冷水管＞2.3 热水管＞3.5	2/3/4
铜管	$\phi10$、$\phi15$、$\phi22$、$\phi25$、$\phi32$、 $\phi40$、$\phi50$、$\phi65$、$\phi80$、$\phi100$、 $\phi125$、$\phi150$、$\phi200$、$\phi250$	1.0 ～ 8.0	3
铝塑管	$\phi20$、$\phi25$、$\phi32$、$\phi40$	3.0、3.5、4.3、5.2	2
PE–RT 管	$\phi16$、$\phi20$、$\phi25$	2.0、3.0	200、300
PEX 管	$\phi10$、$\phi20$、$\phi25$、$\phi32$、$\phi40$、 $\phi50$、$\phi63$、$\phi75$、$\phi90$、$\phi110$、 $\phi125$、$\phi140$、$\phi160$、$\phi180$、$\phi200$	2.3 ～ 45.5	100
UPVC 管	$\phi40$、$\phi50$、$\phi63$、$\phi75$、$\phi90$、 $\phi110$、$\phi160$、$\phi200$	2.0、2.3、4.3、3.2、 4.0、5.0	2、3、4
柔性接口 铸铁管	$\phi60$（DN50）、$\phi83$（DN75）、 $\phi110$（DN100）、$\phi135$（DN125）、 $\phi160$（DN150）	3 ～ 5	1、1.5、1.83、3

参数标记说明

管材规格标记：管系列 S、公称外径 d × 公称壁厚

示例：S5dn32 × en2.9

表示管系列 S5、公称外径为 32mm、公称壁厚为 2.9mm。

5. 相关标准

（1）现行国家标准《冷热水用聚丙烯管道系统》GB/T 18742。

（2）现行国家标准《给水用聚乙烯（PE）管道系统》GB/T 13663。

（3）现行团体标准《建筑给水铜管管道工程技术规程》CECS 171。

（4）现行国家标准《建筑排水用硬聚氯乙烯（PVC–U）管件》GB/T 5836.2。

（5）现行国家标准《建筑物内排污、废水（高、低温）用氯化聚氯乙烯（PVC–C）管材和管件》GB/T 24452。

6. 生产工艺

PPR 管生产工艺流程（图 1.2.1-1）：

配料挤出 → 真空定型 → 喷印切割

图 1.2.1-1　PPR 管生产工艺流程图

（1）配料挤出（图 1.2.1-2）

原料必须经过严格的材料挑选，保证管材原料符合国家健康标准，原料需经过热风干燥。将原料和助剂按配方加入混合机充分混合。经不锈钢管真空管道输送，以保证不受污染。进入塑化挤出环节，在挤出机高压作用下，通过磨

图 1.2.1-2　挤出

头的分流压缩形成管坯，再经牵引机进入真空定型箱。

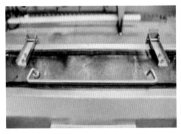

图 1.2.1-3　冷却定型

（2）真空定型

管材通过定径套进入真空箱，让管子在接近真空状态下变圆并定径。定径后的管材经牵引机牵引进入冷却水箱，经过冷却定型（图 1.2.1-3），能精确地定型为所需规格的管材。

（3）喷印切割

高速喷码机匀速喷码，在管材外壁打印标志、规格、日期等。再通过牵引机拉出并切割成标准规格的长度（图 1.2.1-4）。进入质检环节，每批管材均要进行壁厚等参数指标的测量。检验合格后套上管帽，贴上合格证，套上内膜袋，打包入库。

图 1.2.1-4　切割

7. 品牌介绍（品牌内容详见表 1.1.3-2）（排名不分先后，表 1.2.1-5）

表 1.2.1-5

品牌

8. 价格区间（表 1.2.1-6）

表 1.2.1-6

名称	规格（mm）	价格
PPR 管	2.0MPa ϕ20	6 元 /m
	2.0MPa ϕ25	9 元 /m
	2.0MPa ϕ32	12 元 /m
铝塑管	2.0MPa ϕ20	11 元 /m
	2.0MPa ϕ25	17 元 /m
	2.0MPa ϕ32	23 元 /m
PE 管	1.6MPa ϕ20	6 元 /m
	1.6MPa ϕ25	8 元 /m
	1.6MPa ϕ32	12 元 /m
	1.6MPa ϕ40	20 元 /m
HDPE 管	110（外径）	26 元 /6m
	160（外径）	35 元 /6m
	200（内径）	53 元 /6m
PE-RT 管	1.25MPa ϕ20	5 元 /m
PEX 管	ϕ20	3.8 元 /m
	ϕ25	4.3 元 /m
铜水管	ϕ20	56 元 /m
	ϕ25	60 元 /m
	ϕ32	69 元 /m
UPVC 排水管	ϕ50（厚度 2.0mm）	10～13 元 /m
	ϕ75（厚度 2.3mm）	18～21 元 /m
	ϕ110（厚度 3.2mm）	30～40 元 /m

注：以上价格为 2023 年网络电商平台价格，价格受品牌、规格、功能、材质以及原材料价格浮动、市场环境等因素的影响（以上价格仅供参考）。

9. 验收要点

（1）资料检查：

1）应有产品合格证书、检验报告及使用说明书等质量证明文件。

2）检查是否有卫生许可证，没有卫生许可证的水管不可用作饮用水管道。

（2）实物检查：

1）标志检查：水管外壁是否注明商标、生产厂名（或简称）、规格、温度、压力、生产批号、标准编号、出产日期、实际产地。表面有喷码的需核对其品名、规格型号是否与订单要求一致。

2）外观质量：管材表面应光滑平整，无起泡，无杂质，水管和管件色泽均匀一致，内外壁均比较光滑，无针刺或小孔。管口横截面插口越细腻，则管材均化性、强度和韧性越好。劣质产品表面有棱痕，做工粗糙。优质 PPR 管应完全不透光，劣质管则轻微透光或半透光。透光的 PPR 管在明装时会因为光合作用在管壁内部滋生细菌，铝塑管则不存在透光问题。

3）尺寸检查：管材的平均外径、壁厚、管材长度、不圆度、管材承口尺寸、弯曲度等应符合相关标准要求。管壁厚度应均匀，冷水管壁厚应在 2.3mm 以上，热水管壁厚应在 3.5mm 上。铝塑管还要看铝层厚度、均匀度。

4）物理力学性能：管材的密度、维卡软化温度、纵向回缩率、拉伸屈服应力、断裂伸长率、落锤冲击试验等应符合相关标准要求。管材应有足够的刚性，挤压管材不易产生变形。

5）环保性：无论是 PPR 管还是铝塑管都属于复合材料，好的复合材料没有怪味和刺激性气味。差的水管管材大多掺入再生有毒塑料，闻起来有刺鼻的异味。好的材质燃烧后不会冒黑烟、无气味，燃烧后，熔出的液体依然很洁净。

10. 应用要点

PPR 管热熔接：

PPR 管通常采用热熔接，有专用的热熔器（图 1.2.1-5），可靠性

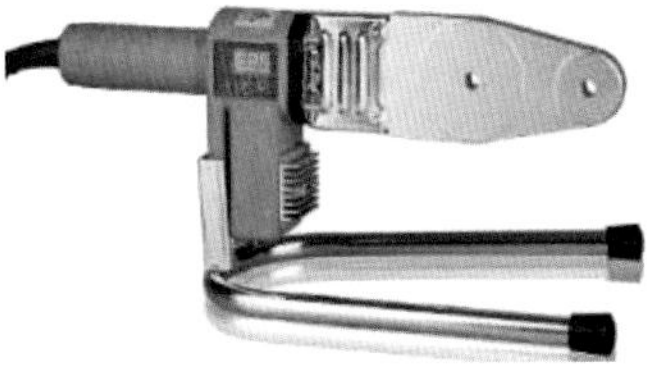

图 1.2.1-5　热熔器

较高。管径16～160mm，常用管径20mm和25mm，分别俗称4分管、6分管。

（1）预热热熔器

将装好模头的热熔器接通电源，到达温度指示灯亮后方能开始操作。热熔机有红色和绿色两个指示灯，热熔温度达到260℃，红灯亮时可进行熔接。

（2）裁剪管件

用专用管剪将PPR管裁剪好尺寸（图1.2.1-6），必须使端面垂直于管轴线。大口径聚丙烯管材可用锯条切割，切割后断面去毛刺和毛边。

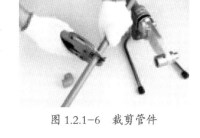

图1.2.1-6　裁剪管件

图1.2.1-7　加热管件

（3）加热管件

PPR管热熔深度应符合规定，用卡尺和记号笔在管端测量并标绘出热熔深度。将管端导入加热模头套内，插到标志深度，其间不要旋转。同时，把管件推到加热模头上，并达到标志处（图1.2.1-7）。

把握加热时间，同时观察管材、管件加热程度，当模头上出现一圈PPR热熔凸缘时（俗称"双眼皮"），将管材、管件从模头上同时取下备用。

（4）热熔连接

达到热熔要求后，立即将PPR管材、管件从模头上同时取下，迅速无旋转地直线均匀插入已热熔的深度，使接头处形成均匀凸缘，并控制插进去后的反弹（图1.2.1-8）。PPR管在刚熔接好时可校正，但不可旋转。弯头和三通熔接时，必须注意热熔方向，管材红蓝线应与管件标记线重合。

图1.2.1-8　热熔连接

11. 材料小百科

（1）管道内径 D、外径 De、公称尺寸与 DN

D 表示直径，通常指管道的内径。

De 表示管道外径，通常采用 De 标注的，均需要标注成："外径×壁厚"的形式。ϕ 表示外径，通常后跟壁厚，即 $\phi108×4$ 的形式。ϕ 是希腊字母，除有缝钢管外，其他管都是用"外径×壁厚"标注的。

公称尺寸是标准中规定的理想状态下的名义尺寸，根据不同种类的管件，给定了不同的公差，是机械加工实际掌握的尺寸。例如，图纸上注有一轴的尺寸为 $\phi40$（-0.1，＋0.2），其中尺寸 40 就是公称尺寸。

DN 是公称通径或称公称直径，就是各种管子与管路附件的通用口径。同一公称直径的管子与管路附件均能相互连接，具有互换性，它不是实际意义上的管道外径或内径，虽然其数值跟管道内径较为接近或相等。公称直径可用公制 mm 表示，也可用英制 in 表示。管路附件也用公称直径表示。DN 通常用于钢管，如铸铁管、钢塑复合管、镀锌钢管的公称直径，也用于聚乙烯（PE）管。公称通径更接近于管子内径，但又有不同，如 De25×2.5 的管子内径为 20mm，公称通径也为 DN20，但 De25×3.5 的管子内径为 18mm，其公称通径仍然是 DN20。DN 是指管道的公称直径，既不是内径，也不是外径，更不是内径和外径的平均值。比如外径为 25mm 的 PPR 冷水管公称通径为 DN20，表示不管其壁厚如何，可以选择 DN20 管件连接，以此做到行业统一标准。

（2）给水管件规格（表 1.2.1-7）

表 1.2.1-7

常用叫法	管材外径（mm）	配件内径（mm）	对应尺寸（mm）
4 分	20	20	DN15 ≈ 20
6 分	25	25	DN20 ≈ 25
1 寸	32	32	DN25 ≈ 32
1.2 寸	40	40	DN32 ≈ 40
1.5 寸	50	50	DN40 ≈ 50
2 寸	63	63	DN50 ≈ 63

1.2.2　阀门

1. 材料简介

　　阀门是管路流体输送系统中的控制部件，是用来开闭管路、控制流体（液体、气体、粉末）流向、压力、流量的管路装置，具有导流、截止、节流、止回、分流或溢流卸压等功能（图 1.2.2-1）。阀门一般通过启闭件做升降、滑移、旋摆或回转运动，从而改变其流道面积的大

图 1.2.2-1　阀门

小以实现其控制功能。阀门可用于控制水、蒸汽、油品、气体、泥浆、各种腐蚀性介质、液态金属和放射性流体等各种类型流体的流动。根据功能可分为截止阀、止回阀、调节阀等；根据材质可分为铸铁阀门、铸钢阀门、不锈钢阀门、塑料阀门等。室内装修工程中用到的阀门主要有截止阀（角阀、球阀、闸阀）与止回阀等。

2. 构造、材质

　　（1）截止（球）阀

　　构造：由阀体、阀盖、阀座、球体、阀杆、密封圈、压帽、手柄等组成（图 1.2.2-2）。

　　材质：不锈钢、锻钢、铸钢、铸铁、青铜、黄铜等。

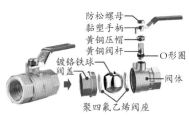

图 1.2.2-2　球阀结构

　　（2）截止（角）阀

　　构造：由阀体、阀芯、手柄三部分组成。

　　材质：不锈钢、锌合金、黄铜、陶瓷、塑料等。

　　（3）截止（闸）阀

　　构造：由阀体、阀盖、阀杆、密封垫圈、阀帽、手轮等组成（图 1.2.2-3）。

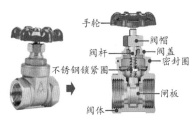

图 1.2.2-3　闸阀结构

材质：不锈钢、锻钢、铸钢、铸铁、青铜、黄铜等。

（4）止回阀

构造：由阀体、阀盖、阀瓣、摇杆、销轴等组成（图1.2.2-4）。

材质：铸铁、铸钢、不锈钢、黄铜等。

图1.2.2-4　止回阀结构

3. 分类（表1.2.2-1）

表1.2.2-1

名称	图片	产品说明	应用
截止（球）阀		（1）球阀（ball valve），启闭件（中心开孔的球体）由阀杆带动，并绕球阀轴线做旋转运动实现阀芯孔合开。 （2）流量阻力小，只需旋转90°和很小的转动力矩就能关闭。易受铁锈、泥沙等杂质影响导致关闭不严	最适宜作开关、切断阀，如煤气进户总阀、自来水进户总阀，也可使用在水地暖管路上
截止（角）阀		（1）角阀（angle valve）与球阀类似，由球阀结构修正而来，区别在于其出口与进口呈90°直角，所以叫作角阀、角形阀、三角阀。 （2）流路简单，死区和涡流区小，借助介质的冲刷可防止堵塞，有较好的自洁性能，流阻小、流量系数大	一般安装在设备进水的前端，在检修、调试时可以局部开合水路。安装在冷热水路上时可通过蓝、红标志区分。适用于含悬浮物和颗粒状流体的管路
截止（闸）阀		（1）闸阀（gate valve）类似于闸门，闸板的运动方向与流体方向相垂直，通过闸板升降来实现启闭。 （2）闸阀只能作全开或全关，不能作流向和流量的控制。启闭行程长且缓慢，启闭力矩小，不易有水锤效应。 （3）受铁锈、泥沙等杂质的影响小	适用于需要较高密封性能、较小流体阻力的管路。室内装修工程中常用作自来水进户总阀

名称	图片	产品说明	应用
止回阀		止回阀（reflux valve）又称逆止阀、单向阀、回流阀或隔离阀。启闭件靠介质流动的力量自行开启或关闭，以防止介质倒流，属于自动阀类	室内装修工程中一般安装在热水预热循环回水系统中，防止热水回流

4. 参数指标

产品名称：角阀、球阀、闸阀、止回阀。

阀体材质：铸铁、铸钢、合金钢、铜合金、铝合金、铅合金、钛合金、蒙乃尔合金、塑料、搪瓷、陶瓷、玻璃钢等。

公称压力：1.6MPa、2.0MPa。

工作温度：$-10℃ \leqslant T \leqslant 120℃$。

工作介质：水、油、非腐蚀性气体。

规格：

截止（球）阀规格有 DN8、DN10、DN15、DN20、DN25、DN32、DN40、DN50 等。

截止（角）阀规格有 DN20、DN25、DN32、DN40、DN50 等。

截止（闸）阀规格有 DN8、DN10、DN15、DN20、DN25、DN32、DN40、DN50、DN65、DN80 等。

止回阀规格有 DN8、DN10、DN15、DN20、DN25、DN32、DN40、DN50 等。

5. 相关标准

（1）现行国家标准《铁制、铜制和不锈钢制螺纹连接阀门》GB/T 8464。

（2）现行国家标准《通用阀门　铁制截止阀与升降式止回阀》GB/T 12233。

（3）现行团体标准《截止阀　产品质量分等规范》T/CGMA 041004。

（4）现行国家标准《55° 非密封管螺纹》GB/T 7307。

6. 生产工艺

黄铜阀门的生产工艺流程（图1.2.2-5）：

图 1.2.2-5 黄铜阀门的生产工艺流程图

（1）坯件红冲（图1.2.2-6）

将原铜加工成铜棒，并切割成铜锭，将其烧红再放入模具中红冲出阀体最初的形状，待坯件冷却后切除毛边。

图 1.2.2-6 坯件红冲

图 1.2.2-7 抛砂处理

（2）抛砂处理（图1.2.2-7）

通过高速气体用砂粒对坯件表面进行冲击，去除坯件表面的金属屑或其他杂质，使坯件表面光亮、光滑。再对坯件热处理，消除红冲过程产生的内应力。

（3）机械加工

利用数控机床先修整坯件端口，再车螺纹。车床主轴与刀具之间保持严格的运动关系，主轴每转一圈（即工件转一圈），刀具应均匀地移动一个导程的距离（图1.2.2-8）。完成后进行首件检查，确定首件合格后，再进行后续加工。

图 1.2.2-8 机械加工

（4）自动装配（图1.2.2-9）

将完成后的阀体、阀盖、阀杆、密封垫圈、阀帽、手轮等运送

图 1.2.2-9　自动装配

至自动装配机进行装配。机台根据设置好的参数将阀盖、阀帽等拧紧。

（5）压力试验

在压力试验机上密封壳体通入

图 1.2.2-10　压力试验

0.6MPa 的气压，将阀门浸入水中（图 1.2.2-10），以检查壳体各连接部位和型腔密封性能是否符合要求。合格后装上附属配件，擦拭包装。

7. 品牌介绍（品牌内容详见表 1.1.3-2）（排名不分先后，表 1.2.2-2）

表 1.2.2-2

品牌		
LESSO 联塑	日丰管 管用五十年	VASEN 伟星

8. 价格区间（表 1.2.2-3）

表 1.2.2-3

名称	规格	价格
截止（球）阀	DN20（耐压 20kg）	30～35 元／只
	DN25（耐压 20kg）	45～50 元／只
	DN32（耐压 20kg）	70～80 元／只
截止（角）阀	DN20（耐压 20kg）	10～20 元／只
截止（闸）阀	DN20（耐压 20kg）	15～25 元／只
	DN25（耐压 20kg）	18～30 元／只
	DN32（耐压 20kg）	20～40 元／只

名称	规格	价格
止回阀	DN20	15～25 元／只
	DN25	25～40 元／只
	DN32	40～60 元／只

注：以上价格为 2023 年网络电商平台价格，价格受品牌、规格、功能、材质以及原材料价格浮动、市场环境等因素的影响（以上价格仅供参考）。

9. 验收要点

（1）资料检查：应有产品合格证书，合格证上的参数应与阀门相符，出厂前压力试验证明、检验报告、其他检测证明（射线检测、渗透检测等）及使用说明书等质量证明文件。

（2）实物检查：

1）阀门材料验收包括包装、标志、外观质量、规格型号、数量等与发货清单一致。

2）检查阀体内外的缺陷、凹槽、毛刺、法兰密封面划痕、阀杆黄油保护（碳钢阀门）、压盖锁紧螺母缺失、阀门油漆厚度（碳钢阀门）。

3）电镀表面应光泽均匀，表面应无砂眼、脱皮、龟裂、烧焦、露底、剥落、黑斑及明显的麻点等缺陷。

4）目测阀门螺纹表面有无凹痕、断牙等明显缺陷，以及管螺纹与连接件的旋合有效长度，避免影响密封的可靠性，注意管螺纹的有效长度。一般 DN15 的圆柱管螺纹有效长度在 10mm 左右。

5）阀门入库前应按规定比例进行壳体压力试验和密封试验，具有上密封结构的阀门还应进行上密封试验。

10. 应用要点

阀门安装要点：

（1）安装前：应确认产品表面无砂眼，螺纹管壁厚薄均匀，开关旋转灵活。将水管用水疏通一次，确认水管内无垃圾及残渣，以免影响通水。

（2）安装时：注意生料带的缠绕方向，以角阀为例，角阀在拧进墙里内丝螺纹的时候，是向右顺时针旋转的，则角阀上缠生料带的方向应向左逆时针缠绕，这样拧角阀的时候会越拧越紧，不会松脱。缠的时候要拉紧生料带，让生料带紧密贴附在螺纹上，尽量紧，缠完要用手转圈压紧，最好一边压紧一边缠。切忌用手握住角阀的手轮旋转、紧固。应在阀体上包裹缓冲物，再用扳手夹住阀体旋转、紧固，感觉丝口咬合受力充分即可，不必拧至极限。

（3）安装后：应进行试漏。开启总阀进水检测角阀有无渗漏，一般进水加压 15min 左右确认无渗漏，安装完成。

11. 材料小百科

（1）涡流区

涡流是流体常见的一种运动形式，即流体在管道里并不沿直线流动，而是呈许多旋涡状从管壁流向管轴。涡流区是指流体形成涡流的区域。在阀门中，气体或液体的死区和涡流区越小，越有利于流动，流阻越小，压力损失也越小。涡流会使阀门结构退化，阀门变厚变硬，最终导致阀孔狭窄，甚至造成关闭不严。

（2）水锤效应

水锤效应是指在突然停电或者阀门突然关闭时，由于管壁光滑，后续水流在惯性的作用下产生水流冲击波，对阀门及管壁产生一个冲击压力，这就是水力学中的"水锤效应"，也就是正水锤。相反，关闭的阀门在突然打开后也会产生水锤，叫作负水锤，也有一定的破坏力，但没有前者大。水锤效应有极大的破坏性，压强过高会引起管子破裂；反之，压强过低又会导致管子瘪塌，还会损坏阀门和固定件。

（3）热水循环

热水循环通常是指热水在管道或系统中不断循环流动的过程。在一些热水供应系统中，如热水器、太阳能热水器或集中供暖系统等，热水会通过管道输送到各个使用点（如浴室、厨房等）。为了保证用户随时能够获得热水，并且减少等待热水的时间，系统会采用热水循环的方式。具体来说，热水循环系统一般包括热水储罐、泵和管道等组成部分。泵会将热水从储罐中抽出，并通过管道循环送至各个用水点。当用户打开热水龙头时，热水可以迅速到达，而不需要先排出大量的冷水。

1.2.3 卫浴龙头

1. 材料简介

水龙头（图 1.2.3-1）是水嘴的通俗称谓，其主要部件为阀体，是用来控制自来水水流启闭与水流大小的开关。本节所介绍的水龙头与花洒即通过旋转装置打开或关闭控制冷热水流量的卫浴装置，从某种意义上讲，花洒实则是水龙头的一种形式。面盆龙头安装在台盆上方，用于启闭冷热水，与台盆组合后实现盥洗功能；浴缸龙头安装在浴缸上或浴缸附近，花洒龙

图 1.2.3-1　水龙头

头则安装在淋浴区墙壁上，一般为冷热水管，另外在阀体上加一个淋浴喷头的三联式结构，实现冷热水混合，提供适合洗浴的热水。

水龙头的更新换代速度非常快，从老式铸铁工艺发展到电镀旋钮式，再发展到不锈钢单温单控、不锈钢双温双控、自动感应出水龙头等。无论是何种类型的水龙头，最关键的部件都是其阀芯。水龙头的阀芯主要有橡胶阀芯、铜阀芯、陶瓷阀芯和不锈钢球阀芯等。其中铜阀芯问题较多，比较容易出现漏水和断裂现象，目前较少采用。陶瓷阀芯精密耐磨，但陶瓷质地较脆，容易破裂，对水质要求较高。不锈钢球阀芯具有较高的科技含量，其经久耐用，对水质要求不高，对于部分用水水质不高的地区，宜采用不锈钢球阀芯。选购水龙头时要从材质、功能、造型等多方面综合考虑。

2. 构造 / 材质

构造：由龙头壳体、手柄、阀芯、进水管、出水口及其他紧固配件组成（图 1.2.3-2）。按结构可分为单联式、双联式和三联式。

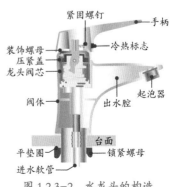

图 1.2.3-2　水龙头的构造

（1）单联式：只接冷水或只接热水单根水管。

（2）双联式：同时接冷、热两根管道，多用于有调节水温要求的面盆、洗浴龙头、菜盆龙头。

（3）三联式：除接冷、热水两根管道外，还加接淋浴喷头花洒（手持花洒、头顶花洒、侧喷花洒），主要用于浴缸、淋浴龙头。

阀芯：包括阀芯壳，阀芯壳内插接有转芯，转芯下端通过拨叉卡接在动阀片上，动阀片与静阀片互相贴合，静阀片固定安装在阀芯壳内，在静阀片下方还安装有压片和密封垫，静阀片上开有两个相对的进水通孔，动阀片上有与进水通孔相对应的出水通孔，转芯上有与其中心轴方向一致的通孔（图1.2.3-3）。当旋转转芯时，转芯下端的拨叉带动动阀片转动，使得动阀片上的出水通孔与静阀片上的进水通孔连通，水从转芯上的通孔流出水龙头出水口处。

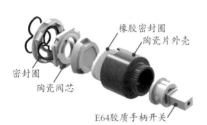

图 1.2.3-3　陶瓷阀芯的构造

龙头壳体镀层：包括底镀层、中间层、表面层（图1.2.3-4）。

（1）底镀层：用镍、铜等金属，增强电镀层的附着力和耐腐蚀性。

（2）中间层：用镍、铬等金属，增强电镀层的硬度和光泽度。

（3）表面层：用铬、镍等金属，增强电镀层的光泽度和耐腐蚀性。

材质：

（1）龙头壳体：塑料、全铜、不锈钢、合金、陶瓷。

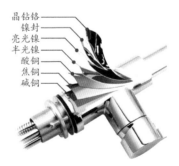

图 1.2.3-4　镀层的构造

（2）龙头阀芯：橡胶芯、铜阀芯、陶瓷阀芯、不锈钢阀芯。

（3）花洒：塑料、不锈钢、铝合金、铝镁合金、铜镀铬。

3. 分类（表 1.2.3-1）

表 1.2.3-1

名称	图片	产品说明	应用
面盆龙头		（1）面盆龙头在造型上的特点是它的出水口较短、较低，主要供盥洗之用。 （2）手柄有单柄式和双柄式，开启方式有旋转式、按压式、自动感应式等	用于台盆、面盆的冷热出水的控制使用
菜盆龙头		（1）安装在洗菜池前端，出水口高度较高，且可以旋转，方便洗菜、水果和碗碟。 （2）有的出水口带有软管可以单独拉出，方便冲洗台面，并且有刀片水、气泡水、花洒水等几种出水模式	用于洗菜池的冷热出水的控制使用
浴缸龙头		（1）又称浴缸水嘴，装于浴缸上，用以开关调节冷、热水。 （2）浴缸龙头配有抽拉手持花洒手柄，可实现泡浴后的淋浴功能	用于浴缸的冷热出水的控制使用
花洒龙头		（1）花洒原指洒水式浇花的装置，因外形似莲蓬，故又称"莲蓬头"，后引用为淋浴用龙头。 （2）花洒或"莲蓬头"分别有手持式、顶喷式、侧喷式等类型	主要用于淋浴的冷热出水的控制使用

4. 参数指标

（1）面盆龙头

主体材质：304 不锈钢、塑料、黄铜、合金、陶瓷。

表面工艺：多层电镀。

阀芯：陶瓷阀芯、不锈钢阀芯。

产品类型：双孔单把、单孔单把、三孔双把。

安装孔径：$\phi 32 \sim 38$mm。

工作水压：$0.1 \sim 0.5$MPa。

水路承受压力：$\geqslant 1.05$MPa。

进水温度：热水 $32 \sim 80$℃；冷水 $4 \sim 29$℃。

尺寸：详见具体产品图纸（图 1.2.3-5）。

（2）菜盆龙头

主体材质：304 不锈钢、塑料、黄铜、合金、陶瓷。

表面工艺：多层电镀。

阀芯：陶瓷阀芯、不锈钢阀芯。

产品类型：单孔单把。

工作水压：0.1～0.5MPa。

水路承受压力：≥1.05MPa。

进水温度：热水 32～80℃；冷水 4～29℃。

尺寸：详见具体产品图纸（图 1.2.3-6）。

图 1.2.3-5 面盆龙头
尺寸

（3）浴缸龙头

主体材质：304 不锈钢、塑料、黄铜、合金、陶瓷。

安装孔径：33～38mm。

安装孔距：135～165mm。

表面工艺：多层电镀。

产品阀芯：陶瓷阀芯、不锈钢阀芯。

花洒接口：标准通用 2cm 口径。

工作水压：0.1～0.5MPa。

水路承受压力：≥1.05MPa。

进水温度：热水 32～80℃；冷水 4～29℃。

尺寸：详见具体产品图纸（图 1.2.3-7）。

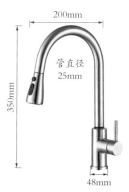

图 1.2.3-6 菜盆龙头
尺寸

（4）淋浴花洒

主体材质：锌合金、不锈钢、黄铜。

表面工艺：多层电镀。

阀芯：陶瓷片阀芯。

直管：不锈钢、黄铜、铝。

工作水压：0.3～0.5MPa。

进水温度：热水 32～80℃；冷水 4～29℃。

安装孔距：150±10mm。

图 1.2.3-7 浴缸龙头尺寸

尺寸：详见具体产品图纸（图 1.2.3-8）。

（5）参数标记说明

1）水嘴标记：启闭控制部件、控制供水管路、用途、公称通径、标准号

示例：D S M 15—GB 18145—2014

启闭控制单柄 D、控制供水双路 S、面盆 M、公称通径 15mm、标准号 GB 18145—2014

2）水嘴分类与代号

① 启闭控制部件：单柄水嘴（D）、双柄水嘴（S）。

② 水嘴控制进水管路：单控（D）、双控（S）。

图 1.2.3-8　淋浴花洒尺寸

③ 水嘴按用途：普通（P）、面盆（M）、浴盆（Y）、洗涤（X）、净身（J）、淋浴（L）、洗衣机（XY）。

5. 相关标准

（1）现行国家标准《陶瓷片密封水嘴》GB 18145。

（2）现行国家标准《卫生洁具　淋浴用花洒》GB/T 23447。

6. 生产工艺

水龙头生产工艺流程（图 1.2.3-9）：

图 1.2.3-9　水龙头生产工艺流程图

（1）坯件铸造

自动热芯盒射芯机生产出砂芯备用。同时进行铜合金熔炼，待铜合金达到一定的熔融状态，确认铜合金化学成分符合要求后，将制备好的砂芯装入模具中，合模后进行浇铸（图 1.2.3-10），待冷却凝固后开模卸料，并送入落砂机滚筒陶

图 1.2.3-10　浇铸

砂清理。再通过热处理消除铸造产生的内应力。最后将坯件放入抛丸机整光，确保内腔不附有型砂、金属屑或其他杂质。

（2）机械加工

用工具将水龙头毛坯的多余部分切除，将其放入压力机内，打磨掉粗糙的边缘，并钻出水孔，修整接口，钻螺丝孔（图1.2.3-11）。

图1.2.3-11　机械加工

（3）抛光

先对水龙头进行粗磨加工，去掉表面的粗糙面和坑洼，再进行中磨、细磨并修整外形轮廓；接下来进行三次磨削，使表面线条清晰、结构匀称。然后用高强度等级砂带进行精加工，使表面无明显砂眼、气孔

图1.2.3-12　抛光

缺陷。最后抛光，使表面光洁无瑕疵，线条流畅顺滑（图1.2.3-12）。

（4）电镀

采用超声波除蜡，阴极电解除油，并经历电解、镀镍、镀铬等工序（图1.2.3-13）。镀镍使水龙头表面耐腐蚀性、硬度、耐磨性均得到提高。用24h乙酸盐雾试验，以及用镀层测厚仪对各项金属镀层厚度进行鉴定。

图1.2.3-13　电镀

（5）装配

进行各部件成品组装，拧好螺丝，固定好阀芯、开关手柄，接头和进水脚、进水软管。安装阀芯用扭力扳手将压盖销定压紧或用套筒扭力扳手将瓷芯锁紧（图1.2.3-14）。

图1.2.3-14　装配

（6）检验

将水龙头按使用状态装夹在试验台上，分别打开左右两边进水阀阀芯，预先冲洗水龙头内腔。然后关闭阀芯安装网嘴胶垫和网嘴，并用扳手等工具轻轻拧紧，不渗水即可。最后进行压力试验，检查各密封面均无渗漏为合格（图 1.2.3-15）。

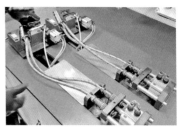

图 1.2.3-15　检验

7. 品牌介绍（排名不分先后，表 1.2.3-2）

表 1.2.3-2

品牌	简介
HTOSN 恒通卫浴	恒通卫浴成立于 2002 年，坐落于福建省南安市，中国十大卫浴品牌之一。集卫浴产品研发、生产、制造销售与服务于一体，产品涵盖智能产品、陶瓷洁具、五金龙头、淋浴花洒、浴室家具、厨房洗涤六大系列
DORN BRACHT	德国的"当代"（Dornbracht）创立于 1950 年，是世界上知名度很高的龙头品牌，品牌以设计为核心精神，产品外观以艺术设计见长，呈现出奢华典雅的浴室空间文化
GROHE	高仪（GROHE）成立于 1936 年，总部位于德国杜塞尔多夫，是德国厨卫品牌，作为全球浴室整体方案和厨房产品供应商，致力于提供创新水生活产品
hansgrohe 汉斯格雅	汉斯格雅集团始创于 1901 年，总部位于德国南部城市希尔塔赫。作为厨卫产品制造商，旗下拥有厨卫设计品牌 AXOR 雅生及 120 多年的高端厨卫品牌汉斯格雅（hansgrohe）
科勒力 KOHLER®	科勒成立于 1873 年的美国，世界知名卫浴产品，大型跨国公司，浴缸、脸盆、坐便器、水龙头等卫浴产品的佼佼者，产品以卓越品质、技术先进、工艺精湛而著称
TOTO®	TOTO 始创于 1917 年的日本，智能卫浴全球性品牌，日本历史悠久的卫浴洁具厂家，追求高品质、高工艺水平，专业生产、销售民用和商业设施用卫浴及相关设备

8. 价格区间（表 1.2.3-3）

表 1.2.3-3

名称	规格	价格
面盆龙头	详见产品说明书	100～200 元 / 套
菜盆龙头	详见产品说明书	100～200 元 / 套
浴缸龙头	详见产品说明书	500～700 元 / 套
淋浴花洒	详见产品说明书	1000～1800 元 / 套

注：以上价格为 2023 年网络电商平台价格，价格受品牌、规格、功能、材质以及原材料价格浮动、市场环境等因素的影响（以上价格仅供参考）。

9. 验收要点

（1）资料检查：应有产品合格证书、检验报告及使用说明书等质量证明文件。

（2）实物检查：

1）外观质量：水嘴冷热水标志应清晰，蓝色（或 C）标志在右表示冷水，红色（或 H）标志在左表示热水。水嘴铸件外表面无缩孔、砂眼、裂纹和气孔等缺陷，内腔无黏附型砂；塑料件外表面不应有明显的填料斑、波纹、溢料、缩痕、翘曲和熔接痕，以及明显的波纹、擦划伤、修饰损伤等缺陷；水嘴表面涂、镀层结合良好，组织细密、光亮均匀、色泽均匀，无起皮、剥落、起等外观缺陷。涂镀层附着力与 24h 酸性盐雾试验达到相关标准要求。

2）使用性能：水嘴的阀体强度（进水、出水部位强度）、水嘴的密封性能（阀芯、冷热水隔墙、手动转换开关、自动复位转换开关、上密封）、机械强度、耐冷热疲劳性能、启闭控制最大状态下流量值，以及水嘴各种状态下的使用寿命等指标符合相关标准要求。花洒除与水嘴功能相同指标外，另有抗拉性能、抗安装负载、花洒功能转换寿命、手持式花洒防虹吸性能、球形连接摇摆性能、平均喷射角、喷射力、喷洒均匀度、功能切换力、球头摇摆力、跌落测试、固定式花洒爆破压力测试等指标。

3）水嘴基材与阀芯中的铅、镉、铬、砷等重金属指标均不得超标。阀芯是水龙头的心脏，陶瓷阀芯更加耐用环保，对水质没有污染，陶瓷阀芯知名品牌有西班牙赛道、中国台湾康勤、中国珠海名实等。

10. 应用要点

龙头阀芯的选用

（1）陶瓷阀芯

陶瓷阀芯价格实惠、对水污染较小、耐磨性良好、密封性能好，同时对"脆性"的改进，使得陶瓷阀芯受到广泛的应用。陶瓷阀芯物理性能稳定，耐磨，使用寿命长。目前市场上大多数知名品牌卫浴厂家生产的主流龙头采用陶瓷阀芯。

（2）不锈钢球阀芯

高档卫浴品牌均采用激光技术加工的不规则七孔钢球阀芯，作为其最新水龙头产品的阀芯。钢球阀芯的把手在调节水温的区域内有较大的角度，可以准确地控制水温，确保热水迅速准确的流出，起到节约能源的作用。但其生产成本高于其他类型的阀芯，同时制作加工工艺要求更加精细，适合于在水质较差的环境下使用。

11. 材料小百科

各类金属元素对人体的影响

铜：铜是人体内不可缺少的微量元素，是机体内蛋白质和酶的重要组成元素。铜还能抑制细菌生长，保持饮用水清洁卫生，99%以上的水中细菌在进入铜管道 5h 后会消失。使用铜管供水对人体健康起到积极的作用。尽管铜是重要的微量元素，但如果超标摄入，也易引起中毒反应。

铅：铅中毒明显影响人体健康及智力发育，对儿童和孕妇更为明显。婴幼儿对铅的吸收率是成人的 5 倍以上，且对铅的敏感性极强，100mL 血液中含铅量达到 50μg 足以中毒。此外，铅污染会危害生殖能力、肾功能和神经系统，还会引起高血压和阿尔茨海默症，孕妇如果体内铅含量过高可能会早产或流产。

镉：镉会导致高血压，引起心脑血管疾病；破坏骨钙，引起肾功能失调。

铬：铬会造成四肢麻木，精神异常。

砷：砷化物致癌且具有潜伏期较长的远期效应。砷除可引起皮肤癌及肺癌外，还会引起肝、食管、肠、肾、膀胱等内脏肿瘤和白血病。

1.2.4 卫浴洁具

1. 材料简介

　　卫浴洁具泛指为人们提供盥洗、便溺、洗浴等功能的卫生洗涤器具，通常有台盆、便器、浴缸等。卫浴洁具主要由陶瓷、玻璃钢、塑料、人造石、玻璃、不锈钢等材质制成。陶瓷因其质地洁白、色泽柔和、结构致密、强度大、热稳定性好的优点，一般作为现代卫浴洁具用材的首选。洁具选择时，除满足功能前提下，还要实现其款式与装修空间的完美融合。

2. 构造、材质

　　构造：

　　台盆：由盆体、龙头孔、溢水孔、下水口、下水器等组成。

　　便器：由便器主体、水箱、上水阀、存水弯、排污口等组成。

　　浴缸：由浴缸主体、扶手、溢水孔、下水口、下水器等组成。

　　材质：陶瓷、人造石、亚克力、铸铁、钢化玻璃、不锈钢、玻璃钢。

3. 分类（表1.2.4-1）

表1.2.4-1

名称	图片	产品说明	应用
台上独立盆		（1）台上独立盆，又称碗盆、桌上盆，盆体整体安装于台面以上。 （2）盆体置于台面以上，不便于台面清洁	适用于追求台面设计风格个性的用户
台上盆		（1）嵌入式台上盆，盆体沿口翻边可遮盖台面开孔毛边，安装可靠度大于台下盆。 （2）台面与盆体之间有翻边阻挡，不便于台面清洁打理	适用于有70cm以上长度台面

名称	图片	产品说明	应用
台下盆		（1）盆体沿口无翻边，整体安装于台面下方。 （2）盆体依靠结构胶与挂件固定于台面以下，台面开孔需要抛光打磨。 （3）台下盆卫生清理较台上盆方便	适用于追求台面简洁的用户
柱盆		（1）无台面，面盆下方靠柱体支撑的面盆。 （2）可以合理有效地利用卫浴空间	适用于卫浴空间较小的场所
分体式马桶		（1）水箱与底座分开烧制后再组装的坐便器。 （2）一般采用冲落式下水，水位高，冲力大，不易堵塞，但冲水噪声大。 （3）安装不当，会导致水箱与底座之间漏水。 （4）价格相比连体式马桶低	适用于预算较低，对马桶样式要求不高的用户
连体式马桶		（1）水箱与底座为一体烧制的坐便器。 （2）连体式线条流畅，造型较分体式美观。 （3）连体式水位低，节水性能好。 （4）价格相对较高，尤其是虹吸式下水	适用于对坐便器的造型和功能有一定要求的用户
挂壁式马桶		（1）水箱预埋至假墙，并采用专用的支架挂于墙壁的坐便器。 （2）相对落地式马桶，挂墙式马桶更节省空间，易于打扫卫生。 （3）挂墙式马桶与隐蔽式水箱配合，可以改变安装位置，让空间利用更加灵活。 （4）坐便器完全着力于钢架，对安装要求高	适用于高端场所，对品质要求较高的用户

名称	图片	产品说明	应用
直冲式马桶		（1）利用水流的冲力排污，一般池壁较陡，存水面积较小，水力集中，便圈周围落下的水力加大，冲污效率高。 （2）冲水管路简单，路径短，冲水速度快，冲力大，排水管径粗（直径在8~10cm），下水管道直，容易冲除较大的污物，在冲刷过程中不易堵塞，卫生间可不备置纸篓。 （3）冲水时产生瞬间强大动能，冲水噪声较大。 （4）存水面较小，易出现结垢现象，防臭功能也不如虹吸式坐便器，易返味	适合于对冲水噪声不敏感、注重节水及卫生间管道较长不易排水的用户
虹吸式马桶		（1）虹吸式分为旋涡式虹吸和喷射式虹吸。 （2）马桶内有一个完整的管道，形状呈侧卧状"S"，池壁坡度较缓，冲水噪声较小。 （3）水封较高，不易返味，防臭优于直冲式。 （4）排污管的弯曲度较大，且管径较窄（直径在5~6cm），易出现堵塞现象。 （5）虹吸的抽水力大，对水量的要求也就比较大，相比直冲式马桶费水	由于冲水噪声相对较小，家庭马桶多数采用虹吸式
蹲便器		（1）使用时采用蹲式便溺方式的便器。 （2）使用时不与人体接触，相对卫生，但由于没有马桶盖，冲水时会造成排泄物气溶胶微粒喷出释放到空气中，造成病毒传播风险。 （3）普遍直冲式排水，按结构分为有存水弯和无存水弯，按排水位置分为前排水与后排水	适用于机场、码头、办公室等人流密集的公共卫生间

名称	图片	产品说明	应用
小便器		（1）专供男士小便的便器。 （2）按结构分为冲落式和虹吸式。 （3）按安装方式分为斗式、落地式、壁挂式。 （4）按用水量分为普通型、节水型、无水型	多用于公共卫生间及部分居家卫生间
嵌入式浴缸		（1）将缸体内嵌至地台中安装的浴缸。 （2）嵌入式浴缸通常固定在墙边地台上，安装后不再挪动	应用于可砌地台的卫浴空间
带裙边浴缸		（1）浴缸的裙边就是浴缸侧面的挡板，有单面的，也有双面的。 （2）带裙边浴缸保温效果好，便于安装，浴缸购买时要注意裙边的方向	用于无法砌地台或不用砌地台的空间
独立式浴缸		（1）独立式浴缸内外光洁，可独立摆放至卫浴空间任意位置使用。 （2）施工方便，容易检修，适合于在地面已装修完的情况下选用	不限安装方式与位置

4. 参数指标

（1）台盆

类别：台上盆、台中盆、台下盆、柱盆、碗盆。

材质：陶瓷、人造石、钢化玻璃、不锈钢。

形状：圆形、方形、椭圆形。

龙头孔：无、单孔、两孔、三孔。

台盆：长（450～650mm）×宽（400～500mm），选择时详见产品说明书（图1.2.4-1）。

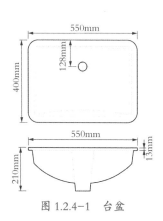

图1.2.4-1 台盆

（2）马桶

类别：落地式马桶、壁挂式马桶。

材质：陶瓷、金属。

坑距：305mm、350mm、400mm。

尺寸：详见具体产品图纸（图 1.2.4-2）。

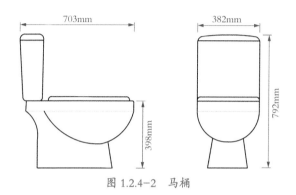

图 1.2.4-2　马桶

水箱方式：分体式、连体式。

排水方式：墙排、地排。

冲水方式：喷射虹吸式、螺旋虹吸式、直冲式、电力助动。

冲水按键：侧按一段式、上按一段式、上按两段式、电子遥控。

马桶盖材质：ABS 塑料、PVC 塑料、PP 塑料、脲醛树脂。

（3）蹲便器

便器材质：陶瓷、不锈钢。

水箱材质：ABS 塑料、PP 塑料。

坑距：300～440mm、480～700mm。

尺寸：详见具体产品图纸（图 1.2.4-3）。

排水方式：后进前排、后进后排。

冲水方式：虹吸式、直冲式。

冲水按键：侧按一段式、顶按单挡、顶按双挡、感应、按压双模式。

（4）浴缸

类别：嵌入式浴缸、带裙边浴缸、独立式浴缸。

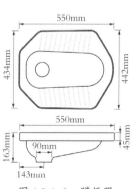

图 1.2.4-3　蹲便器

材质：亚克力、铸铁、钢板、玻璃钢。

形状：长方形、方形、椭圆形、圆形、异形。

扶手：不带扶手、带扶手。

规格：长（800～1800mm）×宽（650～850mm），选择时详见产品说明书（图1.2.4-4）。

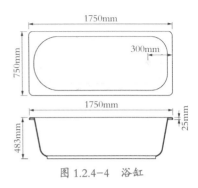

图1.2.4-4 浴缸

5. 相关标准

（1）现行国家标准《卫生陶瓷》GB/T 6952。

（2）现行国家标准《卫浴家具》GB 24977。

（3）现行国家标准《整体浴室》GB/T 13095。

6. 生产工艺

卫生陶瓷生产工艺流程（图1.2.4-5）：

图1.2.4-5 卫生陶瓷生产工艺流程图

（1）模具制备

首先根据产品设计人工雕塑原始模型，再采用树脂通过原模翻成母模，然后通过树脂母模生产出石膏子模用于洁具的注浆成型（图1.2.4-6）。

（2）原料制备

将长石、石英、氧化铁、氧化锆、铝粉、氧化镁、色料等原

图1.2.4-6 石膏模具

料，按比例制备陶瓷粉料，再调制成流动性泥浆入模定型，生成青坯。泥浆制备时应控制坯料细度，以万孔筛筛余1%～2%为宜。同

时制作合格釉浆备用（图1.2.4-7）。

（3）灌注成型

将泥浆注入多孔石膏模具内，石膏将泥浆水分吸收，贴近模壁形成一定的泥层。插入管道把底部多余泥浆排出（图1.2.4-8）。模壁上的泥层因脱水收缩而与模型分开生成青坯，即卫生陶瓷半成品。在青坯上涂黏合泥浆，反扣完成脱模，并修坯、补孔。

图1.2.4-7 原料制备

图1.2.4-8 灌注成型

（4）干燥

采用隧道式或室式干燥设备，利用窑炉余热或蒸汽换热作为热源，对陶瓷半成品进一步脱水。由于坯体形状复杂，且厚薄不一，干燥不宜过快，特别是干燥初期，要保持较大的湿度，以防止坯体变形、开裂等缺陷的产生。

图1.2.4-9 喷釉

（5）喷釉

采用喷釉和浸釉法将釉浆均匀喷洒在半成品可见表面及其他需施釉部位（图1.2.4-9），特别是大便器排污管道必须施釉。浸釉釉层厚度以0.5mm为宜；喷釉釉层以0.5～0.8mm为宜。喷色釉要更厚一些，一般以0.8～1mm为宜，多喷棱角处以避免露白。

（6）烧成

在隧道窑中烧成卫生陶瓷，分为预热带、烧成带、冷却带。采用匣钵或棚板装烧或采用半隔焰（或明焰）无匣裸装直接烧成。陶瓷分为低温瓷、中温瓷以及高温瓷，高温瓷要求烧制温度在1200℃以上，烧成时间 13～20h。烧成收缩率小于 1.15，吸水率小于 0.5%。国家现行标准要求烧制温度 1268℃，高温烧制 20h，稳定性极强（图 1.2.4-10）。

（7）检验

生产中的各工序均需检验。特别是原料制备阶段需检验浆料的细度、相对密度（含水量）、收缩、强度、抗弯曲性、流动触变，以及釉料的流动性、触变、细度、相对密度、色差、高温流动、干燥时间、坯釉适应性。烧成阶段尔检查陶瓷的变形率、釉面合格率，还需采用色差仪检查釉面的色差。组装完成后还要进行冲水测试（图 1.2.4-11）。

图 1.2.4-10　烧成

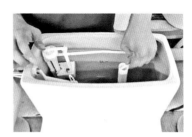

图 1.2.4-11　冲水测试

7. 品牌介绍（排名不分先后，表 1.2.4-2）

表 1.2.4-2

品牌	简介
HTOSN 恒通卫浴	恒通卫浴成立于 2002 年，坐落于福建省南安市，中国十大卫浴品牌。集卫浴产品研发、生产、制造销售与服务于一体，产品涵盖智能产品、陶瓷洁具、五金龙头、淋浴花洒、浴室家具、厨房洗涤六大系列
LAUFEN 劳芬卫浴	劳芬（LAUFEN）是瑞士著名卫浴品牌，全球大型的卫浴生产商之一。1892 年创立于瑞士劳芬镇，于 1952 年在巴西收购一家工厂，开始其全球化的进程
Villeroy&Boch 1748	德国唯宝（Villeroy & Boch）源于 1748 年，总部坐落于德国萨尔州麦特拉赫（Mettlach）小镇，公司业务领域涵盖卫浴及康体设备、日用瓷器和瓷砖
DURAVIT	Duravit 成立于 1817 年，GeorgFriedrichHorn 在德国黑森林赫恩伯格建立了制造陶器的工厂。全球知名的卫浴产品制造商，提供卫生陶瓷、浴室家具、浴缸、SPA 系统等卫浴产品

品牌	简介
科勒力 KOHLER®	科勒成立于1873年的美国，世界知名卫浴产品大型跨国公司，浴缸、脸盆、坐便器、龙头等卫浴产品的佼佼者，产品以卓越品质、技术先进、工艺精湛而著称
TOTO®	TOTO始创于1917年的日本，智能卫浴全球性品牌，日本历史悠久的卫浴洁具厂家，追求高品质、高工艺水平，专业生产、销售民用及商业设施用卫浴及相关设备
Roca 乐家	Roca乐家卫浴1917年由乐家兄弟创立于西班牙，总部设在西班牙巴塞罗那。全球十大卫浴洁具品牌和大型的卫浴生产商之一，Roca乐家公司以生产和销售高档洁具为主
American Standard 美标	美标始创于1872年的美国马萨诸塞州，提供高品质卫浴解决方案，力求做到悦目、暖心、安全，帮助人们构建梦想卫浴空间，并将健康环保、优雅、美好的生活方式传递到世界各地
ARROW 箭牌卫浴	上海箭牌卫浴创建于1994年，箭牌家居集团旗下知名卫浴品牌，总部在广东省佛山市。以节水、洁净、智能、品质为核心目标，致力于为消费者创造舒适、健康、环保型卫浴产品

8. 价格区间（表1.2.4-3）

表1.2.4-3

名称	规格	价格
台上盆	详见说明书	500～1000元/件
台下盆	详见说明书	350～900元/件
柱盆	详见说明书	200～1000元/件
坐便器	详见说明书	500～2000元/件
蹲便器	详见说明书	350～550元/件
浴缸	详见说明书	2500～5500元/件

注：以上价格为2023年网络电商平台价格，价格受品牌、规格、功能、材质以及原材料价格浮动、市场环境等因素的影响（以上价格仅供参考）。

9. 验收要点

（1）资料检查：应有产品合格证书、检验报告及使用说明书等质量证明文件。

（2）包装检查：包装包括花格木箱、瓦楞纸箱、蜂窝纸箱或以上形式的组合包装。包装标志包括产品名称、产品类别（瓷质或炻陶质）、商标、执行标准、生产日期或批号、制造厂名称及厂址。

（3）实物检查：

1）洁具在漫射光线 1100lx 的光照条件下，距产品约 0.6m 处目测检查釉面和外观缺陷，检查时将产品翻转观察各检查面。外观应规矩周正，表面光滑，无开裂、坯裂、釉裂、釉泡、色斑、坑包、针孔、斑点、波纹、缺釉、釉黏、麻面等缺陷。

2）手摸釉面和坯体应细腻，无凹凸不平。检查洁具釉面，除安装面（不包括炻陶质水箱），所有裸露表面和坐便器及蹲便器的排污管道内壁都应有釉层覆盖；釉面应与瓷质坯体完全结合。用手伸进坐便器的排污口处检查内部是否施釉且光滑。

3）测洁具重量，高档陶瓷采用 1200℃ 以上高温烧制，完成全部晶相转化，生成结构呈极致密玻璃相，达到全瓷化，分量较重。中、低档陶瓷采用中、低温烧制，达不到全瓷化，分量较轻。轻轻敲击，若陶瓷声音清脆，说明烧结质量好；若敲击声音沙哑，说明陶瓷未烧透，质量不佳。

4）检查洁具陶瓷吸水率，高温陶瓷的吸水率低于 0.2%，产品易于清洁不会吸附异味，不会发生釉面龟裂和局部漏水现象。中、低温陶瓷的吸水率大大高于 0.2%，不易清洗，会发出难闻的异味，时间久了会发生龟裂和漏水现象。

5）便器类产品应配备满足用水量要求且具有防虹吸功能冲水装置，并应保证其整体的密封性。对便器进行球排放试验测试冲水效果。3 次试验平均数应不少于 90 个。颗粒排放试验，连续 3 次试验，存水弯中存留可见聚乙烯颗粒 3 次平均数不多于 125 个，尼龙球 3 次平均数不多于 5 个。冲水噪声分贝应低于 50dB。

6）带整体存水弯便器的水封深度应不小于 50mm。不带整体存水弯的卫生陶瓷管道应配备水封深度不小于 50mm 的存水弯。

10. 应用要点

马桶安装要点:

（1）修整排污管

将高出地面 0.5cm 以上部分的排污管切掉，并将管口打磨光滑（图 1.2.4-12）。排污管与地面饰面板的间隙需用堵漏王填塞密实，确保污水不会经缝隙渗入地面结合层。

图 1.2.4-12　排污管切割

图 1.2.4-13　标记

（2）标记位置

将马桶底部排污口中心点引至马桶两侧做标记，再将排污管中心线交马桶两侧边线的交点在地面做十字标记（图 1.2.4-13），便于后期安装对位准确无误。

（3）安装就位

将密封圈打开，放在下水管道口上（图 1.2.4-14），马桶两侧标记对准地面十字标记，将马桶安装到位，并用力按压。马桶就位后连接进水管。

图 1.2.4-14　安装密封圈

（4）检查打胶

打开角阀试水，并检查是否漏水。水箱水加满，试水 2～3 次，确保无渗漏。将马桶四周及地面吹干，对马桶底座一圈进行打胶密封固定，打胶时要求均匀饱满（图 1.2.4-15），打胶后 24h 方可使用。

图 1.2.4-15　底座打胶

11. 材料小百科

坐便器的虹吸原理

虹吸现象：是液态分子间引力与位能差所造成的，即利用水柱压力差，使水上升后再流到低处（图1.2.4-16）。

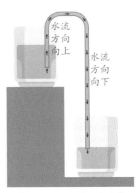

图1.2.4-16 虹吸现象

利用虹吸原理必须满足三个条件：

（1）管内先装满液体。

（2）管的最高点距上容器的水面高度不得高于大气压支持的水柱高度。

（3）出水口比上容器的水面必须要低。这样使得出水口液片受到向下的压强（大气压加水的压强）大于向上的大气压，保证水的流出。

图1.2.4-17 虹吸式坐便器

虹吸式坐便器：有一个完整的管道，形状呈侧卧状的"S"（图1.2.4-17），供水时，水会充满排污管道，利用水位差产生虹吸以达到排污的目的。由于池壁坡度缓，所以冲水噪声小。虹吸式坐便器分为旋涡式虹吸和喷射式虹吸。

旋涡式虹吸坐便器的冲水口设于坐便器底部一侧，冲水时，水流会先在马桶壁转上一圈（形成漩涡），加大水流对池壁的冲洗力度，以及虹吸作用的吸力，提高马桶的排污能力。

喷射式虹吸坐便器在虹吸式坐便器基础上做了进一步改进，即在坐便器内底部增加一个喷射副道，对准排污口的中心。冲水时，水一部分从便圈周围的布水孔流出（布水孔可制作成向一侧倾斜，让水流形成漩涡），另一部分由喷射口喷出，这种坐便器是在虹吸的基础上借助较大的水流冲力将污物快速冲走。

第 2 章　装饰装修材料

2.1　泥水基础材料
2.1.1　集料
2.1.2　水泥
2.1.3　石灰
2.1.4　石膏
2.1.5　砌筑块料
2.1.6　防水材料
2.1.7　绝热材料
2.1.8　自流平材料
2.1.9　瓷砖粘结材料
2.1.10　瓷砖填缝材料

2.2　木作基础材料
2.2.1　龙骨材料
2.2.2　型钢材料
2.2.3　木工板材
2.2.4　硅酸钙板
2.2.5　石膏板
2.2.6　石膏制品
2.2.7　紧固件
2.2.8　胶粘材料

2.3　油漆及裱糊材料
2.3.1　建筑涂料
2.3.2　艺术涂料
2.3.3　壁纸壁布

2.4　装饰面层材料
2.4.1　铝合金板
2.4.2　不锈钢制品
2.4.3　玻璃制品
2.4.4　树脂制品
2.4.5　陶瓷砖
2.4.6　马赛克
2.4.7　天然石材
2.4.8　人造石材
2.4.9　木地板
2.4.10　塑料地板
2.4.11　地毯
2.4.12　织物
2.4.13　皮革

2 沂水基础料料

2.1.1 集料

1. 材料简介

集料又称骨料，是用于配制混凝土或砂浆的颗粒状松散材料，主要起骨架作用和减小由于胶凝材料在凝结硬化过程中干缩湿胀所引起的体积变化。集料有天然集料和人造集料之分，前者如碎石、卵石、浮石、天然砂（图2.1.1-1）等；后者如煤渣、矿渣、陶粒、膨胀珍

图 2.1.1-1　砂石

珠岩等。按其粒径分为粗集料和细集料两种，颗粒粒径大于或等于4.75mm 的称为粗集料，如碎石和卵石；小于4.75mm 的称为细集料，如天然砂和人工砂。按其容重，集料又可分为重集料、普通集料和轻集料三种，颗粒表观密度大于3200kg/m³ 的集料称为重集料，一般用来制造重混凝土，如防辐射混凝土；颗粒表观密度小于或等于1700kg/m³ 的集料为轻集料，颗粒表观密度介于上述两者之间的为普通集料，可分别用于制造轻集料混凝土与普通混凝土。

2. 构造、成分

（1）砂子：天然砂主要成分是二氧化硅（SiO_2），常黏附如云母、硫酸盐、硫化物、有机物、黏土及淤泥等其他有害杂质。人工砂主要成分也是二氧化硅，由岩石经破碎机、制砂机、圆振动筛等设备粉碎和筛分而成。

（2）石子：无论碎石或卵石，主要化学成分是二氧化硅（SiO_2），以及含少量的氧化铁和微量的锰、铜、铝、镁等元素及化合物。

（3）煤渣：主要成分有二氧化硅（SiO_2）、Al_2O_3、Fe_2O_3、CaO、MgO 等。

（4）矿渣：主要成分有 CaO、SiO_2、Al_2O_3、MgO、MnO、Fe_2O_3 等，以及少量硫化物，如 CaS、MnS 等，通常 CaO、SiO_2 和 Al_2O_3 的含量占90% 以上。

（5）陶粒：外部呈陶质或釉质的坚硬外壳，内部结构呈细密蜂窝状、封闭型不相连通的微孔。加工原料有铝矾土、黏土、页岩、煤矸石、粉煤灰等。

（6）膨胀珍珠岩：其70%的成分为二氧化硅（SiO_2），为珍珠岩矿砂经预热、瞬时高温焙烧膨胀后制成的内部为蜂窝状结构的白色颗粒状的材料。

3. 分类（表2.1.1-1）

表2.1.1-1

名称	图片	材料解释	应用
河砂		（1）河砂是天然石在自然状态下，经水的作用力长时间反复冲撞、摩擦产生，其棱角圆润，表面较光滑，能更好地提高拌合料的流动性。 （2）砂子表面常黏附如云母、硫酸盐、硫化物、有机物、黏土及淤泥等有害物质。 （3）砂子用细度模数表示其粗细程度，分为粗砂、中砂、细砂、特细砂四级。其中，中砂作为砂浆制备的首选材料	适用于混凝土、砂浆制备
海砂		（1）海砂混有贝壳碎片并含较多盐分，其中氯离子成分如果超标，在经混凝土搅拌后用在工程建设中会严重腐蚀钢筋。 （2）未经淡化处理的海砂不能用于建设工程中，否则会对工程质量造成隐患	适用于铸造及研磨用砂；经淡化处理并检验合格可用于工程建设
机制砂		（1）通过制砂机和其专业附属设备加工而成的人工制砂。成品更加规则，可以根据不同工艺要求加工成不同规则和大小的砂子。 （2）机制砂粒度均匀、粒形好，级配合理。坚固性能比河砂稍差，但仍可达到国家建筑砂标准	适用于混凝土、砂浆制备

名称	图片	材料解释	应用
碎石		（1）由天然岩石经过机械破碎、筛分制成的，碎石的粒径一般是大于4.75mm的岩石颗粒。其表面粗糙、棱角多，形状不规则。 （2）碎石涵盖的种类较多，莫氏硬度的范围在3～8，其有尖锐的棱角及粗糙的表面，可以紧紧地与水泥粘结在一起，强度较大	适用于建筑工程的混凝土制备
卵石		（1）卵石指风化岩石经水流长期搬运而成的粒径为60～200mm的无棱角的天然卵形颗粒；大于200mm者则称漂石。 （2）卵石的形状多为圆形，表面光滑，与水泥的粘结较差，拌制的混凝土拌合物流动性较好，但混凝土硬化后强度较低	适用于铺设园路、公园假山、盆景填充材料、园林艺术等
陶粒		（1）陶质颗粒，形状因工艺不同而异。外观呈圆形或椭圆形球体，或呈不规则碎石状，粒径一般为5～20mm，最大的粒径为25mm。 （2）表面呈坚硬的陶质或釉质外壳，内部多孔呈蜂窝状、密度小、强度高、热导率低，有保温、隔热、隔声功能及良好的吸潮性能。 （3）陶粒因其原料与品种不同而颜色多样。焙烧陶粒大多为暗红色、赭红色，也有一些特殊品种为灰黄色、灰黑色、灰白色、青灰色等	适用于屋内垫层以及卫生间地面回填，或用于园林绿化，使土壤更具排水性、透气性。也可用于饮用水的深度处理，以吸附水中的有害物质
膨胀珍珠岩		（1）膨胀珍珠岩是一种天然酸性玻璃质火山熔岩在瞬时1300℃高温下体积迅速膨胀4～30倍，形成的一种内部为蜂窝状结构的白色颗粒。 （2）其遇干燥、严寒、高温、湿热等环境，具备超强的稳定性能，同时，保温节能、防火耐火较一般保温材料优异。 （3）吸水率高，耐水性差致保温砂浆体积收缩、开裂、变形，后期保温性能降低。同时在拌制、运输、停放过程中易出现分层、离析、泌水现象，施工性能差，降低硬化后保温砂浆性能	可用作过滤剂、催化剂、分子筛以及橡胶、化肥、农药的载体；用于制作绝热、吸声、防火等制品；用于配制建筑砂浆和轻质混凝土等

4. 参数指标（表 2.1.1-2）

表 2.1.1-2

项目	品类	粒径	表观密度	堆积密度
砂	河砂、山砂、机制砂、海砂	粗砂 0.5mm 以上、中砂 0.35～0.5mm、细砂 0.25～0.55mm、超细砂 0.25mm 以下	$2500～2750kg/m^3$，一般为 $2580kg/m^3$	$1350～1450kg/m^3$
石子	碎石、卵石	5～40mm	$2500～3150kg/m^3$，平均为 $2680kg/m^3$	$1450～1650kg/m^3$
陶粒	页岩、粉煤灰、黏土、铝矾土、垃圾、煤矸石、硅藻土、玻璃陶粒	5～25mm	$1500～2000kg/m^3$	$300～900kg/m^3$
膨胀珍珠岩	膨胀珍珠岩	3～9mm	$100～200kg/m^3$	$30～150kg/m^3$

5. 相关标准

（1）现行国家标准《建设用砂》GB/T 14684。

（2）现行国家标准《建筑设用卵石、碎石》GB/T 14685。

（3）现行行业标准《普通混凝土用砂、石质量及检验方法标准》JGJ 52。

（4）现行国家标准《轻集料及其试验方法　第 1 部分：轻集料》GB/T 17431.1。

（5）现行国家标准《轻集料及其试验方法　第 2 部分：轻集料试验方法》GB/T 17431.2。

6. 生产工艺

（1）以机制砂的生产工艺流程为例（图 2.1.1-2）

图 2.1.1-2　机制砂的生产工艺流程图

1）破碎

使用颚式破碎机（图 2.1.1-3）＋圆锥破碎机（图 2.1.1-4）/反击破碎机（根据物料特性选用设备），搭配给料机、振动筛等设备，进行砂石原料的粗碎、中细碎。砂石原料进入颚式破碎机粗破，破碎后的石料由皮带传送至振动筛经过细分后，大料返回圆锥机循环破碎。经过破碎、细碎后的石料能够满足制砂机的进料要求。

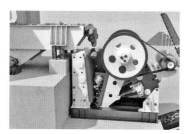

图 2.1.1-3　颚式破碎机

图 2.1.1-4　圆锥破碎机

图 2.1.1-5　振动筛

2）制砂

破碎后的物料经由皮带机输送到制砂机中进行整形制砂作业，使粒度更均匀。成品砂经输送带送入振动筛筛分成粗砂、中砂和细砂（图 2.1.1-5）。

3）洗砂

为减少机制砂的石粉含量，提高成品砂的品质，筛分完成后需通过洗砂机对成品砂进行清洗（图 2.1.1-6），水资源短缺区域多采用选粉机对机制砂中的石粉进行处理，清洗（选粉）完成后的机制砂被送入成品料堆。

图 2.1.1-6　洗砂机

（2）以铝矾土陶粒的生产工艺流程为例（图2.1.1-7）

破碎粉磨 → 制球 → 煅烧 → 筛分

图2.1.1-7　铝矾土陶粒的生产工艺流程图

1）破碎粉磨

采用颚式破碎机和锤式破碎机组成的二级破碎系统，将铝矾土块粒度控制在8mm及以下。将铝矾土、锰粉、回料等几种物料分别输送到各自的料库，库下设置调速皮带秤实现物料自动配料计量。采用烘干兼粉磨的球磨机，配套高效选粉机，组成闭路粉磨系统对原料进行烘干并粉磨。烘干物料的热风可采用回转窑的废气，做到余热利用，也可设置专用热风炉。

2）制球

出磨的生料粉被送入小料仓，料仓下设置螺旋计量装置或者调速皮带秤装置，计量生料量，并进入盘式制球机（图2.1.1-8）。同时，采用流量计控制水量，由管道泵将水按计量喷入盘式制球机。制球机旋转过程中，可以制成各种粒径的料球。

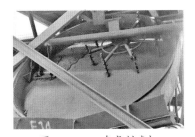

图2.1.1-8　盘式制球机

3）煅烧

料球进入带有一定斜度的回转窑进行煅烧，随着回转窑的旋转向窑头滚动，同时煤粉从窑头喷入窑内燃烧，将料球煅烧成要求强度的陶粒砂（图2.1.1-9）。

4）筛分

陶粒的冷却一般采用简单可靠的回转式冷却机。冷却机二次风完

图2.1.1-9　煅烧

全入窑，配合多通道燃烧器的使用，可节约大量的能耗。出冷却机的陶粒直接输送到多级振动筛，按照尺寸大小分级筛选为多个粒径品级。

7. 价格区间（表 2.1.1-3）

表 2.1.1-3

名称	规格	价格
河砂	中砂	$180 \sim 230$ 元 /m³
海砂	中砂	$80 \sim 120$ 元 /m³
机制砂	中砂	$140 \sim 180$ 元 /m³
碎石	粒径 $10 \sim 20$mm	$140 \sim 170$ 元 /m³
卵石	粒径 $10 \sim 30$mm	$200 \sim 300$ 元 /m³
陶粒	粒径 $10 \sim 30$mm	$230 \sim 250$ 元 /m³
膨胀珍珠岩	粒径 $3 \sim 9$mm	$110 \sim 150$ 元 / 吨

注：以上价格为2023年网络电商平台价格，价格受品牌、规格、功能、材质以及原材料价格浮动、市场环境等因素的影响（以上价格仅供参考）。

8. 验收要点

（1）资料检查：应有产品合格证书、检验报告及使用说明书等质量证明文件。

（2）包装检查：包装完整，品牌、厂家、品种、规格、数量应符合订单要求。

（3）实物检查：

1）砂：首选河砂中砂，外观干净、洁净、均匀，无异味。砂进行筛分、表观密度、吸水率、含泥量、泥块含量、云母含量、轻物质含量试验。国家标准建设用砂最低要求为含泥量不超过 5%，泥块含量不超过 2%。无破碎，无风化，云母 $\leqslant$ 2.0%，轻物质 $\leqslant$ 1.0%，无絮凝剂。有机物合格，三氧化硫 $\leqslant$ 0.5%，氯化物 $\leqslant$ 0.02%，含泥量 $\leqslant$ 3.0%，泥块含量 $\leqslant$ 1.0%，细度模数 2.3 $\sim$ 3.0。人工砂及特细砂，应经试配满足砌筑砂浆技术条件要求。

2）石子：碎石表面应平整，无裂纹、破损、变形等缺陷。尺寸符合规定要求。碎石进行筛分、表观密度、吸水率、压碎值、针片状含量、含泥量、泥块含量试验。卵石应该没有明显的裂纹、破损、变形、污渍、油污等缺陷，表面应该平整光滑，没有明显的凹凸不

141

平。卵石的筛分、压碎值、针片状、含泥量、泥块含量、表观密度、堆积密度、空隙率应符合标准要求，必要时做坚固性、硫化物、有机质、石料抗压试验。

3）陶粒：陶粒表面应平整、无裂纹、无破损、无明显变形、无明显污染。陶粒颜色应均匀，无明显色差。粒径5～25mm，松散密度580～680kg/m³，吸水率8.3%～10%（以干燥状态下1h计），粉末及粒径小于5mm的含量应小于5%。

4）膨胀珍珠岩：外观干净整洁，无明显的破损、裂纹和变形等缺陷。尺寸规格、粒度分布、吸水率、压缩强度、化学成分应符合要求。

9. 应用要点

（1）河砂和海砂

1）看外观：海砂和河砂的颜色有很大的不同，海砂颜色较为暗沉，呈深褐色；而河砂颜色相对黄亮很多。

2）看颗粒：河砂的颗粒感更粗，表明粗糙适中，杂质含量较少；海砂掺有贝壳碎片，颗粒感更细，甚至有的海砂可以达到粉末状。

3）看黏度：海砂的黏手程度比河砂更黏，海砂较黏手不易清理，河砂不黏手容易清理。

4）闻味道：海砂有一定的咸味，而河砂只有土味。

（2）砂、石的选用要点

1）建筑用砂：砂子可填充石子空隙，使混凝土更密实，与水泥共同作用，提高混凝土的和易性和流动性，直接影响材料的质量和工程的安全性。配制混凝土首选中砂，颗粒大小应在0.15～5mm，颗粒过大或过小，均会影响混凝土的强度和稳定性。砂含泥量应小于3%，含水率应小于5%，骨料含量小于15%。前述三项指标含量过高，不仅会影响混凝土的强度和耐久性，还会影响砌体的黏结力。

2）建设用石：石子最大粒径不能超过结构最小截面面积的1/4，同时不能超过钢筋最小间距的3/4。如混凝土实心板，最大粒径不能超过板厚的1/2，并应小于50mm。浇筑构件不同，骨料混合方式也不一样。如浇筑垫层和小型构件，应采用砂石混合料；如浇筑实心板、混凝土柱以及混凝土梁等构件，应选用碎石而不用卵石，以增加水泥砂与石子之间的黏结力。同时，要控制片状以及针状石子的含量，如这类石子含量过高，需使用相应孔径的筛子去除。

10. 材料小百科

（1）颗粒级配与级配

颗粒级配和级配都是描述材料中不同粒径颗粒的分布情况的概念，但在一些细节上有所区别。颗粒级配通常是指对颗粒材料中不同粒径范围内的颗粒所占比例的详细描述。它关注的是每个粒径范围内颗粒的具体含量或百分比，以确定颗粒的大小分布情况。例如，砂子的颗粒级配可以通过筛分分析来确定，其中不同筛孔的通过率可以反映出不同粒径砂子的比例。级配则更广泛地用于描述材料中不同组分或颗粒的总体分布情况。它可以包括颗粒级配，但也可以涉及其他方面的分布特征，如不同成分的比例、长度、厚度等。级配的概念更强调的是整体的分布模式和相对比例关系。

1）连续级配：标准套筛筛分后，骨料颗粒由大到小连续分布，每一级均占适当比例。这种由大到小逐级按比例搭配组成的混合骨料，称为连续级配混合料。

2）间断级配：骨料颗粒分布的整个区间里，从中间剔除一个或连续几个粒级，形成一种不连续的级配，成为所谓的间断级配。

3）连续开级配：整个骨料颗粒分布范围较窄，从最大粒径到最小粒径仅在数个粒级上以连续的形式出现，形成所谓的连续开级配。

（2）密度

密度是对特定体积内的质量的度量，密度等于物体的质量除以体积，可以用符号 ρ 表示，单位为千克每立方米，符号是 kg/m^3。

1）表观密度：指物体的质量与表观体积之比。表观体积是实体积加闭口孔隙体积。对于形状非规则物体，可先封闭孔隙，再用排液法测量体积。

2）堆积密度：简称堆密度，又称体积密度、松密度、毛体密度，指散粒物体在堆积状态下，单位体积的质量。粉料的堆积密度、充填率与颗粒大小及其分布、形状有关，尤以粒径分布的影响大。按自然堆积体积计算的密度称为松堆密度；以振实体积计算则称紧堆密度。

2.1.2 水泥

1. 材料简介

水泥（图 2.1.2-1）是粉状水硬性无机胶凝材料，加水搅拌后成塑性浆体，能在空气或水中硬化，并能将砂、石等材料牢固地胶结成整体，形成坚硬固体。我国建筑工程中常用的是通用硅酸盐水泥，它是以硅酸盐水泥熟料和适量的石膏及规定的混合材料制成。按混合料的品种和掺量，通用硅酸盐水泥可分为硅酸盐水泥、普通硅酸盐水泥、矿渣硅酸盐水泥、火山灰质硅酸盐水泥、粉煤灰硅酸盐水泥和复合硅酸盐水泥。

图 2.1.2-1　水泥

2. 构造、成分

硅酸盐系水泥：由含石灰石、黏土和铁粉按比例混合磨细的生料，经高温煅烧成以硅酸钙为主要成分的熟料，加入适量石膏及其他混合料磨细后配制而成水硬性胶凝物质。其中硅酸钙矿物不少于66%，氧化钙和氧化硅质量比不小于2.0。

1）熟料：硅酸盐水泥的主要成分，是由石灰石、黏土、铁矿石等原料经过破碎、研磨、混合等工艺制成的。熟料中含有大量的三氧化二铝（Al_2O_3）、二氧化硅（SiO_2）、三氧化二铁（Fe_2O_3）等氧化物，这些氧化物是硅酸盐水泥的主要活性成分。

2）石膏：硅酸盐水泥的主要辅助成分之一，它通常以石膏石或石膏矿石为原料，经过破碎、研磨等工艺制成。石膏的主要成分是硫酸钙（$CaSO_4 \cdot 2H_2O$），它能够调节硅酸盐水泥的凝结时间和硬化速度，提高水泥的工艺性能。

3）其他混合料：为改善水泥性能、调节强度等级可适量掺入活性混合料，如粒化高炉渣、火山灰质混合材料、粉煤灰、硅灰、回收窑灰等；非活性混合材料，如石英砂、石灰石、干黏土、慢冷矿渣、炉灰等粉末。

3. 分类（表 2.1.2-1）

表 2.1.2-1

名称	代号	材料解释	应用
硅酸盐水泥	P·Ⅰ P·Ⅱ	（1）也称波特兰水泥（Portland cement），以硅酸钙为主的硅酸盐水泥熟料，5%以下的石灰石或粒化高炉矿渣，适量石膏磨细制成的水硬性胶凝材料。 （2）未掺混合材料的为Ⅰ型硅酸盐水泥，代号是P·Ⅰ，掺入不超过水泥质量5%的混合材料的是Ⅱ型硅酸盐水泥，代号是P·Ⅱ。 （3）特点：① 凝结硬化快、早期强度高；② 水化热；③ 抗冻性好；④ 耐热性差；⑤ 耐蚀性差；⑥ 干缩性小	适用于要求快硬、早强的混凝土；强度大于C50级的混凝土；有耐磨性要求的混凝土
普通硅酸盐水泥	P·O	（1）以硅酸盐水泥熟料为主，5%~20%的混合材料及适量石膏磨细制成的水硬性胶凝材料。 （2）具有强度高、抗冻性好、耐磨性好、抗碳化、耐腐蚀性差、不耐高温的特性。 （3）特点：① 凝结硬化较快、早期强度较高；② 水化热较大；③ 抗冻性较好；④ 耐热性较差；⑤ 耐蚀性较差；⑥ 干缩性较小	适用于普通气候及严寒地区的露天混凝土，寒冷地区处在水位升降范围内的混凝土；有抗渗要求的混凝土
矿渣硅酸盐水泥	P·S·A P·S·B	（1）由硅酸盐水泥熟料和粒化高炉矿渣、适量石膏磨细制成的水硬性胶凝材料，分为A型（P·S·A）和B型（P·S·B）。 （2）P·S·A所含的熟料＋石膏组分为不小于50%且小于80%，符合要求的粒化高炉矿渣组分为大于20%且不超过50%。 （3）P·S·B所含的熟料＋石膏组分为不小于30%且小于50%，符合要求的粒化高炉矿渣组分为大于50%且不超过70%。 （4）特点：① 凝结硬化慢、强度早期低，后期增长快；② 水化热较小；③ 抗冻性差；④ 耐热性好；⑤ 耐蚀性较好；⑥ 干缩性较大；⑦ 泌水性大、抗渗性差	适用于易受侵蚀介质作用的混凝土、厚大体积混凝土，以及在高湿度环境中或长期处于水中的混凝土

名称	代号	材料解释	应用
火山灰质硅酸盐水泥	P·P	（1）简称火山灰水泥，由硅酸盐水泥熟料和火山灰质混合材料、适量石膏磨细制成的水硬性胶凝材料称为火山灰质硅酸盐水泥。 （2）特点：①凝结硬化慢、早期强度低，后期强度增长较快；②水化热较小；③抗冻性差；④耐热性较差；⑤耐蚀性较好；⑥干缩性较大；⑦抗渗性较好	适用于易受侵蚀介质作用的混凝土、厚大体积的混凝土，以及在高湿度环境中或长期处于水中的混凝土
粉煤灰硅酸盐水泥	P·F	（1）简称粉煤灰水泥，由硅酸盐水泥熟料和粉煤灰、适量石膏磨细制成的水硬性胶凝材料称为粉煤灰硅酸盐水泥。 （2）特点：①凝结硬化慢、早期强度低，后期强度增长较快；②水化热较小；③抗冻性差；④耐热性较差；⑤耐蚀性较好；⑥干缩性较小	适用于易受侵蚀介质作用的混凝土、厚大体积的混凝土，以及在高湿度环境中或长期处于水中的混凝土
复合硅酸盐水泥	P·C	（1）简称复合水泥，由硅酸盐水泥熟料、两种或两种以上的混合料、适量石膏磨细制成的水硬性胶凝材料，称为复合硅酸盐水泥。 （2）特点：①凝结硬化慢、早期强度低，后期强度增长较快；②水化热较小；③抗冻性差；④耐蚀性较好；⑤其他性能与所掺料及掺量有关	适用于易受侵蚀介质作用的混凝土、厚大体积的混凝土，以及在高湿度环境中或长期处于水中的混凝土
白色硅酸盐水泥	P·W	（1）简称白水泥，由氧化铁含量少的白色硅酸盐水泥熟料（如纯净的高岭土、纯石英砂、纯石灰或白垩），在1500～1600℃烧成的熟料、适量石膏及混合材料（石灰石和窑灰）磨细制成的水硬性胶凝材料。 （2）白色硅酸盐水泥中由于氧化铁（0.35%～0.4%）、氧化锰、氧化钛、氧化铬、氧化钴等着色物质极少而呈白色	适用于彩色水刷石、水磨石、斩假石等饰面砂浆及易返碱的大理石的面层铺装

4. 参数指标

水泥包装袋展开图如图 2.1.2-2 所示。

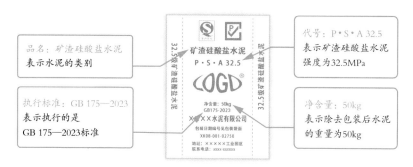

图 2.1.2-2　水泥包装袋展开图

产品名称：硅酸盐水泥、普通硅酸盐水泥、矿渣硅酸盐水泥、火山灰质硅酸盐水泥、粉煤灰硅酸盐水泥、复合硅酸盐水泥、白色硅酸盐水泥。

产品代号：P·Ⅰ、P·Ⅱ、P·O、P·S·A、P·S·B、P·P、P·F、P·C、P·W。

强度等级：32.5、32.5R、42.5、42.5R、52.5、52.5R、62.5、62.5R。

标准实行以 MPa 表示强度等级，使强度等级的数值与水泥标准条件下养护 28d 抗压强度指标的最低值相同。R 表示早强型。

硅酸盐水泥：分为 42.5、42.5R、52.5、52.5R、62.5、62.5R 六个等级。

普通硅酸盐水泥：分为 42.5、42.5R、52.5、52.5R 四个等级。

矿渣硅酸盐水泥、火山灰质硅酸盐水泥、粉煤灰硅酸盐水泥、复合硅酸盐水泥：分为 32.5、32.5R、42.5、42.5R、52.5、52.5R 六个等级。

细度：硅酸盐水泥、普通硅酸盐水泥比表面积应大于 $300m^2/kg$。

体积安定性：水泥硬化过程中，体积均匀变化，则为合格。

碱含量：水泥中碱含量≤0.60%，或由供需双方商定。

参数标记说明

（1）硅酸盐水泥标记：执行标准、水泥品种、代号、强度等级

示例：GB 175—2023　矿渣硅酸盐水泥　P·S·A　32.5

标准号为 GB 175—2023、水泥品种为矿渣硅酸盐水泥、代号 P·S·A、强度等级 32.5

（2）硅酸盐水泥分类与代号（表2.1.2-2）

表2.1.2-2

代号	解释
P·Ⅰ	硅酸盐水泥 Portland cement Ⅰ 未掺混合材料的为Ⅰ型
P·Ⅱ	硅酸盐水泥 Portland cement Ⅱ 掺入 5% 以内的混合材料的为Ⅱ型
P·O	普通硅酸盐水泥 ordinary Portland cement
P·S·A	矿渣硅酸盐水泥 A 型 Portland slag cement A
P·S·B	矿渣硅酸盐水泥 B 型 Portland slag cement B
P·P	火山灰质硅酸盐水泥 Portland-pozzolana cement
P·F	粉煤灰硅酸盐水泥 Portland fly-ash cement
P·C	复合硅酸盐水泥 complex Portland cement
P·W	白色硅酸盐水泥 white Portland cement
R	早强型
32.5	抗压强度为 32.5MPa

5. 相关标准

（1）现行国家标准《通用硅酸盐水泥》GB 175。

（2）现行国家标准《水泥胶砂强度检验方法（ISO 法）》GB/T 17671。

（3）现行国家标准《水泥标准稠度用水量、凝结时间、安定性检验方法》GB/T 1346。

6. 生产工艺

硅酸盐水泥的生产工艺流程（图2.1.2-3、图2.1.2-4、图2.1.2-5）：

图 2.1.2-3　硅酸盐水泥的生产工艺流程图（一）

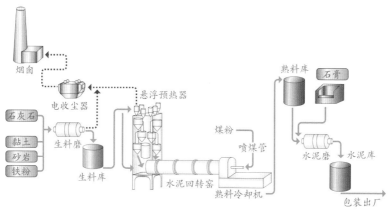

图 2.1.2-4　硅酸盐水泥的生产工艺示意图（二）

图 2.1.2-5　硅酸盐水泥的生产工艺流程图（三）

（1）生料制备

压碎机先对原料如石灰石、黏土、铁矿石等进行破碎（图2.1.2-6），并初步均化。每生产1t硅酸盐水泥需要粉磨3t物料，包括各种原料、燃料、熟料、混合料、石膏，干法水泥生产线粉磨作业要消耗的动力占全厂动力的60%以上。

图 2.1.2-6　压碎机

（2）生料均化

粉磨后的生料通过合理搭配或搅拌，使其成分进一步趋于均匀（图2.1.2-7）。新型干法水泥生产的生料均化配料对稳定熟料烧成热加工至关重要。

图 2.1.2-7　均化配料

（3）预热分解

烧结前预热塔需对生料预热（图 2.1.2-8），预热器被加热至800℃的高温时，通过化学反应可去除生料中95%的二氧化碳，使水泥遇水能硬化。预热器完成生料预热、部分分解，可以缩短回窑长度，窑内以堆积状态开展气料换热，生料与窑内排出炽热气体完全混合，增加气料接触面积，传热速度快，热交换效率高。

图 2.1.2-8　预热塔

（4）熟料烧成

生料预热、预分解后，进入回转窑烧成熟料（图 2.1.2-9）。在回转窑中碳酸盐进一步迅速分解并产生一系列固相反应，产生水泥熟料中的矿物。随着物料温度升高，待矿物呈液相后，溶解在液相中反应产生熟料。最后由水泥熟料冷却机把回转窑卸出的高温熟料冷却到下游输送、贮存库和水泥磨可以承受的温度，并回收高温熟料的余热，提升系统的热效率、熟料质量。

图 2.1.2-9　回转窑

（5）水泥粉磨

球磨机内放置两种钢球作为磨介，通过磨球与物料相互作用把水泥熟料粉磨至适宜粒度（图 2.1.2-10），产生相应的颗粒级配，增大水化面积，加快水化速度，满足水泥浆体凝结、硬化需求。通常会在熟料中加入适量石膏一同磨粉，以调节水泥的硬化时间。

图 2.1.2-10　球磨机

7. 品牌介绍（排名不分先后，表 2.1.2-3）

表 2.1.2-3

品牌	简介
CONCH 海螺水泥	安徽海螺水泥股份有限公司成立于 1997 年，位于安徽省芜湖市，国内水泥厂商龙头企业，主要从事硅酸盐水泥熟料和高等级水泥研发、生产和销售
CNBM	2020 年，中国建材集团以（原）天山水泥作为水泥业务整合平台，购买中国建材旗下中联水泥、南方水泥、西南水泥、中材水泥四大水泥板块公司资产重组，成为产业链齐全的水泥公司
润丰水泥	华润集团于 2016 年将旗下原有的"润丰""红水河""海岛"等品牌整合后推出"润丰水泥"为全国统一品牌。主营水泥、商品混凝土的生产及销售服务，华南地区较大的新型干法水泥及熟料生产商

8. 价格区间（表 2.1.2-4）

表 2.1.2-4

名称	规格	价格
硅酸盐水泥	50kg/ 袋	70～100 元 / 袋
普通硅酸盐水泥	50kg/ 袋	70～100 元 / 袋
矿渣硅酸盐水泥	50kg/ 袋	50～80 元 / 袋
火山灰质硅酸盐水泥	50kg/ 袋	60～90 元 / 袋
粉煤灰硅酸盐水泥	50kg/ 袋	50～70 元 / 袋
复合硅酸盐水泥	50kg/ 袋	70～100 元 / 袋
白色硅酸盐水泥	50kg/ 袋	80～200 元 / 袋

注：以上价格为 2023 年网络电商平台价格，价格因地区、品牌、批次等因素而异（以上价格仅供参考）。

9. 验收要点

（1）资料检查

1）应有产品合格证书、检验报告及使用说明书等质量证明文件。出厂检验报告、检验记录等是否齐全、准确。

2）检验报告内容应包括出厂检验项目、细度、混合材料品种和掺加量。当用户需要时，生产者应在水泥发出之日起7d内寄发除28d强度以外的各项检验结果，32d内补发28d强度的检验结果。

（2）包装检查

1）检查水泥包装是否完好无损，是否有破损、潮湿等情况。

2）检查标志是否清晰、准确，水泥包装袋应标记执行标准、水泥品种、代号、强度等级、生产厂、生产许可证标志（QS）及编号、出厂编号、包装日期、净含量。

3）包装袋两侧应根据水泥品种采用不同颜色印刷水泥名称和强度等级，硅酸盐水泥（P·Ⅰ及P·Ⅱ型）、普通硅酸盐水泥（P·O）的包装印字为红色；矿渣硅酸盐水泥（P·S）为绿色；火山灰质硅酸盐水泥（P·P）、粉煤灰硅酸盐水泥（P·F）及复合硅酸盐水泥（P·C）为黑色或蓝色。散装发运时应提交与袋装标志相同内容的卡片。

（3）实物检查

1）检查数量按同一生产厂家、同一等级、同一品种、同一批号且连续进场的水泥，袋装不超过200t为一批，散装不超过500t为一批，每批抽样不少于1次。

2）水泥进场时应对其品种、等级、包装或散装仓号、出厂日期等进行检查。当使用中对水泥质量有怀疑或水泥出厂超过3个月（快硬硅酸盐水泥超过1个月）时，应进行复验，并按复验结果使用。

3）检查水泥外观是否均匀、细腻，是否有结块、凝固、沉淀等情况。优质水泥颜色为灰白色，水泥粉末颗粒越细，硬化越快、强度越高，如有结块说明水泥储存时间较长或受潮。

4）检查水泥的物理性能，包括初凝时间、终凝时间、强度等指标是否符合要求，并应对其强度、安定性及其他必要的性能指标进行复验，其质量必须符合国家现行标准的规定。

5）检查水泥的化学性能，包括含量、活性、烧失量等指标是否符合要求。对于特殊用途的水泥，还需要进行特殊的检查和测试，如硫铝酸盐水泥需要检查其含量、活性等指标。

10. 应用要点

硅酸盐水泥技术指标与应用：

按照现行国家标准《通用硅酸盐水泥》GB 175 的规定，硅酸盐系水泥中，凡是氧化镁、三氧化硫、初凝时间、安定性中的任一项指标不符合标准规定均视为废品，不得用于任何工程。凡细度或终凝时间不符合规定的、混合材料掺量超标，或强度低于商标指示值，或包装及其标志不符合规定的，均视为不合格品，不得在重要工程或工程的重要部位使用。

硅酸盐系水泥技术性质标准（表 2.1.2-5）：

表 2.1.2-5

要求指标	硅酸盐水泥 P·Ⅰ	硅酸盐水泥 P·Ⅱ	普通硅酸盐水泥 P·O 复合硅酸盐水泥 P·C	矿渣硅酸盐水泥 P·S 火山灰质硅酸盐水泥 P·P 粉煤灰硅酸盐水泥 P·F
烧失量	≤3.0%	≤3.5%	≤5.0%（复合水泥不要求）	—
细度	比表面积＞300m²/kg		80μm 方孔筛的筛余量＜10%	
终凝时间	≤390min		≤10h	
初凝时间	≥45min			
MgO 含量	≤5.0%（如经压蒸安定性合格，可允许放宽到 6%）			
SO₃ 含量	≤3.5%（矿渣水泥可放宽到≤4.0%）			
安定性	合格			
碱含量	按 Na₂O＋0.658K₂O 计算的碱量不得大于水泥质量的 0.6%			

11. 材料小百科

（1）水泥运送及存储要点

水泥运送过程中，运送袋装水泥的卡车应以不透水帆布紧密覆盖；袋装水泥运到工地，应立即安放仓库内贮藏，维持干燥，避免水汽侵入，同时用栈板离地架起，并覆盖防水帆布或塑料布，严禁水泥与地面或仓库墙壁接触，储存期间以先进先出为使用原则。运送散装水泥卡车则应将车上进料口密封妥当，避免外界水汽侵入从而影响水泥品质。为避免外界的水汽侵入，散装水泥运抵工地或预拌厂后应尽快使用。

（2）水泥的水化

硅酸盐水泥中的各种矿物成分遇水发生一系列化学反应并生成各种水化物的过程称为水化反应。水泥在与水化合时所放出的热称为水化热。生成的水化物中［如水化硅酸钙（$3CaO \cdot 2SiO_2 \cdot 3H_2O$）、氢氧化钙（$Ca(OH)_2$）、水化铝酸三钙（$3CaO \cdot Al_2O_3 \cdot 6H_2O$）、水化铁酸一钙（$CaO \cdot Fe_2O_3 \cdot H_2O$）等］铝酸三钙水化反应极快，会很快生成大量的水化铝酸三钙，然后与水泥中的石膏反应，生成难溶的水化硫铝酸钙，该产物为针状结晶体，也称为钙矾石晶体（$3CaO \cdot Al_2O_3 \cdot 3CaSO_4 \cdot 32H_2O$）。

（3）水泥的硬化

随着水泥水化的不断进行，凝结后的水泥浆结构内部孔隙不断被新生水化物填充和加固，使其结构强度不断增长，即使已经形成坚硬的水泥石，其强度仍在缓慢增长。因此，水泥的硬化在较长的一段时间内持续进行。水泥的水化速度表现为早期快后期慢，最初3～7d内，水泥水化速度最快，早期强度发展也最快。

（4）水泥的凝结

水泥水化反应使水泥浆中起润滑作用的水分减少，同时，结晶和析出水化产物逐渐增多，水泥颗粒表面的新生物厚度逐渐增大，使水泥浆中固体颗粒间距减小，颗粒相互连接形成骨架结构。此时，水泥浆慢慢失去可塑性表现为水泥的初凝。

由于铝酸三钙水化速度极快，使得水泥凝结时间极短，为此，在水泥中加入适量石膏与水化铝酸三钙反应生成针状的钙矾石，形成保护膜覆盖在水泥颗粒的表面，阻止水泥颗粒表面水化产物的向外扩散，从而降低水泥的水化速度，也就延缓了水泥颗粒靠近的速度，使水泥初凝时间得以延缓。国家标准规定了水泥的最短初凝时间，要求水泥的初凝时间不得短于规定时间，否则视为废品。

当掺入水泥的石膏消耗殆尽时，水泥颗粒表面的钙矾石覆盖层一旦被水泥水化物的积聚所胀破，铝酸三钙等矿物的再次快速水化得以继续进行，水泥颗粒逐渐相互靠近，直至连接形成骨架。此过程表现为水泥浆的塑性逐渐消失，即水泥加水拌合到水泥浆完全失去可塑性并开始产生强度表现为水泥的终凝。

硅酸盐水泥初凝时间不早于 45min，终凝时间不迟于 6.5h。普通硅酸盐水泥、火山灰水泥、粉煤灰水泥、复合硅酸盐水泥初凝时间不早于 45min，终凝时间不迟于 10h。水泥的凝结硬化过程划分详见图 2.1.2−11。

图 2.1.2−11　水泥的凝结硬化过程划分

（5）水泥的体积安定性

水泥的体积安定性是表征水泥硬化过程中体积变化均匀性的物理性能指标，是关系水泥是否合格的决定性指标。水泥凝结硬化过程中都会发生体积变化，如果体积变化是均匀的，不会对工程结构造成危害。当熟料中游离氧化钙或游离氧化镁过多或石膏掺量过多时，水泥硬化过程产生不均匀的局部体积膨胀，造成内部破坏应力，导致工程结构的强度降低或开裂，甚至局部崩溃。为防止水泥的体积安定性的不良反应，国家标准规定氧化镁含量不得超过 5%，三氧化硫含量不得超过 3.5%。水泥在生产及进入施工现场前或使用前必须检验其体积安定性。

（6）水泥的强度

水泥强度是指胶砂的强度而不是净浆的强度，它是评定水泥强度等级的依据。水泥强度按照现行国家标准《水泥胶砂强度检验方法（ISO 法）》GB/T 17671 检测。按胶砂中水泥与标准砂之比（质量比）为 1∶3 拌合用 0.5 的水灰比，制作尺寸为 4cm×4cm×16cm 水泥胶砂试件，在标准温度（20±1）℃的水中养护，分别按照在规定龄期 3d 和 28d 测得的抗压强度和抗折强度划分强度等级。

（7）水泥的龄期

水泥浆随着时间的延长，水化物增多，内部结构逐渐密实和牢固，强度不断增长，在水泥硬化早期这种增长更为明显。因此，龄期愈长，水泥浆的强度就愈高。为比较各种水泥间的强度高低，常以 28d 强度值作为标准龄期强度，简称标准强度。

2.1.3 石灰

1. 材料简介

石灰（生石灰）是一种以氧化钙（CaO）为主要成分的气硬性无机胶凝材料，是人类应用最早的矿物胶凝材料之一（图 2.1.3-1），其采用石灰石（$CaCO_3$）、白云石、白垩、贝壳等碳酸钙含量高的原材料，经 900~1100℃煅烧而成。碳酸钙经高温分解，生成生石灰即氧化钙和二氧化碳。由于生产原料中常含有碳酸镁（$MgCO_3$），因此还会生成氧化镁（MgO）。

图 2.1.3-1 石灰

生石灰分为块状生石灰和生石灰粉，主要成分为 CaO；熟石灰 [Ca（OH）$_2$] 为生石灰（CaO）加多量的水（H_2O）消化生成。熟石灰在消化池中沉淀并除去上层水分后即为石灰膏，石灰膏多用于配制石灰砂浆；如生石灰在消化过程中加更多的水，则会在熟石灰上层悬浮白色乳液，即为石灰浆（也称石灰乳），可用于墙面的粉刷。

在建筑装饰工程中，石灰是一种廉价易得的胶结和涂饰材料，可用于墙体砌筑、墙面抹灰、室内涂装等。在许多硅酸盐建材中，石灰也是必不可少的生产原料。

石灰石经高温煅烧生成生石灰的反应方程：

$$CaCO_3 \xrightarrow{\text{高温}} CaO + CO_2 \uparrow$$

生石灰消化生成熟石灰的反应方程：

$$CaO + H_2O \longrightarrow Ca（OH）_2 + 64.9kJ/mol$$

2. 构造、成分

（1）石灰石：呈碎屑结构和晶粒结构，主要成分为碳酸钙（$CaCO_3$）。

（2）生石灰：呈白色块状或粉末状固体，主要成分为氧化钙（CaO）。

（3）熟石灰：呈白色石灰膏（石灰乳浆）体或粉末状固体，主要成分为 Ca（OH）₂。

3. 分类（表 2.1.3-1）

表 2.1.3-1

名称	图片	材料解释	应用
石灰石		（1）石灰岩简称灰岩，以方解石为主的碳酸盐岩，主要成分是碳酸钙（CaCO₃），可溶解于含二氧化碳的水中。含白云石、黏土矿物和碎屑矿物，呈灰、灰白、灰黑、黄、浅红、褐红等色，硬度一般不大，与稀盐酸有剧烈的化学反应。 （2）凡以碳酸钙为主要成分的天然岩石，如石灰岩、白垩、白云质石灰岩等，经高温煅烧分解出二氧化碳后，生成氧化钙（生石灰，CaO）与氧化镁（MgO）。在沿海地区有用贝壳作原料，经烧制成壳灰，作生石灰用	在冶金、化工、轻工、建筑、农业及其他特殊工业领域，如烧制生石灰、生产玻璃，作为塑料、橡胶、涂料的填料，以及食品、医药添加剂等
石灰粉		以碳酸钙（CaCO₃）为主要成分的白色粉末状物质。最常见的是用于建筑行业的工业用碳酸钙。另外一种是食品级碳酸钙补钙剂	适合作为如陶瓷、玻璃、石灰、水泥等建筑材料的原料
生石灰		（1）生石灰，又称烧石灰，主要成分为氧化钙（CaO），白色或灰色、棕白（含有杂质时为淡灰色或淡黄色）块状或粉状气硬性无机胶凝材料，遇水消解为膏状或粉状熟石灰（消石灰）〔Ca（OH）₂〕。生石灰消化过程中体积膨胀并释放大量热量。 （2）将主要成分为碳酸钙的岩石（如石灰岩、白垩、白云质石灰岩等，沿海地区用贝壳经烧制成壳灰），在高温下煅烧，即可分解生成氧化钙和二氧化碳	适用于制作熟石灰的主要材料，以及耐火材料、干燥剂、水泥速凝剂、土壤改良剂和钙肥、电石、纯碱、漂白粉的原料

名称	图片	材料解释	应用
熟石灰		（1）由生石灰吸潮或加水，消解为白色膏状或粉末状熟石灰（也叫消石灰），主要成分是 $Ca(OH)_2$。呈白色六方晶系粉末状晶体。与空气中的二氧化碳（CO_2）反应生成 $CaCO_3$，称为石灰的碳化，经碳化后可获得较高的强度。熟石灰硬化过程常伴随体积收缩与开裂。 （2）氢氧化钙加入水后，分上下两层，上层水溶液称作澄清石灰水，下层悬浊液称作石灰乳或石灰浆。上层清液澄清石灰水可以检验二氧化碳，下层浑浊液体石灰乳是一种建筑材料	作为生产碳酸钙的原料；经调配成石灰浆、石灰膏、石灰砂浆等，可用作涂装材料和砖瓦黏合剂
石灰膏		（1）又名白灰膏，熟石灰用水和成膏状即是石灰膏，化学式 $Ca(OH)_2$。白色、无臭无味。露置空气中无反应，不溶于醇。 （2）生石灰中加过量的水熟化形成石灰浆，再加水冲淡成为石灰乳。石灰乳在储灰池中完成全部熟化过程，经沉淀浓缩成为石灰膏	用石灰膏或消石灰粉可配制石灰砂浆或水泥石灰混合砂浆，可提高其塑性，用于砌筑或抹灰工程
石灰浆		（1）又名"石灰乳"，化学式 $Ca(OH)_2$，为氧化钙加水生成的氢氧化钙悬浊液。 （2）石灰乳的水溶液常称为石灰水（量大时形成石灰乳或石灰浆），呈碱性。在空气中吸收二氧化碳和水等从而变质，通常具有吸水性	适用于酸性土地的改良及用作建筑材料，如用石灰浆涂装墙面以达到墙面变白的效果

4. 参数指标

用于建筑工程的石灰，主要要求下列技术指标：有氧化钙和氧化镁（$CaO + MgO$）含量、生石灰产浆量和未消化残渣含量、二氧化碳（CO_2）含量、消石灰粉游离水含量、细度等。

（1）石灰的分类及指标（表2.1.3-2）

表 2.1.3-2

类别	钙质石灰 （MgO 含量）	镁质石灰 （MgO 含量）	白云石消石灰粉 （MgO 含量）
生石灰	≤ 5%	> 5%	—
生石灰粉	≤ 5%	> 5%	—
熟石灰粉	< 4%	4% ≤ MgO < 24%	24% ≤ MgO < 30%

（2）建筑生石灰和消石灰的分类（表2.1.3-3）

表 2.1.3-3

生石灰	名称	代号	消石灰	名称	代号
钙质石灰	钙质石灰 90	CL90	钙质消石灰	钙质消石灰 90	HCL90
	钙质石灰 85	CL85		钙质消石灰 85	HCL85
	钙质石灰 75	CL75		钙质消石灰 75	HCL75
镁质石灰	镁质石灰 85	ML85	镁质消石灰	镁质消石灰 85	HML85
	镁质石灰 80	ML80		镁质消石灰 80	HML80

注：建筑消石灰按扣除游离水和结合水后（CaO + MgO）的百分含量加以分类。

（3）参数标记说明

1）生石灰标记：产品名称、成分含量、产品状态、标准号。

示例：CL　90-QP　JC/T 479—2013

CL 为钙质石灰代号、90 为（CaO + MgO）百分含量、QP 表示生石灰粉（Q 表示生石灰块）、标准号为 JC/T 479—2013。

2）消石灰标记：产品名称、成分含量、标准号。

示例：HCL　90　JC/T 481—2013

HCL 为钙质消石灰代号、90 为（CaO + MgO）百分含量、标准号为 JC/T 481—2013。

5. 相关标准

（1）现行行业标准《建筑生石灰》JC/T 479。

（2）现行行业标准《建筑消石灰》JC/T 481。

（3）现行国家标准《建材用石灰石、生石灰和熟石灰化学分析方法》GB/T 5762。

6. 生产工艺

生石灰的生产工艺流程（图 2.1.3-2）:

图 2.1.3-2　生石灰的生产工艺流程图

（1）破碎

凡是以碳酸钙为主要成分的天然岩石，如石灰岩、白垩、白云质石灰岩等，都可用来生产石灰。通常采用露天开采或地下采矿的方式采集石灰石原料（图 2.1.3-3）。将采集到的大块石灰石通过振动进料装置均匀送入破碎机，经过一或二次粉碎、成型。再经振动筛分选，

图 2.1.3-3　石灰石

将不达标的大块物料经过传送带返回二次粉碎，粒径达标后再经传送带传送到成品区。

（2）煅烧

将经粉碎的石灰石放入石灰窑中进行煅烧，使其碳酸钙分解成氧化钙和二氧化碳。石灰回转窑（图 2.1.3-4）的高温气体将原料加热到 800℃或更高温度，使石灰石部分分解。然后用液压推杆将其推入回转窑尾端进行 1000～1100℃高

图 2.1.3-4　回转窑

温煅烧。煅烧后将其送入冷却器，由风扇冷却到低于 60℃的环境温度。

（3）粉磨

粉碎、煅烧后的材料通过挤压和自重的作用进行研磨，使其达到粉末和配料的要求。冷却后的生石灰可能会含有一些杂质或过大的颗粒，因此需要进行筛分，以获得符合要求的粒径分布的生石灰产品。由输送带、斗式提升机结合输送到石灰仓。最后将干燥的石灰粉末进行包装，以便储存和运输。

7. 价格区间（表 2.1.3-4）

表 2.1.3-4

名称	规格	价格
石灰石	粒径 15～60mm	800～1000 元／吨
石灰粉	50 斤／袋	50～60 元／袋
熟石灰	50 斤／袋	70～90 元／袋

注：以上价格为 2023 年网络电商平台价格，价格受品牌、规格、功能、材质以及原材料价格浮动、市场环境等因素的影响（以上价格仅供参考）。

8. 验收要点

（1）资料检查：应有产品合格证书、检验报告及使用说明书等质量证明文件。

（2）包装检查：检查石灰包装是否完好，无渗漏，标志是否清晰、准确。包装袋上应标明产品名称、标记、净重、批号、厂名、地址和生产日期。散装产品提供相应的标签。品牌、规格及数量等信息应与订单要求一致。

（3）实物检查：

1）石灰的颜色一般应为白色或浅灰色。检查石灰的外观应均匀，无结块、无杂质、无异味。生石灰粉不开封且通风阴凉干燥环境下保存保质期通常为 1 年（若保存环境较差为半年）。变质石灰禁止使用。

2）石灰的 CaO 与 MgO 含量应符合标准，优质石灰石一般 CaO 含量基本在 52% 以上，MgO 含量基本在 3% 以内，SiO_2 含量大概在 1% 以内。氯化物、硫酸盐等化学成分应控制在规范标准以内。

9. 应用要点

石灰应用范围很广，主要用途如下：

（1）石灰乳和砂浆

石灰乳可用于要求不高的室内粉刷。用石灰膏或消石灰粉可配制石灰砂浆或水泥石灰混合砂浆，用于砌筑或抹灰工程。

（2）石灰稳定土

将消石灰粉或生石灰粉掺入各种粉碎或原来松散的土中，经拌合、压实及养护后得到的混合料，称为石灰稳定土。广泛用作建筑物基础、地面垫层及道路路面基层。

10. 材料小百科

（1）（生）石灰消化

生石灰加水后便消解为熟石灰[$Ca(OH)_2$]，这个过程称为石灰的"消化"或"熟化"。石灰消化时为消除"过火石灰"的危害，应在消化后"陈伏"半个月左右。对于石灰浆，为防止消化形成的$Ca(OH)_2$被空气中的CO_2中和形成无胶凝性的$CaCO_3$，陈伏期间应在其表面覆盖一层水（2cm以上），使之与空气隔绝。

预先消化可使消化的体积膨胀和放热提前释放，消除欠火与过火石灰的危害。

（2）（熟）石灰硬化

石灰浆体由塑性状态转化为具有一定结构强度的过程，包括结晶与碳酸化同时进行的作用。

1）石灰结晶作用

消石灰浆体在干燥过程中多余游离水的蒸发，使颗粒聚结，各颗粒间形成网状孔隙结构。另外，当水分蒸发，液体中氢氧化钙达到一定程度的过饱和，从而产生氢氧化钙的析晶过程，加强了石灰浆中原来的氢氧化钙颗粒之间的结合，从而获得附加强度。

2）石灰碳化作用

消化石灰中的氢氧化钙与空气中的二氧化碳化合生成碳酸钙结晶，释出水分并被蒸发的过程称为石灰的碳酸化。碳酸钙的固相体积比氢氧化钙的固相体积稍微增大一些，使石灰浆体的结构更加致密，所以碳酸化后可获得更高的强度，称为碳化强度。

（3）欠火（生）石灰

由于煅烧温度低或煅烧时间短，内部尚有未分解的石灰石内核，外部为正常煅烧的石灰。在使用过程中，欠火石灰的存在降低了石灰的利用率，欠火石灰中的碳酸钙未完全分解，使用时缺乏黏结力。

（4）过火（生）石灰

入窑石灰块度较大，煅烧温度较高，石灰块的中心部位达到分解温度时，其表面已超过分解温度，得到晶粒粗大的石灰石。过火石灰结构密实，表面常包覆一层熔融物，遇水熟化反应慢，体积膨胀造成起鼓开裂，影响工程质量。

2.1.4 石膏

1. 材料简介

石膏是以硫酸钙为主要成分的单斜晶系矿物,天然石膏泛指自然界的生石膏和硬石膏两种矿物岩石(图2.1.4-1)。生石膏为二水硫酸钙$[(CaSO_4) \cdot 2H_2O]$,又称二水石膏、水石膏或软石膏;硬石膏为无水硫酸

图2.1.4-1　石膏

钙($CaSO_4$)。两种石膏常伴生产出,在地质作用下可互相转化。

加热方式和温度不同,可生产不同性质的石膏品种(图2.1.4-2),统称熟石膏。将天然二水石膏加热,温度65～75℃时开始脱水,加热至107～170℃时,生成半水石膏($CaSO_4 \cdot 1/2H_2O$)。该阶段因加热条件不同、可获得α型和β型两种半水石膏。若将二水石膏在非密闭的炉窑中加热脱水,得到β型半水石膏,即建筑石膏。若将二水石膏置于124℃、0.13MPa的过饱和蒸汽条件下蒸炼脱水,或置于某些盐溶液中沸煮,可得到α型半水石膏,即模型石膏(高强石膏)。继续加热至170～350℃时,继续脱水可成为可溶性硬石膏。加热温度至400～750℃时,成为不溶性硬石膏,失去凝结硬化能力,即死烧石膏。当温度高于800℃时,部分石膏分解出的氧化钙起催化作用,所得产品又重新具有凝结硬化能力,成为高湿燃烧石膏,即地板石膏。

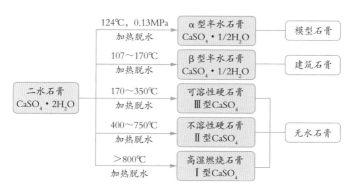

图2.1.4-2　不同燃烧条件下得到的石膏产品

2. 构造、成分

（1）无水石膏：由无水硫酸钙（$CaSO_4$）组成的矿物岩石。

（2）二水石膏：由二水硫酸钙（$CaSO_4 \cdot 2H_2O$）组成的矿物岩石。

（3）半水石膏：半水硫酸钙（$CaSO_4 \cdot 1/2H_2O$）单斜晶系，晶体呈显微针状，也呈块状。

3. 分类（表 2.1.4-1）

表 2.1.4-1

名称	图片	材料解释	应用
无水石膏		天然无水石膏（$CaSO_4$），又称硬石膏，白色晶体。主要是由无水硫酸钙（$CaSO_4$）所组成的沉积岩石，也有磷酸盐工业和某些其他工业的副产品	可用作生产硬石膏水泥和硅酸盐水泥的原料
二水石膏		天然二水石膏（$CaSO_4 \cdot 2H_2O$），又称软石膏、生石膏，是硫酸钙的二水合物，无色或白色晶体。其一般位于硬石膏矿层以上，由硬石膏在矿物水作用下变成二水石膏	可用于水泥缓凝剂以及作为生产半水石膏粉原材料
半水石膏粉		（1）半水石膏（$CaSO_4 \cdot 1/2H_2O$），又称为烧石膏，分 α 型与 β 型半水石膏。单斜晶系，晶体呈显微针状，也呈块状。 （2）凝结硬化快，且体积发生微膨胀；硬化制品的孔隙率大，保温、吸声性能好；具有一定的调温调湿功能；耐水性、抗冻性差；具有较好的防火性	主要应用于轻工业、建筑建材、医疗医药、食品等行业
α 型半水石膏		（1）天然石膏通过蒸压釜在高压环境下、饱和蒸汽介质中，经120℃蒸压加热、晾晒、粉碎、磨细、炒制而成。 （2）结晶良好且坚实，由致密、粗大、完整晶体组成，晶体形态多呈棒状、柱状和粒状，也有呈针状和纤维状形态；较 β 型结晶颗粒更较粗、比表面积较小（孔隙率低）、强度更高，可称作高强石膏	适用于高强抹灰、石膏自流平、石膏制品、GRG；也可用于精密模具、雕塑等的制作

名称	图片	材料解释	应用
β型半水石膏		（1）天然石膏（或脱硫石膏、磷石膏）用炒锅或回转窑敞开装置在常压下煅烧加热至107～170℃，经粉碎、磨细而成。 （2）由疏松的、细小的、不规则的晶粒组成，晶粒形态多呈鳞片状、少量呈薄板状晶形。晶体呈片状并有裂纹，结晶很细，比表面积比α型半水石膏大（孔隙率高）、强度低，一般作为普通建筑石膏	用作生产一般性建筑石膏材料，如粉刷石膏砂浆、粉刷涂料等

4. 参数指标（表2.1.4-2）

表2.1.4-2

名称	化学式	密度	硬度（莫氏）
无水石膏	$CaSO_4$	2.96 g/cm³	2.5～3.5
二水石膏	$CaSO_4 \cdot 2H_2O$	2.32 g/cm³	1.2～2.0
半水石膏	$CaSO_4 \cdot 1/2H_2O$	2.55～2.67 g/cm³	1.5～2.0

参数标志说明

（1）石膏产品标志：产品名称、分类代号、等级及标准编号。

示例：建筑石膏　N　2.0　GB/T 9776—2022

产品名称为建筑石膏、分类代号N表示天然石膏、2h湿抗折强度等级为2.0、标准号GB/T 9776—2022。

（2）石膏产品分类与代号：

原材料种类分为天然建筑石膏（N）、脱硫建筑石膏（S）、磷建筑石膏（P）。按2h湿抗折强度分为4.0、3.0、2.0三个等级。

天然石膏按矿物组分分为石膏（G）、硬石膏（A）、混合石膏（M）三类。

天然石膏按品位分为特级、一级、二级、三级、四级五个级别。

5. 相关标准

（1）现行国家标准《建筑石膏》GB/T 9776。

（2）现行国家标准《天然石膏》GB/T 5483。

（3）现行国家标准《石膏化学分析方法》GB/T 5484。

（4）现行国家标准《建筑石膏相组成分析方法》GB/T 36141。

6. 生产工艺

建筑石膏粉的生产工艺流程（图 2.1.4–3）：

图 2.1.4–3 建筑石膏粉的生产工艺流程图

（1）破碎

从地下或露天矿床中开采石膏矿石，先经颚式破碎机一段破碎至 80mm 以下的块状颗粒，再经锤式破碎机二段破碎至 20mm 以下的颗粒（图 2.1.4–4），然后传送至储料仓备用。

PE 颚式破碎机 　　 PC 锤式破碎机

图 2.1.4–4 破碎机

图 2.1.4–5 粉磨

（2）粉磨

储料仓中的石膏原材料经振动给料机进入磨粉机进行精加工。电磁振动给料机依据磨机运行情况即时调整物料的供应量，均匀连续地送进磨粉机内进行研磨（图 2.1.4–5）。粉磨后的石膏生粉 ［二水石膏（$CaSO_4 \cdot 2H_2O$）］ 用磨机鼓风机吹出，细度合乎规格的石膏生粉随风流进入旋风收集器，再经出粉管排出落入螺旋输送机，传至下一体系煅烧。

（3）煅烧

生粉送至沸腾炉煅烧（图 2.1.4–6），通常煅烧温度为 130～160℃，时间为 1～2h，使其脱水并形成硬化石膏 ［半水石膏（$CaSO_4 \cdot 1/2H_2O$）］。煅烧好后的熟粉由提升机传至制成品仓备用，期间进行静电除尘。

图 2.1.4–6 沸腾炉煅烧

（4）筛分

经过煅烧处理后，所得的石膏粉需要进行筛分，去除不符合规格的粉末。经过筛分后的石膏粉具有较为均匀的颗粒大小，可更好地发挥其装饰性和保温隔热性能。根据需求选择不同的包装方式和规格，装入袋子或者罐子内进行包装。在包装过程中严格控制产品的湿度，并采取防潮措施，以确保产品质量。

7. 品牌介绍（排名不分先后，表 2.1.4-3）

表 2.1.4-3

品牌	简介
建骏	广州市建骏装饰材料有限公司，1992 年创建于中国石膏装饰产业的发源地广州市，创建了广州、成都、河南三大石膏装饰产业园和宁夏盐池石膏粉产业园，形成强大的生产规模和销售网络
龙牌	始于 1980 年，北新建材集团旗下品牌，北新建材是国务院国资委直属央企中国建材集团，世界 500 强企业，行业领军企业，中国大型的新型建材和新型房屋集团、全球大型的石膏板产业集团
Gyproc 杰科	杰科创立于 1915 年，法国圣戈班旗下，全球石膏建材行业领先者，世界比较大的建筑材料生产商之一，主要生产纸面石膏板系统、石膏粉和保温材料三大类产品
CKS 科顺	科顺轻质抹灰石膏是科顺防水科技股份有限公司旗下砂浆类核心产品。科顺防水科技股份有限公司成立于 1996 年，集工程建材、民用建材、建筑修缮、减隔震业务板块于一体

8. 价格区间（表 2.1.4-4）

表 2.1.4-4

名称	规格	价格
模型石膏	25kg/ 袋	50～60 元 / 袋
建筑石膏	25kg/ 袋	50～60 元 / 袋
粉刷石膏	25kg/ 袋	50～60 元 / 袋
地板石膏	25kg/ 袋	50～60 元 / 袋

注：以上价格为 2023 年网络电商平台价格，价格受品牌、规格、功能、材质以及原材料价格浮动、市场环境等因素的影响（以上价格仅供参考）。

9. 验收要点

（1）资料检查：应有产品合格证书、检验报告及使用说明书等质量证明文件。

（2）包装检查：石膏粉的包装应标明生产厂家、产品名称、规格型号、生产日期、批号等信息，且应与订单要求一致。

（3）实物检查：

1）石膏粉应为白色或浅黄色粉末，无结块、杂质、异味、色泽不均等现象。

2）化学成分：石膏粉的化学成分应符合国家标准或合同规定。

3）物理性能：石膏粉的细度、比表面积、吸水性、凝结时间等物理性能应符合国家标准或合同规定。

10. 应用要点

建筑石膏的硬结过程

建筑石膏与适量水拌合后，最初成为可塑的浆体，但很快就失去塑性和产生强度，并逐渐发展成为坚硬的固体。

首先，半水石膏溶解于水，与水进行水化反应，生成二水石膏，即：

$$2（CaSO_4 \cdot 1/2H_2O）＋3H_2O \Longrightarrow 2（CaSO_4 \cdot 2H_2O）$$

随着水化的进行，二水石膏胶体微粒的数量不断增多，其颗粒比原来的半水石膏颗粒细得多，即总表面积增大，可吸附更多的水分；同时浆体中的水分因水化和蒸发而逐渐减少。所以浆体的稠度便逐渐增大，颗粒之间的摩擦力和黏结力逐渐增加，因而浆体可塑性逐渐减小，表现为石膏的凝结，称为石膏初凝。在浆体变稠的同时，二水石膏胶体微粒逐渐变为晶体，晶体逐渐长大，共生和相互交错，使浆体凝结，逐渐产生强度，随着内部自由水排水，晶体之间的摩擦力、黏结力逐渐增大，石膏开始产生结构强度，称为石膏终凝。

11. 材料小百科

目前，我国工业副产石膏主要有湿法磷酸生产中产生的磷石膏、氢氟酸生产中产生的氟石膏、柠檬酸生产中产生的柠檬酸石膏以及火电厂烟气脱硫产生的烟气脱硫石膏。

（1）磷石膏

图 2.1.4-7　磷石膏

磷石膏（图 2.1.4-7）是磷肥企业生产过程中产生的固体废物，近年来被普遍应用在石膏基自流平中。磷石膏主要有灰黑色和灰白色两种，颗粒直径一般为 5～50μm，结晶水含量 20%～25%。磷石膏的组成比较复杂，除硫酸钙以外，还有未完全分解磷矿石残余的磷酸、氟化物、酸不溶物、有机质等。磷石膏的胶凝性能、胶结性、黏滞性、流动性均低于天然石膏，磷石膏浆体凝结时间长，并具有一定的腐蚀性，在水中的溶解度极小，随着温度的升高溶解度下降，层间的透水性能优于水平层内的透水性能，是一种应变软化材料。

（2）氟石膏

图 2.1.4-8　氟石膏

氟石膏（图 2.1.4-8）是用硫酸与氟石制取氟化氢的一种副产品，主要为无水硫酸钙。氟石膏又称硫石膏，是氟化盐生产中的主要副产品。因其含有一定量的硫、氟成分而得名。氟石膏呈灰白色，干燥粉粒状，微晶状晶体，是一种半水石膏，加水后生成二水石膏而快速凝固，水泥厂以氟石膏作为缓凝剂。

（3）脱硫石膏

图 2.1.4-9　脱硫石膏

脱硫石膏（图 2.1.4-9）又称排烟脱硫石膏、硫石膏或 FGD 石膏，来自火电厂等大量烧煤企业，由烟气脱硫产生，属于工业固体废物。脱硫石膏粉主要成分为二水硫酸钙（$CaSO_4 \cdot 2H_2O$），还含有二氧化硅、氧化钠、碳酸钙、亚硫酸钙、石灰石、氯化钙、氯化镁等。与其他石膏粉相比，脱硫石膏粉具有可再生、粒度小、成分稳定、有害杂质含量少、纯度高等特点。

2.1.5 砌筑块料

1. 材料简介

建筑装饰工程中经常通过砌体来分隔或围护空间，而砌体为通过水泥砂浆等胶凝材料将砌筑块料组砌黏结成整体的墙体。砌筑常用的块料主要有砖、砌块、石块三大类，当砌体所用块料长度大于365mm，或宽度大于240mm，或厚度大于115mm时称为砌块；当相关尺寸小于上述数值时则称为砖；而另一类砌筑块料——石块则分为毛石、料石两类。

砖是最传统的小型砌体块料，分为烧结砖（黏土砖）（图2.1.5-1）和非烧结砖（灰砂砖、粉煤灰砖等），俗称砖头；砌块是一种比砖规格大的砌体块料，主要有混凝土砌块、轻骨料混凝土砌块、加气混凝土砌块、蒸压粉煤灰砌块（图2.1.5-2）等，砌块按尺寸大小分为手工砌筑用的小型砌块（高度为180~350mm）和采用机械施工的中大型砌块（高度360~980mm为中型，高度980mm以上为大型）。

图2.1.5-1 红砖

图2.1.5-2 砌块

2. 构造、成分

（1）普通黏土砖：主要原料为粉质或砂质黏土，化学成分为SiO_2、Al_2O_3、Fe_2O_3和结晶水，可能还含有少量的碱金属和碱土金属氧化物等。

（2）烧结砖：以黏土或煤矸石或粉煤灰为主要原料，辅以其他硅铝质废料。

（3）蒸压砖：以石灰、砂、粉煤灰或炉渣为主要原料，掺入石灰、石膏等辅料。

（4）砌块：由胶凝材料、集料和添加剂组成。以水泥、砂石、炉渣、石灰等生产中小型砌块；以粉煤灰、石灰、石膏和炉渣等制成粉煤灰硅酸盐中型砌块。

1）胶凝材料：主要使用普通硅酸盐水泥42.5级或32.5级；若想缩短生产周期，可采用快硬硅酸盐水泥或硫铝酸盐水泥。

2）集料：可选用粉煤灰、矿渣微粉、河砂、石粉、人造空心微珠、高炉水渣、尾矿砂、加气碎渣等。

3）添加剂：根据情况添加料浆稳定剂、水泥促凝剂、抗水剂、发泡剂等添加剂。

3. 分类（表 2.1.5-1）

表 2.1.5-1

名称	图片	材料解释	应用
烧结实心砖		（1）又称烧结普通砖、标准砖，它是以煤矸石、页岩、粉煤灰或黏土为主要原料，经塑压成型制坯，干燥后经焙烧而成的实心砖，我国统一尺寸为240mm×115mm×53mm。 （2）划分为优等品（A）、一等品（B）、合格品（C）三个等级。其中优等品主要应用于砌筑清水墙和装饰墙，一等品、合格品主要应用于混水墙	适用于承重或填充砌体的砌筑
烧结多孔砖		（1）简称多孔砖，以黏土、页岩、煤矸石、粉煤灰、淤泥及其他固体废弃物等为主要原料，经焙烧而成。 （2）分为P型砖和M型砖，孔洞率不大于35%，孔的尺寸小而数量多。孔洞分布合理，非孔洞部分砖体较密实，具有较高的强度。 （3）砌筑时多孔砖的孔洞与承压面垂直，以便砌筑砂浆进入孔洞，增强墙体的抗剪强度	适用于承重砌体或填充砌体的砌筑
烧结空心砖		（1）是指以页岩、煤矸石或粉煤灰为主要原料，经焙烧而成的具有横向孔洞，孔洞率大于35%，孔的尺寸大而数量少的烧结砖。 （2）砌筑时，空心砖的孔洞呈水平放置，不可用于承重结构的砌体	适用于框架填充墙和自承重隔墙

名称	图片	材料解释	应用
非烧结硅酸盐砖		（1）以硅酸盐类材料或工业废料粉煤灰为主要原料，具有节约黏土、不损农田、节能环保的优点。 （2）常用的有蒸压灰砂普通砖、蒸压粉煤灰普通砖两类，规格尺寸与实心黏土砖相同。 （3）强度较低、耐久性稍差，在多层建筑中不用为宜。在高温环境下也不具备良好的工作性能，不宜用这类砖砌筑壁炉和烟囱	适用于二次结构中的填充墙砌筑
空心砌块		又叫空心砌块砖或免烧砖。利用粉煤灰、煤渣、煤矸石、尾矿渣、化工渣、混凝土或者天然砂、海涂泥等（以上原料的一种或数种）作为主要原料，不经高温煅烧而制造的一种新型墙体材料	适用于框架结构的填充墙等
实心砌块		是利用混凝土、工业废料（炉渣、粉煤灰等）或地方材料制成的人造实心块材，外形尺寸比砖大，具有设备简单、砌筑速度快的优点	适用于承重墙和隔断的砌筑
加气砌块		（1）以硅质材料（砂、粉煤灰及含硅尾矿等）和钙质材料（石灰、水泥）为主要原料，掺加发气剂（铝粉），经加水搅拌，由化学反应形成孔隙，通过浇筑成型、预养切割、蒸压养护等工艺过程制成的多孔硅酸盐制品。 （2）加气砌块可分为砂加气砌块和灰加气砌块	适用于填充墙砌筑（不可在楼面、地面上直接砌筑）

4.参数指标

（1）砖

品类：烧结实心砖、烧结多孔砖、烧结空心砖、非烧结硅酸盐砖。

代号：N、M、F、Y。

N：以黏土为主要原料烧制的砖称为烧结黏土砖。

M：以煤矸石为主要原料烧制的砖称为烧结煤矸石砖。

F：以粉煤灰为主要原料烧制的砖称为烧结粉煤灰砖。

Y：以页岩为主要原料烧制的砖称为烧结页岩砖。

规格（图2.1.5-3）：

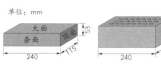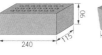

普通黏土砖　　　黏土多孔砖P型　　　黏土多孔砖M型　　　黏土空心砖

图 2.1.5-3　砖的规格

砖的规格尺寸（表2.1.5-2）：

表 2.1.5-2

名称	长（mm）	宽（mm）	高（mm）
烧结普通砖（实心黏土砖）	240	115	53
烧结多孔砖（M型）	190	190	90
烧结多孔砖（P型）	240	115	90
烧结空心砖	290、240	115、140、180、190、240	115、90
蒸压砖（非烧结硅酸盐砖）	240	115	53、90、115、175

（2）砌块

品类：空心砌块、实心砌块、加气砌块。

规格（图2.1.5-4）：

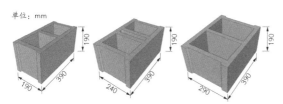

单排孔混凝土空心砌块　　　　　　多排孔混凝土空心砌块

图 2.1.5-4　砌块的规格

砌块的规格尺寸（表 2.1.5-3）：

表 2.1.5-3

名称	长（mm）	宽（mm）	高（mm）
小型混凝土空心砌块	390	190、240、290	190
轻骨料混凝土砌块	180、880	180、190、200、240	380
加气砌块	600	200、250、300	100、150、250、300

5. 相关标准

（1）现行国家标准《烧结普通砖》GB/T 5101。

（2）现行国家标准《蒸压灰砂实心砖和实心砌块》GB/T 11945。

（3）现行国家标准《烧结多孔砖和多孔砌块》GB/T 13544。

（4）现行国家标准《烧结空心砖和空心砌块》GB/T 13545。

（5）现行国家标准《普通混凝土小型砌块》GB/T 8239。

（6）现行国家标准《蒸压加气混凝土砌块》GB/T 11968。

（7）现行行业标准《粉煤灰混凝土小型空心砌块》JC/T 862。

6. 生产工艺

以烧结砖的生产工艺流程为例（图 2.1.5-5）：

图 2.1.5-5　烧结砖的生产工艺流程图

（1）粉碎搅拌

将泥土倒入料斗，通过传送带送往碾压机粉碎后，再送入搅拌机里充分搅拌（图 2.1.5-6），混合均匀，排出黏土里面的小气泡，以利于后期可以挤压厚实。

（2）真空压砖

将搅拌好的原料输入真空挤出

图 2.1.5-6　搅拌

机挤出成为带有空洞的长条（图 2.1.5-7）。同时削去表面不规则的硬层，使其形成一条规则的长条板，接着用细小的钢丝线将其等分段切成坯条。

（3）切坯干燥

将成型的坯条送切坯机，一排间隔相同的钢丝线将其横向切成53mm厚的砖坯（图2.1.5-8）。切割后的砖坯从横向转为纵向传送，利用传送带的速度差将其间隙拉开放置，便于砖坯通风干燥。机械臂将放有砖坯的货架送往烘干室，用50℃热风干燥1h。

图 2.1.5-7　真空压砖

图 2.1.5-8　切坯

（4）焙烧

码好的干燥砖坯通过轨道车推动送入砖窑，用120min的温度曲线将其烧制成红砖（图2.1.5-9）。成堆的砖头在里面缓慢升温，烧结温度宜为950~1100℃，烘烤使黏土结晶化变得坚硬。

图 2.1.5-9　焙烧

（5）码垛

焙烧的红砖自然冷却后，由机械臂夹往捆扎机，以五块砖为一组用纤维带捆扎。最后，自动行车将红砖一排排集中投放在打包流水线上，以横竖不同的朝向堆砌起来（图2.1.5-10），方便装车作业。

图 2.1.5-10　码垛

7. 品牌介绍（表 2.1.5-4）

表 2.1.5-4

品牌	简介
闽信	福建闽信建材实业有限公司成立于 2006 年，是一家从事集建材产品经营研发、生产、销售于一体的生产贸易型企业。在福州、连江、福清、永泰设有工厂，公司主营产品有加气砖、混凝土砌块

8. 价格区间（表 2.1.5-5）

表 2.1.5-5

名称	规格（mm）	价格
烧结实心砖	240×115×53	0.5～0.6 元/块
烧结多孔砖	240×115×50	0.8～1.0 元/块
烧结空心砖	240×115×50	3～5 元/块
非烧结硅酸盐砖	240×115×53	0.5～0.8 元/块
空心砌块	200×200×100	5～7 元/块
实心砌块	230×103×43	0.5～0.6 元/块
加气砌块	600×200×100	4～5 元/块

注：以上价格为 2023 年网络电商平台价格，价格受品牌、规格、功能、材质以及原材料价格浮动、市场环境等因素的影响（以上价格仅供参考）。

9. 验收要点

（1）资料检查：

1）应有产品合格证书、检验报告及使用说明书等质量证明文件。

2）产品质量证明书应包括生产厂名、厂址、商标、产品标志、批量及编号、本批产品实测技术性能和生产日期等，并由检验员和承检单位签章。

（2）包装检查：产品运输时宜成垛绑扎或有其他包装。保温隔热用产品必须捆扎加塑料薄膜封包。

（3）实物检查：

1）烧结砖的优等品颜色应基本一致。尺寸偏差、外观质量（包括弯曲程度、杂质凸出高度、缺棱掉角、裂纹长度和完整面等），以及抗风化性（抗冻性、吸水率及饱和系数）、泛霜和石灰爆裂等耐久性指标应符合相关标准要求。

2）砌块的尺寸偏差、外观质量（包括缺棱掉角、裂纹长度、爆裂、粘模和损坏深度、平面弯曲、表面疏松、层裂、表面油污等），以及抗压强度、干密度、强度级别、干燥收缩、抗冻性和导热系数等指标应符合相关标准要求。

3）混凝土多孔砖、混凝土实心砖、蒸压灰砂砖、蒸压粉煤灰砖等，以及小型混凝土空心砌块、轻骨料混凝土砌块、加气砌块等块体的产品龄期均不应小于28d。

10. 应用要点

砌筑块料进场后应按品种、规格分别堆放整齐，堆高不宜超过2m。混凝土砌块防止雨淋。灰砂砖、粉煤灰砖早期收缩大，出窑后停放时间应大于28d。

（1）砖的砌筑要点：烧结砖、蒸压砖等视气候及失水速度提前1～2d浇水，不得干砖上墙；雨期应采取防雨措施，经雨水淋透的砖亦不得上墙。烧结类块体相对含水率为60%～70%，其他非烧结类块体相对含水率为40%～50%。严禁采用干砖或处于湿水饱和状态的砖砌筑。当日平均气温连续5d稳定低于5℃时，应采取冬施措施。冬施时，砖在砌筑前应清除冰霜，在正温条件下应浇水；在负温条件下，如浇水困难，则应增大砂浆的稠度。对于9度抗震设防地区，严冬无法浇砖，严禁砌筑。砌筑时，不得使用无水泥配制的砂浆，所用水泥宜采用普通硅酸盐水泥；石灰膏、黏土膏等不应受冻，如遭冻结，应经融化后使用；拌制砂浆用砂，不得有大于1cm的冻结块；为使砂浆有一定的正温度，拌合前，水和砂可预先加热，但水温不得超过80℃，砂的温度不得超过40℃。每日砌筑后，应在砌体表面覆盖保温材料。

（2）空心砖的砌筑要点：空心砖常温下砌筑应提前1～1.5d浇水湿润，如临时浇水，则砖达不到规定湿度或砖表面存有水膜而影响砌体强度。砌筑时砖含水率宜控制在10%～15%。空心砖一般侧立砌筑，孔洞方向与墙长向平行，即空心砖孔洞方向平行地面砌筑。

特殊要求时，孔洞也可呈垂直方向。砌空心砖宜采用刮浆法。竖缝应先批砂浆后再砌筑。当孔洞呈垂直方向时，水平铺砂浆，应用套板盖住孔洞，以免砂浆掉入孔洞内。空心砖墙应同时砌筑，不得留斜槎。每天砌筑高度不应超过 1.8m。底部至少砌 3 层普通砖，在门窗洞口两侧一砖范围内，也应用普通砖实砌。墙砌至梁板底时，应留 100～200mm 空隙，待填充墙砌筑完至少间隔 7d 后再进行斜顶补砌，将砂浆填实，或浇筑膨胀混凝土，防止梁板底出现裂缝。

（3）砌块的砌筑要点：普通混凝土小型空心砌块外观质量（主要要求弯曲、缺棱掉角、裂纹延伸投影尺寸等）。对受冻地区，在一般环境下使用时要求进行 F15 冻融循环，在干湿交替环境下使用时应进行 F25 冻融循环，合格后才允许使用。吸水率较小的普通混凝土空心砌块不宜浇水，如天气干燥炎热，可适当喷水润湿；吸水率较大的轻集料混凝土空心砌块施工前可洒水，但不宜过多。加气混凝土砌块可提前适量洒水。龄期不足 28d 及较潮湿的混凝土砌块不得进行砌筑。砌块日砌筑高度应控制在 1.8m。墙长度超过 5m 或墙长大于 2 倍墙高时应加设构造柱，墙高超过 4m 时宜设置水平系梁。填充墙墙顶应用实心砖斜砌并与梁底挤紧，当墙长大于 5m 或抗震设防 6 度以上，填充墙与结构架、底板应留空隙，待墙砌完 14d 后补砌。

11. 材料小百科

（1）泛霜

泛霜是指砖内可溶性盐类在砖的使用过程中，逐渐于砖的表面析出一层白霜。这些结晶的白色粉状物不仅影响建筑物的外观，而且结晶的体积膨胀也会引起砖表层的疏松，同时破坏砖与砂浆层之间的黏结。优等品不允许有泛霜现象，合格品中不允许出现严重泛霜，且不得夹杂欠火砖、酥砖和螺旋纹砖。

（2）爆灰

砖原料中若夹带石灰或内燃料中带入 CaO，在高温熔烧过程中生成过火石灰。过火石灰在砖体内吸水膨胀导致砖体膨胀破坏，这种现象称为石灰爆裂。优等品不允许出现最大破坏尺寸大于 2mm 的爆裂区域，一等品不允许出现最大破坏尺寸大于 10mm 的爆裂区域。

2.1.6 防水材料

1. 材料简介

建筑防水施工即为防止水及水汽对建筑物某些部位的渗透与侵蚀，从而在材料和构造方面所采取的措施。材料防水是采用具有阻断水的通路功能的材料，以达到防水或增加抗渗漏的目的。

防水材料品种繁多，按材料性状主要可分为防水卷材（图 2.1.6-1），如石油沥青卷材（如沥青油毡）、高聚物改性沥青卷材（SBS、APP）、合成高分子卷材（EPDM、PVC、TPO）。

防水涂料（图 2.1.6-2），如沥青基涂料（石灰乳化沥青、石棉乳化沥青和膨润土乳化沥青）；高聚物改性沥青防水涂料（氯丁橡胶、SBS、APP、再生橡胶、PVC 改性煤焦油）。

合成高分子防水涂料（丙烯酸、聚氨酯、聚合物水泥基）。其中，聚氨酯防水涂料与聚合物水泥基防水涂料常被应用于室内装修工程中的卫浴防水。

图 2.1.6-1　防水卷材

图 2.1.6-2　防水涂料

2. 构造、成分

（1）高聚物改性沥青卷材

构造：以聚酯毡、玻纤毡或玻纤增强聚酯毡为胎基，浸涂 SBS 热塑性弹性体改性沥青或无规聚丙烯（APP）/异戊橡胶类高聚物（APAO、APO）改性沥青，表面撒布矿物粒料、片料、细砂或覆盖聚乙烯膜、铝箔、铜箔等覆面材料制成的片状卷材（图 2.1.6-3）。

成分：

胎基：聚酯毡、玻纤毡、玻纤增强聚酯毡。

沥青：SBS、APP、APAO、APO 改性沥青。

增塑剂：机油、环烷油、芳烃溶剂油。

填充料：滑石粉、滑石菱镁矿、白云石粉、碳酸钙、粉煤灰等。

图 2.1.6-3 高聚物改性沥青卷材

覆面材料：聚乙烯膜（PE）、彩砂、页岩、细砂、矿物粒料、铝箔、铜箔等。

（2）合成高分子卷材

构造：以合成橡胶、合成树脂或两者共混体为基料，加入适量化学助剂和填充料等，经混炼、塑炼、挤出、压延制成的片状卷材（图 2.1.6-4）。

成分：

基料：三元乙丙橡胶、丁基橡胶、氯丁橡胶乙烯、氯化聚乙烯（CPE）。

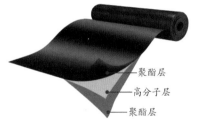

图 2.1.6-4 高分子防水卷材

助剂：硫化剂、促进剂、软化剂和补强剂等。

填充料：炭黑、无水硅酸、碳酸钙等。

（3）合成高分子防水涂料

1）聚氨酯防水涂料：由异氰酸酯、聚醚等经加成聚合反应而成的含异氰酸酯基的预聚体，配以催化剂、无水助剂、无水填充剂、溶剂等经混合而成。

2）JS 防水涂料：以聚丙烯酸酯乳液、乙烯－醋酸乙烯酯共聚乳液等聚合物乳液及各种添加剂组成的有机液料，与水泥、石英砂、轻重质碳酸钙等及各种添加剂组成的无机粉料通过配合比复合而成。

3. 分类（表 2.1.6-1）

表 2.1.6-1

名称	图片	材料解释	应用
SBS防水卷材		（1）属弹性体改性沥青防水卷材，是以苯乙烯-丁二烯-苯乙烯（SBS）热塑性弹性体为改性剂的沥青做浸渍和涂盖材料，上表面覆以聚乙烯膜、细砂、矿物片（粒）料或铝箔、铜箔等隔离材料制成的可卷曲的片状防水卷材。 （2）综合性能强，具有良好的耐高温、低温及耐老化性能。低温柔韧性、抗裂性和粘结性能较好，施工操作方便灵活	适用于寒冷地区，变形和振动较大的防水工程。广泛应用于屋面、地下室、游泳池、水池以及道桥、隧道等工程的防水
APP防水卷材		（1）属塑性体改性沥青防水卷材，是以聚酯毡或玻纤毡为胎基，浸涂无规聚丙烯（APP）改性沥青，上表面撒布矿物粒、片料或覆盖聚乙烯膜，下表面撒布细砂或者覆盖聚乙烯膜加工制成的可卷曲片状防水卷材。 （2）分子结构稳定、拉伸强度高，具有更好的耐高温性能，更适宜用于炎热的南方地区。既可冷粘施工，又可热熔施工	尤其适用于较高气温环境的建筑防水。广泛应用于屋面、地下室、游泳池、水池以及道桥、隧道、停车场等工程的防水
EPDM防水卷材		（1）三元乙丙橡胶（Ethylene Propylene Diene Monomer，简写为EPDM），属合成高分子防水卷材，以三元乙丙橡胶掺入适量的丁基橡胶、硫化剂、促进剂、软化剂和补强剂等，经密炼、拉片过滤、挤出成型等工序加工而成。 （2）耐臭氧、耐紫外线、耐低温、耐老化、抗拉伸、抗延展，使用温度范围宽（-40～80℃）。主要采用冷施工	-40～80℃温度范围内可长期使用。适用于屋面、地下室、游泳池、水池以及道桥、隧道、停车场等工程的防水

名称	图片	材料解释	应用
聚氨酯防水涂料		（1）属合成高分子防水涂料，是以异氰酸酯、聚醚等经加工而成的含异氰酸酯基的聚氨酯预聚物，配以多羟基的固化剂、增韧剂、增黏剂、防霉剂、填充剂、稀释剂等，经混合加工制成的聚氨酯防水涂料。 （2）能在潮湿或干燥的各种基面上直接施工。与基面粘结力强，涂膜中的高分子物质能渗入基面微细缝内，渗透性强。 （3）涂膜密实坚韧、延伸性好，抗结构变形伸缩；耐候性好，高温不流淌、低温不龟裂、抗老化、耐油、耐磨、耐臭氧、耐酸碱侵蚀。 （4）缺点：环保性能差，双组分聚氨酯含"三苯"挥发性，不可应用于室内防水。用于墙面时，易造成饰面砖空鼓、脱落	可用于屋面、外墙、地下室顶板、水池、游泳池等工程的防水
JS防水涂料		（1）属合成高分子防水涂料，是以聚丙烯酸酯乳液、乙烯–醋酸乙烯酯共聚乳液等聚合物乳液与各种添加剂组成的有机液料，和水泥、石英砂、轻重质碳酸钙等无机填料通过合理配合比，复合制成的一种双组分、水性、刚柔并济的防水涂料。 （2）施工时气温需高于5℃，对基层含水率要求较低，可以在潮湿环境中施工，干燥较快（4~8h），能大大缩短工期。 （3）丙烯酸酯乳液与水泥结合，具有较高抗拉强度和延展性。水泥填料与基层具有良好的聚合物乳液附着力，粘结强度高。 （4）缺点：柔韧性差，只可以抵抗基层细微形变。JS防水涂料（Ⅰ型）不适宜用于长期浸水环境中，如泳池、水景系统内	适用于室内装修工程中的阳台、卫浴、厨房的防水

4. 参数指标

（1）高聚物防水卷材

产品名称：SBS 防水卷材、APP 防水卷材。

沥青：SBS 改性沥青、APP 改性沥青。

胎基：聚酯毡、玻纤毡、玻纤增强聚酯毡、聚乙烯膜、铜胎基、无胎基。

产品规格：宽 1m、1.2m、1.5m 等，长 10m、15m、20m 等，厚 2.0mm、3.0mm、4.0mm 等。

低温柔性：−10℃。

不透水性：0.3MPa，30min 不透水。

（2）合成高分子防水卷材

产品名称：EPDM、PE、ECB、PET、PVC、EVA 防水卷材。

基料：三元乙丙橡胶、丁基橡胶、氯丁橡胶乙烯、氯化聚乙烯（CPE）等。

产品规格：宽 0.9m、1m、1.2m、1.5m、2m 等，长 10m、15m、20m 等，厚 1.0mm、1.2mm、1.5mm、2.0mm 等。

低温柔性：−40℃。

不透水性：0.3MPa，30min 不透水。

（3）防水涂料

产品名称：PU 聚氨酯防水涂料、JS 聚合物水泥基材防水涂料。

力学性能：Ⅰ型、Ⅱ型、Ⅲ型。

产品规格：5kg/ 桶、10kg/ 桶、20kg/ 桶等。

固含量：40%～60%。

耐候性：−40～80℃。

干燥时间：聚氨酯防水涂料表干 4～6h，实干 12～24h。

JS 防水涂料表干 12h 以上，实干 24h 以上。

（4）参数标记说明

1）防水卷材标记：产品名称、型号、胎基、上表面、下表面、厚度、面积和标准号

示例 1：SBS　Ⅰ　PY　M　PE　3　10　GB 18242—2008

产品名称 SBS 弹性体改性沥青卷材、Ⅰ型、胎基为 PY 聚酯毡、

上表面隔离材料为 M 矿物粒料、下表面隔离材料为 PE 聚乙烯膜、厚度 3mm、面积 10m²、标准号 GB 18242—2008。

示例 2：APP Ⅰ PY S PE 3 15 GB 18243—2008

产品名称 APP 塑性体改性沥青卷材、Ⅰ型、胎基为 PY 聚酯毡、上表面隔离材料为 S 细砂、下表面隔离材料为 PE 聚乙烯膜、厚度 3mm、面积 15m²、标准号 GB 18242—2008。

2）防水涂料标记：产品名称、组分、基本性能、是否暴露、有害物质限量、标准号

示例 1：PU 防水涂料 S Ⅲ E A GB/T 19250—2013

产品名称为聚氨酯防水涂料、S 为单组分（M 为多组分）、Ⅲ型、E 为外露（N 为非外露）、有害物质限量为 A 类、标准号 GB/T 19250—2013。

示例 2：JS 防水涂料 Ⅰ GB/T 23445—2009

产品名称为聚合物水泥防水涂料、Ⅰ型、标准号 GB/T 23445—2009。

5. 相关标准

（1）现行国家标准《弹性体改性沥青防水卷材》GB 18242。

（2）现行国家标准《塑性体改性沥青防水卷材》GB 18243。

（3）现行国家标准《高分子防水材料 第 1 部分：片材》GB/T 18173.1。

（4）现行国家标准《聚氨酯防水涂料》GB/T 19250。

（5）现行国家标准《聚合物水泥防水涂料》GB/T 23445。

（6）现行国家标准《高分子防水材料 第 2 部分：止水带》GB/T 18173.2。

（7）现行国家标准《高分子防水材料 第 3 部分：遇水膨胀橡胶》GB/T 18173.3。

6. 生产工艺

（1）SBS 防水卷材的生产工艺流程（图 2.1.6-5）

图 2.1.6-5 SBS 防水卷材的生产工艺流程图

1）备料

将苯乙烯－丁二烯－苯乙烯橡胶小块加入熔融的沥青中混合剪切研磨，形成 SBS 改性沥青混合料。添加内助剂混合发育为成品 SBS 改性沥青。将滑石粉、白云石粉、碳酸钙、粉煤灰等填料加入并分布均匀。分别将高聚物改性沥青放入涂油槽，将浸油放入浸油槽内。

2）上胎布、浸涂

胎体展开机（图 2.1.6-6）将胎体展开烘干后通过浸油槽，并在涂油槽涂盖改性料。利用减速机驱动压辊，牵引出浸过涂盖料的胎基（图 2.1.6-7），调节压延辊间距应比预设卷材厚度大 0.2mm。

图 2.1.6-6　胎体展开机

图 2.1.6-7　浸油

3）撒砂

开启第一套撒砂装置，将细砂均匀地撒在卷材上表面（图 2.1.6-8）。卷材经过撒砂压延辊后，开启第二套撒砂装置，将细砂均匀地撒在卷材下表面，再过撒砂压延辊压实。

图 2.1.6-8　撒砂

图 2.1.6-9　覆膜

4）覆膜、成型

卷材经两个覆膜辊上下两面复合聚乙烯膜隔离材料，覆上聚乙烯膜（图 2.1.6-9）。开启水冷系统，卷材进入压延冷却工序，使用辊压成型机组使卷材成型，同时冷却至室温。

（2）JS防水涂料的生产工艺流程（图 2.1.6-10）

图 2.1.6-10　JS 防水涂料的生产工艺流程图

1）配料搅拌

按配方，将乳液、去离子水、二丁酯、润湿剂、防腐剂等按照先后顺序投入高速分散机内，均匀混合 30min，制成 JS 液料。同时，将水泥、重钙、砂、助剂等，按照先后顺序投入粉料搅拌机（图 2.1.6-11）内均匀混合 40min，制成 JS 粉料。

图 2.1.6-11　搅拌机

图 2.1.6-12　JS 液料研磨机

2）研磨过滤

将混合好的 JS 液料进行研磨（图 2.1.6-12），使其颗粒更加细小，提高防水涂料的均匀性和附着力。将研磨后的液料通过筛网过滤，去除杂质和颗粒。同时，将 JS 粉料使用不锈钢筛网过滤，并用封口设备包装。

3）质检测试

对防水涂料进行包括外观、黏度、干燥时间、成膜厚度（图 2.1.6-13）、断裂延伸率、耐水性、不透水性能等各项指标的质量检测。

图 2.1.6-13　成膜厚度检查

7. 品牌介绍（排名不分先后，表 2.1.6-2）

表 2.1.6-2

品牌	简介
东方雨虹 ORIENTAL YUHONG	东方雨虹成立于 1998 年 3 月，总部设在北京市，现已发展成为一家集防水材料研发、制造、销售及施工服务于一体的中国防水行业龙头企业，是国家高新技术企业
远大洪雨 Yuandahongyu	远大洪雨（唐山）防水材料有限公司成立于 1993 年，是集防水材料研发生产、防水工程施工服务于一体的综合性企业。总部位于北京市副中心，是国家高新技术企业、中国建筑防水行业十大品牌之一
CKS 科顺	科顺防水科技股份有限公司成立于 1996 年，知名防水综合解决方案提供商，集工程建材、民用建材、建筑修缮业务板块于一体，主要从事防水卷材、防水涂料、砂浆涂料等产品的生产和销售
北新防水	北新防水有限公司是北新建材旗下防水企业，成立于 2021 年，位于北京市昌平区。集防水涂料、系统配套材料、防水卷材、密封材料、化学灌浆材料研发、生产、销售于一体的大型现代化企业
卓宝科技 JOABOA TECH	深圳市卓宝科技集团成立于 1999 年，总部位于深圳市，是领先的功能性建筑材料系统服务商、国家高新技术企业。产品涵盖建筑防水、家装防水等，拥有百余项核心国家专利，5 项 FM 认证产品

8. 价格区间（表 2.1.6-3）

表 2.1.6-3

名称	规格	价格
SBS 防水卷材	1m（宽）×10m（长）（厚 2.0mm）	280～350 元 / 卷
APP 防水卷材	1m（宽）×10m（长）（厚 2.0mm）	120～160 元 / 卷
EPDM 防水卷材	1m（宽）×20m（长）（厚 1.5mm）	15～30 元 /m²
聚氨酯防水涂料	20kg/ 桶	200～450 元 / 桶
JS 防水涂料	20kg/ 桶	220～300 元 / 桶

注：以上价格为 2023 年网络电商平台价格，价格受品牌、规格、功能、材质以及原材料价格浮动、市场环境等因素的影响（以上价格仅供参考）。

9. 验收要点

（1）资料检查：应有产品合格证书、检验报告及使用说明书等质量证明文件。

（2）包装检查：

1）防水卷材外包装可用纸包装、塑胶袋包装、盒包装或塑料袋包装。纸包装时应以全柱面包装。柱面两端未包装长度总计不超过100mm。

2）防水卷材外包装标志应准确清晰，内容包括商标、生产厂名、地址、产品名称、产品标志、能否热熔施工、生产日期或批号、检验合格标志、生产许可证号及其标志。

3）防水涂料的液体组分应用密闭的容器包装。固体组分包装应密封防潮。

4）防水涂料的包装上应有印刷或粘贴牢固的标志，内容包括商标、产品名称、产品标志、双组分配合比、生产厂名、厂址、生产日期、批号和贮存期、净含量、运输与贮存注意等。

（3）实物检查：

1）防水卷材

① 改性沥青防水卷材的单位面积质量、面积、厚度，以及长度、宽度和平直度应符合相关标准与设计要求。卷材表面应平整，无孔洞、缺边、裂口和疙瘩，矿物粒料粒度应均匀一致并紧密地粘附于卷材表面。成卷卷材在4～60℃任一产品温度下展开，在距卷芯1000mm长度外不应有1mm以上的裂纹或粘结。胎基应浸透，无未被浸渍处。

② 改性沥青防水卷材的可溶物含量、耐热性、低温柔性、不透水性、拉力及延伸率、热老化、接缝剥离强度、钉杆撕裂强度、矿物粒料黏附性、卷材下表面沥青涂盖层厚度、接缝剥离性能、接缝剪切性能、抗静态荷载、抗冲击性能等材料性能指标应符合相关标准要求。

③ 高分子防水卷材的单位面积质量、厚度，以及长度、宽度和平直度应符合相关标准与设计要求。展开后整个正反面应无气泡、裂缝、孔洞、擦伤、凹痕及任何其他可视缺陷存在。靠近卷材端头，沿卷材整个宽度方向切割卷材，切割面应无空包和杂质存在。

④ 高分子防水卷材的拉伸性能、不透水性、低温弯折性、耐化学液体、撕裂性能、接缝剥离性能、接缝剪切性能、抗静态荷载、抗冲击性能等材料性能指标应符合相关标准要求。

2）防水涂料

① 防水涂料液料外观应均匀、光滑，无凝胶、结块、沉淀、分层等情况。两组分经分别搅拌后，其液体组分无杂质、无凝胶的均匀乳液；固体组分应为无杂质、无结块的粉末。

② 防水涂料的固体含量、拉伸强度、断裂伸长率、低温柔性、粘结强度、不透水性、抗渗性等物理力学性能指标应符合相关标准要求。

10. 应用要点

（1）基层含水率测试（图 2.1.6-14）

基层含水率直接关系到防水涂料的粘结性能。使用含水率测定仪进行测试，每个测区的测点数量不应少于 5 个，测点距离构件边缘应大于 100mm，测点应避开金属或其他感应物。检测时将含水率测定仪探头与测点表面充分接触，读取含水率示值。每个测点重复检测 3 次，以所有测点检测数据的平均值作为该测区含水率的检测结果。

图 2.1.6-14　基层含水率测试

基层含水率太高，防水层容易出现鼓泡、脱落等质量问题；基层含水率过低，会迅速吸走防水层中的水分，导致防水层性能下降。

（2）防水层厚度的测定方法

防水层越薄，越容易出现开裂。防水层厚度不达标，直接影响防水层质量。目前的测试方法主要有四种：

1）针测法和切片法：方法简单，成本低，局限是只能测试柔性防水层。

2）超声波法：需使用专业仪器，价格较高，测量精度差，局限是普遍无法测试水泥混凝土基面。

3）根据实际涂料使用量判断：即计算每平方米范围内防水涂料

的使用量，由实际使用量来判断厚度，是目前使用最多的方法。局限是需要对防水涂料使用量进行严格监管。

11. 材料小百科

（1）合成高分子

合成高分子是指通过化学反应人工合成的高分子化合物。它们通常是由许多重复单元通过共价键连接而成，具有较高的分子量和复杂的分子结构。高分子化合物的性质和用途取决于单体的选择、聚合方式以及可能添加的其他成分。常见如聚乙烯（PE）、聚苯乙烯（PS）、聚氯乙烯（PVC）、聚丙烯（PP）、聚酯（PET）、聚氨酯（PU）、环氧树脂（EP）、尼龙（PA）等。

（2）弹性体与塑性体

塑性形变是指对物体施加外力，当外力较小时物体发生形变，当外力超过某一数值，物体产生不可恢复的形变。与之相对，对物体施加外力产生形变，移除外力能恢复原状，则是弹性形变。弹性越大的物体，能够承受越大的外力而不发生永久形变，塑性越大的物体，发生永久形变所需的外力越小。"弹性体"与"塑性体"分别扩展为具有相应性能聚合物的总称。

（3）弹性体防水卷材和塑性体防水卷材

弹性体防水卷材和塑性体防水卷材都是高聚物改性沥青防水卷材，但其改性剂不同。SBS 防水卷材改性剂为苯乙烯 - 丁二烯 - 苯乙烯，SBS 是一种热塑性丁苯橡胶；APP 防水卷材改性剂是无规聚丙烯。弹性体防水卷材的全名为弹性体 SBS 改性沥青防水卷材。塑性体防水卷材的全名为塑性体 APP 改性沥青防水卷材。

弹性体 SBS 的性能指标是耐低温，SBS 防水卷材可在 −25～100℃的温度范围内使用，有较高的弹性和耐疲劳性，尤其适用于低温寒冷地区和结构变形频繁的建筑防水工程。而塑性体 APP 的性能指标是耐高温，APP 防水卷材具有更高的耐老化、耐高温等性能，尤其适用于炎热地区以及对耐热性能有特殊要求的建筑防水工程。

弹性体和塑性体在实际生产运用中渐渐有结合的趋势，热塑性弹性体就是一个很好的例子，随着科学技术的发展，两者的运用范围将更广。

2.1.7 绝热材料

1. 材料简介

绝热材料（图 2.1.7-1）是指可阻抗热流传递，导热系数 ≤ 0.12 的材料，包括绝热材料与保冷材料。按保温隔热的原理分为多孔型绝热材料、热反射型绝热材料。按成分可分为有机绝热材料，如 XPS 挤塑板、EPS 聚苯板、酚醛树脂板、聚氨酯板等；无机绝热材料，如玻璃棉、矿棉（岩棉）、膨胀珍珠岩、轻骨

图 2.1.7-1　绝热材料

料保温混凝土（陶粒混凝土等）、无机保温砂浆（玻化微珠保温砂浆）、聚苯颗粒保温砂浆、发泡水泥等；金属类绝热材料，如铝膜气泡隔热材料等。

2. 构造、成分

（1）EPS 聚苯板：含有挥发性液体发泡剂的可发性聚苯乙烯珠粒，经加热预发后在模具中加热成型的具有微细闭孔结构硬质泡沫塑料板。

（2）XPS 挤塑板：以聚苯乙烯树脂辅以其他的原辅料与聚合物，通过加热混合同时注入催化剂，挤塑压出连续性闭孔发泡的硬质泡沫塑料板。

（3）岩棉板：以玄武岩、白云石、铁矿石、铝矾土等为主要原料，经高温熔化、高速离心制成纤维，再分层摊铺粘结固化，呈蓬松纤维状结构毡状体。

（4）玻璃棉板：以石英砂、石灰石、白云石等天然矿石为主要原料，配合少量纯碱、硼砂等，经熔化吹制成纤维，并粘结加工而成的棉絮状弹性毡状体。

（5）陶粒：以铝矾土、黏土、页岩、煤矸石、粉煤灰等为主要原料，制成的外部呈陶质或釉质坚硬外壳，内部呈封闭不连通微孔蜂窝状的颗粒。

（6）膨胀珍珠岩：以主要成分为二氧化硅的珍珠岩、松脂岩和黑曜岩等为主要原料，制成的内部呈网絮状蜂窝结构，外部呈开孔毛絮状或密实硫化状的颗粒。

（7）玻化微珠：以主要成分为二氧化硅的精选特殊粒径矿砂（珍珠岩）为主要原料制成的内部呈多孔空腔结构，表面封闭且玻璃化无气孔的颗粒。

3. 分类（表2.1.7-1）

表2.1.7-1

名称	图片	材料解释	应用
聚苯板		（1）EPS板又名苯板，是由含有挥发性液体发泡剂的可发性聚苯乙烯珠粒，经加热预发后在模具中加热成型具微细闭孔结构的白色固体板。 （2）与挤塑聚苯板（XPS板）相比，吸水率偏高，热传导性的影响明显，随着吸水量的增大，其导热系数也增大，保温效果也随之变差	适用于建筑墙体、屋面保温、复合保温板材的隔热保温；装潢模型雕刻
挤塑板		（1）XPS板，又名挤塑聚苯板。是以聚苯乙烯树脂辅以聚合物在加热混合的同时注入催化剂，而后挤塑压出内部连续性闭孔发泡呈蜂窝状结构。外部硬膜均匀平整的硬质泡沫塑料板。 （2）与EPS聚苯乙烯泡沫塑料板相比，其强度、保温、抗水汽渗透等性能有较大提高。在浸水条件下仍能完整保持其保温性能和抗压强度	适用于建筑外墙、混凝土及钢结构屋顶，以及低温储藏地面、低温地板辐射采暖管防潮保温
岩棉板		（1）采用玄武岩、白云石等为原料，经1450℃以上高温熔化后采用四轴离心机高速离心成纤维，同时喷入定量胶粘剂、防尘油、憎水剂后经集棉机收集，通过摆锤工艺、三维法铺棉后固化、切割成不同规格的产品。 （2）具有优良的保温隔热性能，施工及安装便利、节能效果显著，具有很高的性价比	适用于建筑外墙外保温、屋面及幕墙保温，核电站、发电厂、化工厂、大型窑炉保温

名称	图片	材料解释	应用
陶粒		（1）外壳呈陶质或釉质，内部呈封闭不连通蜂窝状多孔结构。外观大部分呈圆形或椭圆形球体，也有呈不规则碎石状。 （2）质轻、密度低、强度高、孔隙率高、热导率低、抗冻性良好，具有优异的保温、隔热、吸潮、隔声等功能	适用于耐火、保温、保冷，以及室内垫层与卫生间降板轻质回填材料
玻璃棉板		（1）属于无机人造玻璃纤维。采用石英砂、石灰石、白云石等天然矿石，配以纯碱、硼砂等原料熔融状态下，吹制甩成絮状细纤维，并加以热固性树脂为主的环保型胶粘剂加工而成的许多细小间隙的棉絮状弹性的毡状体。 （2）具有大量微小空气孔隙，具有成型好、密度小、热导率低、保温绝热、吸声性能好、耐腐蚀、化学性能稳定等优点	适用于建筑的绝热保温、吸声降噪，以及墙板、天花板、空间吸声体等
膨胀珍珠岩		（1）属天然酸性玻璃质火山熔岩非金属矿产品。珍珠岩矿石（包括珍珠岩、松脂岩和黑曜岩）经破碎成一定粒度后再预热焙烧，急速加热到1000℃以上，水分汽化并在软化的含玻璃质的矿砂内部膨胀，形成多孔结构，体积膨胀10~30倍的白色颗粒材料。 （2）膨胀珍珠岩质轻、密度低，保温、耐热、耐寒、耐湿、耐火、耐腐、耐老化，具有良好的保温效能、超强的稳定性。 （3）吸水率高，耐水性差，作为骨料易致砂浆体积收缩变形，保温性能降低、易开裂、空鼓；在拌制、运输、停放过程中易出现分层、离析、泌水等现象，并影响硬化后各项技术性能	适用于建筑屋面、墙体的保温隔热材料；垫层或回填的轻质骨料；各类工业产品的过滤材料；以及农林园艺无土栽培、改良土壤的保水保肥材料等

名称	图片	材料解释	应用
玻化微珠		（1）由精选特殊粒径的矿砂，在电炉加热下膨化，通过对温度和原料滞空时间的控制，使产品表面熔融，气孔封闭，呈不规则球状颗粒，内部为多孔空腔结构，表面玻化封闭，光泽平滑，理化性能稳定。可替代玻璃微珠、膨胀珍珠岩、聚苯颗粒等诸多传统轻质骨料。（2）除具有质轻、保温、耐冻、绝热、防火的性能外，还具有吸水率低、收缩率低、强度高、和易性好、整体无缝、使用耐久的优点	内外墙保温砂浆骨料、轻质装饰板主料、复合保温涂料产品主料、复合墙体板产品主料、城市热力管道绝热材料等

4. 参数指标

（1）有机保温隔热板（如 EPS 聚苯板、XPS 挤塑板等，表 2.1.7–2）

表 2.1.7–2

参数指标	EPS 聚苯板	XPS 挤塑板
抗压强度（kPa）	150～300	150～700
抗拉强度（kPa）	110～1120	105～140
吸水率（%）	≤3	≤1
厚度（mm）	20～200	20～150
密度（kg/m³）	18～35	30～38
导热系数［W/（m·K）］	0.030～0.038	0.028～0.038
阻燃等级	B1、B2	B1、B2
规格（mm）	长度1200×600、1800×600 等；厚度20～100 等	

（2）无机保温隔热板（如岩棉板、玻璃棉板等，表 2.1.7–3）

表 2.1.7–3

参数指标	岩棉板	玻璃棉板
密度（kg/m³）	60～200	12～96
抗拉强度（MPa）	0.10～0.15	0.05～0.10

参数指标	岩棉板	玻璃棉板
导热系数［W/（m·K）］	0.039～0.044	
阻燃等级	A、B1	B1
纤维平均直径（μm）	4.6～7.0	6.4～8.0
规格（mm）	长宽 600×600、1200×600、1200×1200 等；厚 25～150 等	

（3）无机保温颗粒（如陶粒、膨胀珍珠岩、玻化微珠等，表2.1.7-4）

表 2.1.7-4

参数指标	陶粒	膨胀珍珠岩	玻化微珠
粒径（mm）	1～5、5～10、10～20、10～30	0.05～2、1～3、2～4、4～7	0.33～0.55、0.24～0.33、0.18～0.24、0.14～0.18
容重（kg/m³）	280～600	80～110	80～110
导热系数［W/（m·K）］	0.23～0.55	0.036～0.054	0.043～0.070
吸水率（%）	＜10	20～35	20～35
吸声系数	0.53～0.88	—	—
筒压强度（MPa）	0.7～3.5	—	—

5. 相关标准

（1）现行国家标准《建筑绝热用玻璃棉制品》GB/T 17795。

（2）现行国家标准《建筑外墙外保温用岩棉制品》GB/T 25975。

（3）现行国家标准《绝热用挤塑聚苯乙烯泡沫塑料（XPS）》GB/T 10801.2。

6. 生产工艺

（1）有机保温隔热板生产工艺流程（图 2.1.7-2）

图 2.1.7-2　有机保温隔热板生产工艺流程图

1）料仓加料

准备聚苯乙烯颗粒、发泡剂、稳定剂、润滑剂等原材料，按比例配合比称重后，通过喂料机进入第一级塑料挤出机（图2.1.7-3）。

2）挤压塑化

图2.1.7-3　料仓加料

在挤塑机中充分塑化后，加入发泡剂在第二级挤塑机中与其他原料混合，使聚苯乙烯颗粒膨胀成泡沫状。冷却后通过模具挤出。压力迅速释放，塑料包裹的发泡剂迅速膨胀形成闭孔，聚苯乙烯塑料形成带有

图2.1.7-4　挤压塑化

蜂窝状闭孔的泡沫板（图2.1.7-4）。

3）切割成型

接着通过成型牵引机，将板材成型为所需的厚度和宽度，并进行切割（图2.1.7-5）。辅助设备还有挤塑板表面拉毛机。最后将切割好的泡沫板进行包装，以便运输和储存。

图2.1.7-5　切割成型

（2）无机保温隔热板生产工艺流程（图2.1.7-6）

离心甩丝 → 冷却成型 → 胶粘固化 → 高温烘干 → 切割

图2.1.7-6　无机保温隔热板生产工艺流程图

1）离心甩丝

用高速离心机将融化的玄武岩矿渣甩成丝状物（图2.1.7-7），慢慢旋转，待所有甩丝全部粘结后形成无机棉，再经过工艺处理制成岩棉絮棉。

图2.1.7-7　离心甩丝

图 2.1.7-8 冷却成型

2）冷却成型

通过高速鼓风机吹走无机棉表面的热量，使其更易成型（图 2.1.7-8）。在无机棉中加入高效的憎水剂、胶粘剂等，使其拥有憎水的作用和较高的抗压强度。

3）胶粘固化

无机棉被定型后，再次在表面加入高效胶粘剂，让其形状更固定、硬度更大（图 2.1.7-9）。之后在无机棉中使用摆锤法，重复地增加压力，持续增加无机棉的硬度和密度。

图 2.1.7-9 胶粘固化

图 2.1.7-10 高温烘干

4）高温烘干

将成型后的保温隔热板送入干燥设备中，进行高温烘干处理（图 2.1.7-10），控制干燥的温度和时间，让其结构内部的水分都蒸发出来，以此保证岩棉板的储存时间，提高产品性能。

5）切割

机械切割设备将固化后的岩棉板进行切割（图 2.1.7-11），对切割后的板材进行整形，使其达到所需的尺寸和形状。最后进行包装，以便运输和使用。

图 2.1.7-11 切割

7. 品牌介绍（表 2.1.7-5）

表 2.1.7-5

品牌	简介
泓耀®	泓耀为信阳明祥实业有限公司的品牌，创立于 2018 年，位于河南省信阳市，经营范围包括非金属耐火建筑材料、非金属屋顶、膨胀珍珠岩、块石、建筑用石粉、石灰石、建筑石料、石料、砂浆、耐火砂等产品

8. 价格区间（表 2.1.7-6）

表 2.1.7-6

名称	规格（mm）	价格
聚苯板	1200×600×60	150～270 元 /m²
挤塑板	1200×600×60	180～330 元 /m²
玻璃棉	1200×600×50	240～380 元 /m²
岩棉	1200×600×60	240～380 元 /m²
陶粒	粒径 10～30	130～150 元 /m³
膨胀珍珠岩	7.5kg/ 袋	1.0～1.8 元 /kg
玻化微珠	0.24～0.33（50～70 目）	1.3～2.0 元 /kg

注：以上价格为 2023 年网络电商平台价格，价格受品牌、规格、功能、材质以及原材料价格浮动、市场环境等因素的影响（以上价格仅供参考）。

9. 验收要点

（1）资料检查：应有产品合格证书、检验报告及使用说明书等质量证明文件。

（2）包装检查：

1）检查包装是否完好无损、潮湿等情况。标志是否清晰、准确，包括品名、规格、批号、生产日期、生产厂家等信息。

2）包装上的产品品牌、规格、型号应与订单要求一致。

（3）实物检查：

1）检查外观质量，如表面平整度、色泽、密度、硬度等指标是否符合要求。聚苯乙烯树脂加工的板材应颜色鲜亮，而废料加工的则颜色不纯，杂质多。优质玻璃棉、岩棉颜色均匀一致、破损少、尺寸准确。优质陶粒外观圆润，表面光滑，无破碎，颜色均匀。

2）绝热材料的物理性能，如导热系数、抗压强度、吸水率、燃烧性能等指标应符合要求。化学性能，如 pH 值、挥发性有机物含量、重金属含量等指标应符合要求。安全性能，如防火性能、环保指标应达标，有害物质含量应不超标等。

10. 应用要点

保温隔热材料选用要点：

（1）温度范围：根据材料的使用温度范围，绝热材料分为低温绝热材料、中温绝热材料、高温绝热材料。选择低温绝热材料时，一般选择分级温度比长期使用温度低 10~30℃ 的材料。选择中温绝热材料和高温绝热材料时，一般选择分级温度比长期使用温度高 100~150℃ 的材料。

（2）物理性能：不同类型绝热材料的物理性能（可加工性、耐磨性、耐压性等）不同。所选绝热材料的形状和物理性能应符合使用环境。

（3）化学性能：不同类型的绝热材料具有不同的化学性能（耐水性、耐腐蚀性等）。所选绝热材料的化学性能应符合使用环境。

（4）保温性能：在一些隔热层厚度要求较薄的场合，往往需要选择隔热性能较好的隔热材料。

（5）环保等级：所选保温绝热材料的环保等级应符合设计要求。

11. 材料小百科

"目"的含义：

目是指每英寸（1 英寸 ≈ 25.4mm）筛网上的孔眼数目。50 目就是指每英寸上的孔眼是 50 个，每平方英寸上的孔眼是 $50 \times 50 = 2500$ 个。目数越高，孔眼越多。除了表示筛网的孔眼，它同时用于表示能够通过筛网的粒子的粒径，目数越高，粒径越小。

粉体颗粒大小称为颗粒粒度。由于颗粒形状很复杂，通常有筛分粒度、沉降粒度、等效体积粒度、等效表面积粒度等表示方法。筛分粒度就是颗粒可以通过筛网的筛孔尺寸，以 1 英寸宽度的筛网内的筛孔数表示，因此称之为"目数"。

2.1.8 自流平材料

1. 材料简介

自流平地面即利用液体在表面张力作用下，会自动平衡且呈现平整表面的自然流平原理，采用可流动浆料在地面摊铺，固化后形成水平且平整的面层或垫层，以达到地面精细找平的目的。常用的地面自流平材料有水泥基、树脂及树脂水泥复合自流平材料，以及针对室内地面找平的石膏基自流平。

2. 构造、成分

（1）水泥基自流平

构造：由水泥砂浆找平层、界面剂、自流平找平层构成（图2.1.8-1）。

成分：普通硅酸盐水泥、高铝水泥、硅酸盐水泥等，以及多种活性助剂及分散乳胶粉等附加剂。

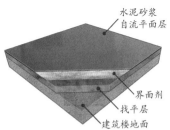

图 2.1.8-1　水泥基自流平

（2）树脂自流平/树脂水泥复合砂浆自流平

构造：由找平层、底涂层、中涂层、面涂层构成（图2.1.8-2）。

成分：环氧树脂、固化剂、稀释剂、溶剂、分散剂、消泡剂等；复合自流平还添加水泥、骨料等。

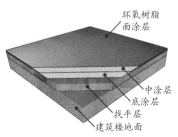

图 2.1.8-2　树脂自流平

（3）石膏基自流平

构造：由找平层（基层）、界面剂（或保温隔声层）、石膏基自流平面层构成（图2.1.8-3）。

成分：α-半水石膏型、β-半水石膏型或Ⅱ型无水石膏型、水泥、添加剂、骨料等。

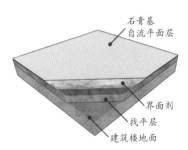

图 2.1.8-3　石膏基自流平

3. 分类（表 2.1.8–1）

表 2.1.8–1

名称	图片	材料解释	应用
水泥基自流平		（1）由水泥及活性母料激发剂等多种活性成分组成的干混型粉状水泥基材料。拌水稍经摊铺即可获得较高平整度的基面。 （2）硬化迅速，5h 后可上人，24h 后可进行面层施工，是传统找平无法比拟的。其施工简便快捷、安全环保、水平平整	适用于办公室、医院、卖场、展厅、体育馆、仓储、地下停车场等地面面层或耐磨基层
树脂自流平		（1）又称环氧地坪，以环氧树脂为主材，加入固化剂、稀释剂、溶剂、分散剂、消泡剂及某些填料混合加工而成。基层采用不小于 C25 的双向钢筋网混凝土浇筑成型。 （2）色彩亮丽、丰富多样、附着力强，具有耐强酸碱、耐磨、耐压、耐冲击、防霉、防水、防尘、止滑及防静电、电磁波等特性	适用于无尘无菌的实验室与车间，以及耐磨、抗压、抗冲击的厂房、仓储、车库和体育场馆
树脂水泥复合砂浆自流平		以环氧树脂或聚氨酯树脂为主，加入水泥、骨料及固化剂配制而成的自流平材料	适用于医院、卖场、展厅、办公室等开放空间地面
石膏基自流平		（1）以半水石膏型或Ⅱ型无水石膏型为主料，添加骨料、填料、添加剂等混合而成的专门用于室内地面找平的干粉材料。 （2）找平精度极高，不易空鼓开裂；施工时可泵送，简单快捷，效率高。日铺可达 1000m² 左右。用作"地暖"找平覆盖层时，均热性能优异，更节能，不因热胀冷缩而开裂、起鼓	适用于各类室内地面的找平，也适用于"地暖"的回填找平

01

4. 参数指标

（1）水泥基自流平（表2.1.8-2）

表2.1.8-2

项目名称		限量值			
		Zyl	Ⅰ ZYL	Ⅱ ZYL	Ⅲ ZYL
初凝时间（min）		60～80	60～90		
终凝时间（min）		70～90	90～120		
抗压强度（MPa）	1d	20	13	10	8
	7d	30	20	20	15
	28d	35	35	30	20
可施工时间（min）		≥ 15		≥ 20	
施工温度（℃）		5～40			
可行人时间（h）		2～3		3～4	
可铺设饰面时间（d）		1	1～2	1～3	1～7
水料比		0.18	0.20		

（2）树脂自流平/树脂水泥复合砂浆自流平（表2.1.8-3）

表2.1.8-3

项目名称		限量值					
		底涂			中涂/面涂		
		水性	溶剂型	无溶剂型	水性	溶剂型	无溶剂型
干燥时间（h）	表干	≤ 8	≤ 4	≤ 5	≤ 8	≤ 4	≤ 6
	实干	≤ 48	≤ 24		≤ 48	≤ 24	≤ 48
邵氏硬度（D型）		—	—	—	商定		
拉伸粘结强度（MPa）		≥ 2.0					
抗压强度（MPa）		—	—	—	—	—	≥ 45
耐磨性（750g/500r）		—	—	—	≤ 0.060	≤ 0.030	
防滑性（干摩擦系数）		—	—	—	≥ 0.50		

（3）石膏基自流平（表 2.1.8-4）

表 2.1.8-4

项目名称		参数指标
松散堆积密度		$1200 \sim 1700 kg/m^3$
硬化干密度（容重）		$\leqslant 1700 kg/m^3$
可储存时间		60 个月
凝结时间	初凝时间	$\geqslant 1h$
	终凝时间	$\leqslant 6h$
30min 流动度		$\geqslant 140mm$
强度	24h 抗折强度	$\geqslant 2.0MPa$
	24h 抗压强度	$\geqslant 6.0MPa$
	28d 绝对抗折	$\geqslant 5.0MPa$
	28d 绝对抗压	$\geqslant 20MPa$
	28d 烘干拉伸强度	$\geqslant 1.0MPa$
收缩率		$\leqslant 0.02\%$
pH 值		$\geqslant 7.0$

5. 相关标准

（1）现行行业标准《建筑用找平砂浆》JC/T 2326。

（2）现行行业标准《石膏基自流平砂浆》JC/T 1023。

（3）现行行业标准《地面用水泥基自流平砂浆》JC/T 985。

（4）现行行业标准《自流平地面工程技术标准》JGJ/T 175。

（5）现行国家标准《环氧树脂自流平地面工程技术规范》GB/T 50589。

6. 生产工艺

（1）水泥基自流平砂浆生产流程

将硅酸盐水泥、高铝水泥及高强石膏粉、轻钙粉、重钙粉、石英砂依次加入无重力粉体搅拌机搅拌 10min。再将纤维素醚、减水剂、分散剂、粉状胶粘剂、石膏缓凝剂依次加入，继续搅拌 30min，直至搅拌均匀（图2.1.8-4）。搅拌均匀后干燥、装袋（图2.1.8-5）、堆垛（图2.1.8-6）。

图2.1.8-4　混合搅拌　　图2.1.8-5　干燥装袋　　图2.1.8-6　堆垛

（2）树脂自流平砂浆制备流程

将环氧树脂、固化剂、稀释剂等材料按配方比例加入搅拌桶混合搅拌，匀速搅拌至液料黏稠、均匀；再添加指定颜色的颜料，重复搅拌，直至颜色均匀混合（图2.1.8-7）；最后分装成桶（图2.1.8-8）、堆仓（图2.1.8-9）。

图2.1.8-7　混合搅拌　　图2.1.8-8　分装成桶　　图2.1.8-9　堆仓

7. 品牌介绍（排名不分先后，表2.1.8-5）

表2.1.8-5

品牌	简介
联博环保 Unibo Environmental Technology	联博地坪科技（江苏）有限公司位于江苏省南京市，公司主营石膏基环保材料，拥有先进的现代化全自动化生产线，年产30万吨石膏基环保材料，是目前国内较早的专业的石膏基环保材料生产工厂

品牌	简介
近卫军 LEVELING GUARDIAN 找平卫士	湖南省富民乐建材科技发展有限公司成立于 2017 年，位于湖南省邵阳市，是一家集研发、生产、销售、施工、服务于一体的高新技术企业。2017 年推出的近卫军找平卫士，已成为成熟的石膏自流平产品
强耐新材 QIANGNAI NEW MATERIALS	河南强耐新材股份有限公司成立于 2012 年，位于河南省焦作市，是国内新型石膏基建材的引领者和石膏基自流平的开创者，立志于构建各方共赢的石膏基建材产业生态圈

8. 价格区间（包工包料，表 2.1.8-6）

表 2.1.8-6

名称	规格	价格
树脂自流平	厚度 1.5mm	40～65 元 /m²
树脂水泥复合砂浆自流平	厚度 1.5mm	40～65 元 /m²
石膏基自流平	单位用量	厚度 1cm 的用量：13kg/m²
	原料价格	脱硫石膏：700～750 元 /t
	人工单价	10～12 元 /m²
	合价	以厚度 3cm 为例：用量 = 13×3 = 39kg $39 \times \dfrac{700}{1000} + 10 = 37.3$ 元

注：以上价格为 2023 年网络电商平台价格，价格受品牌、规格、功能、材质以及原材料价格浮动、市场环境等因素的影响（以上价格仅供参考）。

9. 验收要点

（1）资料检查：应有产品合格证书、检验报告及使用说明书等质量证明文件。

（2）外包装检查：包装完整，产品品牌、规格、型号以及数量应与订单要求一致。

（3）实物检查：

1）检查生产日期，保质期是否在规定时间内。

2）水泥基、石膏基自流平检查粉料是否细腻、均匀。

3）树脂自流平检查液料色泽是否鲜亮。

4）检查产品是否有异味、甲醛含量是否符合国家标准或设计要求。

10. 应用要点

石膏自流平质量通病：

（1）气泡、气孔：基层未封闭好，材料中水分快速被基层吸收，导致自流平表面出现气泡，形似火山口。应根据不同的基层调整界面剂兑水量，强度越好的基层，兑水量越少；反之，强度越差的基层，界面剂需多兑水，多涂几遍。强度不达标的基层需加固处理。

（2）起皱、色差：水灰比的配合比不对，加水超量，会导致自流平在施工中出现沉淀过快泌水现象。待自流平干后很容易出现分层起粉、强度低等现象，表面风吹后易出现起皱现象。

（3）龟裂、蚯蚓纹：施工完成后，未终凝前，被阳光暴晒或原地面吸水导致失水性开裂。蚯蚓纹出现是在材料终凝前，大风持续吹动导致。

（4）空鼓、起壳、起砂：施工前，基层仍存在浮灰、油污、涂层等，导致自流平砂浆与地面结合不紧密。不匹配的固化剂也会导致自流平起壳。原地面含水率过高，水分蒸发过程中易出现空鼓。自流平加水量过高，会导致自流平长时间不干，强度受损，甚至出现分层、起砂等问题。

11. 材料小百科

自然流平原理：

自流平是一种流体力学原理，它是多材料与水混合而成的液态物质，倒入地面后，液体在表面张力的作用下，根据地面的高低不平顺势流动，液体在地面自动找寻低洼区并将其填平，最终将整片地面流淌成镜面般平整且静止，凝结而固化。这种原理被广泛应用于建筑工程、涂料、地板和装饰行业等领域，以确保表面光滑、均匀和平整。自流平地面的表面平整度更高，不仅美观，而且便于日常的清洁和维护。

2.1.9 瓷砖粘结材料

1. 材料简介

陶瓷砖粘结材料泛指将饰面砖铺装于地面或墙面基层的结合材料。因生产工艺与材料成分的不同，大致可分为传统的现场拌制水泥砂浆、工厂生产的预拌砂浆，以及产品化的陶瓷砖胶粘剂等。饰面砖种类繁多，命名方式与定义范畴也存在交叉与混淆，其铺装施工中需根据饰面砖的吸水率及板块的大小，选用不同的粘结材料。如Ⅲ类砖（吸水率＞10%）陶质砖且板块边长小于600mm以内，可选用水泥砂浆或预拌砂浆进行铺贴；Ⅰ类砖（吸水率≤0.5%的瓷质砖和0.5%＜吸水率≤3%的炻瓷砖）和Ⅱ类砖（3%＜吸水率≤6%的细炻砖和6%＜吸水率≤10%的炻质砖），则需要根据其板块大小及使用环境选用预拌砂浆或专用陶瓷砖胶粘剂。陶瓷砖胶粘剂的C型、D型、R型分别在现行行业标准《陶瓷砖胶粘剂》JC/T 547下，对应水泥基胶粘剂、膏状乳液基胶粘剂、反应型树脂胶粘剂。在建筑装修领域中，瓷砖铺贴时应用最广泛的是C型，即水泥基瓷砖胶粘剂（图2.1.9-1），以及D型，即膏状乳液基瓷砖背胶。

图 2.1.9-1　瓷砖粘结材料

2. 构造、材质

（1）预拌砂浆：由水硬性胶凝材料（如硅酸盐系水泥）、矿物掺合料、干燥细骨料（如天然或再生细骨料）、填料（如碳酸钙、石英粉、滑石粉）、添加剂等混合而成的干态混合物。

（2）水泥基胶粘剂：由水硬性胶凝材料、集料、添加剂等组成的粉状混合物。

（3）膏状乳液基胶粘剂：由水性聚合物乳液、添加剂和矿物填料等组成的有机胶粘剂。

（4）反应型树脂胶粘剂：由合成树脂、矿物填料和有机添加剂组成，通过化学反应固化的单组分或多组分混合物。

3. 分类（表 2.1.9-1）

表 2.1.9-1

名称	图片	材料解释	应用
预拌砂浆	LOGO TTB I 墙贴瓷砖胶	（1）由专业生产厂采用水硬性胶凝材料（如硅酸盐系水泥）、矿物掺合料、干燥细骨料（如天然或再生细骨料）、填料（如碳酸钙、石英粉、滑石粉）、添加剂及其他组分，按一定比例，经计量、混合而成的干态混合物，使用时按比例加水或配套组分拌合使用。 （2）生产执行标准为现行国家标准《预拌砂浆》GB/T 25181，使用范围参照砂浆铺装的标准，仅可用于墙面粘贴吸水率＞10%且边长＜600mm 的陶质砖、陶瓷马赛克等	适用于各类型地砖、石材的地面铺装；仅可用于吸水率较大且板块较小的陶质砖的墙面铺贴
水泥基胶粘剂	LOGO TTB II 大砖瓷砖胶	（1）水泥基胶粘剂（Cementitious adhesive），简称 C 型陶瓷砖胶粘剂，由水硬性胶凝材料矿物集料及增强其他特殊性能外加剂组成的粉状混合物，需与水或其他液料拌合后使用。 （2）生产执行标准为国家现行标准《陶瓷砖胶粘剂技术要求》GB/T 41059 或《陶瓷砖胶粘剂》JC/T 547，基本类型分 C1-普通型水泥基胶粘剂与 C2-增强型水泥基胶粘剂；在基本型基础上，又增加了特殊性能类型分类，如快凝型（F）、加速干燥（A）、抗滑移（T）、加长晾置时间（E）、特殊变形性能（S）、外墙胶合板用（P）。 （3）C1 普通型胶粘剂各项粘结强度≥0.5N/mm²，可用于墙面粘贴吸水率＜0.5%且边长≤600mm 的瓷质砖；以及吸水率＞0.5%且边长＞600mm 的炻质砖或陶质砖。 （4）C2 增强型胶粘剂各项粘结强度≥1.0N/mm²，可用于墙面粘贴吸水率小于 0.5%且板块边长＞600mm 的瓷质砖	适用于各类型地砖、石材的地面铺装；用于墙面铺贴时，需根据饰面板、砖的材质吸水率、板块大小选用功能匹配的胶粘剂

名称	图片	材料解释	应用
膏状乳液基胶粘剂		（1）膏状乳液基胶粘剂（Dispersion adhesive），简称D型陶瓷砖胶粘剂，由水性聚合物乳液、添加剂和矿物填料等组成的有机胶粘剂，拌合后可直接使用。 （2）生产执行标准为国家现行标准《陶瓷砖胶粘剂技术要求》GB/T 41059或《陶瓷砖胶粘剂》JC/T 547，可分为D1-普通型膏状乳液基胶粘剂与D2-增强型膏状乳液基胶粘剂	适用于墙面铺贴，一般作为饰面板、砖的背胶，与水泥基瓷砖胶配合使用
反应型树脂胶粘剂		（1）反应型树脂胶粘剂（Reactionresin adhesive），由合成树脂、矿物填料和有机添加剂组成，通过化学反应固化的单组分或多组分混合物，拌合均匀后使用。 （2）生产执行标准为国家现行标准《陶瓷砖胶粘剂技术要求》GB/T 41059或《陶瓷砖胶粘剂》JC/T 547，可分为R1-普通反应型树脂胶粘剂与R2-增强反应型树脂胶粘剂	适用于墙面铺贴，根据饰面板、砖的板块大小与应用环境选用功能匹配的胶粘剂

4. 参数指标

（1）干混陶瓷砖粘结砂浆及水泥基胶粘剂性能指标（表2.1.9-2）

表2.1.9-2

项目		干混陶瓷砖粘结砂浆		水泥基胶粘剂	
		Ⅰ型	Ⅱ型	普通型（C1）	增强型（C2）
拉伸粘结强度（MPa）	原强度	≥0.5	≥0.5	≥0.5	≥1.0
	浸水后	≥0.5	≥0.5	≥0.5	≥1.0
	热老化后	—	≥0.5	≥0.5	≥1.0
	冻融循环后	—	—	≥0.5	≥1.0
	晾置时间≥20min	≥0.5	≥0.5	≥0.5	≥0.5

（2）膏状乳液基胶粘剂及反应型树脂胶粘剂性能指标（表2.1.9-3）

表 2.1.9-3

项目		膏状乳液基胶粘剂		反应型树脂胶粘剂	
		普通型（D1）	增强型（D2）	普通型（R1）	增强型（R2）
剪切粘结强度（MPa）	原强度	≥ 1.0	—	≥ 2.0	—
	热老化后	≥ 1.0	—	—	—
	21d 标准条件下养护	—	≥ 0.5	—	—
	7d 浸水后	—	≥ 0.5	≥ 2.0	—
	高温剪切	—	≥ 1.0	—	—
	热冲击后剪切粘结强度	—	—	≥ 2.0	—
晾置时间（min）		≥ 10	—	—	≥ 20

（3）参数标志说明

1）干混砂浆标志：干混砂浆代号、型号、主要性能、标准号

示例：DTA-M10-GB/T 25181—2019

DTA 为干混陶瓷砖粘结浆料代号、强度等级 M10、标准号为 GB/T 25181—2019。

2）陶瓷砖胶粘剂标志：标准号、产品分类、代号

示例 1：JC/T 547—2017　C1T

标准号为 JC/T 547—2017、产品分类为 C1 普通水泥基胶粘剂、T 表示抗滑移。

示例 2：JC/T 547—2017　C2ES1

标准号为 JC/T 547—2017、产品分类为 C2 增强型水泥基胶粘剂、E 表示加长晾置时间、S1 表示柔性。

3）陶瓷砖胶粘剂分类与代号（表2.1.9-4）

① 水泥基胶粘剂（C）、膏状乳液基胶粘剂（D）、反应型树脂胶粘剂（R）。

② 普通型胶粘剂（1）、增强型胶粘剂（2）。

③ 快凝型胶粘剂（F）。

④ 加速干燥胶粘剂（A）。

⑤ 抗滑移型胶粘剂（T）。

⑥ 加长晾置时间胶粘剂（E）。

⑦ 特殊变形性能的水泥基胶粘剂（S，其中 S1：柔性；S2：高柔性）。

⑧ 外墙基材为胶合板时的胶粘剂（P）。

表 2.1.9-4

代号			胶粘剂分类	代号			胶粘剂分类
类型	性能	特殊性能		类型	性能	特殊性能	
C	1	—	普通型水泥基	D	1	—	普通型膏状乳液基
C	1	F	快凝型水泥基	D	1	T	抗滑移普通型膏状乳液基
C	1	T	抗滑移普通型水泥基	D	2	—	增强型膏状乳液基
C	1	FT	快凝抗滑移水泥基	D	2	A	增强型加速干燥乳液基
C	2	—	增强型水泥基	D	2	T	抗滑移增强型膏状乳液基
C	2	E	加长晾置时间增强型水泥基	D	2	TE	抗滑移加长晾置时间增强型乳液基
C	2	F	快凝增强型水泥基	R	1	—	普通反应树脂型乳液基
C	2	T	抗滑移增强型水泥基	R	1	T	抗滑移普通反应树脂型乳液基
C	2	TE	抗滑移加长晾置时间增强型水泥基	R	2	—	增强型反应树脂型乳液基
C	2	FT	快凝抗滑移增强型水泥基	R	2	T	增强型反应树脂型乳液基

5. 相关标准

（1）现行国家标准《预拌砂浆》GB/T 25181。

（2）现行行业标准《陶瓷砖胶粘剂》JC/T 547。

（3）现行国家标准《陶瓷砖胶粘剂技术要求》GB/T 41059。

（4）现行团体标准《陶瓷饰面砖粘贴应用技术规程》T/CECS 504。

（5）现行行业标准《瓷砖薄贴法施工技术规程》JC/T 60006。

6. 生产工艺

瓷砖胶粘剂材料的生产工艺流程：

（1）预拌砂浆生产

将水泥、沙子、石灰等原材料按照一定比例搅拌、混合，并且添加一定量的憎水剂和其他助剂，制成干混砂浆或湿度15%以下的湿拌砂浆（图2.1.9-2）。

图 2.1.9-2　预拌砂浆生产

（2）水泥基胶粘剂生产（图2.1.9-3）

图 2.1.9-3　水泥基胶粘剂生产

对水泥、石英砂、聚合物乳液等原料进行筛选、检验和质量检测，按比例混合搅拌。生产完成后，对成品进行灌装、包装和封装，以确保产品的安全性和质量。

（3）膏状乳液基胶粘剂生产（图2.1.9-4）

将高分子聚合物乳液、无机硅酸盐等按照配合比后放入反应釜或搅拌容器中，搅拌均匀。在一定温

图 2.1.9-4　膏状乳液基胶粘剂生产

度和压力下进行化学反应，使各组分充分交联固化。对反应后的胶粘剂进行过滤，去除杂质和颗粒，保证产品的纯净度和透明度。将过滤后的胶粘剂按照规格和要求进行包装。

（4）反应型树脂胶粘剂生产（图2.1.9-5）

该胶粘剂主要是由环氧树脂胶及固化剂组成。其中环氧树脂胶（A组分）主要是由合成聚醋酸乙

图 2.1.9-5　反应型树脂胶粘剂生产

烯酯乳胶、浆料和多胺类化合物混合而成，固化剂（B组分）为乙二醇的水溶液。将上述原料按各自对应的比例混合配料后加水，常温下投入反应釜，搅拌均匀。其中固化剂需升温至90～95℃，保温1～2h后降温至35～45℃继续搅拌5～10min后制得。

7. 品牌介绍（排名不分先后，表2.1.9-5）

表2.1.9-5

品牌	简介
东方雨虹 ORIENTAL YUHONG	东方雨虹成立于1998年，总部位于北京市，现已发展成为集防水材料研发、制造、销售及施工服务于一体的中国防水行业龙头企业，形成建筑防水、建筑涂料、砂浆粉料、节能保温等多元业务板块服务体系
Davco 德高建材	德高（广州）建材有限公司创建于1998年，原是法国PAREX集团在中国设立的全资企业，2019年西卡并购PAREX，德高成为西卡旗下品牌
Sika®	西卡（Sika）于1910年在瑞士苏黎世市成立，公司总部位于瑞士巴尔市。西卡生产的密封、粘接、消声、结构加固和保护材料在全球市场上居领先地位
MAPEI	马贝建筑材料，始于1937年意大利，大型建筑用的胶粘剂、密封剂、化学产品制造厂商，混凝土中砂浆及水泥混合物生产的专家，是当今各类地板和墙体安装所需的胶粘剂及配套产品生产领域的引领者
weber SAINT-GOBAIN	伟伯于1900年在法国成立，自1998年起，中国成为伟伯建材方案的第二发展轴心。圣戈班伟伯（上海）建材有限公司提供新建及翻新整体建筑解决方案，覆盖瓷砖铺贴系统、地坪系统及技术砂浆系统

8. 价格区间（表2.1.9-6）

表2.1.9-6

名称	规格	价格
预拌砂浆	25kg/袋	25～35元/袋
水泥基胶粘剂	25kg/袋	30～60元/袋
膏状乳液基胶粘剂	5kg/桶	145～150元/桶

注：以上价格为2023年网络电商平台价格，价格受品牌、规格、功能、材质以及原材料价格浮动、市场环境等因素的影响（以上价格仅供参考）。

9. 验收要点

（1）资料检查：应有产品合格证书、检验报告及使用说明书等质量证明文件。

（2）包装检查：

1）干混砂浆：袋装干混砂浆包装袋上应有标志标明产品名称、标记、商标、加水量范围、净含量、使用说明、生产日期或批号、贮存条件及保质期、生产单位、地址和电话等。

2）陶瓷砖胶粘剂：C类产品宜采用复合包装袋包装。D、R类产品宜用罐装。多组分产品按组分分别包装，不同组分的包装应有明显区别。产品外包装应包括产品名称、商标和执行标准、胶粘剂类型、使用说明（包括使用区域、混合比例、熟化时间、可使用时间、施工方法、晾置时间、填缝和允许同行的时间）、生产单位、地址和电话、生产日期或批号、贮存期和贮存条件等。

（3）实物检查：

1）所有类型水泥基胶粘剂均应符合常态下、浸水后、热老化后、冻融循环后，以及晾置时间≥20min后的各状态下的拉伸粘结强度≥0.5MPa的基本性能。C2增强性能产品的附加性能应符合除晾置时间≥20min外的其他状态下的拉伸粘结强度≥1.0MPa。除此之外，特殊性能的水泥基型胶粘剂还应符合特定使用环境下的各项特殊指标。

2）所有膏状乳液基胶粘剂应符合常态下剪切粘结强度与热老化后剪切粘结强度均≥1.0MPa，以及晾置时间≥20min后剪切粘结强度均≥0.5MPa的基本性能。D2增强性能产品的附加性能应符合21d空气中，7d浸水后的剪切粘结强度≥0.5MPa，高温下的剪切粘结强度≥1.0MPa。

3）所有反应型树脂胶粘剂应符合常态下剪切粘结强度与热老化后剪切粘结强度均≥2.0MPa，以及晾置时间≥20min后剪切粘结强度均≥0.5MPa的基本性能。R2增强性能产品的附加能应符合21d空气中，7d浸水后的剪切粘结强度≥0.5MPa，高温下的剪切粘结强度≥2.0MPa。

10. 应用要点

（1）瓷砖胶粘剂的选用要点

正确匹配瓷砖与粘结材料，是保证瓷砖粘贴工程质量的重要前提。应根据基层种类、瓷砖种类和尺寸、使用环境、施工环境选用瓷砖胶粘剂，基本原则如下：

1）内墙瓷砖胶粘剂宜符合表 2.1.9-7 的要求。

表 2.1.9-7

基层种类	陶瓷马赛克	瓷质砖		非瓷质砖	
		边长≤600mm	边长>600mm	边长≤600mm	边长>600mm
混凝土、砌体	C1T	C2T	C2TS1	C1T	C1T
轻质板材	C1T	C2TS1	—	C2TS1	—
水泥板	C1T	C2TS1	—	C2TS1	—
骨架胶合板、刨花板	C2TS1P1	C2TS1P1	—	C2TS1P1	—
金属板	R1	R1	—	R1	—

2）墙面铺贴时推荐使用抗滑移胶粘剂（T）。

3）吸水率大于 0.5% 的瓷质砖推荐使用 C1 型胶粘剂进行铺贴，吸水率小于 0.5% 的瓷砖（瓷质砖和陶瓷马赛克）推荐使用 C2 型胶粘剂。

4）不稳定的基层推荐使用带有横向变形的柔性（S）胶粘剂。

5）地暖会造成地面温度的大幅度变化，推荐使用带有横向变形的柔性（S）胶粘剂。

6）金属基层需要使用反应型树脂（R）胶粘剂。

7）电梯间墙面等长期振动部位宜选用 C2TS1 等级的胶粘剂。

8）酸碱腐蚀环境宜选择 R1 或 R2 型胶粘剂。

9）要求快速硬化的部位宜选择 F 型胶粘剂。快凝型胶粘剂（F）要求 6h 拉伸粘结强度达到 0.5MPa，适用于有早强要求的施工场合。

10）环氧类（R）材料比水泥基（C）材料更适合有耐酸碱要求的工程。

11）风力较大易受太阳直射的环境，宜选用 E 型胶粘剂。

12）长期浸水区域的水泥砂浆立面基层宜选用 C2T 瓷砖胶粘剂。

（2）齿形抹刀的选用要点（图 2.1.9-6）

陶瓷饰面砖粘贴应采用齿形抹刀

图 2.1.9-6　齿形抹刀

进行施工。边长不大于 300mm 的陶瓷饰面砖宜选用 4mm×4mm 齿形抹刀；边长介于 300~600mm 的陶瓷饰面砖宜选用 6mm×6mm 齿形抹刀；边长大于 600mm 的陶瓷饰面砖宜选用 10mm×10mm 齿形抹刀。

（3）墙面瓷砖胶粘剂用量计算

1）预拌砂浆及水泥基胶粘剂

墙砖瓷砖胶粘剂的用量由两个因素决定，一是墙面基面的平整度，二是墙砖粘结层的厚度。根据规范，采用薄贴工艺，墙面单边尺寸在 150mm 以上的瓷砖需要在背面刮涂 3mm 左右的胶粘剂。不考虑墙面基层找平、施工损耗等因素，理想工况条件下，每平方米施工面积需用胶粘剂如下：

因每个厂家的胶泥种类不同，瓷砖胶泥干粉密度一般是 1200~1700kg/m³，且考虑固体粉状、泥浆状、失水固化（有孔隙）等情况下的密度差，胶泥用量约为 15kg/m²。

因此，在薄贴 3mm 的情况下，瓷砖胶用量约 4.5kg/m²。

2）膏状乳液基胶粘剂

单组分：10~15m²/kg；

双组分：1.2m²/kg（液料用量 9~10m²/kg，液料：粉料＝1:2.5）。

11. 材料小百科

（1）粘结强度

由剪切或拉伸试验测定的单位面积上的最大作用力。根据条件不同，分为常态下粘结强度、浸水后粘结强度、热老化后粘结强度、冻融循环后粘结强度等。

（2）拉伸粘结强度

拉伸粘接强度（Tensile adhesive strength）是指在垂直于胶层的荷载作用下，胶接试样破坏时，单位胶接面所承受的拉伸力，其反映了胶粘剂承受正应力的能力。

（3）剪切粘结强度

剪切粘结强度（Shear adhesive strength）是指在平行于胶层的荷载作用下，胶接试样破坏时，单位胶接面所承受的剪切力。根据荷载的方向，有拉伸剪切粘接强度和压缩剪切粘接强度。

2.1.10　瓷砖填缝材料

1. 材料简介

　　饰面砖铺装后的填缝工序是必不可少的环节，填缝工艺及填缝材料的选择往往直接影响饰面砖铺装的整体效果呈现。随着材料工艺的进步，填缝材料（图 2.1.10-1）也经历了从最初的黑白水泥砂浆或腻子粉，到工厂出品的专用彩色勾缝剂，再到当下比较流行的美缝剂、

图 2.1.10-1　填缝材料

瓷缝剂和环氧彩砂的几次升级迭代。按其固化原理大致分为由水硬性胶凝材料为主要成分，添加集料与外加剂等组成的水泥基填缝剂与由合成树脂为主要成分，添加集料与外加剂等组成的单组分或多组分的反应型树脂填缝剂。

2. 构造、成分

　　（1）水泥砂浆：主要成分为白色硅酸盐水泥熟料、适量石膏及混合材料（石灰石和窑灰）（图 2.1.10-2）。

　　（2）填缝剂：主要成分为白水泥、石英粉、羟丙基甲基纤维素或甲基纤维素、乙烯-醋酸乙烯粉末乳胶、颜料及防霉剂（图 2.1.10-3）。

硅酸盐水泥熟料　　石膏　　混合材料　　　　白水泥　　石英粉　　颜料

图 2.1.10-2　水泥砂浆填缝料构成　　　图 2.1.10-3　填缝剂构成

　　（3）美缝剂：主要由丙烯酸树脂、颜料，以及聚醚胺、脂环胺、三乙醇胺等固化剂组成（图 2.1.10-4）。

　　（4）环氧彩砂：主要由两组分组成，A 组是环氧树脂或天冬聚脲树脂及填充剂混合浆料，B 组是环氧固化剂及填充剂混合浆料（图 2.1.10-5）。

丙烯酸树脂   颜料   环氧树脂   固化剂   石英粉   颜料

图 2.1.10-4   美缝剂构成   图 2.1.10-5   环氧彩砂构成

3. 分类（表 2.1.10-1）

表 2.1.10-1

名称	图片	材料解释	应用
水泥砂浆		（1）水泥与砂配合比为1:1或1:1.5，水泥、粉煤灰、砂的配合比为2:1:3，应注意随拌随拌，不可使用过夜灰。 （2）成本低廉，但其凝固后易收缩开裂，柔韧性不好，不耐污、不耐水	适用于各类一般要求的墙地面饰面砖填缝
填缝剂		（1）水泥基勾缝剂，在白水泥基础上加入石英粉及颜料，工厂化提高了填缝料的良品率。 （2）强度不高，且固化后仍不防水，不耐污，易起粉，易发黄、发霉	各类对砖缝配色有要求的墙面砖。不建议地面砖填缝
美缝剂		（1）由丙烯酸树脂与颜料组成，按产品封装为单组分单管封装，挤出后与空气中的水分反应，挥发收缩硬化，挥发过程中有甲醛、苯等有害物质。防水，不存在遇水或潮湿发白的问题。 （2）固化后容易收缩塌陷，粘结力差，易脱落，美缝效果不尽如人意	各类对砖缝配色、强度有较高要求的墙地面饰面砖填缝
瓷缝剂		（1）也叫真瓷胶、美瓷胶，是美缝剂的升级，主要是由环氧树脂或天冬聚脲、固化剂及颜料组成，胶剂与固化剂分别封装，即双组分。 （2）砖缝固化后坚硬如瓷，不收缩、不挥发，耐磨、耐污、防水、防油，有优异的自洁性。但由于固化后胶质太硬，柔韧性较差，会影响瓷砖的自然胀缩，导致瓷砖翘起或胶缝翘起	各类对砖缝配色、强度、硬度均有较高要求的墙地面饰面砖填缝

名称	图片	材料解释	应用
彩砂		（1）在瓷缝剂（环氧树脂或天冬聚脲树脂）的基础上加入彩色玻璃微珠，固化后呈磨砂质感。双组分，A组是环氧或天冬聚脲树脂及填充剂混合浆料，B组是固化剂混合浆料。（2）硬度高，不易脱落、防水防霉、颗粒细腻、色泽自然柔和，缺点是施工复杂、价格较贵	各类对砖缝配色、强度、硬度均有较高要求的墙地面饰面砖填缝

4. 参数指标

（1）水泥基填缝剂（CG）的技术要求（表2.1.10-2）

表2.1.10-2

分类	性能		指标
CG1 的基本性能	耐磨性（mm³）		≤ 2000
	抗折强度（MPa）	标准试验条件下	≥ 2.50
		冻融循环后	
	抗压强度（MPa）	标准试验条件下	≥ 15.0
		冻融循环后	
	收缩值（mm/m）		≤ 3.0
	吸水量（g）	30min	≤ 5.0
		240min	≤ 10.0
CG2 的附加性能	增强性能		满足至少一项特殊性能要求：（W）低吸水性、（A）高耐磨性或（S）柔性
F（快硬性）	24h 抗压强度（MPa）		≥ 15.0
A（高耐磨性）	耐磨性（mm³）		≤ 1000
W（低吸水性）	吸水量（g）	30min	≤ 2.0
		240min	≤ 5.0
S（柔性）	横向变形（mm）		≥ 2.0

（2）反应型树脂填缝剂（RG）的技术要求（表2.1.10-3）

表2.1.10-3

分类	性能		指标	
			RG Ⅰ	RG Ⅱ
RG 的基本性能	耐磨性（mm³）		≤ 250	
	抗折强度（MPa）	标准试验条件下	≥ 30.0	≥ 10.0
	抗压强度（MPa）	标准试验条件下	≥ 45.0	≥ 25.0
	收缩值（mm/m）		≤ 1.5	
	吸水量（g）	240min	≤ 0.1	≤ 0.2

（3）参数标记说明（表2.1.10-4）

表2.1.10-4

分类	代号		填缝剂的类型
	数字	字母	
CG	1		普通型水泥基填缝剂
CG	1	F	快硬性普通型水泥基填缝剂
CG	2	A	高耐磨性改进型水泥基填缝剂
CG	2	W	低吸水性改进型水泥基填缝剂
CG	2	S	柔性改进型水泥基填缝剂
CG	2	WA	低吸水高耐磨性改进型水泥基填缝剂
CG	2	AF	高耐磨快硬性改进型水泥基填缝剂
CG	2	WF	低吸水快硬性改进型水泥基填缝剂
CG	2	WAF	低吸水高耐磨快硬性改进型水泥基填缝剂
CG	2	WAS	低吸水高耐磨柔性改进型水泥基填缝剂
RG	Ⅰ		溶剂型反应型树脂填缝剂
RG	Ⅱ		水性反应型树脂填缝剂

1）陶瓷砖填缝剂标志：标准号、产品分类、代号

示例：JC/T 1004—2017　CG1

标准号 JC/T 1004—2017，CG 为水泥基填缝剂，1 为普通型

示例：JC/T 1004—2017　CG2A

标准号 JC/T 1004—2017，CG 为水泥基填缝剂，2 为改进型，A 为高耐磨性

2）陶瓷砖填缝剂分类与代号

① 水泥基填缝剂（CG）、普通型（1）、改进型（2）。

② 水泥基快硬性（F）、低吸水性（W）、高耐磨性（A）、柔性（S）。

③ 反应型树脂填缝剂（RG）、溶剂型（Ⅰ）、水性（Ⅱ）。

5. 相关标准

（1）现行行业标准《陶瓷砖填缝剂》JC/T 1004。

（2）现行国家标准《装修防开裂用环氧树脂接缝胶》GB/T 36797。

（3）现行国家标准《陶瓷砖填缝剂试验方法》GB/T 35154。

6. 生产工艺

填缝材料的生产工艺流程：

（1）填缝剂制备

按重量百分比依次称取水泥、骨料、憎水剂、防水剂、减水剂、可再分散乳胶粉、纤维素醚、色粉等，投入高速混合设备机，高速破碎搅拌 6min 制得填缝剂（图 2.1.10-6）。

图 2.1.10-6　填缝剂制备

图 2.1.10-7　环氧彩砂制备

（2）环氧彩砂制备

将研磨后的石英砂加水混合搅拌均匀，接着加入玻璃微珠搅拌混合，再加入颜料和需要的色粉调色，通过搅拌设备充分拌合均匀。然后通过灌注设备装桶出货（图 2.1.10-7）。

（3）美缝剂制备

A组分为环氧树脂及固化剂；B组分环氧固化剂及填充剂混合浆料。分别按照标准配合比将原料倒入高速振荡搅拌器搅拌制成。通过真空灌胶分别罐装，再将罐装完成的美缝剂镭射包装后封箱出货（图2.1.10-8）。

图2.1.10-8　美缝剂制备

7. 品牌介绍（排名不分先后，品牌内容详见表2.1.9-5）（表2.1.10-5）

表2.1.10-5

品牌

8. 价格区间（表2.1.10-6）

表2.1.10-6

名称	规格	价格
填缝剂	2kg/袋，单组分	20～30元/袋
美缝剂	400mL/组，双组分	30～40元/组
环氧彩砂	3kg/桶，单组分	260～320元/桶

注：以上价格为2023年网络电商平台价格，价格受品牌、规格、功能、材质以及原材料价格浮动、市场环境等因素的影响（以上价格仅供参考）。

9. 验收要点

（1）资料检查

1）应有产品合格证书、检验报告及使用说明书等质量证明文件。

2）使用说明书应包括安全使用注意事项、施工时混合比例、施工时熟化时间、可用时间、施工方法、施工时清洁和保养时间、适用范围等信息。

（2）包装检查

CG 类产品宜采用复合包装袋包装。RG 类产品宜用罐装。多组分产品按组分分别包装，不同组分的包装应有明显区别。包装应完整无破损。产品外包装上标志标明包括生产厂名、地址、商标、产品标志、产品配合比（多组分）与产品净质量，生产日期或批号，运输与贮存注意事项、贮存期、使用说明等信息。

（3）实物检查

1）按同厂家连续生产，同一配料工艺条件制得的产品为一批。CG 类产品 50t 为一批，RG 类产品 10t 为一批。不足上述数量时亦作为一批。每批产品随机抽样，抽取 12kg 样品，充分混匀。取样后，将样品一分为二。一份检验，一份留样备用。

2）填缝材料的抗折强度和抗压强度、吸水量、收缩值、耐磨性等性能应符合相关标准要求。

10. 应用要点

（1）填缝材料单方用量计算

单方用量（kg/m^2）：$\dfrac{\text{砖长}+\text{砖宽}}{\text{砖长}\times\text{砖宽}}\times\text{缝宽}\times\text{缝深}\times\text{填缝材料密度}$（图 2.1.10-9）。

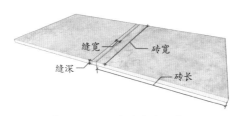

图 2.1.10-9　瓷砖填缝示意图

填缝材料密度：环氧彩砂 1200～1500kg/m^3（1.2～1.5g/cm^3）；
美缝剂 1600～1700kg/m^3（1.6～1.7g/cm^3）。

假设瓷砖尺寸为 800mm×800mm，缝宽 2mm，缝深 10mm，采用环氧彩砂填缝。

贴每平方米瓷砖所需环氧彩砂质量为：$\dfrac{800mm+800mm}{800mm\times800mm}\times2mm\times$

$10mm \times 1.5g/cm^3 = 75g$。

（2）伸缩缝与接缝设置要点

1）伸缩缝：由于瓷砖、粘结材料及基层都存在热胀冷缩的问题，设置伸缩缝可防止墙体结构变形或瓷砖自身变形导致的起鼓或开裂。室内环境温差相对室外较小，根据国内外研究结果确定室内伸缩缝间距不大于8m，伸缩缝宽度宜为5~10mm。

2）砖间接缝：接缝预留过大，会影响美观且易积累污垢。接缝预留过小，热胀张力易挤压瓷砖产生变形。室内瓷砖接缝的宽度不宜小于1.5m。对于地暖地面和瓷砖边长大于800m时，潜在的变形量大于普通地面及小尺寸瓷砖，接缝宽度不宜小于3mm。不同面材之间的变形量较大，接缝宽度不宜小于3mm。柔性密封胶能够抵抗变形张力。

11. 材料小百科

各填缝材料对比（表2.1.10-7）：

表2.1.10-7

序号	种类	成分	优点	缺点
1	白水泥	白水泥	便宜	强度低、易开裂
2	勾缝剂	白水泥+石英石+颜料	便宜、施工简单	不防水、易发霉
3	美缝剂	丙烯酸树脂+颜料	有光泽、易清洗	有害物质挥发
4	瓷缝剂	环氧树脂+固化物	坚硬、防水防霉	高光泽、不自然
5	聚脲美缝剂	异氰酸酯组分+氨基化合物组分	耐用、抗黄变	价格贵
6	环氧彩砂	环氧树脂+固化物+石英石+颜料	硬度高、防水防霉	价格贵、较费工

2.2.1 龙骨材料

1.材料简介

我国古代造船业习惯将船体基底中央连接船首柱和船尾柱的纵向构件称之为龙骨（图2.2.1-1），其起到承载船体纵向弯矩，保证结构强度的作用。而现代建筑装修工程中，龙骨材料泛指用来支撑顶棚、墙面、地面罩面层或打底层的受力骨架，主要起支撑、固定、承重及造型的作用。根据其使用部位的不同，可分为吊顶龙骨、隔墙龙骨、铺地龙骨或其他造型龙骨等。根据制作材料的不同，龙骨又可分为木龙骨、轻钢龙骨、铝合金龙骨等。

图2.2.1-1 龙骨

2.构造、材质

（1）木龙骨：通体由松木、杉木、椴木等天然实木木方加工而成。

（2）轻钢龙骨（图2.2.1-2、图2.2.1-3）：U型、C型或L型等截面的长条形镀锌薄壁钢带结构。

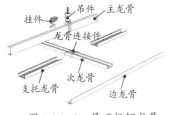

图2.2.1-2 吊顶轻钢龙骨

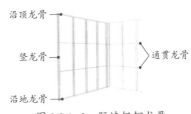

图2.2.1-3 隔墙轻钢龙骨

（3）铝合金龙骨：由主龙（大T）、副龙（小T）、边骨组成（图2.2.1-4）。铝合金基材牌号为：6061、6063。

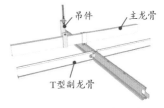

图2.2.1-4 铝合金龙骨

3. 分类（表 2.2.1-1）

表 2.2.1-1

名称	图片	材料解释	应用
木龙骨		（1）又称木方，主要是由松木（红松、白松）、杉木、椴木等木材进行烘干刨光加工成截面长方形或正方形的木条。 （2）木龙骨分为吊顶龙骨、竖墙龙骨、铺地龙骨以及悬挂龙骨等。 （3）施工方便，造型方便，但防火性差，需涂刷防火涂料。易遭虫蛀和腐朽，需进行防虫蛀和防腐处理	适用于对防火等级要求不高的吊顶、隔墙、实木地板的骨架制作
轻钢龙骨		（1）用镀锌钢带经冷弯工艺轧制而成的骨架支撑材料。按用途有吊顶龙骨和隔断龙骨，按断面形式有U型、C型、V型、L型龙骨等。 （2）强度高、牢固性好、不易变形、耐火性好、不受虫蛀、安装简易、实用性强，是木龙骨的最佳替代材料	适用于机场、车站、宾馆、商场、办公楼等公共空间的顶棚、隔墙的龙骨。在家居装修中的应用也日渐广泛
铝合金龙骨		（1）以铝板轧制而成的龙骨材料，是专门用于拼装扣板吊顶的一种龙骨。可以起到支架、固定和美观作用，铝合金材质。与之配套的有硅钙板、矿棉板及铝合金扣板等。 （2）材质高端、刚性强、不易产生变形，没有虫蛀、腐朽和防火性能差的问题	适用于机场、车站、宾馆、商场、办公楼等公共空间的扣板式吊顶龙骨

4. 参数指标

（1）木龙骨

材质：松木、杉木、椴木等。

规格：

截面：20mm×30mm、30mm×40mm、30mm×50mm、40mm×40mm 等。

长度：2.5m、3m、4m 等。

（2）轻钢龙骨

类别：墙体龙骨（Q）、吊顶龙骨（D）。

品种：承载龙骨、覆面龙骨、主龙骨、次龙骨、竖龙骨、横龙骨、通贯龙骨。

生产原材料：连续热镀锌钢板（带）、以连续热镀锌为基材的彩色涂层钢板（带）。

双面镀锌量：合格品 $\geqslant 100\mathrm{g/m^2}$；优等品 $\geqslant 120\mathrm{g/m^2}$。

双面镀层厚度：$\geqslant 14\mu\mathrm{m}$。

轻钢龙骨规格（表 2.2.1-2）：

表 2.2.1-2

类别	品种		断面形状	规格（mm）	备注
吊顶龙骨（D）	U型龙骨	承载龙骨		$A\times B\times t$ $38\times12\times1.0$ $50\times15\times1.2$ $60\times B\times1.2$	$B=24\sim30$
	C型龙骨	承载龙骨		$A\times B\times t$ $38\times12\times1.0$ $50\times15\times1.2$ $60\times B\times1.2$	
		覆面龙骨		$A\times B\times t$ $50\times19\times0.5$ $60\times27\times0.6$	—
	T型龙骨	主龙骨		$A\times B\times t_1\times t_2$ $24\times38\times0.27\times0.27$ $24\times32\times0.27\times0.27$ $14\times32\times0.27\times0.27$	中型承载龙骨，$B\geqslant38$ 轻型承载龙骨，$B<38$
		次龙骨		$A\times B\times t_1\times t_2$ $24\times28\times0.27\times0.27$ $24\times25\times0.27\times0.27$ $14\times25\times0.27\times0.27$	

228

类别	品种	断面形状	规格（mm）	备注
吊顶龙骨（D）	V型龙骨	承载龙骨	$A \times B \times t$ $20 \times 37 \times 0.8$	造型用龙骨 $20 \times 20 \times 1.0$
		覆面龙骨	$A \times B \times t$ $49 \times 19 \times 0.5$	—
墙体龙骨（Q）	C型龙骨	竖龙骨	$A \times B_1 \times B_2 \times t$ $50 \times B_1 \times B_2 \times 0.6$ $75 \times B_1 \times B_2 \times 0.6$ $100 \times B_1 \times B_2 \times 0.7$ $150 \times B_1 \times B_2 \times 0.7$ $B_1 \geqslant 45，B_2 \geqslant 45$	当 $B_1 = B_2$ 时，规格为 $A \times B \times t$
	U型龙骨	横龙骨	$A \times B \times t$ $52（50）\times B \times 0.6$ $77（75）\times B \times 0.6$ $102（100）\times B \times 0.7$ $152（150）\times B \times 0.7$ $B \geqslant 35$	—
		通贯龙骨	$A \times B \times t$ $38 \times 12 \times 1.0$	—

（3）铝合金龙骨

类型：T型主龙骨、T型次龙骨、L型边龙骨、P型边龙骨和W型边龙骨，T型主龙骨分为轻型龙骨（Q）、中型龙骨（R）、重型龙骨（S）。

表面处理：无处理（K）、阳极氧化（A）、电泳涂漆（E）、粉末喷涂（G）、液体喷涂（F）。

铝合金龙骨规格（表2.2.1–3）：

表2.2.1–3

类型	代号	断面形状	规格尺寸（mm）	承载能力
T型 主龙骨	TM		$w \times h \times t_1 \times t_2$ 16×32×1.00×1.00 24×38×1.20×1.20 30×50×1.20×1.20	轻型主龙骨$h<38$, 中型主龙骨$38 \leqslant h<45$, 重型主龙骨$h \geqslant 45$
T型 次龙骨	TN		$w \times h \times t_1 \times t_2$ 16×32×1.00×1.00 24×28×1.00×1.00 30×32×1.00×1.00	—
L型 边龙骨	LB		$w \times h \times t$ $w \geqslant 16$, $h \geqslant 20$, $t \geqslant 1.00$	—

（4）参数标志说明

1）轻钢龙骨标志：产品名称、代号、断面形状的宽度、高度、钢板厚度和标准号

示例1：建筑用轻钢龙骨　DU50×15×1.0mm　GB/T 11981—2008

产品名称为建筑用轻钢龙骨、D为吊顶龙骨、U型、宽50mm、高15mm、厚1.0mm、标准号为GB/T 11981—2008。

示例2：建筑用轻钢龙骨　QC75×45×0.7　GB/T 11981—2008

产品名称为建筑用轻钢龙骨、Q为墙体龙骨、C型竖龙骨、宽75mm、高45mm、厚0.7mm、标准号为GB/T 11981—2008。

2）铝合金龙骨标志：产品类型、代号、承载能力、表面处理、横截面外形的宽度、高度、厚度、卡孔距（卡位距）、标准号

示例：TMRG　24×38×1.20×1.20–603.0　JC/T 2220—2014

TM表示铝合金T型主龙骨，R为中型，G为粉末喷涂，尺寸为：宽度（w）24mm、高度（h）38mm、厚度（t_1）1.20mm、厚度（t_2）1.20mm，卡孔距603.0mm，标准号为JC/T 2220—2014。

5. 相关标准

（1）现行国家标准《建筑用轻钢龙骨》GB/T 11981。

（2）现行行业标准《铝合金T型龙骨》JC/T 2220。

6. 生产工艺

（1）轻钢龙骨的生产工艺流程（图2.2.1-5）

图2.2.1-5　轻钢龙骨的生产工艺流程图

1）开卷

将标准宽度的镀锌带钢卷安装在卷轴上。经五辊矫直机矫直后的钢卷带头，通过开卷机钢板输送通道送至辊轧成型机中（图2.2.1-6）。

2）辊轧

带钢在辊轧成型机中经过模具中的多组滚轮连续地辊轧折边，获得龙骨的截面形状（图2.2.1-7）。

图2.2.1-6　开卷

图2.2.1-7　辊轧成形

3）切割

自动裁切机将成型后的龙骨长条裁切成特定的长度（图2.2.1-8），如3m、3.5m、4m，也可根据需求定尺。龙骨打包机将龙骨自动绑扎包装。

图2.2.1-8　切割

（2）铝合金龙骨的生产工艺流程（图2.2.1-9）

熔炼 → 铸造 → 挤压 → 热处理 → 表面处理

图2.2.1-9　铝合金龙骨的生产工艺流程图

1）熔炼

将配好的原材料按工艺要求加入熔炼炉内熔化，并通过除气、除渣精炼工序将熔体内的杂渣、气体有效去除。

2）铸造

熔炼好的铝液在标准铸造工艺条件下，通过深井铸造系统冷却铸造成各种规格的圆铸棒（图2.2.1-10）。

图2.2.1-10　铝棒

图2.2.1-11　挤压

3）挤压

根据产品断面设计并制造出模具，利用挤压机将加热好的铝棒从模具中挤出成形（图2.2.1-11），此过程中模具、挤压机、铝棒均需加热。

4）热处理

退火：产品加热到目标温度并保温规定时长后，以规定的冷却速度冷却到室温，使之组织更加均匀、稳定、内应力消除，提高材料的塑性。

淬火：将可热处理强化的铝合金材料加热到较高温度并保持一定时间，使材料中的第二相或其他可溶成分充分溶解到铝基体中，形成过饱和固溶体，然后以快冷的方法将这种过饱和固溶体保持到室温，或较高温度下保持一段时间，从而产生强化作用（图2.2.1-12）。

图2.2.1-12　固溶淬火炉

5）表面处理

用化学或物理的方法对铝材表面进行清洗，裸露出纯净的基体，经表面预处理的型材，在一定的工艺条件下，基体表面发生阳极氧化（图 2.2.1-13），生成一层致密、多孔、强吸附力的氧化铝膜层。将多孔氧化膜的孔隙封闭，使氧化膜防污染、抗蚀和耐磨性能增强。氧化膜是无色透明的，利用封孔前氧化膜的强吸附性，在膜孔内吸附沉积一些金属盐，可使型材呈现出如黑色、古铜色、金黄色及不锈钢等颜色。

图 2.2.1-13　阳极氧化

7. 品牌介绍（排名不分先后，表 2.2.1-4）

表 2.2.1-4

品牌	简介
龙牌®	龙牌是国务院国资委直属央企中国建材集团旗下企业，世界500 强企业，北京市著名商标，行业领军企业，中国大型的新型建材和新型房屋集团、全球大型的石膏板产业集团
泰山	泰山石膏股份有限公司成立于 1998 年，位于山东省泰安市，北新建材旗下，国家重点新型建筑材料企业集团，主要致力于纸面石膏板等系列产品的生产与销售

8. 价格区间（表 2.2.1-5）

表 2.2.1-5

名称	规格（mm）	价格
木龙骨	30×40（长度 3m）	8～11 元 / 根
	40×60（长度 3m）	17～21 元 / 根
	40×80（长度 3m）	21～24 元 / 根
	50×100（长度 3m）	26～33 元 / 根

名称	规格（mm）	价格
轻钢龙骨	DU38×12×1.0	4.5～5.5 元 /m
	DU50×15×1.0	5.5～6.5 元 /m
	DC50×19×0.50	4.4～5.0 元 /m
	DV37×20×0.8	6.3～6.4 元 /m
	QU75×35×0.6	8.2～9.3 元 /m
	QC75×45×0.6	9.8～11.3 元 /m
	QU100×40×0.6	11.2～12.5 元 /m
	QC100×45×0.6	10.7～10.9 元 /m
铝合金龙骨	30×30×3（厚度 3mm）	25～30 元 /m

注：以上价格为 2023 年网络电商平台价格，价格受品牌、规格、功能、材质以及原材料价格浮动、市场环境等因素的影响（以上价格仅供参考）。

9. 验收要点

（1）资料检查：

1）应有产品合格证书、检验报告及使用说明书等质量证明文件。

2）合格证应标注生产单位、厂址、商标、生产批号或日期、检验结果、检验人员代号、检验日期等。

（2）包装检查：产品出厂前应打捆包装，每捆重量不宜超过 50kg。有装饰面的龙骨宜用纸箱包装或在装饰面上贴附保护膜、塑装。

（3）实物检查：

1）木龙骨应检查木材的品种、规格、颜色、含水率是否符合设计要求及有关标准；木方无虫眼，无树皮；木龙骨应进行防腐、防火、防蛀处理；木龙骨应平顺挺直、头尾均匀、大小一致。

2）轻钢龙骨外形平整，棱角清晰，切口无毛刺和变形；镀锌层应无起皮、起瘤、脱落等缺陷，无影响使用的腐蚀、损伤、麻点，每米长度内面积不大于 $1cm^2$ 的黑斑不多于 3 处。涂层无气泡、划伤、漏涂、颜色不均等影响使用的缺陷。

3）轻钢龙骨的断面尺寸与厚度偏差等应符合相关规范与设计要求，主龙厚度应大于 1.2mm，副龙壁厚应大于 0.6mm。双面镀锌量不小于 $100g/m^2$，双面镀锌层厚度不小于 14μm。龙骨的抗冲击性、静载等力学性能应符合相关标准与设计要求。

4）铝合金龙骨表面应平整，棱角分明，无毛刺，切口处不应有变形，且无影响使用的压痕、碰伤等损伤缺陷。龙骨膜层无疏松、脱落、腐蚀、灼伤、流痕、裂纹、鼓泡、皱褶、起皮等缺陷。

5）铝合金龙骨的宽度、高度、厚度，以及卡孔距（卡位距）偏差等应符合相关标准与设计要求。铝合金龙骨形变量、膜层厚度、色差、耐酸性、耐碱性、耐盐性和耐沸水性等各项指标符合相关标准要求。主龙骨加载受力后的挠度应不大于 2.8m。龙骨的维氏硬度应不小于 58HV。

10. 应用要点

吊顶龙骨的选用

（1）上人吊顶龙骨：上人吊顶吊杆的直径应不小于 8mm，一般采用 ϕ10mm，间距不大于 800mm。上人吊顶的主龙骨大多采用 DU60 或 DU50（厚壁）龙骨，覆面龙骨用 C60 或 C50。

（2）不上人吊顶龙骨：不上人吊顶吊杆一般采用 ϕ6mm 的吊杆，吊杆间距不大于 1200mm。不上人吊顶的主龙骨大多采用 DU38 或 DU50（薄壁）龙骨，覆面龙骨用 DC50，也可采用卡式主龙骨 DV37 搭配 V 型覆面龙骨 DC50 使用。

11. 材料小百科

（1）木方发生变色的原因

木方发生变色主要是由化学变色和真菌变色两种原因引起。化学变色是因为木方与化学制品相互作用，引起的变色现象。真菌变色则是因为真菌生物侵入木方而引起的变色。木方在一定条件下会受到木腐菌和细菌的侵害，这些原因会导致木材的颜色和结构发生变化，从而变得松软易碎，呈现出孔状、粉状或者海绵状。

（2）轻钢龙骨的镀锌要求

轻钢龙骨表面镀锌防锈，其双面镀锌量优等品不小于 $120g/m^2$，合格品不小于 $100g/m^2$，双面镀锌层厚度不小于 $14\mu m$，不允许有起皮、起瘤、脱落等缺陷。应在距产品 0.5m 处光照亮堂的条件下，进行目测检查。

2.2.2　型钢材料

1. 材料简介

钢材是钢锭或钢坯通过压力加工，产生塑性形变而制成的具有一定形状、尺寸和性能的材料（图 2.2.2-1）。根据断面形状的不

图 2.2.2-1　轧制

同，钢材一般分为型材、板材、管材和金属制品四大类，又可细分为型钢、线材、钢板、带钢、钢管等品种。型钢是一种有一定截面形状和尺寸的条形钢材。根据断面形状，型钢分为简单断面型钢和复杂断面型钢（异型钢）。前者指方钢、圆钢、扁钢、角钢、六角钢等；后者指工字钢、槽钢、钢轨、窗框钢、弯曲型钢等。我国建筑工程常用热轧型钢，如角钢、工字钢、槽钢、工型钢、H 型钢、Z 型钢等；轻型钢构常用冷弯或模压型钢，如角钢、槽钢等开口薄壁型钢及方形、矩形等空心薄壁型钢等。

2. 构造、成分

成分：含碳量 0.0218%～2.11% 的铁碳合金，除铁、碳外，还有硅（Si）、锰（Mn）、硫（S）、磷（P）、氧（O）、氮（N）、钛（Ti）、钒（V）等元素。

3. 分类（表 2.2.2-1）

表 2.2.2-1

名称	图片	截面参数	材料解释
角钢	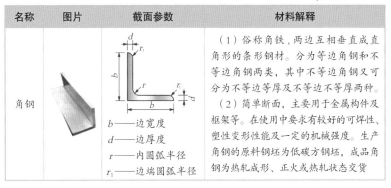	b——边宽度 d——边厚度 r——内圆弧半径 r_1——边端圆弧半径	（1）俗称角铁，两边互相垂直成直角形的条形钢材。分为等边角钢和不等边角钢两类，其中不等边角钢又可分为不等边等厚及不等边不等厚两种。 （2）简单断面，主要用于金属构件及框架等。在使用中要求有较好的可焊性、塑性变形性能及一定的机械强度。生产角钢的原料钢坯为低碳方钢坯，成品角钢为热轧成形、正火或热轧状态交货

名称	图片	截面参数	材料解释
工字钢	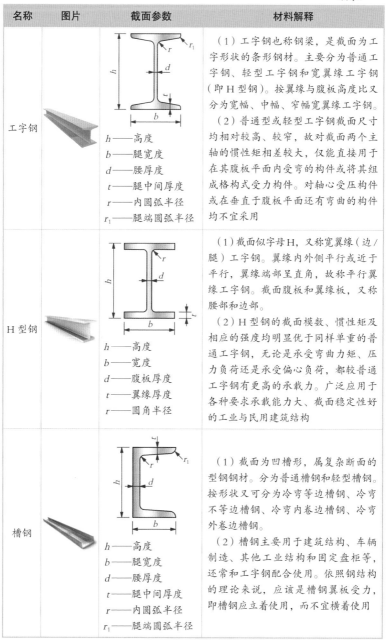	h——高度 b——腿宽度 d——腰厚度 t——腿中间厚度 r——内圆弧半径 r_1——腿端圆弧半径	（1）工字钢也称钢梁，是截面为工字形状的条形钢材。主要分为普通工字钢、轻型工字钢和宽翼缘工字钢（即 H 型钢）。按翼缘与腹板高度比又分为宽幅、中幅、窄幅宽翼缘工字钢。 （2）普通型或轻型工字钢截面尺寸均相对较高、较窄，故对截面两个主轴的惯性矩相差较大，仅能直接用于在其腹板平面内受弯的构件或将其组成格构式受力构件。对轴心受压构件或在垂直于腹板平面还有弯曲的构件均不宜采用
		h——高度 b——宽度 d——腹板厚度 t——翼缘厚度 r——圆角半径	（1）截面似字母H，又称宽翼缘（边/腿）工字钢。翼缘内外侧平行或近于平行，翼缘端部呈直角，故称平行翼缘工字钢。截面腹板和翼缘板，又称腰部和边部。 （2）H 型钢的截面模数、惯性矩及相应的强度均明显优于同样单重的普通工字钢，无论是承受弯曲力矩、压力负荷还是承受偏心负荷，都较普通工字钢有更高的承载力。广泛应用于各种要求承载能力大、截面稳定性好的工业与民用建筑结构
H 型钢			
槽钢		h——高度 b——腿宽度 d——腰厚度 t——腿中间厚度 r——内圆弧半径 r_1——腿端圆弧半径	（1）截面为凹槽形，属复杂断面的型钢钢材。分为普通槽钢和轻型槽钢。按形状又可分为冷弯等边槽钢、冷弯不等边槽钢、冷弯内卷边槽钢、冷弯外卷边槽钢。 （2）槽钢主要用于建筑结构、车辆制造、其他工业结构和固定盘柜等，还常和工字钢配合使用。依照钢结构的理论来说，应该是槽钢翼板受力，即槽钢应立着使用，而不宜横着使用

名称	图片	截面参数	材料解释
C型钢		h——高度 b_1——宽度 b_2——宽度 c——卷边宽度 t——厚度	（1）采用高强度钢板，由C型钢成型机经过冷弯、辊压自动加工成型。 （2）壁厚均匀、截面性能优良，强度高，符合屋面檩条的受力特点。可广泛用于钢结构建筑的檩条、墙梁，也可组合成轻量型屋架、托架等建筑构件；还可用于机械轻工制造中的柱、梁和臂等，是替代角钢、槽钢、钢管等传统钢檩条的新型钢材
钢管		h——高度 b——宽度 δ——厚度 r——圆弧半径 δ——厚度 d——直径	圆形、方形、矩形和异形等空心管状钢材。圆环截面在受径向压力时，受力均匀，故径向受压条件下选用圆管；而在受平面弯曲条件下，则一般选择抗弯强度优于圆管的方、矩形管。按生产方法可分为无缝钢管与焊接钢管。 （1）无缝钢管是将实心管坯或钢锭穿成空心的坯管，再将其轧制成具有中空、无缝的管材。与实心圆钢比，抗弯抗扭强度相同，重量较轻，故广泛用于制造结构件和机械零件，如石油钻杆、汽车传动轴及建筑中用的钢脚手架等。 （2）焊接钢管是用钢板或钢带经过卷曲成型后焊接制成，按焊缝分为直缝焊管和螺旋焊管。直缝焊管工艺简单，效率高，成本低，强度不如螺旋焊管。随着优质带钢连轧生产的迅速发展以及焊接和检验技术的进步，焊缝质量不断提高，焊接钢管的品种规格日益增多，并在越来越多的领域代替了无缝钢管

续表

名称	图片	截面参数	材料解释
压型钢板		h——波高 d——波距 b——有效宽度 t——厚度	（1）涂层板或镀层板经辊压冷弯，沿板宽方向形成波形截面的成型钢板。 （2）压型钢板可用作屋面板、墙板、承重楼板或筒仓板。与混凝土结合做成组合楼板时，可省去模板并作承重结构。为加强压型钢板与混凝土的结合力，宜在钢板上预焊栓钉或压制双向加劲肋

4. 参数指标

（1）角钢

1）等边角钢［图 2.2.2-2（a）］

边宽：∟20～200mm；

边厚：3～24mm。

2）不等边角钢［图 2.2.2-2（b）］

边宽：∟25×16mm～∟200×125mm；

边厚：3～18mm；

长度：3～9m、4～12m、4～19m、6～19m 三种。

（2）工字钢（图 2.2.2-3）

腰高（h）×腿宽（b）×腰厚（d）：

100mm×63mm×4.5mm～630mm×180mm×17mm。

长度：一般为 6m 或 12m。

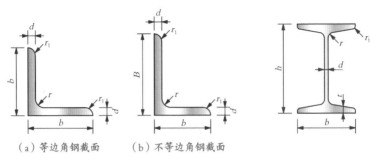

（a）等边角钢截面　　（b）不等边角钢截面

图 2.2.2-2　角钢截面

图 2.2.2-3　工字钢截面

（3）H型钢（图2.2.2-4）

腹高（h）×翼宽（b）×腹厚（d）×翼厚（t）：

宽翼缘（HW）100mm×100mm×6mm×8mm～400mm×400mm×20mm×35mm。

中翼缘（HM）150mm×100mm×6mm×9mm～600mm×300mm×14mm×23mm。

窄翼缘（HN）175mm×90mm×5mm×8mm～8mm×300mm×14mm×26mm。

长度：一般为6m或12m。

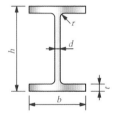

图2.2.2-4　H型钢截面

（4）槽钢（图2.2.2-5）

腰高（h）×腿宽（b）×腰厚（d）：

50mm×37mm×4.5mm～400mm×102mm×12.5mm。

长度：5～12m、5～19m、6～19m三种。

（5）C型钢（图2.2.2-6）

高（h）×宽（b）×卷边（c）×厚度（t）：

80mm×40mm×20mm×2.5mm～300mm×80mm×20mm×3mm。

长度：小于或等于12m。

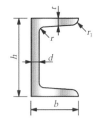

图2.2.2-5　槽钢截面

（6）钢管

1）圆管（图2.2.2-7）

外径（d）×壁厚（δ）：

12mm×（2.5～4）mm～530mm×（115～154）mm。

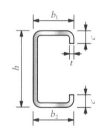

图2.2.2-6　C型钢截面

2）方管（图2.2.2-8）

高（h）×宽（b）×壁厚（δ）：

15mm×15mm×（2～16）mm～500mm×500mm×（2～16）mm。

3）矩管

高（h）×宽（b）×壁厚（δ）：

10mm×20mm×（2～16）mm～250mm×

图2.2.2-7　圆管截面

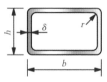

图2.2.2-8　方管截面

400mm×（2～16）mm。

长度：一般为 6m 或 12m。

（7）压型钢板（图 2.2.2-9）

YX 波高（h）- 波距（d）- 有效宽度（b）：

YX130-300-600/YX21-180-900 等。

厚度：0.4～1.6mm 或 2 及以上；

长度：小于或等于 12m。

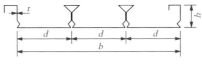

图 2.2.2-9　压型钢板截面

参数标记说明

（1）钢的牌号标记：屈服强度首字母 Q、最小上屈服强度数值、交货状态代号、质量等级符号（B、C、D、E、F）。

注 1：交货状态为热轧时，交货状态代号 AR 或 WAR 可省略；交货状态为正火或正火轧制状态时，交货状态代号均用 N 表示。

注 2：Q ＋ 规定的最小上屈服强度数值 ＋ 交货状态代号（简称为"钢级"）。

示例：Q355ND

Q 表示钢的屈服强度的"屈"字汉语拼音首字母；355 表示规定的最小上屈服强度，单位：MPa；N 表示交货状态为正火或正火轧制；D 表示质量等级为 D 级。

当需方要求钢板具有厚度方向性能时，则在上述规定的牌号后加上代表厚度方向（Z 向）性能级别的符号，如：Q355NDZ25。

（2）碳素结构钢牌号：Q ＋ 最低屈服强度值 ＋ 质量等级符号 ＋ 脱氧方法符号。

Q 表示钢的屈服强度的"屈"字汉语拼音首字母，屈服强度值单位：MPa。

质量等级符号为 A、B、C、D、E。由 A 到 E，其 P、S 含量依次下降，质量提高。

脱氧方法符号：沸腾钢——F；镇静钢——Z；半镇静钢——b；特殊镇静钢——TZ。

如：碳素结构钢牌号表示为 Q235AF、Q235BZ。

（3）优质碳素结构钢牌号：牌号用两位数字表示钢平均含碳量的万分之几。

如："45 钢"表示平均含碳量为万分之四十五（即 0.45%）的优质碳素结构钢。

5. 相关标准

（1）现行国家标准《热轧型钢》GB/T 706。

（2）现行国家标准《碳素结构钢》GB/T 700。

（3）现行国家标准《建筑用压型钢板》GB/T 12755。

（4）现行国家标准《结构用无缝钢管》GB/T 8162。

（5）现行国家标准《钢铁产品牌号表示方法》GB/T 221。

6. 生产工艺

（1）工字钢的生产工艺流程（图 2.2.2-10）

图 2.2.2-10　工字钢的生产工艺流程图

1）热轧

优质碳素结构钢或合金结构钢的钢坯被送入加热炉加热至 1000℃左右，达到轧制温度后送入轧机中，轧辊将钢坯压扁、拉长，逐渐呈工字形状（图 2.2.2-11）。同时，辊子将钢坯保持在轧辊之间，防止其过度变形。

图 2.2.2-11　热轧

2）切割

轧制后的工字钢通过自然冷却或水冷却使其温度降至室温。将冷却后的工字钢通过火焰切割或锯切（图 2.2.2-12），使其长度和形状符合要求。

图 2.2.2-12　切割

3）表面处理

通过酸洗、喷砂或镀锌等方式对切割修整后的工字钢进行表面处理，以去除表面氧化物、锈蚀等杂质，提高表面质量，提高耐腐蚀性和美观度。

4）检验包装

对制造完成的工字钢进行包括外观检查、尺寸测量、力学性能测试等质量检验。将合格的工字钢进行包装（图 2.2.2-13），通常使用钢带或木托盘等方式进行固定，然后进行运输和储存。

图 2.2.2-13　自动绑扎

（2）无缝钢管的生产工艺流程（图 2.2.2-14）

图 2.2.2-14　无缝钢管的生产工艺流程图

图 2.2.2-15　穿孔

1）穿孔

将圆钢坯加热软化，送入穿孔机。穿孔机组的耐磨合金芯棒，随着软化的圆钢不断旋转前进，在闸管与尖锥形钢柱顶头的作用下，芯棒穿入高温的圆钢中，实心管内部会逐渐形成空腔，从而得到无缝钢管的毛坯（图 2.2.2-15）。

2）轧管

将仍在高温下的钢管坯通过多辊轧机的不断挤压，使管坯的直径和壁厚逐渐缩小，同时长度不断增加，以改善钢的组织结构，且使管壁更加光滑均匀（图 2.2.2-16）。精密轧机将无缝钢管的直径、壁厚、长度等尺寸进行精度加工，然后送至凉床冷却合适温度。

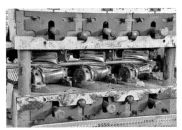

图 2.2.2-16　轧管

3）矫直

为了降低钢管的硬度，获得更好的加工性能，还要再次放回高温炉中进行退火处理。然后通过矫直机矫正拉直（图 2.2.2-17），释放内部应力。

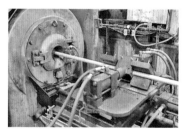

图 2.2.2-17　矫直

图 2.2.2-18　测量管径

4）检验包装

对钢管进行酸洗除锈、清洗等处理，并进行外观质量与尺寸检查（图 2.2.2-18）。将制作好的无缝钢管裁切，对无缝管进行超声波探伤、射线探伤等检测。

7. 品牌介绍（排名不分先后，表 2.2.2-2）

表 2.2.2-2

品牌	简介
BAOWU 宝武集团	中国宝武钢铁集团有限公司（简称中国宝武）由宝钢集团和武汉钢铁于 2016 年 9 月联合重组而来，国内产能较大、工艺技术装备精良的大型不锈钢集团，主打普碳钢、不锈钢、特钢系列产品
ANSTEEL 鞍钢集团	鞍钢集团始建于 1916 年，是我国第一个恢复建设的大型钢铁联合企业和较早建成的钢铁生产基地，总部位于辽宁省鞍山市，大型国有企业，中国制造业企业 500 强。公司经营范围包括：钢、铁、钒、钛、不锈钢、特钢生产及制造，有色金属生产及制造等
首钢集团 SHOUGANG GROUP	首钢集团，成立于 1981 年，总部位于北京市石景山区，是以生产钢铁业为主，兼营采矿、机械、电子、建筑、房地产、服务业、海外贸易等多种行业，跨地区、跨所有制、跨国经营的特大型企业集团。中国企业 500 强

8. 价格区间（表 2.2.2-3）

表 2.2.2-3

序号	类型		计算公式
1	材料价格		$\dfrac{钢材截面面积 \times 长度 \times 7850kg/m^3}{1000} \times 当期钢材单价（元/t）$
2	材料损耗		板材 3%，型材 1%
3	加工费		180～200 元/t
4	喷砂除锈		150～200 元/t
5	防锈漆	底涂	27 元/kg×0.25kg/m² × 钢材表面积
		中涂	18.5 元/kg×0.4kg/m² × 钢材表面积
		面涂	15 元/kg×0.25kg/m² × 钢材表面积
6	防火涂料		60 元/m² × 钢材表面积
7	运输费		40～50 元/t
8	安装、辅材及机械费		600～750 元/t

注：以上价格为 2023 年网络电商平台价格，价格受品牌、规格、功能、材质以及原材料价格浮动、市场环境等因素的影响（以上价格仅供参考）。

9. 验收要点

（1）资料检查

1）应有产品合格证书、检验报告及使用说明书等质量证明文件。每批交货的型钢应附有证明该批型钢符合标准要求和订货合同的质量证明书，质量证明书应由供方质量监督部门盖章。

2）质量证明书应包括供方名称或商标、需方名称、质量证明书签发日期或发货日期、标准号、牌号、炉（批）号、交货状态、重量根数或件数、品种名称、尺寸（型号或规格）和级别、产品标准和合同规定的各项检验结果、供方质量监督部门印记。

（2）包装检查

1）成捆型钢应采用捆扎材料捆扎牢固，包装可使用防护包装材料，常用的防护包装材料有牛皮纸、气相防锈纸、塑料薄膜、防油纸等。

2）成捆（盘）交货的型钢，每捆（盘）至少贴（挂）两个标签或挂两个吊牌。每根型钢有标志时，可不贴（挂）标签或吊牌。单根交货的型钢（冷拉钢除外），应在型钢端面或靠端部处标志。

3）标志应醒目、牢固，字迹清晰、规范、不易褪色，可采用热轧印、喷印、盖印、打印、贴（挂）标签、挂吊牌等方法。标志应至少包括制造厂名称或商标、产品名称、产品标准号、牌号、炉／批号、产品规格或型号、长度、重量或每捆根数。根据需求，也可增加主要性能指标、尺寸精度级别、条码或二维码等内容。

（3）实物检查

1）型钢的尺寸、外形及允许偏差应符合相关规定，以及根据需方要求签订的供需双方协议的规定。

2）型钢的重量允许偏差应不超过 ±5%。型钢应按理论重量交货，理论重量按密度 7.85g/cm³ 计算。经供需双方协商并在合同中注明，亦可按实际重量交货。

3）型钢表面应无裂缝、折叠、结疤、分层和夹杂等缺陷，局部发纹、凹坑、麻点、划痕和氧化铁皮压入等缺陷不应超出型钢尺寸的允许偏差。型钢表面缺陷允许清除，清除处应圆滑无棱角，但不应进行横向清除。清除宽度不应小于清除深度的 5 倍，清除后的型钢尺寸不应超出尺寸的允许偏差。型钢端部不应有大于 5mm 的毛刺。

4）型钢中如碳、硅、锰、硫、磷等的化学成分（熔炼分析）含量符合相关标准的规定。根据需方要求，经供需双方协议，也可按其他牌号和化学成分供货。

5）型钢的抗拉性能、冷弯性能、冲击韧性、硬度、耐疲劳性、焊接性能等指标应符合相关标准的要求，以及根据需方要求签订的供需双方协议的要求。

10. 应用要点

钢的热处理：

热处理是指将钢在固态下施以加热、保温和冷却等措施，以改变其组织，从而获得所需性能的一种工艺。目的是消除应力，降低硬度，细化晶粒，均匀成分，为最终热处理做好组织准备（图 2.2.2-19、图 2.2.2-20）。

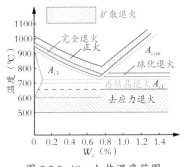

图 2.2.2-19　加热温度范围

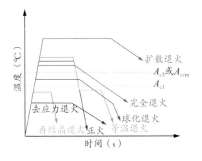

图 2.2.2-20　工艺曲线

钢的几种热处理方式：

1）钢的淬火：将钢加热到临界温度 A_{c3}（亚共析钢）或 A_{c1}（过共析钢）以上温度，保温一段时间，使之全部或部分奥氏体化，然后以大于临界冷却速度的速度急速冷却到 M_s 以下（或 M_s 附近等温）进行马氏体（或贝氏体）转变的热处理工艺。淬火中常用的淬火剂有水、油、碱水和盐类溶液等。理论上，任何材料都可以进行淬火处理，但实际上，如低碳钢为了进行淬火，其冷却速度需达到 $2000℃/s$，目前生产中尚无这样的制冷剂可以达到如此高的冷却速度，所以通常认为低碳钢不能进行淬火处理。

作用：淬火能增加钢的强度和硬度，但要减少其塑性。

2）钢的退火：将钢加热到发生相变或部分相变温度，经保温后缓慢冷却的热处理方法。

作用：细化晶粒，使组织均匀化，降低硬度，提高塑性和消除内应力，改善切削加工性能。退火既为消除和改善前道工序遗留的组织缺陷和应力，又为后续工序做好准备，故退火是属于半成品热处理，又称预先热处理。

3）钢的正火：将钢加热到临界点 A_{c3} 或 A_{ccm} 以上 30～50℃，保温一定时间后，使钢全部转变为均匀的奥氏体，然后在空气中自然冷却的热处理工艺。其冷却速度快于退火而慢于淬火。

作用：正火能细化晶粒，提高钢的冲击韧度和综合力学性能。能消除过共析钢的网状渗碳体，对于亚共析钢正火可细化晶格，提高综合力学性能，对要求不高的零件用正火代替退火工艺比较经济。

4）钢的回火：将已经淬火的钢重新加热到临界点 A_{c1} 以下的某

一温度，保温一定时间，然后在空气或油中冷却到室温的热处理工艺。根据加热温度的不同，回火可分为高温回火（400℃以上）、中温回火（250～400℃）和低温回火（150～250℃）。对于重要的焊接结构常采用高温回火消除残余焊接应力。回火多与淬火、正火配合使用。钢经淬火加高温回火的热处理工艺称为调质处理，调质处理后可得到强度、塑性、韧性都较好的综合力学性能。

作用：消除淬火产生的应力，降低硬度和脆性，以取得预期的力学性能；稳定组织、稳定零件在使用中的性能和尺寸；提高塑性和韧性。

11. 材料小百科

钢材的主要力学性能指标：

（1）屈服点（σ_s）

钢材或试样拉伸时，当应力超过弹性极限，即使应力不再增加，而钢材或试样仍继续发生明显的塑性变形，称此现象为屈服，而产生屈服现象时的最小应力值即为屈服点。设 P_s 为屈服点 s 处的外力，F_o 为试样断面面积，则屈服点 $\sigma_s = P_s / F_o$（MPa）。

（2）屈服强度（$\sigma_{0.2}$）

有的金属的屈服点极不明显，测量有困难，为了衡量材料的屈服特性，规定产生永久残余塑性变形等于一定值（一般为原长度的0.2%）时的应力，称为条件屈服强度或简称屈服强度（$\sigma_{0.2}$）。

（3）抗拉强度（σ_b）

材料在拉伸过程中，从开始到发生断裂时所达到的最大应力值。它表示钢材抵抗断裂的能力大小。设 Pb 为材料被拉断前达到的最大拉力，F_o 为试样截面面积，则抗拉强度 $\sigma_b = P_b / F_o$（MPa）。

（4）伸长率（δ_s）

材料在拉断后，其塑性伸长的长度与原试样长度的百分比叫作伸长率或延伸率。

（5）屈强比（σ_s / σ_b）

钢材的屈服点（屈服强度）与抗拉强度的比值，称为屈强比。屈强比越大，结构零件的可靠性越高。屈强比，一般碳素钢为0.6～0.65，低合金结构钢为0.65～0.75，合金结构钢为0.84～0.86。

2.2.3 木工板材

1. 材料简介

木工板材主要分为天然原木与人造板材两大类。原木为天然树干经去皮、锯切、养生等粗加工而成，一般用作制作高端家具的板材、实木地板或饰面贴皮的单片板。而人造板材有细木工板、多层板、纤维板、刨花板、欧松板、奥松板、禾香板等，一般用作装饰工程的基层打底、构造造型等。人造木板从广义上可分为胶合板、纤维板、刨花板三大类。

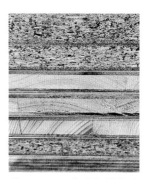

细木工板和多层板（又称夹板）均属于胶合板范畴，由厚度相同、长度不一的木板条平行紧密拼接成芯板，两面覆盖两层或多层胶合板，经胶压制成的一种特殊夹心胶合板。多层板则由原木旋切的薄片，层间相互垂直交错经加胶压制而成（图2.2.3-1）。

图 2.2.3-1　各类板材断面

纤维板又称密度板，是以木质纤维或其他植物素纤维为原料，施加脲醛树脂或其他胶粘剂制成的人造板材。根据密度不同，分为高密度板、中密度板和低密度板，其中中密度纤维板（Medium Density Fibreboard，MDF）应用最广泛。奥松板则属于较高级的纤维板，采用辐射松（澳洲松木）原木经剥皮、切削、精炼成原木纤维，再经胶粘剂与树脂混合干燥压制，最后通过砂磨、抛光成型。所选用的连续性原木纤维与不含甲醛的MDI胶使其不失成为不同于普通密度板的环保型人工板材。

刨花板也称颗粒板，相对于胶合板与纤维板属于粗加工的板材，其由刨花或其他木材的碎料如枝芽、小径木、速生木材、木屑等切削成一定规格的碎片，经过干燥，拌以胶料、硬化剂、防水剂等，在一定的温度压力下压制成的颗粒排列不均匀的人造板材。欧松板是由一定几何形状的刨片经干燥、施胶、定向铺装和热压成型，属于较高级的刨花板（定向结构刨花板）。

禾香板是以农作物秸秆碎料为主要原料，施加 MDI 胶及功能性添加剂，经高温高压制作而成。其不仅平整光滑、结构均匀对称、板面坚实，具有尺寸稳定性好、强度高、环保、阻燃和耐候性好等特点，还具有优良的加工性能和表面装饰性能。适合于做各种表面装饰处理和机械加工，特别是异形边加工。可广泛代替木质人造板和天然木材使用。

2. 构造、材质

（1）原（实）木

构造：除去皮、根、树梢、枝桠的木料按一定长短规格和直径要求锯切和分类的圆木段。可加工成板材和枋材（图 2.2.3–2）。

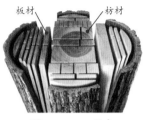

图 2.2.3–2　原木

材质：栎木、胡桃木、花梨木、楠木、樱桃木、枫木、橡木、白蜡木、水曲柳、榉木、桦木、柞木、杉木、柳桉、泡桐等。

（2）细木工板

构造：由上下层面板和中间层芯板施加胶粘剂贴合而成（图 2.2.3–3）。

材质：

面板：桦木、柳桉、水曲柳、柞木、水榆、槭木等。

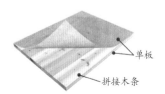

图 2.2.3–3　细木工板

芯板：杨木、桦木、杉木、松木、柳桉、泡桐等。

胶粘剂：脲醛胶（UF）、三聚氰胺改性脲醛胶（MUF）。

（3）多层板

构造：由面板、背板及芯板经施加胶粘剂贴合而成（图 2.2.3–4）。

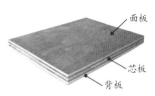

图 2.2.3–4　多层板

材质：

面（背）板：桦木、柳桉、水曲柳、柞木、水榆、槭木等。

芯板：山樟、柳桉、杨木、桉木、杉木等。

胶粘剂：脲醛胶（UF）、三聚氰胺改性脲醛胶（MUF）、酚醛胶（PF）。

（4）密度板

构造：由分离的木质纤维或纤维束经施加合成树脂热压制成（图2.2.3-5）。

材质：

纤维原料：采伐剩余物，如枝桠、梢头、小径材等；木材加工剩余物，如板边、刨花、锯末等；林产化学加工的废料；其他植物秆茎制取纤维。

胶粘剂：脲醛胶（UF）、三聚氰胺改性脲醛胶（MUF）。

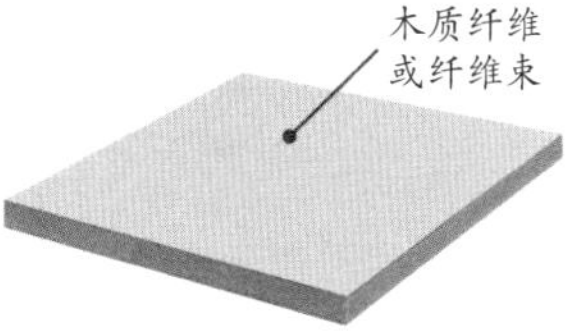

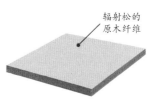

图2.2.3-5 密度板

（5）奥松板

构造：由澳洲辐射松原木纤维经施加合成树脂加热加压制成（图2.2.3-6）。

材质：

纤维原料：澳大利亚辐射松。

胶粘剂：异氰酸酯（MDI）环保胶水。

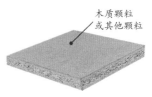

图2.2.3-6 奥松板

（6）刨花板

构造：经加工的木屑碎片经施加胶粘剂加热加压制成（图2.2.3-7）。

材质：

木屑原料：采伐剩余物，如枝桠、梢头、小径材等；木材加工剩余物，如板边、刨花等；非木质材料，如植物茎秆、种子壳皮等。

胶粘剂：脲醛胶（UF）、三聚氰胺改性脲醛胶（MUF）、酚醛胶（PF）、聚异氰酸酯（PMDI）。

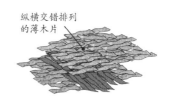

图2.2.3-7 刨花板

（7）欧松板

构造：纵横交错排列的薄木片经施加合成树脂热压制成（图2.2.3-8）。

图2.2.3-8 欧松板

材质：

木片原料：小径材、速生间伐材等，如桉树、杉木、杨木间伐材等。

胶粘剂：异氰酸酯（MDI）环保胶水。

（8）禾香板

构造：农作物秸秆碎料施加合成树脂经高温高压制成（图2.2.3-9）。

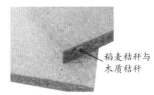

图2.2.3-9 禾香板

材质：

秸秆碎料：稻草、麦草、芦苇、棉秆、果树枝、竹子等农作物秸秆。

胶粘剂：异氰酸酯（MDI）环保胶水。

（9）指接板

构造：由实木条施加胶粘剂粘合拼接而成（图2.2.3-10）。

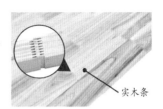

图2.2.3-10 指接板

材质：

实木条：松木、杉木、橡木等。

胶粘剂：白乳胶（聚醋酸乙烯）。

3. 分类

（1）常用人造板材（表2.2.3-1）

表2.2.3-1

名称	图片	产品说明	应用
木工板		俗称大芯板，由两片单板中间胶压木条芯板而成。中间芯板由木方经热处理并加工木条经拼板机拼接而成。芯板上下两面各覆两层优质单板，再经冷、热压机胶压	适用于窗帘盒、吊顶挂板、墙面造型打底、家具柜体等
多层板		俗称细芯板，又称胶合板、夹板。由三层或多层1mm左右的单板或薄板纵横交错胶贴热压而成，一层即1厘，按层数可分为3厘板、5厘板、9厘板（业内将mm俗称"厘"）	适用于窗帘盒、吊顶挂板、墙面造型打底、家具柜体等

名称	图片	产品说明	应用
密度板		又称纤维板，以木质或其他植物纤维料，经脱脂去皮并粉碎后，施加脲醛树脂或其他胶粘剂，经高温高压制成。因其密度高被称为密度板。可分为高密度板、中密度板、低密度板	适用于橱柜柜体板及柜门、槽孔吸声板、凹凸雕刻板等
奥松板		（1）又称奥松中纤板，属于密度板类。澳大利亚辐射松，纤维断裂和节疤少，具有均匀连续的纤维结构稳定性，有良好的造型性能，比普通密度板更环保、抗吸潮变形性更好。 （2）采用异氰酸酯（MDI）环保胶水，不含醛类、苯类有害物质，是纤维板的升级产品	适用于较高档橱柜、橱柜柜体板及柜门和槽孔吸声板、凹凸造型雕刻板等
刨花板		又称颗粒板，是将天然木材粉碎成颗粒状后，经过干燥，拌以胶料、硬化剂、防水剂等，在一定的温度压力下压制成的人造板。在性能特点上和密度板类似	适用于制作橱柜或橱柜柜体板及柜门等
欧松板		（1）学名定向结构刨花板，其刨花大小不等，表层刨片纵向排列，芯层刨片横向排列。 （2）采用MDI环保胶，不含醛、苯类等有害物质，是细木工板、胶合板的升级换代产品	适用于窗帘盒、吊顶挂板、墙面造型打底、家具柜体等
禾香板		（1）以农作物秸秆碎料为主要原料，施加MDI胶及功能性添加剂，经高温高压制作而成。 （2）表面平整、结构均匀、板面坚实，具有尺寸稳定、强度高、环保、阻燃和耐候特点	适用于橱柜、橱柜柜体板、柜门及隔声板等
指接板		（1）由经指接的木板条拼接而成，竖向锯齿状接口似手指交叉对接，故称指接板。 （2）采用双组分白乳胶粘合。胶水用量少，环保性好，常温固化、粘接强度高	适用于木地板打底板及半实木家具柜体、抽屉等

（2）常用贴皮（表2.2.3–2）

表 2.2.3–2

名称	图片	材料解释	应用
天然木皮		（1）天然原木经高温蒸煮、刨切、烘干、裁剪、贴码计量等步骤制作而成。 （2）有木材的自然淳朴香味，质感强烈、纹路清晰。但木皮表面有矿物线、死结、活结、虫孔、白边等缺点，要挑选处理后使用	适用于家居、乐器、豪车、飞机、游艇的内饰饰面贴皮
科技木皮		科技木皮的原材也是实木，其根据人工仿生学原理，利用天然原木经切片、烘干、染色、三维木纹重组成具有设计纹理的木方料，再刨切加工成单片板（木皮）使用	适用于家居、乐器、豪车、飞机、游艇的内饰饰面贴皮
三聚氰胺贴面		（1）学名三聚氰胺浸渍胶膜纸饰面，即多层纸材（层纸、装饰纸、覆盖纸和底层纸）浸渍于三聚氰胺树脂溶液中，经干燥固化、高温高压成型，并印花压纹制成的1~2mm厚的饰面单板或卷材。 （2）覆于木工板基层，经热压而成的装饰板，称为三聚氰胺板（三聚氰胺免漆板）。 （3）具有美观仿真以及防火、防热、防水、防尘、耐磨、耐冲击、耐酸碱等特点	常用于制作各类板式家具免漆板的饰面贴皮
吸塑膜		（1）吸塑膜又称为装饰膜、附胶膜，是一种用于制造吸塑产品的塑料薄膜，膜的主要成分可分为聚乙烯（PE）、聚丙烯（PP）、聚氯乙烯（PVC）等，并包含其他添加剂以增强其耐热性、韧性和延展性。 （2）吸塑工艺通过加热和真空抽吸等工艺，将塑料薄膜吸附在板材构件表面，以达到饰面装饰的效果。 （3）易于清洁打理，防潮性好、耐油、耐酸，但抗溶剂性差、不耐强碱、氧化性酸及胺、酮类，耐高温性能较差，应远离70℃以上的热源，并不得使用苯溶剂和树脂作为面板清洁剂	广泛应用于多个领域，例如包装、电子、玩具、医疗等

（3）常用封边工艺（表 2.2.3-3）

表 2.2.3-3

名称	图片	材料解释	应用
EVA封边		（1）EVA 是由乙烯（E）及乙烯基醋酸盐（VA）所组成的聚合物热熔胶。用 EVA 胶封边的工艺称为 EVA 封边，特点是胶合迅速，适合连续自动化工业生产，不含溶剂、不含甲醛，对人体无害。 （2）EVA 封边用胶量大，易溢胶，板材胶条处会有明显胶线，胶线会变黑，不适用浅色板材	工艺简单，价格便宜，EVA 是目前做定制家具常用的热溶胶
PUR封边		（1）PUR 也是以封边胶命名的封边工艺，是湿气固化反应型聚氨酯热熔胶（Poly Urethane Reactive）的英文缩写。 （2）PUR 胶水在加热后和空气中的湿气反应，吸收水分后固化，固化后不可逆，即二次加热不会融化。耐热、耐寒、耐水汽、耐化学品和溶剂，包覆的线板能在 −40～150℃保持稳定，不易受到温度的影响导致开裂。 （3）PUR 封边使用的胶量很少，封边条边缘的胶线也不明显，整体更美观，PUR 封边正在逐步取代 EVA 封边，美观度仅次于激光封边。 （4）采用 PUR 封边后，要及时清理机器设备及板材周边残留或溢出的胶水，因胶水固化后不可逆，如清理不彻底，后期将无法补救	PUR比EVA封边效果更佳，尤其适合在厨卫等潮湿环境使用
激光封边		（1）激光封边无须额外配置任何涂胶系统，专用的激光封边条自带一层特殊聚合物涂层，受激光照射后熔化，粘结性非常强，能将板材和封边条紧密结合，达到完美无缝封边效果。 （2）封边过程迅速，无须加热等待，即时封边即时生产，材料环保，可实现无缝粘接，边缘圆润美观，封边结实耐用、耐磨损、耐高热	激光封边大多用于要求较高柜门及档次较高的柜体板封边

（4）常用作饰面的树种（表2.2.3-4）

表2.2.3-4

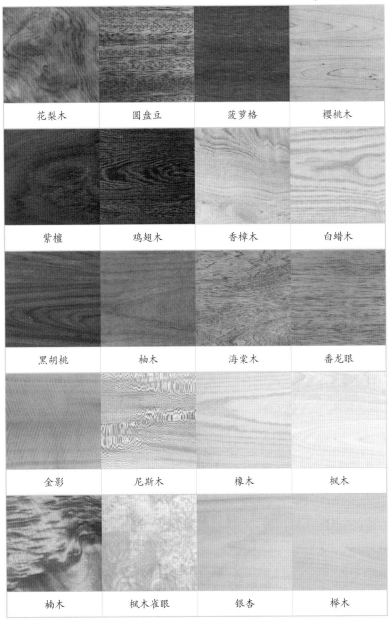

花梨木	圆盘豆	菠萝格	樱桃木
紫檀	鸡翅木	香樟木	白蜡木
黑胡桃	柚木	海棠木	番龙眼
金影	尼斯木	橡木	枫木
楠木	枫木雀眼	银杏	榉木

（5）常用作板材的树种（表2.2.3-5）

表 2.2.3-5

桉木	柏木	水曲柳	橡胶木
山樟	刺槐木	柳桉	桤木
杉木	桦木	云杉	澳大利亚辐射松
泡桐	柞木	麻六甲合欢木	沙木
椴木	松木	柳木	杨木

4. 参数指标

产品名称：细木工板、多层板、纤维板、奥松板、刨花板、欧松板、禾香板、指接板等。

原材：杨木、杉木、松木、柳桉、泡桐、柞木、水青岗、辐射松、秸秆碎料等。

规格：

（1）原（实）木类（板材、单板）

长度：2600～3200mm；宽度：一般为120mm。

板材厚度：12mm、15mm、25mm、30mm、40mm、50mm、60mm。

单板厚度：0.3～0.8mm。

（2）胶合板类（细木工板、多层板）

长宽：1220mm×2440mm。

细木工板厚度：12mm、15mm、17mm、18mm。

多层板厚度：3mm、5mm、9mm、12mm、15mm、18mm。

（3）纤维板类（密度板、奥松板中纤板）

长宽：1220mm×2440mm、1830mm×2440mm。

密度板厚度：3mm、5mm、9mm、12mm、15mm、16mm、18mm、20mm、25mm。

奥松板厚度：5mm、9mm、15mm、18mm。

（4）刨花板类（颗粒板、欧松定向刨花板、禾香板）

长宽：1220mm×2440mm。

颗粒板厚度：9mm、12mm、16mm、18mm、25mm。

欧松板厚度：9mm、12mm、15mm、18mm。

禾香板厚度：9mm、12mm、16mm、18mm、20mm、25mm。

环保等级：ENF、E0、E1（现行国家标准《室内装饰装修材料人造板及其制品中甲醛释放限量》GB 18580 规定了室内装饰装修材料用人造板及其制品中甲醛释放限量值≤ 0.124mg/m³，限量标志 E1，取消原标准的 E2 级）。

1）ENF：甲醛释放限量值（气候箱法）≤ 0.025mg/m³。

2）E0：甲醛释放限量值（气候箱法）≤ 0.050mg/m³。

3）E1：甲醛释放限量值（气候箱法）≤ 0.124mg/m³。

阻燃等级：B1 级、B2 级。

质量等级：优等品、一等品、合格品。

5. 相关标准

（1）现行国家标准《细木工板》GB/T 5849。

（2）现行国家标准《中密度纤维板》GB/T 11718。

（3）现行国家标准《普通胶合板》GB/T 9846。

（4）现行国家标准《刨花板》GB/T 4897。

（5）现行行业标准《定向刨花板》LY/T 1580。

（6）现行国家标准《室内装饰装修材料　人造板及其制品中甲醛释放限量》GB 18580。

6. 生产工艺

（1）原木板的加工工艺流程（图 2.2.3-11）

图 2.2.3-11　原木板的加工工艺流程图

1）原木加工

将原木进行粗加工，包括去枝、去皮、锯断，并使用锯机将木材切割、制作成大尺寸的原板（图 2.2.3-12）。从原木中切取原板时，可以取无树节或有树节、白肉或红肉或者二者混合的边芯材。

图 2.2.3-12　切割

2）干燥养生

将原板堆叠后送入烘干窑中进行炉气干燥或蒸汽干燥（图 2.2.3-13），以达到目标含水率，确保板材的稳定性和防腐性能，避免其开裂翘曲。

3）裁切拼合

将干燥的原板切割成指定尺寸，并进行榫槽加工（图 2.2.3-14）。再对木板进行修整处理，对节眼以及死节进行填补加工。将单片的木板拼接粘合，成为大片的实木板。将实木板进行砂光处理，使其表面的纹理更加平滑、美观。

图 2.2.3-13　烘干窑

图 2.2.3-14　榫槽加工

（2）胶合板的生产工艺流程（图 2.2.3-15）

图 2.2.3-15　胶合板的生产工艺流程图

1）旋切

按要求将原木锯成 2.5m 左右的木段（截取木段的长度应为胶合板成品尺寸＋加工余量）。木段经蒸煮软化后去皮。将去皮的原木段放置到旋切机并定好轴心，让木段作定轴回转，刀刃平行于木段轴线作直线给进，沿木材年轮方向进行切削成单板（图 2.2.3-16）。

图 2.2.3-16　旋切

2）烘干

使用切纸机将单板裁剪成规格尺寸并堆叠整齐，烘干机加温至 400℃高温将单板快速烘干（图 2.2.3-17）。分别将干燥后带状、零片、窄条及缺陷的单板进行修补、剪切、拼接到整张单板的幅面及长度要求。

3）组坯

将单板压入滚胶辊子之间，使胶粘剂均匀涂布在片材的两面（图 2.2.3-18），再将涂好胶的单板进行组坯排板，每层单板中的纤维相互垂直，纵横交错进行排列。

图 2.2.3-17　烘干

图 2.2.3-18　涂胶

4）胶合

对组坯好的半成品进行预压，以使热压时不易错位。再将预压后的半成品板坯在高温、高压环境下进行热压胶合（图 2.2.3-19）。热压温度须达到 120～130℃，热压时随着板坯温度和含水率变化，木皮逐渐被压缩，板坯厚度逐渐减小。

图 2.2.3-19　热压胶合

5）裁边

将热压好的毛板按产品尺寸裁成规格板材（图 2.2.3-20）。再使用砂光机进行砂光，除去机械加工和木材构造产生的凸凹不平，使板面光洁美观。

图 2.2.3-20　裁切

（3）纤维板的生产工艺流程（图 2.2.3-21）

图 2.2.3-21　纤维板的生产工艺流程图

1）浆料制备

将杂木削成符合生产规格的木片，将削出的木片经预热蒸煮、机械分离得到纤维。热磨机磨出的纤维施加脲醛树脂或其他胶粘剂，纤维含水率控制在 40%～50%，干燥温度控制在 165℃左右。

2）热压成型

将纤维干燥后经送料风机送到铺装机，利用真空气流实现纤维初成型，通过预压机将板坯预压成型。经热压机将板坯中的水分气化蒸发，增加密度，重新分布胶粘剂、防水剂，使纤维间形成各种结合力（图2.2.3-22）。

图 2.2.3-22　热压

（4）刨花板的生产工艺流程（图2.2.3-23）

图 2.2.3-23　刨花板的生产工艺流程图

1）刨花制作

杂木原料经削片（图2.2.3-24）并制备成干燥刨花备用，通过干刨花大小分别筛选出芯层材及表层材，分别将芯层材与表层材送至相应的刨花料仓进行过渡储存。

图 2.2.3-24　刨片机

2）拌胶铺装

面材与芯层材刨花料经运输机、计量料仓分别计量后，与胶液同步送至拌胶机。刨花和胶液充分搅拌均匀，充分混合施胶。施

图 2.2.3-25　铺装

胶后的刨花以交叉错落的形式逐层铺撒，铺装出均匀平整的板坯（图2.2.3-25）。

3）热压成型（图2.2.3-26）

板坯经永磁除铁器除铁、预

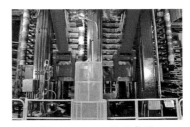

图 2.2.3-26　热压成型

压、锯边、横截等工序，再送至多层热压机中进行热压成型。毛板冷却后裁边分割，再经砂光生产线进行砂光、分检、入库。

（5）科技木皮的生产工艺流程（图 2.2.3-27）

图 2.2.3-27　科技木皮的生产工艺流程图

1）单板制备

选用本体装饰性差、产量多的速生树种作为制备单板的原料。采用旋切、刨切等方法制造所需规格尺寸的单板（图 2.2.3-28），单板厚度一般在 0.5～1.2mm。

图 2.2.3-28　旋切

图 2.2.3-29　染色

2）单板调色

采用染色、漂白等方式对原生木材单板进行色泽改良，调制成所需的色泽。单板在染色时，可以采用扩散法、减压扩散法、压力注入法和真空染色等方法，目前以扩散法应用得最为成熟和广泛（图 2.2.3-29）。

3）组坯模压

对单板涂胶以备胶压，胶粘剂有脲醛树脂胶、聚醋酸乙烯乳液改性胶或湿固化型的聚氨酯胶。根据仿生科技模拟自然木材纹理生成的原理，将不同颜色的单板进行多次三维图案组坯，同时采用刻有木纹的模具进行模压（图 2.2.3-30），以形成设计的纹路和图案。

图 2.2.3-30　模压成型

4）木方冲制

多层单板经模压、层压、保压、冷压、固化成型为科技实木方材，再通过高频加热、恒温养护，冲制木方（图2.2.3-31）供进一步深加工备用。根据用途的不同，对科技木方采用刨切成科技木单板或锯割成科技木板材、木构件等产品。

图 2.2.3-31　木方冲制

7. 品牌介绍（排名不分先后，表2.2.3-6）

表 2.2.3-6

品牌	简介
声达板材	成立于1998年的木业综合型企业。总部设在上海市，全国共有三大运营中心、四大生产基地。板材龙头企业；环保板材十大品牌；全屋定制行业环保芯材倡导者
大王椰 KING COCONUT	杭州大王椰控股集团有限公司创始于2000年，是一家集家居建材的研发、生产、销售、配送和服务于一体的集团企业。荣获生态免漆板、细木工板国家标准起草单位，浙江"品"字标认证
兔宝宝 TUBAO	兔宝宝是德华兔宝宝装饰新材股份有限公司的品牌，创建于1992年，总部位于浙江省德清县。中国板材十大品牌，环保高端板材生产厂家，是我国装饰贴面板行业产销规模较大的企业
莫干山板材	莫干山板材是浙江升华云峰新材股份有限公司旗下云峰莫干山营销有限公司运营的品牌，成立于1997年，总部位于浙江省德清县，专注于莫干山板材制造、销售及服务
Treezo 千年舟	千年舟始创于1999年，总部位于杭州市余杭区，国家高新技术企业，集多品类中高端板材的研发、生产、销售于一体的装饰材料企业，向消费者提供绿色、环保、高品质的装饰板材及配套产品

8. 价格区间（表 2.2.3-7）

表 2.2.3-7

名称	规格（mm）	价格
细木工板	2440×1220×17	180～255 元/张
多层板	2440×1220×18	180～200 元/张
密度板	2440×1220×18	130～140 元/张
刨花板	2440×1220×18	130～140 元/张
欧松板	2440×1220×18	180～200 元/张
奥松板	2440×1220×8	100～105 元/张
禾香板	2440×1220×18	220～240 元/张
指接板	2440×1220×17	200～210 元/张

注：以上价格为2023年网络电商平台价格，价格受品牌、规格、功能、材质以及原材料价格浮动、市场环境等因素的影响（以上价格仅供参考）。

9. 验收要点

（1）资料检查：

1）应有产品合格证书、检验报告、检验等级及使用说明书等质量证明文件。

2）购买进口的奥松板，商家应该提供原产地给中国的授权书、中国地区给该经销商的授权书、与之相应的进关单、检疫单、三国（澳大利亚、新西兰和日本）的联合认证资料、与之相应的国家检验报告。

3）国家标准要求室内板材的甲醛释放量要小于或等于 1.5mg/L。按甲醛含量分为 E0 级、E1 级和 E2 级，E2 级禁止用于室内。

（2）包装检查：包装标签应注明产品名称、商标、面板和芯板的树种和厚度、类别、等级、生产厂名、商标、幅面尺寸、数量、产品标准号和甲醛释放限量标志的检验标签，应与订单要求一致。

（3）实物检查：

1）同一种规格连续生产的产品至少随机抽取 4 张样板用于测试甲醛释放量、吸水厚度膨胀率、内结合强度、静曲强度和弹性模量、表面结合强度、防潮性能、含水率、密度及板内密度偏差。

2）细木工板表面应光滑、平整，无污渍、无损伤、疤节等明显疵点。板材表面应平整，无翘曲，无破损、碰伤、疤节、变形、起泡等问题。好的板材是双面砂光、四边平直，触摸不毛糙，无滞手感。

3）胶合板的活节、死节、夹皮、裂缝、孔洞、变色、腐朽、树胶道、表板拼接离缝、表板叠层、芯板叠离、长中板叠离、鼓泡、分层等缺陷应在标准要求范围内。用材以柳桉木的质量较好，柳桉木制作的胶合板呈红棕色，其他杂木如杨木等制作的胶合板则多呈白色，柳桉木制作的胶合板同规格下更重一些。

4）刨花板检查板中表层与芯层刨花分级的状况，如分级不明显，刨花外表粗糙，其物理力学性能较差，也不利于后期饰面处置；另外，刨花板中不允许有断痕、透裂、边角残损等缺陷。而压痕、胶斑、油污等按等级允许影响到最小水平。

5）欧松板除参照普通刨花板的检验标准外，其刨片应较大且呈一定方向排列。奥松板除参照普通纤维板的检验标准外，其表面应更加平整、光滑，纤维柔细。其他木工板材亦可参照上述质量标准进行实物检验。

10. 应用要点

木纹纹理与刨切方式：

同一树种木皮呈现的花纹有直纹、山纹、水波纹等，这是因为对木材刨切方式不同。木材的刨切方法很多，有横切、径切、弦切、刨切、旋切。不同的切割方式，使年轮和木髓线呈现出不同的纹理花纹（图2.2.3–32）。

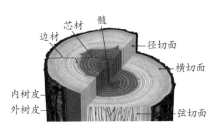

图2.2.3–32　木纹纹理

（1）旋切：即顺着树干主轴或木材纹理方向，垂直于树干断面的半径锯切。像削苹果皮一样将木材旋刨出木皮，再通过机械将其压平（图2.2.3–33）。

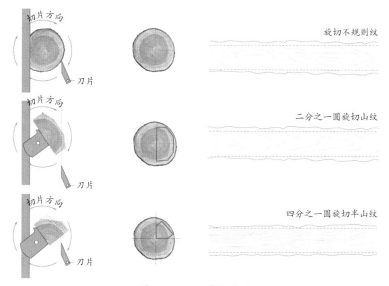

图 2.2.3-33　旋切纹理

（2）弦切：即顺着树干主轴或木材纹理方向，垂直于树干断面（图 2.2.3-34）的半径锯切。平锯木板宽，操作相对容易而且造成的浪费最小，最具成本效益。锯法简单，耗时短，产量高，损耗少，有明显的纹理，多见山水纹（图 2.2.3-35）。

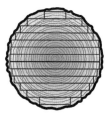

图 2.2.3-34　断面

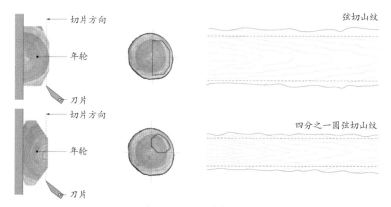

图 2.2.3-35　弦切纹理

（3）径切：即将木桩切割成四部分后再进行切锯，远离芯材的部分称为径切木板，径切是垂直切向原木的年轮，截面与年轮夹角为30°～60°（图2.2.3-36）。径切木板多为直纹（图2.2.3-37），性质稳定，产量低，价格高。

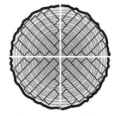

图 2.2.3-36　径切

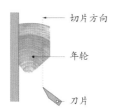

切片方向

年轮

刀片

四分之一圆径切山纹

图 2.2.3-37　径切纹理

11. 材料小百科

（1）MDI 胶

MDI 生态胶粘剂。MDI 是二苯基甲烷二异氰酸酯、含有一定比例纯 MDI 与多苯基多亚甲基多异氰酸酯的混合物以及纯 MDI 与聚合MDI 的改性物的总称。MDI 是生产聚氨酯最重要的原料，利用 MDI生态胶粘剂将其制成板材，不仅解决了森林资源过度开发，而且由于其不含甲醛，有利于人们的家居健康，将有望发展成为最具市场发展潜力和产业化前景的产品。

（2）人造板材甲醛释放量等级

人造板材甲醛释放量等级（图2.2.3-38）：新国标 E1级（≤0.124mg/m³）、E0 级（≤0.05mg/m³）。

美国 NAF 无醛豁免级（≤0.049mg/m³）。

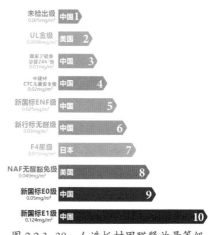

未检出级
0.005mg/m³　中国 1

UL金级
0.0098mg/m³　美国 2

国家卫健委孕妇24h·级
0.01mg/m³　中国 3

中建材CTC儿童安全级
0.02mg/m³　中国 4

新国标ENF级
0.025mg/m³　中国 5

新行标无醛级
0.03mg/m³　中国 6

F4星级
0.05mg/m³　日本 7

NAF无醛豁免级
0.049mg/m³　美国 8

新国标E0级
0.05mg/m³　中国 9

新国标E1级
0.124mg/m³　中国 10

图 2.2.3-38　人造板材甲醛释放量等级

日本国家标准 JAS 星级标准的 F4 星级（≤ 0.035mg/m³）。

中国新行标无醛级（0.03mg/m³）。

中国新国标 ENF 级（0.025mg/m³）。

中国中建材 CTC 儿童安全级（0.02mg/m³）。

中国国家卫健委孕婴 24h＋级（0.01mg/m³）。

美国 UL 金级（0.0098mg/m³）。

中国未检出级（0.005mg/m³）。

（3）木材含水率

木材中所含水分分为三种形式：一是自由水，即毛细管中的水，存在于细胞腔与细胞间隙中；二是吸附水，即被细胞壁所吸收的水；三是化学水，即构成细胞组织的水。

木材水分蒸发时，首先失去的是自由水，当自由水蒸发完而吸附水尚处于饱和状态时的含水率，称为纤维饱和点含水率。纤维饱和点是木材性能的转折点，在纤维饱和点之上，木材的强度为恒量，不随含水率的变化而变化，木材也没有体积胀缩变化。当含水率降至纤维饱和点之下，也就是细胞壁中的吸附水开始蒸发时，强度随含水率下降而增加，而湿胀干缩的现象也明显呈现出来。不同的木材纤维饱和点含水率为 22%～33%。

木材的细胞中有亲水性物质，很容易吸附周围环境的水分（包括从大气中吸附水分）。木材中的水分随自然界各地区温湿度的变化而变化，始终处于一种动态平衡之中。当长时间处于这种相对温湿度环境中，木材的含水率〔木材的含水率可用含水率测试仪（图 2.2.3-39）检测〕会与周围大气相对湿度达到平衡，称之为平衡含水率。木材的平衡含水率因地区气候条件的不同而不同，我国北

图 2.2.3-39　含水率测试仪

方约为 12%，南方约为 18%。当平衡含水率和环境湿度有差值时，会趋向于接近环境。这就产生了木材的湿胀与干缩现象，这是木材特有的物理现象。

2.2.4 硅酸钙板

1. 材料简介

硅酸钙板（Calcium silicate）是以硅质（如石英粉 SiO_2、粉煤灰、硅藻土等）、钙质（如 CaO、石灰、电石泥、水泥等）材料为主体胶结材料，添加无机矿物纤维或纤维素纤维等松散短纤维增强材料、助剂等，经制浆、成型、高温蒸压养护，形成硅酸钙胶凝体而制成的板材（图 2.2.4-1）。硅酸钙板属于新型绿色环保建材，相比石膏板更具备优越的防火、防潮、耐用等性能，强

图 2.2.4-1　硅酸钙板

度更是大大高于石膏板，同时具备质量轻、强度高、施工简易、安全无害、寿命长，性能稳定的特点，防火、防水、防潮、防腐、耐酸碱，不易受虫蚁等损害。除被大量应用于建筑装饰工程的吊顶天花板和隔墙衬板外，还可作为厨卫等潮湿空间的墙砖饰面的隔墙底板。

2. 构造、材质

（1）硅酸钙板

以无机矿物（如硅灰石纤维）或纤维素（如木质纤维）等为增强材料，以硅质（石英粉、硅藻土等）、钙质（消石灰粉、水泥等）材料为胶结材料，经高温高压复合制成。

（2）FC 板

以硅酸盐水泥，纤维（矿物纤维如温石棉、植物纤维如纸浆、人造纤维如玻璃丝、维纶）为主要原料，配以其他辅料（粉煤灰、硅粉、其他材料），经压制而成。

（3）GRC 板

以水泥（如硫铝酸盐水泥或硅酸盐水泥等）、砂为基体材料，以耐碱玻璃纤维为增强材料压制而成的纤维混凝土复合板材。

（4）冰火板

以纤维增强水泥板（或 FC 板）为基层，面覆三聚氰胺浸渍装饰纸饰面层。

3. 分类（表 2.2.4-1）

表 2.2.4-1

名称	图片	材料解释	应用
硅酸钙板		以无机矿物纤维或纤维素纤维等松散短纤维为增强材料，以硅质–钙质材料为主体胶结材料，经制浆、成型、高温高压饱和蒸汽中加速固化，形成硅酸钙胶凝体而制成的板材	室内外轻钢龙骨吊顶与隔墙的罩面板、幕墙衬板、仓库棚板等
FC 板		纤维水泥板（Fiber cement board）。以硅酸盐水泥、纤维（纸浆、玻璃丝、维纶等）配以其他辅料（粉煤灰、硅粉等），经制浆、抄取、加压、养护等工序生产而成。20 世纪 80 年代中期由江苏爱富希建材引入中国生产并注册"FC"商标，由此国内将 FC 板作为纤维水泥板的代称	适用于内外墙体及其装饰、楼层隔层、外墙挂板和保温板、铁路隔声屏障、电器隔热板等
GRC 板		（1）GRC（Glass fiber reinforced concrete）玻璃纤维增强混凝土，是以耐碱玻璃纤维为增强材料，以水泥（快硬硫铝酸盐水泥、低碱度硫铝酸盐水泥、普通硅酸盐水泥、白色硅酸盐水泥）砂浆为基体材料的纤维混凝土复合材料。 （2）GRC 板有外墙挂板、轻质隔墙板、保温板等，其借助模具（如木模板、硅胶模板、钢模板）可实现各种曲面异形造型的实现	适用于外幕墙挂板、室内轻质隔墙板及各类如墙饰、窗饰、门饰、柱饰、拱肩、檐板等各类异形浮雕装饰造型
冰火板		（1）又称为聚酯纤维水泥板，以无石棉纤维水泥板为基材，面层粘贴树脂浸渍后的装饰胶膜纸（即三聚氰胺浸渍装饰纸）的一种新型环保饰面板材。 （2）绝缘隔热、质轻强度高、防水防火，不燃；随着高清凹版印刷技术的应用，可模拟石材与木纹等饰面效果	适用于各类防火等级要求较高的室内外空间的墙、顶面饰面板材

4. 参数指标

（1）规格（表 2.2.4-2）

表 2.2.4-2

名称	规格			单张质量（kg/张）	阻燃等级
	长（mm）	宽（mm）	厚度（mm）		
硅酸钙板	2440	1220	5、6、8	27～55	不低于 A1
FC 板	2440	1220	6、8、9、10、12、15、18、20、25、30	27～134	不低于 A1
GRC 板	可定制	1250	50、75、100、150	—	不低于 A1
冰火板	2440/3000	1220	6、8、9、10、12	27～55	不低于 A1

（2）参数标志说明

1）硅酸钙板标志：产品代号、类别、抗折强度等级、抗冲击强度等级、表面处理状态、规格尺寸（长度 × 宽度 × 厚度）、标准号。

示例：NA　A　R3　C2　DB　2440×1220×6　JC/T 564.1—2018

NA 为无石棉硅钙板的产品代号，A 类，抗折强度等级 R3，抗冲击强度等级 C2，单面砂光，长 2440mm、宽 1220mm、厚 6mm，标准号为 JC/T 564.1—2018。

2）硅酸钙板分类与代号

① 石棉硅钙板（A）、无石棉硅钙板（NA）。

② 根据表面处理分为原板（YB）、单面砂光板（DB）及双面砂光板（SB）。

③ 根据用途分为 A 类、B 类、C 类。

A 类：适用于室外使用，可能承受直接日照、雨淋、雪或霜冻；外墙面板、复合保温板面板、搭接墙面板或围护墙板、外墙面砖的衬板、底层地板。

B 类：适用于长期可能承受热、潮湿和非经常性的霜冻等环境。例如地下设施、湿热交替或室外非直接日照、雨淋、雪、霜冻等环境；底面、抹灰或覆面层衬板、屋面或墙面的刚性底层、模板或挡板、地下建筑或湿热环境的墙板、围护板。

C 类：适用于室内使用，可能受到热或潮湿，但不会受到霜冻。

例如内墙、地板、面砖衬板或底板；内墙的底板、吊顶板、室内墙面油漆或贴墙纸的衬底、室内底面衬底。

④ 根据抗折强度分为 R1 级、R2 级、R3 级、R4 级、R5 级。

⑤ 根据抗冲击强度分为 C1 级、C2 级、C3 级、C4 级、C5 级。

5. 相关标准

（1）现行行业标准《纤维增强硅酸钙板 第 1 部分：无石棉硅酸钙板》JC/T 564.1。

（2）现行行业标准《纤维增强硅酸钙板 第 2 部分：温石棉硅酸钙板》JC/T 564.2。

6. 生产工艺

以硅酸钙板的生产工艺流程为例（图 2.2.4-2）：

图 2.2.4-2 硅酸钙板的生产工艺流程图

（1）搅拌制浆

将石膏、硅石粉、纤维素等原材料按比例混合均匀，添加适量水、消石灰，送入逆流式搅拌机充分搅拌，使其形成均匀的浆料（图 2.2.4-3）。制成一定浓度的流浆后，泵送至储浆池，经单盘磨浆机匀磨、预搅拌罐搅拌后送入流浆制板机。

图 2.2.4-3 搅拌制浆

图 2.2.4-4 流浆制板

（2）流浆制板

流浆箱均匀流出的浆料沥水、脱水后形成薄料层缠绕在成型桶上，经多层缠绕达到设定板坯厚度时，按设计尺寸切成标准板坯（图 2.2.4-4）。经气压机加压 30min，使板坯在 23.5MPa 高压下脱水密实以提高板材强度及密实度。

（3）预养与脱模

湿板坯在预养窑中预养护，待板坯获得一定强度后脱模，预养护温度 50～70℃，预养护时间 4～5h。板坯脱模后送入蒸压釜中蒸压养护 24h，压力 1.2MPa，温度 190℃。养护后的板坯在梳式烘干机上烘干（图 2.2.4-5），使板坯含水量达到不大于 10% 的验收标准，再经砂光、磨边及质检后可以出厂。

图 2.2.4-5　蒸压养护

7. 品牌介绍（排名不分先后，表 2.2.4-3）

表 2.2.4-3

品牌	简介
金宫牌	福建省建明建材 2007 年成立于福建省三明市，是国内较早生产硅酸钙板、纤维水泥板等建筑板材的企业之一，拥有全自动化硅酸钙板生产线，"金宫"牌硅酸钙板、纤维水泥板在业界享有盛誉
龙牌	龙牌是国务院国资委直属央企中国建材集团旗下品牌，世界 500 强企业，北京市著名商标，行业领军企业，中国大型的新型建材和新型房屋集团、全球大型的石膏板产业集团
Gyproc 杰科	杰科创立于 1915 年，法国圣戈班旗下，全球石膏建材行业领先者，世界比较大的建筑材料生产商之一，主要生产纸面石膏板系统、石膏粉和保温材料三大类产品

8. 价格区间（表 2.2.4-4）

表 2.2.4-4

名称	规格（mm）	价格
硅酸钙板	2440×1220×10	55 元 / 张
FC 板	2440×1220×6	38 元 / 张

名称	规格（mm）	价格
GRC 板	2440×1250×50	80 元 /m²
冰火板	2440×1220×6	45 元 / 张

注：以上价格为 2023 年网络电商平台价格，价格受品牌、规格、功能、材质以及原材料价格浮动、市场环境等因素的影响（以上价格仅供参考）。

9. 验收要点

（1）资料检查：应有产品合格证书、检验报告及使用说明书等质量证明文件。

（2）包装检查：

1）检查板材的包装是否完好无损，是否有破损、潮湿等情况。包装宜采用木架、木箱或集装箱包装，应有防潮措施。

2）标志应标注在产品外包装上，以及在产品的非装饰面用不掉色的颜色注明产品标志、生产厂名（或商标）及生产日期（或批号）。

（3）实物检查：

标明无棉硅钙板不得检出含有石棉成分，否则为不合格。

硅酸钙板应结构稳定，正反表面应平整、无裂纹、缺边、掉角等破损缺陷。表面无毛刺、裂痕。厚度应均匀、边缘直线度、对角线差、平整度应符合形状偏差范围内。长度、宽度、厚度的尺寸偏差应符合规范与设计要求。

硅酸钙板的表观密度、吸水率、湿涨率、不透水性、抗冻性试验、热雨性能、热水性能、浸泡－干燥性能、导热系数、不燃性等物理性能应符合相关标准要求。

硅酸钙板的抗折强度、抗冲击强度、抗冲击性、饱和胶层剪切强度等力学性能应符合相关标准要求。

10. 应用要点

（1）硅酸钙板选用要点

硅酸钙板按用途分为 A 类、B 类、C 类。A 类适用于室外使用，可承受直接日照、雨淋、雪或霜冻环境；B 类适用于长期承受热、潮湿和非经常性的霜冻等环境。C类适用于室内使用，可承受热或潮湿但不会霜冻的环境。

（2）硅酸钙板平板类别及典型用途（表2.2.4-5）

表2.2.4-5

类别	用途
A类	外墙面板、复合保温板面板、搭接墙面板或围护墙板、外墙面砖的衬板、底层地板
B类	底面（挑檐衬板），抹灰或覆面层的衬板，屋面或墙面的刚性底层、模板或挡板，地下建筑或湿热环境的墙板、围护板
C类	内墙底板、吊顶板、室内墙面油漆或贴墙纸的衬底、室内底面衬底

11. 材料小百科

温石棉：

温石棉（图2.2.4-6）为蛇纹石石棉的统称。蛇纹石是由二氧化硅（SiO_2）四面体和氢氧化镁石 [$Mg(OH)_2$] 八面体组成的双层型结构的三八面体硅酸盐矿物。在自然界纤蛇纹石矿物产出广泛，而且结晶程度高，可分性能良好；丝状特征显著的纤蛇纹石，为有用的工业矿物，也可称为纤蛇纹石石棉。

图2.2.4-6 温石棉

温石棉块体通常为不同色调的绿色及黄色，也有白色。劈分后的丝状纤维为白色，丝绢光泽。温石棉具有隔热、保温、耐碱、防腐、纤维强度高、纤维柔软、纤细、可纺性强等其他纤维难以替代的性能，由于其表面值高，有很好的吸附性，所以与塑料、橡胶、水泥、沥青等材料有很好的亲合力，加工性能十分优越。温石棉大多用于纺织制品(如绳线布带)、制动制品(如刹车片、离合器片)、密封制品(如各类高中低压橡胶板)、水泥制品(如水泥瓦、板、管等)以及各类沥青制品和建筑材料，还广泛应用于航空、航天等尖端工业和新兴产业。

2.2.5 石膏板

1. 材料简介

石膏板是以建筑石膏（β型半水石膏，$CaSO_4 \cdot 1/2H_2O$）为主要原料，加少量纤维、胶粘剂、稳定剂，经混炼压制并干燥而成。其具有质轻、高强、加工方便（可刨、可钉、可锯）、安装方便等优点，经特殊处理后还可具备防火、防潮、吸声、隔热等功能，是当前建筑装饰工程中吊顶与隔墙的常用罩面材料之一。

图 2.2.5-1　纸面石膏板

石膏板主要品种有纸面石膏板（图 2.2.5-1）（包括防火石膏板、防水石膏板）、无纸面石膏板、装饰石膏板、玻璃纤维石膏板（GRG）、吸声石膏板等。

2. 构造、成分

（1）构造：以纸面石膏板为例，是以石膏料浆作为夹心层，两面用牛皮纸作护面的板状建材。

（2）成分：以天然石膏为主要原材料，掺加适量纤维、淀粉、促凝剂、发泡剂和水等。石膏原料主要是从火力发电厂等排烟过程中产生的排烟脱硫石膏，其余为进口的天然石膏，石膏板的护面纸主要是回收的旧报纸、杂志纸等生产的再生纸。

3. 分类（表 2.2.5-1）

表 2.2.5-1

名称	图片	材料解释	应用
纸面石膏板		是以建筑石膏为主要原料，掺入适量的添加剂与纤维做板芯，以特制的板纸为护面，经加工制成的板材。可分为普通、防潮、耐水和耐火四类。其质地轻、强度高、防火、防蛀、易于加工、施工便捷	适用于室内装修工程的隔墙和吊顶的罩面板

名称	图片	材料解释	应用
防火石膏板		基于普通纸面石膏板，在板芯中增加一些添加剂（如玻璃纤维），使得这种板材发生火灾时，在一定长的时间内保持结构完整，从而起到阻隔火焰蔓延的作用，给逃生争取时间	适用于防火要求高的宾馆、酒店以及公共设施的室内吊顶、隔墙的罩面板
防水石膏板		在石膏芯材里加入适量防水剂（如硅油）包裹石膏分子，使其具有一定的防水性能。此外，石膏板纸亦做防水处理，使其具有更广泛的用途。但此板不可直接暴露在潮湿的环境里，也不可直接进水长时间浸泡	适用于连续相对湿度不超过95%的使用场所，如卫浴、厨房等空间的罩面板或衬板
纤维石膏板		在普通石膏板基础上掺入纤维增强材料制成的高强石膏板材。由于板芯内部纤维的作用，其抗弯强度高于普通纸面石膏板，外表省了护面纸板，故又称为无纸面石膏板，是一种性能优越的代木板材料。其对螺钉握裹力达 $600N/mm^2$，是普通纸面石膏板的 6 倍	应用范围除了覆盖纸面石膏板的全部应用范围外，还可作为代替木材制作家具的代用板材
装饰石膏板		在纤维石膏板制作工艺的基础上，增加印花、浮雕、打孔等工艺或在其表面覆以仿型花纹饰面树脂，以增加石膏板的装饰性。强度高、耐污染、易清洗，其色调图案逼真，新颖大方，装饰效果好	适用于石膏浮雕吊顶板、石膏浮雕护墙板及踢脚板等，是代替天然石材和水磨石的理想材料
吸声石膏板		经穿孔处理的石膏板，背面粘贴有透气性的背覆材料和吸声材料组合而成。吸声机理是材料内部有大量微小的连通孔隙，声波沿孔隙可以深入材料内部，与材料发生摩擦作用将声能转化，达到吸声的效果	适用于体育场馆、剧场、影院、演播厅、图书馆、歌厅、录音室、机房等对吸声降噪有严格要求的场所

4. 参数指标

产品名称：纸面石膏板、防火石膏板、防水石膏板、纤维石膏板、装饰石膏板、吸声石膏板。

规格：

长度：1500mm、1800mm、2000mm、2400mm、2440mm、2700mm、3000mm、3300mm、3600mm等。

宽度：900mm、1200mm、1220mm等。

厚度：9.5mm、12mm、15mm、18mm、21mm、25mm等。

种类：普通、耐火、耐潮、装饰、吸声。

核素含量：A级。

阻燃性能：

A级（防火石膏板）。

B1级（纸面石膏板、防水石膏板、纤维石膏板、装饰石膏板、吸音石膏板）。

耐火极限：≥3h。

参数标记说明：

纸面石膏板标记：产品名称、板类代号、棱边形状代号、长宽厚度、标准号

示例：纸面石膏板　PC　3000×1200×12.0　GB/T 9775—2008

PC为具有楔形棱边形状的普通纸面石膏板、长度3000mm、宽度1200mm、厚度12.0mm、标准号为GB/T 9775—2008。

纸面石膏板的种类代号（表2.2.5-2）：

表2.2.5-2

代号	名称	代号	名称
P	普通纸面石膏板	GH	高级耐火纸面石膏板
GP	高级普通纸面石膏板	GSH	高级耐水耐火纸面石膏板
S	耐水纸面石膏板	ZP	普通装饰纸面石膏板
GS	高级耐水纸面石膏板	ZF	防潮装饰纸面石膏板
H	耐火纸面石膏板		

5. 相关标准

（1）现行国家标准《纸面石膏板》GB/T 9775。

（2）现行国家标准《建筑材料放射性核素限量》GB 6566。

（3）现行国家标准《建筑材料及制品燃烧性能分级》GB 8624。

（4）现行国家标准《民用建筑工程室内环境污染控制标准》GB 50325。

6. 生产工艺

以纸面石膏板的生产工艺流程为例（图 2.2.5-2）：

图 2.2.5-2　纸面石膏板的生产工艺流程图

图 2.2.5-3　配料

（1）配料

以建筑石膏为主要原料，将石膏粉和促进剂等通过输送设备送入筒仓，再将淀粉、水和缓凝剂进行计量，放入碎浆机搅拌成原料浆液，并泵入储备罐中备用。将发泡剂和水按比例均匀搅拌并泵入储备罐中备用。将上述三种备用浆料泵入混合器中搅拌均匀，混合成合格的石膏浆（图 2.2.5-3）。

（2）成型

石膏板上、下层纸开卷后经自动纠偏机分别进入成型机，混合器的浆料落到振动平台的下层纸上进入成型机并挤压出石膏板坯，然后在凝固皮带上完成初凝，在输送辊道上完成终凝（图 2.2.5-4），并通

图 2.2.5-4　成型

过切割器初步切割成规定尺寸的板成品。

（3）烘干（图 2.2.5-5）

将石膏板送进干燥室分层干燥。干燥室一般采用燃油型导热油炉做热源，热油经翅片换热器换出热风后经风机送入干燥机完成烘

图 2.2.5-5　烘干

干任务。石膏板经历4个温度变化，燃气驱动热风先将板材加热到350℃，随后逐渐降至150℃，40min后完成固化。

（4）切割

干燥机完成干燥后，经出板机送入横向系统，完成石膏板的定长切割成最终的成品尺寸（图2.2.5-6），再全自动包边，然后经过成品输送机送入自动堆垛机堆垛，堆垛完成后使用叉车运送到打包区检验包装，全套生产流程完成。

图 2.2.5-6　切割

7. 品牌介绍（排名不分先后，表2.2.5-3）

表 2.2.5-3

品牌	简介
龙牌	始于1980年，北新建材集团旗下品牌，北新建材是国务院国资委直属央企中国建材集团旗下公司，世界500强企业，行业领军企业，中国大型的新型建材和新型房屋集团，全球大型的石膏板产业集团
Gyproc 杰科	Gyproc（杰科）创立于1915年，法国圣戈班集团旗下的石膏建材品牌，主要生产纸面石膏板系统、石膏粉和保温材料等产品，致力于提供保温隔声、安全环保的室内建筑系统解决方案
泰山石膏 TAISHAN GYPSUM	泰山石膏有限公司成立于1971年，中国建材集团旗下骨干企业，专注于石膏建材的生产和研发，产品有石膏板、轻钢龙骨、粉料制品、装饰石膏板、免漆低碳生态板、护面纸及相关配套产品
KNAUF 可耐福	KNAUF可耐福创于1932年，总部位于德国依普霍芬，世界领先的建筑系统与绿色建材的制造商，生产石膏板、吸声板、轻钢龙骨等多种产品，提供涉及建筑外墙、内墙、吊顶、地面等解决方案
USG BORAL 优时吉博罗	优时吉博罗集团是由美国优时吉集团与澳大利亚博罗集团于2014年合资组建的跨国企业，是一家石膏建材制造商和供应商。产品涵盖石膏板、轻钢龙骨、饰面天花、基板、辅料、工业石膏等

8. 价格区间（表 2.2.5-4）

表 2.2.5-4

名称	规格（mm）	价格
纸面石膏板	1200×2400×9.5	25～30 元/张
防火石膏板	1200×2400×12	45～50 元/张
防水石膏板	1200×2400×9.5	55～60 元/张
纤维石膏板	1200×2400×12	80～90 元/张
装饰石膏板	1200×2400×12	70～100 元/张
吸声石膏板	600×600×15	55～60 元/张

注：以上价格为 2023 年网络电商平台价格，价格受品牌、规格、功能、材质以及原材料价格浮动、市场环境等因素的影响（以上价格仅供参考）。

9. 验收要点

（1）资料检查：应有产品合格证书、检验报告及使用说明书等质量证明文件。

（2）包装检查：

1）产品包装应有防潮措施，外包装材料上标注包装储运图文标志、防潮标志、小心轻放标志等；包装应完好无损，无明显的破损、变形、潮湿等现象。

2）产品或包装上应标明：① 生产企业名称、详细地址；② 产品的标记、产品的商标以及生产日期；③ 产品的包装规格、数量。品牌、规格、型号、数量等应与订单要求一致。

（3）实物检查：

1）外观质量检查：查看石膏板板面平整，不应有影响使用的波纹、沟槽、亏料、漏料、气孔、裂纹、缺角、划伤、破损、污痕等缺陷。

2）尺寸规格检查：石膏板的长度、宽度、厚度应符合相关规范及设计要求，尺寸偏差、对角线长度差、楔形棱边断面尺寸，应在允许误差范围内。

3）物理性能检查：石膏板的物理性能应符合国家标准或合同规定，如面密度、断裂荷载、硬度、抗冲击性、护面纸与芯材黏结性、吸水率、防潮性能等。

4）其他要求：根据具体情况，还可以对石膏板的防火性能、环保性能等进行检测和验收。遇火稳定性（仅适用于耐火纸面石膏板和耐水耐火纸面石膏板），板材的遇火稳定性时间应不少于20min。

10. 应用要点

石膏板防火等级的应用：

石膏板的主要成分为 $CaSO_4 \cdot 1/2H_2O$，遇火时板芯中的游离水分蒸发，吸收少量热量，降低板周的温度。当温度继续升高，石膏的结晶水开始脱离，分解成石膏和水分，吸收大量的热量，可以延长板面四周的温升，阻止火势蔓延等。一般石膏板的耐火极限在2h以上。

根据现行国家标准《建筑材料及制品燃烧性能分级》GB 8624，建筑材料可燃级别可划分为 A 级（不燃性）、B1 级（难燃性）、B2 级（可燃性）、B3 级（易燃性）。纸面石膏板按现行国家标准《建筑材料及制品燃烧性能分级》GB 8624 属于 B1 级材料。同样，根据现行国家标准《建筑内部装修设计防火规范》GB 50222，安装在金属龙骨上燃烧性能达到 B1 级的纸面石膏板、矿棉吸声板，可作为 A 级装修材料使用。

11. 材料小百科

建筑材料燃烧性能等级：

（1）A 级：不燃，且几乎不能点燃，是最高的防火等级，A 级分为 A1 和 A2 两个等级。A1 级：不燃，不产生烟雾和有毒气体，且不会出现明火，具有最高的防火性能。A2 级：不燃，但会产生少量的烟雾和有毒气体，检测的烟量合格，具有较高的防火性能。

（2）B1 级：难燃，难燃类材料有较好的阻燃作用，其在空气中遇明火或在高温作用下难起火，不易很快发生蔓延，且当火源移开后燃烧立即停止。

（3）B2 级：可燃，可燃类材料有一定的阻燃作用。在空气中遇明火或在高温作用下会立即起火燃烧，易导致火灾的蔓延，如木柱、木屋架、木梁、木楼梯等。

（4）B3 级：易燃，易燃性建筑材料，无任何阻燃效果，极易燃烧，火灾危险性很大。

2.2.6　石膏制品

1. 材料简介

石膏制品（图 2.2.6-1）一般选用 α 型半水石膏制作而成。天然生石膏（二水石膏，$CaSO_4 \cdot 2H_2O$）在常压条件下煅烧 107～170℃，经磨细可得成 β 型半水石膏粉（即建筑石膏）；如高压条件蒸压加热 120℃煅烧可得细度和白度更高的 α 型半水石膏粉（即模型石膏）。

图 2.2.6-1　石膏制品

α 型半水石膏（$CaSO_4 \cdot 1/2H_2O$）又称为熟石膏，其在凝结硬化时产生微膨胀，其制品表面光滑饱满，棱角清晰完整，形状、尺寸准确、细致；硬化后的石膏［主要成分是二水石膏（$CaSO_4 \cdot 2H_2O$）］中存在大量微孔，其质量轻，且保温隔热性、吸声性较好；当受到高温作用或遇火后会脱出 20% 左右的结晶水，并能在其表面蒸发形成水蒸气幕，可有效地阻止火势的蔓延，使其具有一定的防火性。但因为石膏具有较强的吸湿性，且吸湿后强度会明显下降，所以要特别注意石膏制品的使用环境。

2. 构造、成分

（1）石膏制品（石膏线条、石膏花饰）

1）构造：由石膏、玻璃纤维丝和网格布组成。

2）成分：二水石膏、网格布、玻璃纤维。

（2）GRG 制品

1）构造：由改良高密度 α 型半水石膏、高强耐碱性玻璃纤维、网格布等组成。

2）成分：二水石膏、高强耐碱性玻璃纤维、网格布。

3. 分类（表 2.2.6-1）

表 2.2.6-1

名称	图片	材料解释	应用
石膏线条		由α型半水石膏浆、玻璃纤维采用模型翻筑制成。将少量石膏浆浇筑至模型中，添加3%体积的玻璃纤维，再将剩余石膏浆全部浇筑至模型，压实成型并挤出气泡，25min后将线条边角清理干净并晾干	适用于制作室内吊顶的阴阳角收口角线；墙面造型框的装饰线条等
石膏花饰		与石膏线的制作方法相似，按设计图案先制作模具，然后浇入石膏、纤维丝料浆成型，再经硬化、脱模、干燥而成。石膏花饰的制作必须保证其有一定强度的厚度与体现其立体感的浮雕深度	适用于制作室内装饰工程的多种风格的灯盘、梁托、柱头等各类浮雕花饰
GRG制品		（1）预铸式玻璃纤维增强石膏制品（glass fiber reinforced gypsum 的英文简写），以超细结晶石膏（经改良的α型半水石膏）为基料与专用连续刚性的增强玻璃纤维、专业添加剂，在模具上经过特殊工艺层压而成的预铸式新型装饰材料。 （2）产品表面光洁平滑呈白色，材质表面光洁，白度达到90%以上，高质量的成型表面有利于任何涂料的喷涂处理。材料可有效抵御外部环境造成的破损、变形和开裂	适用于制作室内装饰工程顶面、墙面的各种多曲面异形饰面造型

4. 参数指标（表 2.2.6-2）

表 2.2.6-2

项目	石膏制品（石膏线条、石膏花饰）	GRG制品
密度	900kg/m³	1800kg/m³
吸水率	＜10%	＜10%
核素含量	A级	A级
阻燃性能	A级	A级
耐火极限	3h	3h

5. 相关标准

（1）现行行业标准《石膏装饰条》JC/T 2078。

（2）现行行业标准《装饰石膏板》JC/T 799。

（3）现行国家标准《玻璃纤维增强水泥性能试验方法》GB/T 15231。

6. 生产工艺

（1）石膏线条的生产工艺流程（图 2.2.6-2）

图 2.2.6-2　石膏线条的生产工艺流程图

1）浆料制备

将石膏和水按照规定的比例调拌、搅匀，搅拌石膏粉的时间不宜过长，以 0.5min 为宜，否则会导致石膏粉在短时间内发干，搅拌到无气泡出现即可（图 2.2.6-3）。

图 2.2.6-3　浆料制备

2）入模成型

图 2.2.6-4　加网布

将调好的石膏浆均匀地填充到模具中，直到石膏浆完全覆盖整个模具正面，达到厚度标准后加入玻璃纤维和网格布并在顶端埋入细绳（图 2.2.6-4），再覆盖一层石膏浆并刮平。

3）脱模晾晒

基本凝固之后，卸下模具夹，轻甩脱模。将脱模好的石膏线条垂直悬挂晾晒（图 2.2.6-5），如果是弧形石膏线或异形石膏线，则平整放置风干。

图 2.2.6-5　晾晒

（2）GRG制品的生产工艺流程（图2.2.6-6）

图2.2.6-6 GRG制品的生产工艺流程图

1）模具预制

模具可选用木材、硅胶、玻璃钢、泡沫等制作。泡沫模具适用于造型复杂的异形板（图2.2.6-7）。木工板模具适用于规则造型。硅胶模具适用于造型复杂，同时数量大的板块。

图2.2.6-7 制模

2）备料

将干燥的石膏粉和适量的水进行混合，制作石膏浆，掌握好水粉比例，确保石膏浆的均匀性和稠度。将准备好的原材料放入混合机中，进行搅拌混合。混合时间和速度要根据配方及环境进行调节，以保证混合均匀。

图2.2.6-8 浇筑

3）入模成型

将混合好的原料均匀分布倒入模具（图2.2.6-8），并通过振动去除气泡。在浇筑过程中，放入纤维丝、钢筋及骨架预埋件等加固材料。在石膏糊倒入模具后，通常需要等待20~30min，让其在模具中自然固化。

4）脱模修整

石膏浆固化后，从模具中脱模（图2.2.6-9）。然后清理多余的石膏糊和模具上的残留物。脱模后，对GRG制品进行切割、打磨和加工等处理，使其表面更加光滑平整，达到设计效果。

图2.2.6-9 脱模

7. 品牌介绍（排名不分先后，表2.2.6-3）

表2.2.6-3

品牌	简介
 同发顺	厦门市同发顺建材工贸有限公司成立于2008年，位于厦门市翔安区，是一家专注于外墙装饰线条和集内室材料产品研发、开发、生产、销售于一体的企业。主要生产工程项目定制大板线，产品种类齐全
建骏	广州市建骏装饰材料有限公司，1992年创建于中国石膏装饰产业的发源地广州市，创建了广州、成都、河南三大石膏装饰产业园和宁夏盐池石膏粉产业园，形成了强大的生产规模和销售网络

8. 价格区间（表2.2.6-4）

表2.2.6-4

名称	规格	价格
石膏线条	2.5m/条	25～30元/条
石膏花饰	规格详见产品说明	50～800元/件
GRG制品	规格详见产品说明	500～2000元/件

注：以上价格为2023年网络电商平台价格，价格受品牌、规格、功能、材质以及原材料价格浮动、市场环境等因素的影响（以上价格仅供参考）。

9. 验收要点

（1）资料检查：应有产品合格证书、检验报告及使用说明书等质量证明文件。

（2）包装检查：包装完整，包装上应标明批次、规格、生产日期等信息，产品品牌、规格、型号应与订单要求一致。

（3）实物检查：石膏制品的外观应光滑、整洁，无明显杂质和破损、气泡、裂纹、变形等缺陷，强度与含水率应在规范范围内，敲击声应发脆如陶瓷。石膏线条的长、宽、厚以及边缘直线度、平直度达到标准要求。石膏花饰饰纹应完整、清晰、流畅、挺括，尺寸应该符合设计要求。GRG制品的尺寸、抗压强度、抗拉强度、防火性能等应符合国家标准和设计要求，包括燃烧性能、烟气毒性等。

10. 应用要点

GRG 产品的应用优势：

（1）无限可塑性：通过设计方案转化成的生产图，GRG 采用模具进行流体预铸，可实现任意曲面造型。其产品的无限可塑性可实现任意创新设计的完美实现。

（2）调节湿度：GRG 呈大量微孔结构，多孔体可吸收或释放出水分。当室内温度高、湿度小时会释放出微孔中的水分；当室内温度低、湿度大时会吸收空气中的水分。这种吸湿与释湿的循环可起到调节相对湿度的作用。

（3）质量高强：GRG 平面部分的标准厚度为 3.2～8.8mm（特殊要求可加厚），每平方米重量仅为 4.9～9.8kg，能减轻主体建筑重量及构件负载。GRG 断裂荷载大于 1200N，超过现行行业标准《装饰石膏板》JC/T 799 装饰石膏板断裂荷载 118N 的 10 倍。

（4）声学效果：经检测 4mm 厚 GRG 材料，透过 500Hz 23dB/100Hz 27dB；气干比重 1.75，符合专业声学反射要求。可构成良好的吸声结构，达到隔声、吸声的效果。

11. 材料小百科

气硬性材料与水硬性材料：

（1）气硬性是指在大气中常温下即可逐渐凝结硬化而具有相当强度的性质，且气硬性材料拌水后只能在空气中（干燥条件下）硬化并保持和发展其强度，如石灰、石膏、水玻璃和菱苦土等。水玻璃（硅酸钠）的粘结硬化是由于水解作用生成不稳定的硅氧凝胶进行聚集，甚至形成氧化硅结晶骨架的结果。当干燥后大量形成的凝胶更加紧缩，结合体的强度因此提高。

（2）水硬性是指必须同水进行反应并在潮湿介质中才可逐渐凝结硬化的性质。水硬性材料拌水后既能在空气中（干燥条件下）硬化，又能在水中继续硬化并保持和发展其强度，如水泥，随着养护龄期的延长，各种可水化矿物的持续水化，水泥浆中的这些水化矿物经溶解并逐渐形成胶体和进一步产生结晶作用而凝结硬化，强度不断增加，最终形成坚硬的水泥石。

2.2.7 紧固件

1. 材料简介

紧固件（图 2.2.7-1）泛指作紧固（或锚固）连接用的一类机械零件，是将两个或两个以上零件（或构件）紧固连接成为一件整体，或将某零件（或构件）锚固于另一零件（或构件）上所采用的机械零件的总称。它的特点是品种规格繁多，性能用途各异，

图 2.2.7-1　紧固件

且标准化、系列化、通用化的程度极高。因此，也有把已有国家标准的一类紧固件称为标准紧固件，或简称为标准件。紧固件通常包括锚栓、螺钉、螺栓、螺柱、螺母、垫圈、挡圈、组合件、铆钉、销等。

2. 构造、材质

（1）金属锚栓

构造：由螺杆、膨胀套管及螺母等组成（图 2.2.7-2）。

材质：碳钢、镀锌钢、不锈钢、铜等。

（2）塑料锚栓

构造：由螺钉和带圆盘的塑料膨胀套管组成（图 2.2.7-3）。

材质：

螺钉：镀锌钢、不锈钢。

膨胀套：聚酰胺、聚乙烯、聚丙烯等。

（3）化学锚栓

构造：由化学药剂胶管和螺杆以及垫片与螺母组成（图 2.2.7-4、图 2.2.7-5）。

材质：

螺杆螺母：镀锌钢、不锈钢。

化学药剂：乙烯基树脂、石英颗粒、固化剂等。

图 2.2.7-2　金属锚栓结构

图 2.2.7-3　塑料锚栓结构

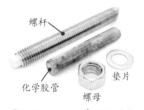

螺杆

化学胶管　螺母　垫片

图 2.2.7-4　化学锚栓结构

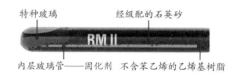

特种玻璃　　经级配的石英砂

RM II

内层玻璃管——固化剂　不含苯乙烯的乙烯基树脂

图 2.2.7-5　化学胶管

（4）机制螺钉、自攻螺钉、钻尾螺钉

构造：均由头部、杆部和杆部末端三部分组成。钻尾螺钉杆部末端带有一个防渗水垫圈（图 2.2.7-6）。

材质：

螺钉：镀锌钢、不锈钢。

垫圈：EPDM 橡胶、PU 垫圈、PE 垫圈等。

（5）螺栓

构造：由头部和螺杆（外螺纹圆柱体）两部分组成，与螺母配合（图 2.2.7-7）。

材质：碳钢、镀锌钢、不锈钢、铜等。

机制螺钉

自攻螺钉

钻尾螺钉

图 2.2.7-6　螺钉结构

螺杆
螺母
平垫圈
弹簧垫圈
螺栓头

图 2.2.7-7　螺栓结构

（6）铆钉

构造：由圆柱状铆钉杆和端部呈蘑菇状帽檐的铆体构成（图 2.2.7-8）。

材质：铜、铝合金、碳钢、不锈钢等。

铆钉杆　　　铆体

图 2.2.7-8　铆钉结构

（7）射钉

构造：由钉子加齿圈或塑料定位卡圈构成（图 2.2.7-9）。

钉子　　齿圈

图 2.2.7-9　射钉结构

材质：45# 碳素钢、60# 碳素钢。

（8）水泥钢钉

构造：由钉帽、钉身、钉尖以及凸棱一体成型（图 2.2.7-10）。

材质：45# 碳素钢、55# 碳素钢、60# 碳素钢。

（9）码钉、气排钉

构造：构造外形种类很多，一般分为 F 钉、门型、U 型（俗称码钉）、T 型（俗称 T 钉、直钉）、HT 型、N 型（俗称大码钉）、K 型、FST 型、蚊型钉等（图 2.2.7-11）。

材质：304 不锈钢、镀锌钢。

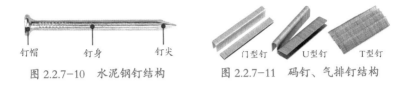

图 2.2.7-10 水泥钢钉结构　　　图 2.2.7-11 码钉、气排钉结构

3. 分类（表 2.2.7-1）

表 2.2.7-1

名称	图片	材料解释	应用
金属锚栓		由膨胀套管、锚栓杆与螺母组成。使用时，先用冲击钻或电锤钻相应尺寸的孔，将锚栓与膨胀套管插入孔内，套管外端与孔口齐平，旋紧螺母，使套管顶端胀开延锚栓头外扩，膨胀顶紧结构孔	适用于将构件或连接件紧固于混凝土或实心烧制砖等坚实基体上
塑料锚栓		由塑料膨胀套管与金属螺钉组成。使用时，先在基体上钻出相应直径和深度的孔，把胀管塞入孔中，然后将螺钉穿过被固定件的通孔，旋入胀管内拧紧，使膨胀套管向孔内膨胀达到紧固效果	适用于受力不大的固接施工，或是潮湿、有腐蚀性气体等介质的环境

名称	图片	材料解释	应用
化学锚栓		由乙烯基、环氧树脂与金属杆体组成化学粘接型的紧固材料。使用前，在基体相应位置钻孔，用专用气筒、毛刷或空压机清孔，确保无灰尘与明水。确认玻璃管锚固包无外观破损、药剂凝固等异常现象后，将玻璃管圆头朝内推至孔底。将螺杆强力旋转插入直至孔底或锚栓标志位置并立即停止旋转，待凝胶至完全固化前避免扰动	适用于建筑物加固改造、设备、护栏安装，以及各种幕墙、大理石干挂等间接要求较高的后置埋件安装
机制螺钉		螺钉即螺丝，是利用物体的斜面圆形旋转和摩擦力的物理学及数学原理，循序渐进地紧固器物的机件。可锁定带有内螺纹孔的零件，与带有通孔的零件之间的紧固连接，或配合螺母紧固物体，属可拆卸连接	适用于机械设备的构件或零件装配连接
自攻螺钉		螺杆带有专用自攻螺纹的螺钉，用于紧固握钉性能较好的构件。自攻螺钉具有较高的硬度，在构件上需事先制出小孔，让螺钉直接旋入孔中，使构件中形成相应的内螺纹，属于可拆卸连接	适用于木构件或较薄的金属（钢板、锯板、龙骨等）之间的坚固连接
钻尾螺钉		尾部呈钻尾或尖尾状，无须辅助可直接在构件上钻孔、攻丝、锁紧，大幅节约施工时间。相比普通螺钉，其韧拔力和维持力高，使用安全	适用于钢结构的彩钢瓦固定，也可用于简易建筑的薄板材固定
螺栓		一种配用螺母的圆柱形螺纹紧固件。由头部和螺杆（外螺纹圆柱体）组成，与螺母配合紧固连接两个带有通孔的构件。此连接称为螺栓连接，属于可拆卸连接	螺栓广泛应用于结构构件连接固定
铆钉		抽芯铆钉为单面铆接的紧固件，由头部和钉杆构成，用于紧固连接两个带孔零件（或构件）。这种连接形式称为铆钉连接，简称铆接。属于不可拆卸连接	适用于金属龙骨、薄壁铝合金构件、薄质零配件及薄型板材的铆固

名称	图片	材料解释	应用
射钉		钉体以优质钢特殊加工制成，具有高强度、高硬度和良好的韧性及抗腐蚀性能。在 −10～200℃ 时，其抗拉强度约为 2000MPa，抗剪强度为 1100～1200MPa，抗冲击韧性一般 ≥ 300J/cm²；钉体弯曲 90°～120° 不断裂	适用于将通过射钉钉入混凝土或钢板等基体达到紧固物体或构件的作用
水泥钢钉		（1）又称特种钢钉、高强度水泥钢钉，钉杆较粗，材料为优质中碳钢，具有较高的硬度、强度和韧性，穿透力更强。 （2）对于较坚硬的混凝土基体，宜先按钉入深度的 1/3 钻一个小孔，再钉入钢钉，钉入基体深度应 ≥ 10mm。在诸如砌体等握钉力较差的基体时，不宜采用水泥钢钉	适用于混凝土、实心烧制砖、水泥砂浆层等坚实基体上固定物体或构件
码钉		气动枪钉，镀锌铁丝做成，同钉书钉，按照线径分类型号带 F、J、K、N、P 字头表示	适用于装饰木工施工等
气排钉		气动枪钉，用胶粘接成一排，使用时直接将其放入气钉枪即可，使用方便快捷	适用于装饰木工施工等

4. 参数指标

（1）金属锚栓

产品材质：碳钢、镀锌钢、不锈钢、铜。

表面处理：镀白锌、镀彩锌、热镀锌、洗白、本色。

产品规格（图 2.2.7–12）：

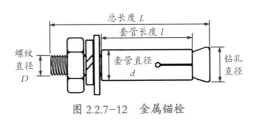

图 2.2.7–12　金属锚栓

举例：M6×80 表示螺纹直径 6mm，总长度 80mm（表 2.2.7-2）。

表 2.2.7-2

规格	总长度 L（mm）	套管长度 l（mm）	螺纹直径 D（mm）	套管直径 d（mm）	钻孔大小
M6×80	80	55	6	10	10mm 钻头打孔

（2）塑料锚栓

产品材质：PPO 注塑、304 不锈钢。

表面处理：镀白锌、镀彩锌、热镀锌、本色。

产品规格（图 2.2.7-13）：

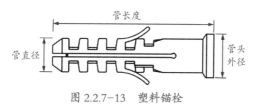

图 2.2.7-13　塑料锚栓

举例：M6×30 表示膨胀管外径 6mm，膨胀管长度 30mm（表 2.2.7-3）。

表 2.2.7-3

规格	膨胀管尺寸（mm）			螺丝尺寸（mm）		钻孔（mm）	
	内径	外径	长度	直径	长度	直径	深度
M6×30	4.5	6	30	M4	30	6	40

（3）化学锚栓

产品材质：碳钢、304 不锈钢。

表面处理：镀白锌、镀彩锌、热镀锌、本色。

产品规格（图 2.2.7-14）：

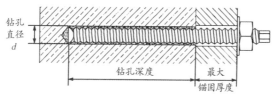

图 2.2.7-14　化学锚栓

举例：M8×110 表示螺纹直径 8mm，螺钉长度 110mm（表 2.2.7-4）。

表 2.2.7-4

锚栓 型号	胶管 型号	螺钉 长度 L（mm）	钻孔 直径 D（mm）	钻孔 深度 hef （mm）	最大锚固 厚度 tfix （mm）	极限 拉力 （N）	极限 剪力 （N）
M8×110	RM-8	110	10	80	13	33487	14867

（4）机制螺钉

产品材质：碳钢、304 不锈钢。

表面处理：镀白锌、镀彩锌、热镀锌、本色。

产品规格（图 2.2.7-15）：

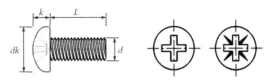

L—螺杆长度；k—头部厚度；d—螺纹直径；dk—头部直径

图 2.2.7-15　机制螺钉

举例：M3×6 表示螺纹直径 3mm，螺杆长度 6mm（表 2.2.7-5）。

表 2.2.7-5

规格	螺纹直径 d （mm）	头部直径 dk （mm）	头部厚度 k （mm）	螺杆长度 L （mm）
M3×6	3	5.0～5.5	1.7～1.9	6

（5）自攻螺钉

产品材质：碳钢、304 不锈钢。

表面处理：镀白锌、镀彩锌、热镀锌、未处理。

产品规格（图 2.2.7-16）：

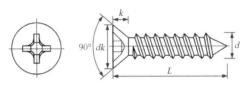

L—螺杆总长度；k—头部厚度；d—螺纹直径；dk—头部直径

图 2.2.7-16　自攻螺钉

举例：M4×16 表示螺纹直径 4mm，总长度 16mm（含头部长度）（表 2.2.7-6）。

表 2.2.7-6

规格	螺纹直径 d（mm）	头部直径 dk（mm）	头部厚度 k（mm）	沉头角度	总长度 L（mm）
M4×16	4	7.2	2.6	90°	16

（6）钻尾螺钉

产品材质：碳钢、304 不锈钢、410 不锈钢。

表面处理：镀白锌、镀彩锌、热镀锌、本色。

产品规格（图 2.2.7-17）：

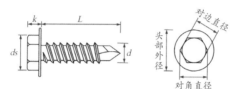

L—螺杆长度；k—头部厚度；d—螺纹直径；ds—对角直径

图 2.2.7-17　钻尾螺钉

举例：M5.5×25 表示螺纹直径 5.5mm，螺杆长度 25mm（表 2.2.7-7）。

表 2.2.7-7

规格	螺杆长度 L（mm）	螺纹直径 d（mm）	头部厚度 k（mm）	对边直径（mm）
M5.5×25	25	5.5	5.0	7.8

（7）螺栓

产品材质：碳钢、304 不锈钢。

表面处理：黑色、不锈钢本色。

产品规格（图 2.2.7-18）：

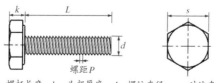

L—螺杆长度；k—头部厚度；d—螺纹直径；s—对边直径

图 2.2.7-18　螺栓

举例：M6×40 表示螺纹直径（公称直径）6mm，螺纹长度 40mm（表 2.2.7-8）。

表 2.2.7-8

规格	公称直径 d（mm）	螺距 P（mm）	螺纹长度 L（mm）	头部厚度 k（mm）		对边直径 s（mm）	
				max	min	max	min
M6×40	6	1	40	4.24	3.76	10	9.65

（8）铆钉

产品材质：304 不锈钢、碳钢、铝合金、铜。

表面处理：铝合金本色、碳钢本色、304 不锈钢、镀白锌、电泳黑。

产品规格（图 2.2.7-19）：

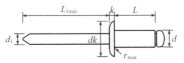

L—铆体长度；d—铆体直径；k—头部厚度；dk—头部直径；
d_1—钉芯直径；L_{1min}—钉芯长度（不含铆体侧长度）；r_{max}—倒圆角最大值

图 2.2.7-19　铆钉

举例：M3.2×15 表示铆体直径 3.2mm，铆体长度 15mm（表 2.2.7-9）。

表 2.2.7-9

规格型号	铆体直径 d （mm）	铆体长度 L （mm）	头部厚度 k （mm）	倒圆角最 大值 r_{max} （mm）	头部直径 dk （mm）	钉芯直径 d_1 （mm）	钉芯长度 L_{1min} （mm）
M3.2×15	3.2	15	0.8	0.2	6.5	2	25

（9）射钉

产品材质：碳钢、304 不锈钢。

表面处理：镀白锌、镀彩锌、热镀锌、未处理。

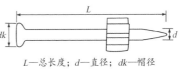

L—总长度；d—直径；dk—帽径

图 2.2.7-20　射钉

产品规格（图 2.2.7-20）：

举例：3.2×22 表示直径 3.2mm，总长度 22mm（表 2.2.7-10）。

表 2.2.7-10

规格型号	总长度 L（mm）	帽径（mm）	直径（mm）	重量（g）
3.2×22	22	7	3.2	169

（10）水泥钢钉

产品材质：碳素钢、55# 碳素钢。

表面处理：镀锌、热镀锌。

产品规格（图 2.2.7-21）：

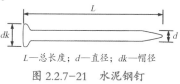

L—总长度；d—直径；dk—帽径

图 2.2.7-21　水泥钢钉

举例：2.7×25 表示直径2.7mm，总长度25mm（表 2.2.7-11）。

表 2.2.7-11

规格型号	总长度L（mm）	帽径（mm）	直径（mm）	重量（g）
2.7×25	25	6	2.7	293

（11）码钉、气排钉

产品材质：304 不锈钢、镀锌钢。

表面处理：镀锌、涂漆、不锈钢本色。

产品规格（图 2.2.7-22、图 2.2.7-23）：

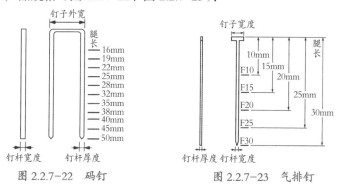

图 2.2.7-22　码钉　　　　图 2.2.7-23　气排钉

举例：F10 表示直钉腿长 10mm（表 2.2.7-12）。

表 2.2.7-12

规格型号	钉子宽度（mm）	钉杆厚度（mm）	钉杆宽度（mm）	腿长（mm）
F10	约 2.0	约 0.9	约 1.2	10

举例（表 2.2.7-13）：

10J 系列：1010J，前两个数字 10 代表钉子的肩宽约 11mm，后面两个数字 10 代表钉子的长度 10mm。

4J 系列：422J，第一个数字 4 代表钉子的肩宽约 5mm，后面两个数字 22 代表钉子的长度 22mm。

表 2.2.7–13

规格型号	钉子外宽（mm）	钉杆厚度（mm）	钉杆宽度（mm）	腿长（mm）
1010J	约 11	约 0.6	约 1.2	10
422J	约 5	约 0.6	约 1.2	22

5. 相关标准

（1）现行国家标准《钢钉》GB/T 27704。

（2）现行国家标准《射钉》GB/T 18981。

（3）现行国家标准《六角头螺栓》GB/T 5782。

（4）现行国家标准《十字槽盘头螺钉》GB/T 818。

（5）现行国家标准《紧固件机械性能　螺栓、螺钉和螺柱》GB/T 3098.1。

6. 生产工艺

以螺钉的生产工艺流程为例（图 2.2.7–24）：

粗拔 → 退火 → 酸洗 → 抽线 → 打头 → 搓牙 → 热处理 → 表面处理

图 2.2.7–24　螺钉的生产工艺流程图

（1）粗拔

选用直径 5～19mm 的线材经粗拔加工处理，以去除线材表面的氧化皮（图 2.2.7–25）。经粗拔处理后的线材表面可呈现金属的原始色泽。

（2）退火

将线材加热至不同温度区间后保持相应时间，再自然冷却。以调整内部结晶组织，降低线材硬度和

图 2.2.7–25　粗拔

内应力，改良常温加工性，增加锻造性能（图 2.2.7–26）。

（3）酸洗

酸洗磷化去除线材表面的氧化膜（图 2.2.7–27），金属表面会形

成一层磷酸盐薄膜，线材更加容易被加工成型，并且减少线材抽线以及冷墩等后续加工过程中对工模具的擦伤和损耗。

图 2.2.7-26　退火

图 2.2.7-27　酸洗

（4）抽线

线材盘圆酸洗后，抽线机根据不同的产品需求把线材拔到相应线径（图 2.2.7-28），抽送至冷镦机并将线材裁切成所需的长度。

（5）打头

将螺钉头部墩打出来形成螺钉形状。普通自攻螺钉的打头成型一般经过一模二冲的工序。打头成型可以是沉头、圆头、大扁头、外六角、内六角等（图 2.2.7-29）。

图 2.2.7-28　抽线

图 2.2.7-29　打头成型

（6）搓牙

将自攻螺钉钉胚做成螺纹，需要两块牙板，一块牙板固定，另一块牙板滚动半成品挪动，运用揉捏使产物发生塑性变形，构成所需的螺纹（图 2.2.7-30）。

（7）热处理

螺钉需经过热处理后才能够保持自身的机械性能，令螺钉表面硬度和芯部硬度均能达到一定标准方能顺利攻孔（图 2.2.7-31）。

图 2.2.7-30 搓牙

图 2.2.7-31 热处理

（8）表面处理

通过电镀（图 2.2.7-32）、热浸镀锌、机械镀等工艺在工件外表形成覆盖层，以使制件美观并具有防腐性能。常用的电镀有镀锌、黑／白镍、发黑、磷化等；对于产品有环保要求的，则要三价白锌的除磷处理，也称为环保白锌。

图 2.2.7-32 电镀

7. 品牌介绍（表 2.2.7-14）

表 2.2.7-14

品牌	简介
	晋亿实业股份有限公司成立于 1995 年，位于浙江省嘉善县，国内大型高速铁路扣件系统生产基地之一，专业生产各类螺栓、螺母、螺钉、精线及非标准特殊紧固件的大型产业化企业

8. 价格区间（表 2.2.7-15）

表 2.2.7-15

名称	规格（mm）	价格
金属锚栓	M8×80	50～60 元 /100 个
塑料锚栓	M10×60	15～20 元 /50 套
化学锚栓	M10×130	1.8～2 元 / 套
机制螺钉	M3×6	9～10 元 /200 粒
自攻螺钉	M3×30	7～9 元 /100 粒

名称	规格（mm）	价格
钻尾螺钉	304 材质 M4.2×32	4～6 元 /50 粒
螺栓	M5×50	35～40 元 /50 套
铆钉	M3×6	20～30 元 /500 个
射钉	2×32	4～6 元 /100 颗
水泥钢钉	3.4×50	6～10 元 /400g，约 95 个
码钉	门型钉 8	3.7～5 元 /1000 枚
气排钉	国标 F50 钉	32～36 元 /5000 枚

注：以上价格为 2023 年网络电商平台价格，价格受品牌、规格、功能、材质以及原材料价格浮动、市场环境等因素的影响（以上价格仅供参考）。

9. 验收要点

（1）资料检查：应有产品合格证书、检验报告及使用说明书等质量证明文件。

（2）包装检查：包装完整，包装上均应有标志（含贴或拴标签）。标志应包括制造者和 / 或经销者商标（或识别标志）和性能等级标志代号，以及生产批号。

（3）实物检查：

1）螺钉、螺栓等紧固件的外观应无损伤、变形、裂纹、锈蚀等缺陷。

2）螺钉、螺栓等紧固件的规格、重量、尺寸精度及加工工艺等应符合要求。

3）螺钉、螺栓等紧固件的硬度、拉伸、压缩、弯曲、抗剪等物理性能及耐腐蚀性等应符合要求。

4）螺钉、螺栓等紧固件应使用规定的材质，有碳钢、合金钢、不锈钢、铝合金、铜合金等；高强度螺栓应由高强度钢材制作，常用 45# 钢、40 硼钢、20 锰钛硼钢；普通螺栓常用 Q235 钢制造。螺钉、铆钉采用 304 不锈钢或 410 不锈钢。

10. 应用要点

紧固件表面检验：

（1）镀层厚度检验

1）量具法：所用量具有千分尺、游标卡尺、塞规等。

2）磁性法：用磁性测厚仪对磁性基体上的非磁性镀膜层测量。

3）金相法：用金相显微镜测量经过浸蚀的紧固件镀层厚度。

4）液流法：根据溶解镀层所需时间计算镀层的厚度。

（2）镀层附着强度检验

摩擦抛光试验、锉刀法、划痕法、挤压法、弯曲试验。

（3）镀层耐腐蚀性检验

大气暴晒试验；中性盐雾试验（NSS 试验）；醋酸盐雾试验（ASS 试验）、铜加速醋酸盐雾试验（CASS 试验）；腐蚀膏腐蚀试验（CORR 试验）、溶液点滴腐蚀试验；浸渍试验、间浸腐蚀试验。

11. 材料小百科

螺钉螺纹标注：

（1）普通粗牙螺纹：特征代号 M ＋公称直径＋旋向（左旋用"LH"表示，右旋不标）＋螺纹公差带代号（中径、顶径）－旋合长度。

例如：M16–5g6g 表示粗牙普通螺纹，公称直径 16mm，右旋，螺纹公差带中径 5g，大径 6g，旋合长度按中等长度考虑。

（2）普通细牙螺纹：特征代号 M ＋公称直径×螺距＋旋向（左旋用"LH"表示，右旋不标）＋螺纹公差带代号（中径、顶径）－旋合长度。

例如：M16×1LH–6G 表示细牙普通螺纹，公称直径 16mm，螺距 1mm，左旋，螺纹公差带中径、大径均为 6G，旋合长度按中等长度考虑。

公差带代号：内螺纹用大写字母，外螺纹用小写字母，如 7H、6g 等，注：7H、6g 代表螺纹公差，而 H7、g6 代表圆柱体公差。

旋合长度规定：短（用 S 表示）、中（用 N 表示）、长（用 L 表示）三种。一般情况下，不标注螺纹旋合长度，其螺纹公差带按中等旋合长度（N）确定。特殊需要时，可注明旋合长度，如"M20–5g6g–30"。

2.2.8 胶粘材料

1. 材料简介

胶粘剂，即可将两个及两个以上物体连接在一起的一类物质的统称，俗称"胶"。有天然或化学合成、有机或无机之分。我国是发现和使用天然胶粘剂最早的国家之一，随着合成化学工业的发展，除了天然胶粘材料，还诞生了化学合成胶粘材料。胶接技术相对于其他的连接技术（如焊接、螺接、铆接等），在连接不同材质、不同厚度、超薄规格和复杂构件时也显现出较为突出的优越性，胶粘材料在建筑装饰工程中的应用也很广泛。

胶粘剂一般有粘结料（如树脂、橡胶、高分子化合物）、固化剂、增韧剂（邻苯二甲酸二丁酯和邻苯二甲酸二辛酯）、稀释剂（如丙酮、苯和甲苯）、填料（如滑石粉、石棉粉和铝粉）及各类改性剂（如偶联剂、防腐剂、防霉剂、阻燃剂和稳定剂）等主要成分组成。

胶粘剂分类方法有很多（图2.2.8-1），按固化条件可分为高温固型、室温固化型、低温固化型、光敏型、电子束固化型等；按形态可分为水溶型、水乳型、溶剂型以及各种固态型等；按化学性质可分为无机胶粘剂和有机胶粘剂。

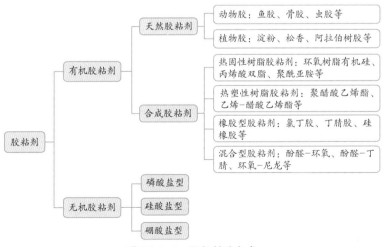

图2.2.8-1 胶粘剂的分类

2. 构造、成分

（1）白乳胶：单组分，主要成分为醋酸乙烯酯、聚乙烯醇、邻苯二甲酸二丁酯、辛醇、过硫酸铵、水以及其他多种助剂。

（2）万能胶：单组分，主要成分为氯丁胶，以苯、甲苯、二甲苯作为溶剂。

（3）云石胶：双组分，主要成分为不饱和聚酯树脂或环氧树脂；填料有竹炭颗粒粉、改性滑石粉、碳酸钙粉等；聚酯云石胶固化剂为过氧化甲乙酮的邻苯二甲酸二丁酯，催化剂为环烷酸钴或异辛酸钴；环氧云石胶固化剂为乙二胺或者二乙烯三胺，催化剂为二月桂酸丁基锡。

（4）干挂胶：双组分；主要成分为环氧树脂；填料有石英粉或其他无机填充料等；活性稀释剂如环氧丙烷丙烯醚、丁基缩水甘油醚、甘油环氧树脂、环氧氯丙烷等；非活性稀释剂如丙酮、乙醇、甲苯、醋酸乙酯、二甲基百甲酰胺等溶剂。固化剂为酚类化合物改性胺等。

（5）硅酮结构胶：分为单组分或双组分；主要成分为聚二甲基硅氧烷，俗称"107基胶"，也被称为硅烷、硅氧烷、硅化合物；填料有白炭黑或碳酸钙、铝氧化物、聚丙烯蜡和聚四氟乙烯等；色料如炭黑、钛白粉等；以及交联剂、偶联剂、催化剂。

（6）硅酮密封胶：分为单组分或双组分；主要成分为聚二甲基硅氧烷（其含量、成色与结构胶不同）；填料主要有二氧化硅、白炭黑或碳酸钙等；色料如炭黑、钛白粉等；以及交联剂、偶联剂、催化剂。

（7）聚氨酯结构胶：分为单组分或双组分；聚氨酯－聚脲胶粘剂，由甲苯二异氰酸酯（TDI）与聚氧化丙烯二醇反应制成含异氰酸酯基的预聚体。固化剂是酸酐与芳胺反应（芳胺酰基化）生成芳酰胺（固化剂）。

（8）聚氨酯密封胶：分为单组分或双组分；主要成分为聚氨酯橡胶及聚氨酯预聚体〔甲苯二异氰酸酯（TDI）、二苯基甲烷二异氰酸酯（MDI）或聚合的MDI〕；添加剂包括干燥剂、阻燃剂、偶联剂、抗氧剂、紫外抑制剂、着色剂、粘接促进剂、填充物、增塑剂、其他聚合物等。

（9）发泡胶：单组分；主要成分为聚氨酯预聚体（多异氰酸酯化合物，如 TDI、MDI）、聚酯或聚醚类的多元醇，以及发泡剂、催化剂、交联剂、丙烷等。

3. 分类（表 2.2.8-1）

表 2.2.8-1

名称	图片	材料解释	应用
白乳胶		（1）属于聚醋酸乙烯胶，主要是由醋酸乙烯单体在引发剂作用下，以水为分散介质进行乳液聚合而得，是一种水性环保胶。 （2）其成膜性好、固化速度快、粘接强度高，粘接层具有较好的韧性和耐久性，使用方便，价格便宜，不含有机溶剂	适用于木材、家具、装修、印刷、纺织、皮革、造纸等行业
万能胶		（1）属于氯丁橡胶胶粘剂，主要成分为氯丁胶，采用苯、甲苯、二甲苯作为溶剂，呈黄色液态黏稠状，具有良好的耐油、耐溶剂和耐化学试剂性能。 （2）可室温固化，初粘力大，强度建立快，粘接强度高，综合性能优良，因其能粘接多种类型的材料，故俗称"万能胶"	适用于橡胶、皮革、织物、造革、塑料、木材、玻璃、陶瓷、金属等多种软硬材料的粘接
云石胶		（1）非结构承载用石材胶粘剂，以不饱和聚酯树脂和/或环氧树脂等为基体树脂、添加适当改性材料，经与固化剂固化而产生粘结作用，不承受结构性荷载的石材用胶粘剂。 （2）凝胶快，固化时间短，可低温（-10℃）固化。常温，几秒内凝胶，5min 左右完全固化。固化后硬度强、抛光性好，但质脆、耐久性差	适用于石材安装时快速定位或石材缺陷修补、石材板块间填缝。禁止作为结构胶使用

名称	图片	材料解释	应用
干挂胶		（1）主要是以环氧树脂及有机填充料、石英粉等为基料，配以固化剂组成AB双组分胶粘剂，故俗称"AB胶"。 （2）在常温下（23℃），有效施工时间30min左右，初干2h左右，完全固化24～72h；低温（10℃以下），则固化缓慢。 （3）属于柔性粘接、韧性强、抗振、抗扭曲性能好、应力小，在温差和振动条件作用下，伸缩、沉降产生的位移小，粘接强度不受影响	适用于石材、混凝土、木材、金属、砖瓦、玻璃钢等常用硬质建筑材料中任何两种之间的结构性粘接安装（包括悬挂安装）
硅酮结构胶		（1）以聚二甲基硅氧烷为主要原料，主要分为脱醋酸型、脱醇型、脱氧型、脱丙型，是专门用于幕墙结构粘结装配的结构胶。呈软膏状，使用时挤出与空气中的水分发生固化反应，形成一种高模量、高弹性的硅酮橡胶类固体。 （2）能承受较大荷载，且耐老化、耐疲劳、耐腐蚀，适用于承受强力的结构件粘接	适用于各种玻璃幕墙、铝板幕墙的结构性装配连接
硅酮密封胶		（1）以聚二甲基硅氧烷为主要原料，辅以交联剂、填料、增塑剂、偶联剂、催化剂在真空状态下混合而成的膏状物，在室温下通过与空气中的水发生反应，固化形成弹性硅橡胶。 （2）粘接力强，拉伸强度大，同时具有耐候性、抗振性、防潮、抗臭气和适应冷热变化大的特点	适用于各种玻璃幕墙、铝板幕墙、石材干挂幕墙的耐候密封
聚氨酯结构胶		（1）以聚氨酯预聚体为主要成分，应用于受力构件，能承受较大的动、静负荷，并能长期使用。 （2）聚氨酯是由硬、软段组成的嵌段共聚物。硬段分子提供剪切、剥离强度和耐热性能，软段分子则具有耐冲击、耐疲劳等特性	适用于汽车、机械、工业等长时间经受大荷载领域，代替栓铆或焊接等形式连接

名称	图片	材料解释	应用
聚氨酯密封胶		（1）以聚氨酯橡胶及聚氨酯预聚体为主要成分的密封胶，分为加热硫化型、室温硫化型和热熔型。室温硫化型又有单组分和双组分之分，单组分为湿气固化型，双组分为反应固化型。 （2）具有较高的抗拉伸强度、弹性、耐磨性、耐油性和耐寒性，但耐水性，特别是耐碱水性欠佳	广泛用于建筑物、公路作为嵌缝密封材料，以及汽车、玻璃安装、电子灌装、潜艇和火箭等的密封
发泡胶		（1）将聚氨酯预聚体、发泡剂、催化剂、交联剂等与丙烷气体装填到耐高压铁罐制成。使用时从气雾罐中喷出，沫状聚氨酯物料迅速膨胀并与空气中的水发生固化反应形成泡沫。 （2）固化后的发泡胶泡沫具有填缝、粘结、密封、隔热、吸声等多种效果，是一种环保节能、使用方便的建筑材料	适用于密封堵漏、填空补缝、固定粘结，保温隔声，尤其适用于塑钢或铝合金门窗和墙体间的密封堵漏及防水

4. 参数指标

（1）白乳胶

产品名称：聚乙酸乙烯酯乳液胶粘剂。

产品分类：夏用型、冬用型、常年用型。

固化时间：24h 左右。

（2）万能胶

产品名称：氯丁橡胶胶粘剂。

固化时间：3h 以上。

（3）云石胶

产品名称：非结构承载用石材胶粘剂。

产品分类：Ⅰ型、Ⅱ型。

产品组分：基体树脂（A）、固化剂（B）。

固化时间：2h 表面固化，24～72h 完全固化。

（4）干挂胶

产品名称：干挂石材环氧胶粘剂。

产品分类：快固型（K）、普通型（P）。

产品组分：基体树脂（A）、固化剂（B）。

固化时间：2h 表面固化，24～72h 完全固化。

（5）硅酮胶

产品名称：硅酮结构胶、硅酮密封胶。

组份型别：单组分（Ⅰ）、多组分（Ⅱ）。

适用类别：金属（M）、玻璃（G）、其他（Q）。

固化时间：固化时间为 24～48h 或更长时间。

（6）聚氨酯胶

产品名称：聚氨酯结构胶、聚氨酯密封胶。

组份型别：单组分（Ⅰ）、多组分（Ⅱ）。

产品分类：非下垂型（N）、自流平型（L）。

产品级别：按位移能力分为 25、20；按拉伸模量分为高模量（HM）和低模量（LM）。

固化时间：夏季初步固化时间为 3h，冬季为 7～8h 或更长时间。

（7）发泡胶

产品名称：发泡胶、聚氨酯泡沫填缝剂。

固化时间：夏季全干为 4～6h，冬季为 24h 或更长时间。

（8）参数标记说明

1）云石胶粘剂标记：产品名称、类型、组分代号、标准号

示例：

非结构承载用石材胶粘剂（云石胶）　Ⅰ　A　JC/T 989—2016

非结构承载用石材胶粘剂（云石胶）　Ⅰ　B　JC/T 989—2016

产品名称为非结构承载用石材胶粘剂、Ⅰ型、A 组分基体树脂（B 组分固化剂）、标准号为 JC/T 989—2016。

2）干挂胶粘剂标记：产品名称、品种、标准号

示例：干挂石材幕墙用环氧胶粘剂　K　JC 887—2001

产品名称为干挂石材幕墙用环氧胶粘剂、K 快固型、标准号为 JC 887—2001。

3）硅酮胶粘剂标记：型别、适用基材类别、标准号

示例：2　MG　GB 16776—2005

2 表示双组分硅酮结构胶、适用基材 M 金属与 G 玻璃、标准号

310

为 GB 16776—2005。

4）聚氨酯胶粘剂标记：产品名称、品种、类型、级别、次级别、标准号

示例：聚氨酯建筑密封胶　Ⅰ　N　25　LM　JC/T 482—2022

产品名称为聚氨酯建筑密封胶、Ⅰ型单组分、N 非下垂型、25级、LM 低模量、标准号为 JC/T 482—2022。

5. 相关标准

（1）现行行业标准《聚乙酸乙烯酯乳液木材胶粘剂》HG/T 2727。

（2）现行行业标准《木工用氯丁橡胶胶粘剂》LY/T 1206。

（3）现行行业标准《非结构承载用石材胶粘剂》JC/T 989。

（4）现行行业标准《干挂石材幕墙用环氧胶粘剂》JC 887。

（5）现行国家标准《建筑用硅酮结构密封胶》GB 16776。

（6）现行行业标准《聚氨醋建筑密封胶》JC/T 482。

（7）现行国家标准《建筑密封胶分级和要求》GB/T 22083。

（8）现行行业标准《胶粘剂产品包装、标志、运输和贮存的规定》HG/T 3075。

（9）现行国家标准《室内装饰装修材料　胶粘剂中有害物质限量》GB 18583。

6. 生产工艺

以白乳胶的生产工艺流程为例（图 2.2.8-2）：

图 2.2.8-2　白乳胶的生产工艺流程图

（1）配料

白乳胶的配方（质量分数）：醋酸乙烯酯 45%，聚乙烯醇 5%，邻苯二甲酸二丁酯 4%，辛醇 1%，过硫酸铵 0.1%，水 44.9%，称量备用。

（2）聚合反应

第一步，按配方量将邻苯二甲酸二丁酯与辛醇混合，在不锈钢反应釜（图 2.2.8-3）搅拌并使其溶解。第二步，在另一个容器中加

入去离子水，加热至70℃，在搅拌下加入聚乙烯醇，升温至90℃，保温至全部溶解。待溶解后，停止加热使温度降至66～69℃，在搅拌下加入醋酸乙烯酯。将第一步制得的溶液加入第二步骤制得的溶液中，最后加入过硫酸铵，搅拌混合均匀（图2.2.8-4），在66～69℃下进行乳液聚合，从而制成白乳胶。

图2.2.8-3　不锈钢反应釜

图2.2.8-4　搅拌

7. 品牌介绍（排名不分先后，表2.2.8-2）

表2.2.8-2

品牌	简介
东方雨虹 ORIENTAL YUHONG	东方雨虹成立于1998年，总部位于北京市，现已发展成为集防水材料研发、制造、销售及施工服务为一体的中国防水行业龙头企业，形成建筑防水、建筑涂料、砂浆粉料、节能保温等多元业务板块服务体系
高士 GLORYSTAR	广州市高士实业有限公司成立于1999年，位于广州市白云区，也是国家高新技术企业、国家火炬手计划重点高新技术企业、全国优秀民营科技企业。建筑胶十大品牌之一，广东省名牌产品
三棵树	三棵树创立于2002年，三棵树总部位于福建省莆田市，三棵树涂料是国内"健康漆"领军品牌，三棵树产品主要涵盖墙面涂料、木器涂料、胶粘剂、防水涂料、保温材料、地坪涂料、辅料产品等
Sika	西卡（Sika）于1910年在瑞士苏黎世市成立，公司总部位于瑞士巴尔市。西卡生产的密封、粘接、消声、结构加固和保护材料在全球市场上居领先地位

8. 价格区间（表 2.2.8-3）

表 2.2.8-3

名称	规格	价格
白乳胶	18kg/桶	180～220 元/桶
万能胶	500mL/桶	40～45 元/桶
云石胶	4L/桶	40～60 元/桶
干挂胶	A组分 1kg/桶、B组分 1kg/桶	45～48 元/组
硅酮结构胶	300mL/支	30～35 元/支
硅酮密封胶	300mL/支	10～15 元/支
聚氨酯结构胶	400mL（双组分）	70～120 元/组
聚氨酯密封胶	600mL/支	35～50 元/支
发泡胶	750mL/支	15～30 元/支

注：以上价格为 2023 年网络电商平台价格，价格受品牌、规格、功能、材质以及原材料价格浮动、市场环境等因素的影响（以上价格仅供参考）。

9. 验收要点

（1）资料检查：应有产品合格证书、检验报告及使用说明书等质量证明文件。

（2）外包装检查：

1）单组分胶用密封的管状或桶状包装，双组分结构胶应分别装入两个密闭包装内。内包装形式可以为塑料瓶、塑料袋、塑料薄膜、多层塑复合管、金属管、金属罐、玻璃瓶等。外包装用纸箱，包装单位大的胶粘剂产品可直接装入金属桶、塑料桶、塑料袋。

2）包装容器应完好无损，胶粘剂包装均需有标志内容，包括胶粘剂名称、牌号、商标、生产单位名称及地址、净含量、生产批号、生产日期以及检验合格的标志、生产标准号、使用说明、贮存期及贮存说明等。属于易燃有害的胶产品应按有关规定标志。

（3）实物检查：

各类胶粘剂的胶体色泽均匀、呈细腻黏稠液体或膏状物、无气泡、离析、颗粒和凝胶现象。多组分产品各组分的颜色或包装应有明显区别。

各类胶粘剂的相容性、pH 值、粘结强度、抗拉强度、抗剪强度、抗压强度、冲击韧性、抗张强度、断裂伸长率、高低温稳定性、耐候性、固化时间、不挥发物含量等各类指标应符合相关标准要求。

各类胶粘剂的游离甲醛、苯、甲苯＋二甲苯、甲苯二异氰酸酯、二氯甲烷、三氯乙烯、总挥发性有机物等有害物限量值应符合相关标准要求。

10. 应用要点

石材结构胶应用要点：

石材饰面板用作墙面干挂时，石板与不锈钢挂件间应采用环氧树脂型石材专用结构胶粘结。云石胶只能配合石材结构胶作临时固定，禁止将其用作结构性承载粘结。在正确选用石材结构胶的基础上，需对结构胶的相容性、粘结性以及胶对石材饰面板的污染性做复试，试验合格后方可在工程中使用。

石材开挂件槽、石材结构胶的调制及涂抹、干挂件的固定应在加工车间进行。石材结构胶通常是双组分，使用配合比按 1∶1 质量比，双组分产品必须充分搅拌均匀至颜色一致后才能达到最佳使用效果。粘贴面应干爽不湿（湿度不高于 15%）、无尘、干净、粗糙、无油渍。石材结构胶的物理力学性能与胶厚有直接关系（一般为 1～2mm），干挂件及干挂槽的加工要严格，保证加工尺寸和精度，干挂件和干挂槽的配合要严格，保证干挂胶的厚度和深度。石材结构胶的强度与固化时间和固化温度有关，要保证其有足够的固化养护时间。

11. 材料小百科

胶粘剂中的有害物质：

（1）挥发性有机化合物（VOC）：在胶粘剂中存在较多，如溶剂型胶粘剂中的有机溶剂，三醛胶中的游离甲醛，不饱和聚酯胶粘剂中的苯乙烯，丙烯酸酯乳液胶粘剂中的未反应单体，改性丙烯酸酯快固结构胶粘剂中的甲基丙烯酸甲酯，聚氨酯胶粘剂中的多异氰酸酯，建筑胶中的甲醇，丙烯酸酯乳液中的增稠剂氨水等。这些易挥发性的有机化合物排放到大气中，危害很大，而且有些还会发生光化作用，产生臭氧，低层空间的臭氧污染大气，影响生物的生长和人类的健康。

（2）苯：具有芳香味，却对人有强烈的毒性，吸入和经皮肤吸收都可中毒，使人眩晕、头痛、乏力，严重时因呼吸中枢痉挛而死亡。苯已被列为致癌物质，长期接触有可能引发膀胱癌。空气中最高容许浓度为 $40mg/m^3$。

（3）甲苯：具有较大的毒性，对皮肤和黏膜刺激性大，对神经系统作用比苯强，长期接触有引起膀胱癌的可能。但甲苯能被氧化成苯甲酸，与甘氨酸生成马尿酸排出，故对血液并无毒害。短期内吸入较高浓度甲苯可出现眼及上呼吸道明显的刺激症状、眼结膜及眼部充血、头晕、头痛、四肢无力等症状。空气中最高容许浓度为 $100mg/m^3$。

（4）二甲苯：对眼及上呼吸道黏膜有刺激作用，高浓度时对中枢神经系统有麻醉作用。短期内吸入较高浓度二甲苯可出现眼及上呼吸道明显的刺激症状、眼结膜及咽部充血，头晕、头痛、恶心、呕吐、胸闷、四肢无力、意识模糊、步态蹒跚。工业用二甲苯中常含有苯等杂质。

（5）甲醛：具有强烈的致癌和促癌作用。大量文献记载，甲醛对人体健康的影响主要表现在嗅觉异常、刺激、致敏、肺功能异常、肝功能异常和免疫功能异常等方面。

（6）游离甲苯二异氰酸酯（TDI）：存在于油漆之中，超出标准的游离 TDI 会对人体造成伤害，主要是致敏和刺激作用，出现眼睛疼痛、流泪、眼结膜充血、咳嗽、胸闷、气急、哮喘、红色丘疹、斑丘疹、接触性致敏性等症状，国际上对游离 TDI 的限制标准是 0.5% 以下。

1. 材料简介

建筑涂料是指涂装于建筑物或构件表面，并能粘结形成保护膜的材料。由于早期涂料采用的主要原料是天然动物油脂（牛油、鱼油等）、植物油脂（桐油、亚麻籽油等）和天然树脂（松香、生漆）等，因此涂料又称油漆。随着石化工业和高分子合成工业的发展，当前涂料除了少量采用天然树脂和油脂，主要是以合成树脂为成膜物质，人们仍习惯上把溶剂型涂料俗称油漆。

按主要成膜物质的化学成分，可将建筑涂料划分为有机涂料，如溶剂型涂料、水溶性涂料、乳液型涂料（又称乳胶漆，以经乳化剂作用的合成树脂乳液为主要成膜物质）；无机涂料，如传统的石灰水、大白粉、可赛银等涂料；无机 – 有机复合涂料，如 JS 复合防水涂料。

2. 构造、成分

成分：

涂料的组成包含成膜物质、颜料、填料、溶剂、助剂等。按涂料中各组分所起的作用，一般可分为主要成膜物质、次要成膜物质和辅助成膜物质（图 2.3.1–1）。

（1）主要成膜物质

属胶粘剂，将其他组分粘合并附着于被涂物表面形成坚韧保护膜。分为树脂和油料两类，树脂有天然树脂（虫胶、松香、大漆等）、人造树脂（甘油酯、硝化纤维等）和合成树脂（醇酸树脂、聚丙烯酸酯及其共聚物等）。油料有桐油、亚麻籽油等植物油和鱼油等动物油。为实现多种性能，可用多种树脂配合，或与油料配合使用。

（2）次要成膜物质

次要成膜物质不能离开主要成膜物质而单独构成涂膜。包括着色颜料、体质颜料和防锈颜料三类，其是构成涂膜的组分之一，主要作用是使涂膜着色并赋予涂膜遮盖力，增加涂膜质感，改善涂膜性能，增加涂料品种，降低涂料成本等。

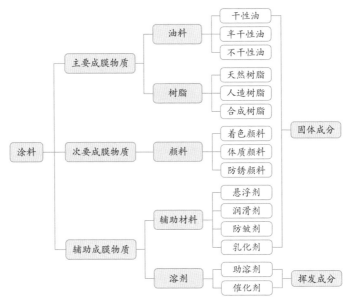

图 2.3.1-1　涂料的组成

（3）辅助成膜物质

辅助成膜物质不能构成涂膜，或不构成涂膜主体，但对涂膜的性能起辅助作用。其主要是指各种溶剂（稀释剂）和各种助剂。溶剂有两大类：一类是有机溶剂，如松香水、乙醇、汽油、苯、二甲苯、丙酮等；另一类是水。助剂是为了提高涂料性能，提高涂膜的质量而加入的辅助材料，如催干剂、增塑剂、固化剂、流变剂、分散剂、增稠剂、消泡剂、防冻剂、紫外线吸收剂、抗氧化剂、防老化剂、防霉剂、阻燃剂。

（4）油漆、腻子成分表（表2.3.1-1）

表 2.3.1-1

名称	主要成膜物质	次要成膜物质	辅助成膜物质
乳胶漆	合成树脂乳液（丙烯酸乳液、苯丙乳液等）	**颜料**：钛白粉、氧化锌或立德粉（锌钡白）及其他颜料 **填料**：碳酸钙、滑石粉、高岭土、硫酸钡、硅灰石粉等	**溶剂**：水 **助剂**：分散剂、润湿剂、增稠剂、成膜助剂、防雾剂等

名称	主要成膜物质	次要成膜物质	辅助成膜物质
木器漆	醇酸树脂	**颜料**：氧化铁、二氧化钛、乳化油漆以及其他颜料 **填料**：滑石粉	**溶剂**：水、乙酸丁酯 **助剂**：硬脂酸锌、分散剂、消泡剂、防沉剂等
氟碳漆	氟树脂	**颜料**：体质颜料、防锈颜料 **填料**：云母粉、二氧化硅、硅微粉	**溶剂**：氟碳、二甲苯稀释剂 **助剂**：催干剂、固化剂、增塑剂、防潮剂、流平剂等
腻子	有机聚合物（聚乙烯醇、聚丙烯酸酯、环氧树脂）	**颜料**：铁红、炭黑、铬黄等 **填料**：碳酸钙、石膏粉、白云石粉、滑石粉、石英粉等	**溶剂**：水、香蕉水、聚酯稀释剂、硝基漆稀释剂 **助剂**：防霉杀菌剂、缓凝剂

3. 分类（表 2.3.1-2）

表 2.3.1-2

名称	图片	材料解释	应用
乳胶漆		是以合成树脂乳液为基料加入颜料、填料及各种助剂配制成的一类水性涂料，有内墙漆和外墙漆两类用途。按生产原料，主要有聚醋酸乙烯乳胶漆、乙丙乳胶漆、纯丙烯酸乳胶漆等	适用于建筑内外墙面、顶棚装饰涂装
木器漆		（1）天然木器漆俗称大漆，是从漆树上采割的汁液（毛生漆）滤去杂质后的生漆。现代工业木器漆是指用于木制品上的一类树脂漆，有硝基漆、聚酯漆、聚氨酯漆、光固漆等，可分为水性和油性。按用途可分为家具漆、地板漆等。 （2）聚氨酯漆（PU漆），由主剂、稀释剂、固化剂调配使用。优点：附着力好，抗划伤，效果好。缺点：不环保。 （3）硝基漆（NC漆），由主剂加白醋调配使用。优点：干燥快，好施工。缺点：填充性差，只适合做开放漆。	适用于木制家具制造及室内装修中的木制品及木地板等的涂装

名称	图片	材料解释	应用
木器漆		（4）不饱和聚酯漆（PE漆），由主剂（不饱和聚酯为主）、引发剂（俗称白水）、促进剂（俗称蓝水）及稀释剂调配使用。优点：硬度高，填充性好。缺点：干燥慢，不好打磨。 （5）光固漆（UV漆），通过UV机滚涂，再经过紫外线灯光照射瞬间固化。优点：效率高，环保。缺点：只适合机器滚涂，不适合手工操作。 （6）水性漆（AC漆），由主剂（醇酸树脂为主）和水调配使用。优点：环保、无毒、无味。缺点：易堵塞，附着差	适用于木制家具制造及室内装修中的木制品及木地板等的涂装
氟碳漆		（1）以氟树脂为主要成膜物质的涂料，又称氟碳涂料、氟树脂涂料等。有水溶型和溶剂型两种，主要以溶剂型为主。 （2）由于引入的氟元素电负性大，碳氟键能强，具有特别优越的各项性能。主要有聚四氟乙烯（PTFE）、聚偏二氟乙烯（PVDF）、乙烯－四氟乙烯共聚物（ETFE）、乙烯－三氟氯乙烯共聚物（ECTFE）、聚氟乙烯（PVF）等。 （3）漆膜坚韧、附着力强，具有极强的抗紫外线、耐腐蚀性和高丰满度，能全面提高涂层的使用寿命和自洁性	适用于各类建筑外墙、金属构件的涂装，以及汽车零部件、户外家电外壳、五金配件等方面
腻子		（1）采用大量填料及少量漆基、助剂、适量着色颜料配制而成，填料主要是重碳酸钙、滑石粉等。涂施于物体基层或底漆上，用以填平被涂物表面高低、坑凹等缺陷的浆状材料。 （2）按室内用腻子分为三类，一般型适用于一般室内装饰工程，用符号Y表示；柔韧型（抗裂）适用于有一定抗裂要求的室内装饰工程，用符号R表示；耐水型适用于要求耐水、高粘结强度场所的室内装饰工程，用符号N表示	根据油漆类型选用适配的腻子

4. 参数指标

（1）乳胶漆

产品类别：聚醋酸乙烯乳胶漆、乙丙乳胶漆、纯丙烯酸乳胶漆。

产品类型：内墙涂料、外墙涂料；底漆、面漆；Ⅰ型或Ⅱ型。

产品剂型：水溶性、水稀释性、水分散性涂料（乳胶涂料）。

光泽：无光、亚光、半亚光、丝光、有光。

表干时间：表干2h，实干6h（温度23±2℃，湿度≤75%）。

刷涂面积：1kg刷涂约10m²/遍。

（2）木器漆

产品类别：硝基漆（NC）、聚酯漆（PE）、聚氨酯漆（PU）、紫外光固化漆（UV）。

产品类型：底漆、面漆；清漆、色漆。

产品剂型：水溶性、溶剂型。

光泽：半亚光、亚光、亮光。

干燥时间：表干30min，实干6h。

刷涂面积：1kg刷涂约10～12m²/遍。

（3）氟碳漆

产品类型：底漆、面漆。

光泽：半亚光、亚光、亮光。

表干时间：表干2h，实干24h，漆膜干透7d左右。

刷涂面积：1kg刷涂约5m²/遍。

（4）腻子

产品类型：

内墙腻子（SZ），一般型（Y）、柔韧型（R）、耐水型（N）。

外墙腻子（WNZ），普通型（P）、柔性（R）。

刷刮面积：20kg/袋的腻子粉可涂刷20m²。

参数标记说明：

1）内外墙底漆标记：产品代号、涂层特征代号、适用等级代号

示例1：NDQ–S

NDQ内墙用底漆、S为渗透型。

示例2：WDQ–C–Ⅱ

WDQ 为外墙用底漆、C 为成膜型、适用等级Ⅱ型。

2）内外墙腻子标记：产品代号、特性代号、主参数代号

示例 1：SZ　N　0.50

SZ 为室内腻子、N 为耐水型、粘结强度 0.50MPa。

示例 2：WNZ　R

WNZ 为室外腻子、R 为柔性。

5. 相关标准

（1）现行行业标准《建筑室内用腻子》JG/T 298。

（2）现行国家标准《合成树脂乳液内墙涂料》GB/T 9756。

（3）现行国家标准《涂料产品包装标志》GB/T 9750。

（4）现行国家标准《建筑用墙面涂料中有害物质限量》GB 18582。

（5）现行行业标准《低挥发性有机化合物（VOC）水性内墙涂覆材料》JG/T 481。

6. 生产工艺

（1）涂料的生产工艺流程（图 2.3.1-2）

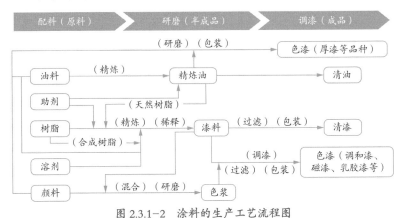

图 2.3.1-2　涂料的生产工艺流程图

（2）以普通乳胶漆的生产工艺流程为例（图 2.3.1-3）

图 2.3.1-3　普通乳胶漆的生产工艺流程图

1）配料

按颜料、基料、溶剂比例配制研磨色浆，使之具有最佳研磨效率。将配好的颜料和防腐漆料进行混合，以起到使颜料初步湿润分散作用，同时也为下一道研磨做准备。

图 2.3.1-4 研磨

2）研磨

在砂磨机、球磨机、三辊机等研磨设备的剪切力作用下，将颜料团块和颜料本身凝结及包含的气泡挤碎排出，将较大粉料颗粒研磨成规定细度。获得颜料在防腐漆料中分散均匀细微的色浆（图 2.3.1-4）。

3）调漆

用搅拌设备将色浆与树脂溶液、溶剂、助剂及防腐剂等所需其他组分混合配制成色漆。普通乳胶漆一般使用合成树脂乳液（乳胶）为基料，加入水、填充料、颜料以及各种助

图 2.3.1-5 调漆

剂，混合后配制而成（图 2.3.1-5）。

4）检测

出厂前需对涂料包括在容器中状态、施工性、干燥时间、涂膜外观、对比率等指标进行检测（图 2.3.1-6）。

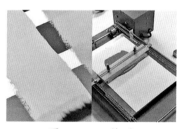

图 2.3.1-6 检测

7. 品牌介绍（排名不分先后，表 2.3.1-3）

表 2.3.1-3

品牌	简介
三棵树	三棵树创立于 2002 年，三棵树总部位于福建省莆田市，三棵树涂料是国内"健康漆"领军品牌，三棵树产品主要涵盖墙面涂料、木器涂料、胶粘剂、防水涂料、保温材料、地坪涂料、辅料产品等

品牌	简介
Dulux	多乐士是阿克苏诺贝尔公司旗下的著名建筑装饰油漆品牌，多乐士品牌涵盖乳胶漆、木器漆、墙面漆和涂刷配件等众多产品以及家易涂一站式墙面焕新服务
立邦	立邦中国隶属于新加坡立时集团，创立于1962年，立时集团是一家涂料制造与服务商。业务范围涵盖装饰涂料、建筑涂料、工业涂料、汽车涂料、卷材涂料、粉末涂料和辅材等多个领域

8. 价格区间（表2.3.1-4）

表2.3.1-4

名称	规格	价格
乳胶漆	18L/桶	200～600元/桶
金属漆	20kg/桶	300～500元/桶
木器漆	20kg/桶	600～800元/桶
腻子	20kg/袋	15～30元/袋

注：以上价格为2023年网络电商平台价格，价格受品牌、规格、功能、材质以及原材料价格浮动、市场环境等因素的影响（以上价格仅供参考）。

9. 验收要点

（1）资料检查：应有产品合格证书、检验报告及使用说明书等质量证明文件。检查溶剂型的涂料是否有3C认证，游离TDI和苯的指标是否环保达标。

（2）包装检查：包装应完整，查看油漆包装桶密封性应无泄漏及金属包装桶锈蚀的迹象。产品包装物上应附有标签，注明产品名称、制造厂名、厂址、商标、产品型号或标记、制造日期（或编号）或生产批号。易燃物品需标有警示标志。

（3）实物检查：

1）打开容器后，如油漆出现分层，要查明储存时间。如储存超6个月，油漆分层属正常现象，使用前搅拌均匀即可；如储存不超6个月就出现分层，可能属于质量问题。乳胶漆细腻黏稠、手感滑腻、无颗粒感说明质量上乘，反之则说明质量不佳。储存后会出现分层，漆液上层形成一层保护溶液，如呈无色或微黄，清晰透净无漂浮物说明质量好，反之则说明质量不佳或过期。木器漆表面无硬皮、漆液透明、色泽均匀、无杂质，流动性好；固化剂应为水白色或浅黄色透明液体，无分层，无凝结，清晰透明，无杂质。

2）试涂油漆顺畅无障碍，放置 5h 后再用同样方法刮涂第二道试样，刮涂运行无困难，所得涂层平整无针孔、无毛刺。目测油漆颜色、光泽、纹理与遮盖率均符合设计要求。涂膜外观应平滑均匀、无显著缩孔，无橘皮、起皱、色斑、颗粒、针孔等现象。油漆的施工性、低温稳定性、低温成膜性、干燥时间、耐碱性、耐洗刷性等性能指标应符合相关标准要求。

10. 应用要点

（1）涂布率

涂布率是指以正常方式用一定量涂料涂装而遮盖住某物体表面的面积，通常用 m^2/kg 或 m^2/L 表示。在我国常用"使用量"表示，即 kg/m^2。它受许多因素影响，如被涂表面的平整度、孔隙度、结构形状、施工方法、操作熟练度、膜厚等。

以下涂料涂布率是在理想施工条件下，基层条件良好（墙面平整度误差 ≤4mm，墙面垂直度 ≤4mm，裂缝宽度 ≤0.3mm）的参考数值。

腻子：$2.00kg/m^2$。

底漆（一遍）：$0.12kg/m^2$。

面漆（两遍）：$0.22kg/m^2$。

（2）涂料用量估算（表 2.3.1-5）

表 2.3.1-5

	简易估算［图 2.3.1-7（a）］	精确计算［图 2.3.1-7（b）］
腻子	$2.00kg/m^2 \times S_1 \times 3.5$	$2.00kg/m^2 \times S_2$
一遍底漆	$0.12kg/m^2 \times S_1 \times 3.5$	$0.12kg/m^2 \times S_2$
两遍面漆	$0.22kg/m^2 \times S_1 \times 3.5$	$0.22kg/m^2 \times S_2$

S_1：各房间吊顶投影面积总和；

S_2：内墙墙面周长 × 内墙墙面净高 — 门、窗洞口面积总和

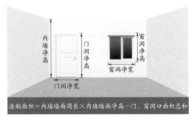

（a）用量面积简易估算　　　　　　（b）用量面积精确计算

图 2.3.1-7　内墙涂料用量面积计算

11. 材料小百科

环保标志（表 2.3.1-6）：

表 2.3.1-6

环保标志	简介
	中国环境标志（Ⅰ型）产品认证： 中国环境标志的图形，十环标志（ISO 14024），由青山、绿水、太阳和周围的十环组成，它代表产品不仅合格，而且在生产、使用、处理和处置过程中符合环境标签保护的要求
	中国环境标志（Ⅱ型）产品认证： 二类环境标志产品的认证基于 GB/T 24021 idt ISO 14021 环境管理、环境标志和自我声明的要求。组织的环境声明应由第三方审查，经第三方评估机构确认后颁发证书
	**美国绿色卫士金级认证：** 排放限值考虑到敏感个体（如儿童和老人）的安全因素，通过绿色卫士金级认证的产品符合特定的 VOC 室内空气质量标准，适用于学校、托儿所、医院、办公室和其他敏感环境
	法国室内空气环境检测 A＋级标准： 法国 VOC 标签是室内建材进入法国市场强制环保标签，A＋是法国 VOC 标签中环保等级最高的标志，其他有 A、B 和 C

2.3.2 艺术涂料

1. 材料简介

艺术涂料又称质感涂料，可涂刷出各种不同纹理（图2.3.2-1），实现犹如壁纸的装饰效果，一些特殊艺术涂料还可实现立体效果。艺术涂料打理方便，对空间干湿度不敏感，不用担心发霉、脱落等问题。除了有良好的装饰性，环保性也是它的另一大优点，兼具乳胶漆

图 2.3.2-1　艺术涂料

易于施工、色彩多样与壁纸图案精美、肌理立体的优点，还摒弃了乳胶漆与壁纸各自的缺点。可称为集乳胶漆与壁纸各项优点于一身的优质涂装材料。

常见的艺术涂料有威尼斯灰泥、板岩漆、砂岩漆、浮雕漆、幻影漆、马来漆、裂纹漆、云丝漆、洞石漆等。

2. 构成、成分

（1）构成：由主要成膜物质、次要成膜物质及辅助成膜物质构成。

（2）成分：

主要成膜物质：属胶粘剂，将其他组分粘合并附着于被涂物表面形成坚韧保护膜，形成涂膜的基础。主要有乳液（如丙烯酸乳液、聚氨酯乳液）、树脂（如甘油酯、硝化纤维、醇酸树脂、聚丙烯酸酯及其共聚物等）、油脂、油脂加工产品、纤维素衍生物等。

次要成膜物质：构成涂膜的组分之一，但不能离开主要成膜物质单独成膜，其主要功能是增强艺术涂料的色彩、质感和肌理表现力。主要由颜料（如钛白粉、铬黄等）、填料（如云母、硫酸钡、硅灰石、云母粉、二氧化硅、碳酸钙、硅藻土等颗粒粉末）组成。

辅助成膜物质：不构成涂膜或涂膜主体，但对涂膜的性能起辅助作用。主要包括各种溶剂（稀释剂）和各种助剂。助剂如消泡剂、

流平剂、催干剂、增塑剂、固化剂、底材润湿剂等；溶剂包括烃类溶剂（矿物油精、煤油、汽油、苯、甲苯、二甲苯等）、醇类、醚类、酮类和酯类物质。

3. 分类（表2.3.2-1）

表2.3.2-1

名称	图片	材料解释	应用
威尼斯灰泥		（1）起源于威尼斯，由丙烯酸乳液、天然石灰岩、无机矿土、超细硬质矿粉等混合浆料，通过批刮工具产生各类纹理。 （2）大理石质感与镜面效果，质地光滑、宛如玉石，三维感明显，可在表面加入金银批染	适用于各类室内外墙面，如厨房、浴室、客厅及车库外立面等
马来漆		（1）由凹凸棒土、丙烯酸乳液等混合的浆料，通过批刮产生各类纹理的涂料。因其纹理类似骏马奔驰的蹄印造型被命名为"马来漆"。 （2）艺术效果明显，质地滑润，是新兴的一类艺术涂料的代表。漆面光洁，有石质效果，花纹讲究若隐若现，有三维感	适用于各类室内艺术墙面的涂装
砂岩漆		（1）以天然骨材、大理石粉结合而成的特殊耐候性防水涂料，纹理清晰流畅，效果几乎可以乱真天然澳洲砂岩。 （2）可配合建筑物不同造型需求，在平面、圆柱、线板或雕刻板上创造出各种砂壁状质感	涂刷建筑外立墙面。多用于制造建筑外墙的仿石效果
浮雕漆		（1）是一种立体感强、图案浑厚的彩色墙面涂料。装饰后的墙面酷似浮雕。 （2）干燥后可上金属漆或乳胶漆，用透明防尘面漆罩光后效果更好。漆膜坚硬、耐刻划，有良好的防水效果	室内及室外已涂上底漆的砖墙、水泥砂浆面及各种基面装饰涂装
幻影漆		（1）通过专用漆刷和特殊工艺涂饰出多种不同色彩、不同风格的变幻图案效果，如影如幻，故命名为"幻影漆"。 （2）漆膜细腻平滑，质感如锦似缎，错落有致，高雅自然，或清素淡雅或热烈奔放，融合了古典主义与现代神韵	适合一些个性化室内装修风格墙面使用

328

名称	图片	材料解释	应用
云丝漆		（1）通过云丝漆喷枪、喷笔等专用的工具和特殊技法，使墙面产生点状、丝状和纹理图案的仿金属水性涂料。 （2）造型随意变化，呈现各种梦幻丝状、点状的艺术图案。质感华丽，丝缎效果，金属光泽，充满立体感和流动感	适用于代替高档壁纸、壁布，作为各类空间主题造型墙面的涂装
裂纹漆		（1）由硝化棉、体质颜料、有机溶剂、辅助剂等研磨调制而成的各种颜色的硝基裂纹漆。属于挥发性自干油漆，无须加固化剂，干燥速度快。 （2）图案变化多端，错落有致，具有立体美感	适用于各类工艺品、木制家具及主题造型墙面的涂装
板岩漆		（1）通过艺术施工，呈现各类自然岩石的装饰效果，具有天然石材的表现力，又兼具保温、降噪的特性。 （2）采用独特材料，色彩鲜明，具有板岩的质感，可创作任意艺术造型	适用酒店门面装饰、大堂、会议室、舞厅、商住大楼、小区别墅等
洞石漆		（1）采用天然岩石粉料混合其他填料及助剂而成，模仿天然洞石质感、花纹和机理的涂料。 （2）有洞石纹、树皮纹、柳丝纹、斜砂纹以及玫瑰纹等，表面涂刷风蜡或色漆，颜色可选，形成的漆膜不失砂质原样	可用于不同类型、有洞石效果需求的墙面、柱面、顶面的涂装
硅藻泥		（1）以硅藻土为主材配制的干粉状内墙装饰涂覆材料。硅藻土化学成分以 SiO_2 为主，纯度高的硅藻土为白色，因含有少量的 Al_2O_3、Fe_2O_3、CaO、MgO 和有机杂质等而呈浅灰色或浅黄色。 （2）纯天然、无污染，具有除甲醛、净化空气、调节湿度、释放负氧离子、防火阻燃、杀菌除臭等功能。但其吸水性强，不耐脏且不易清理。 （3）具有良好的和易性和可塑性，施工涂抹、制作图案等都可以随意造型	适用于各类墙面涂装，是替代壁纸、壁布、乳胶漆的新一代室内装饰壁材

4. 参数指标（表 2.3.2-2）

表 2.3.2-2

项目名称	Ⅰ级	Ⅱ级	Ⅲ级
VOC 含量	≤1200g/L		
甲醛含量	≤100mg/kg		
重金属含量	≤60mg/kg		
甲醛净化性能	≥93%	≥84%	≥75%
甲醛净化效果持久性	≥80%	≥70%	≥60%
色彩感觉	色彩、材质关系整体协调，色彩明确，表现力优秀，富有色彩感染力，表面亚光、半光、高光，反射率高	色彩、材质关系协调，色彩明确，表现力良好，有些许感染力，表面亚光、半光、高光	色彩、材质关系基本协调，色彩较为明确，表现力良好，表面亚光
艺术观感	造型多变，保持 10 年及以上，具备 5 种以上颜色，色彩分明不混合	可做出多变造型，保持 5 年，具备 3 种颜色	可做出简单造型，保持 3 年，具备 1 种颜色
物理性能	耐洗刷 2000～6000 次，耐水性优秀并防霉防潮（48h），耐温 100℃，护色性优秀，颗粒细度（如有）≤30μm	耐洗刷1000～2000次，耐水性较好（24h），耐温 70℃，护色性良好，颗粒细度（如有）≤40μm	耐洗刷 500～1000次，耐水性一般（24h），耐温 50℃，护色性一般，颗粒细度（如有）≤50μm

5. 相关标准

（1）现行行业标准《建筑室内用腻子》JG/T 298。

（2）现行国家标准《合成树脂乳液内墙涂料》GB/T 9756。

（3）现行国家标准《建筑用墙面涂料中有害物质限量》GB 18582。

6. 生产工艺

艺术涂料的生产工艺流程（图 2.3.2-2）：

图 2.3.2-2 艺术涂料的生产工艺流程图

（1）基料制备

将艺术漆生产所需的各种原材料送至车间，按工艺配方规定的数量将基料和成膜助剂分别经机械泵输送并计量后加入配料预混合罐中。

（2）配料搅拌

将漆料和溶剂经机械泵输送并计量后加入配料预混合罐中。开动高速分散机将其混合均匀，在搅拌下逐渐加入配方量的颜料、填料，并提高高速分散机的转速充分湿润和预分散颜料，制得待分散的漆浆（图 2.3.2–3）。

图 2.3.2–3　配料搅拌

（3）调色制漆

将漆浆送入砂磨机进行分散，至细度合格后输入调漆罐贮罐。将分散好的漆浆输入调漆罐中，边搅拌边将调色漆浆逐渐加入调色，补加配方中基料及助剂，并加入溶剂调整黏度（图 2.3.2–4）。

图 2.3.2–4　调色制漆

（4）过滤装填

经检验合格的色漆成品，经过滤器净化后，在装填机上按预算重量装填后即可完成生产入库（图 2.3.2–5）。

图 2.3.2–5　过滤装填

7. 品牌介绍（表 2.3.2–3）

表 2.3.2–3

品牌	简介
	三棵树创立于 2002 年，三棵树总部位于福建省莆田市，三棵树涂料是国内"健康漆"领军品牌，三棵树产品主要涵盖墙面涂料、木器涂料、胶粘剂、防水涂料、保温材料、地坪涂料、辅料产品等

8. 价格区间（表 2.3.2-4）

表 2.3.2-4

名称	规格	价格
威尼斯灰泥	包工包料，按 m² 计价	70～80 元 /m²
马来漆	包工包料，按 m² 计价	100～500 元 /m²
砂岩漆	包工包料，按 m² 计价	35～70 元 /m²
浮雕漆	包工包料，按 m² 计价	60～120 元 /m²
幻影漆	包工包料，按 m² 计价	40～85 元 /m²
云丝漆	包工包料，按 m² 计价	40～85 元 /m²
裂纹漆	包工包料，按 m² 计价	40～90 元 /m²
板岩漆	包工包料，按 m² 计价	35～70 元 /m²
洞石漆	包工包料，按 m² 计价	45～90 元 /m²
硅藻泥	包工包料，按 m² 计价	80～200 元 /m²

注：以上价格为 2023 年网络电商平台价格，价格受品牌、规格、功能、材质以及原材料价格浮动、市场环境等因素的影响（以上价格仅供参考）。

9. 验收要点

（1）资料检查：应有产品合格证书、检验报告及使用说明书等质量证明文件，对于溶剂型的涂料要看是否有 3C 认证。

（2）包装检查：看包装是否完整，产品品牌、规格、颜色、型号以及数量与订单是否一致。外包装上是否有明确的厂址、防伪标志、生产日期。核对生产日期与保质期是否过期。油漆包装桶有无泄漏的现象，有无金属锈蚀的迹象。

（3）实物检查：

1）看水溶液。艺术涂料储存时间久了，花纹粒子会下沉，上面会有一层保护胶水溶液。这层保护胶水溶液，占艺术涂料总量的 1/4 左右，因此优质艺术涂料，保护胶水溶液呈无色或微黄色，而且非常清晰；而劣质艺术涂料，保护胶水溶液呈混浊态，呈现与花纹彩粒同样的颜色。

2）看漂浮物。优质艺术涂料，表面没有漂浮物。如果漂浮物数量过多，而且布满了保护胶水涂液的表面，说明不正常。

3）看粒子度。倒半杯清水，将艺术涂料倒入水中搅拌，质量好的艺术涂料，杯中的水清晰见底；而质量差的艺术涂料，杯中的水会比较混浊，颗粒大小呈分化状态。

10. 应用要点

各类艺术涂料工艺应用：

（1）天鹅绒搓花施工：常用搓花类艺术涂料和艺术中涂、毛滚筒、圆形打磨器等。在施工过程中，通常使用搓花类艺术涂料和艺术中涂叠加滚涂使用。

（2）喷漆压纹施工：也称为浮雕施工工艺，通常借助浮雕喷漆、光塑滚筒完成对艺术涂料的喷涂。施工过程采用透明防尘面漆照光后效果更佳。

（3）雅晶石刮砂施工：用灰刀或光塑滚筒将刮砂质感漆涂在墙面上，再用扇形木柄制造出不同的装饰效果，或者用多边形搓板和水晶搓板可搓出雅晶石的蚯蚓纹肌理面。

（4）肌理布格纹施工：施工过程中先把底漆滚涂上墙，再用布纹刷拉出竖布纹效果，也可使用其他样式的压花滚筒。最后在表面上滚一层水膜漆。

（5）骨浆擦色施工：施工过程中采用海藻棉、艺术涂料底漆、艺术中涂、艺术釉蜡、珠光漆等工具材料进行施工，使用不同工具完成指定的效果。

11. 材料小百科

艺术漆与乳胶漆、墙纸的对比（表2.3.2-5）：

表2.3.2-5

	艺术漆	乳胶漆	墙纸
优点	硬度高、强度高、耐久；防水、防潮、防霉；耐擦洗，易于清理；环保、防尘、不燃	水性环保，工艺成熟；施工方便，性价比高；成膜快速，翻新便捷；耐污、耐水、耐擦洗	花色材质多；质感优秀；遮盖力较强
缺点	单价较乳胶漆稍贵；施工难度相对大；参差不齐，难挑选	效果单一，无个性；弹性低、易开裂；遮蔽性差	铺贴用胶不环保；易滋生细菌、发霉；裱糊损耗大；难修补，更换麻烦

2.3.3 壁纸壁布

1. 材料简介

壁纸（图 2.3.3-1）也称"墙纸"，用于裱糊墙面的饰面材料，材质不局限于纸，也包含其他材质。壁纸生产通常用漂白化学木浆生产原纸，再经不同工序的加工处理，如涂布、印刷、压纹或表面覆塑，最后经裁切、包装后出厂。随着时代的发展，壁纸的材质也经历了纸、纸上涂画、发泡纸、印花纸、对版压花纸、特殊工艺纸的发展变化过程。

图 2.3.3-1　壁纸

壁布（图 2.3.3-2）又称"墙布"，用于裱糊墙面的织物。一般以棉布为底布，并在底布上施以印花或轧纹浮雕，也有以大提花织成，所用纹样多为几何图形和花卉图案，也有刺绣工艺制作的壁布，通过将中国元素简单的堆叠，在细节上十分重视造型、工艺、整体结构和颜色搭配等方面。

图 2.3.3-2　壁布

2. 构造、材质

（1）壁纸

构造：由面层和基底复合，面覆防护涂层（图 2.3.3-3）。

材质：

面层：棉纸、PVC、木质精纤维丝面、聚酯纤维、尼龙毛、黏胶毛等。

基底：宣纸、纯纸、纺布、无纺布、玻纤布等。

（2）壁布

构造：由面层和基底复合，面覆防霉、拒水、拒污防护涂层（图 2.3.3-4）。

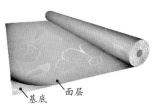

图 2.3.3-3　壁纸结构

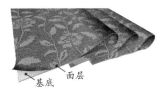

图 2.3.3-4　壁布结构

材质：

面层：织物类（棉麻、真丝、亚麻、化纤等）、非织物类（PVC、仿硅藻泥、仿蚕丝等）。

基底：发泡聚乙烯、无纺布、涂层底、热熔底胶、十字布等。

3. 分类（表2.3.3-1）

表2.3.3-1

名称	图片	材料解释	应用
纯纸壁纸		（1）以纸浆纸（分为原生木浆纸与再生纸两种）为基材，经印花、压花而成。因采用天然纸浆，所以有极好的上色效果，适合染各种鲜艳颜色甚至工笔画。不含化学成分，自然、舒适、无异味、环保性好，透气性能强。 （2）易产生接缝。受纸张特质影响，较难做出层次感或立体感强的花纹。耐水、耐擦洗性差	适用于所有家居和商业场所的墙面裱糊
PVC壁纸		（1）又称胶面壁纸、塑料壁纸，在原纸上覆盖一层聚氯乙烯（PVC），经压延或涂布以及印刷、轧花或发泡等工序制成。经由发泡处理后可实现较强的立体感及较真实的纹理效果、较强的质感与透气性。 （2）硬度和陉性好，易于清洗打理，图案逼真，立体感强，装饰效果好。但其透气性差，易发霉、易卷边，有轻微塑料及油墨的气味	适用于各种家居和商业场所的墙面裱糊
无纺布壁纸		（1）以无纺布（由棉、麻等天然植物纤维经过无纺成型，不含其他化学添加剂）为基材，经印花、压花而成。可分为立体压花与平面印花两类，前者花纹立体，触摸有凹凸；后者平面花纹，无凹凸感。 （2）不含聚氯乙烯、聚乙烯和氯元素，无化学元素，燃烧时不产生浓烈黑烟和刺激气味。本身富有弹性，不易老化和折断，透气性和防潮性较好，擦洗后不易褪色，色彩和图案明快。 （3）花色相对PVC来说较单一，且色调较浅，以纯色或浅色居多。价格相对PVC壁纸和纯纸壁纸略高	适用于较高档次场所的墙面裱糊

名称	图片	材料解释	应用
木纤维壁纸		（1）由天然木浆纤维经特殊工艺加工而成，抗拉强度高，是普通壁纸的8～10倍，其厚度也是普通壁纸的2～3倍，使用寿命可达10年以上。 （2）不含聚氯乙烯和重金属成分，燃烧时无挥发性有害离子析出，环保无毒。 （3）相较于其他壁纸，其有最好的环保性、透气性，使用寿命也最长。表面富有弹性，且隔声、隔热、保温，触感柔软舒适。无毒、无害、无异味，透气性好，纸型稳定，表层耐擦洗	适用于豪华档次场所的墙面裱糊
绒面壁纸		（1）又称植绒壁纸，使用静电植绒法，将合成纤维的短绒植于纸基上，通过绒面的质感、凸起、颜色与纸面形成反差，形成构图效果。 （2）不反光、不褪色、图案立体，凹凸感强，且有一定的吸声效果，常用于高档装修。 （3）价格相对较贵，且壁纸的绒面部分易沾染灰尘，需经常清理及避开静电部位使用	适用于豪华档次场所的墙面裱糊
织物类壁布		指面层是由经纬纱线纺织而成的墙布。提花墙布就是织物类墙布的代表，由经线和纬线经过提花机织制而成的墙布称为提花墙布。根据纱线材质不同又分为仿亚麻、天然麻、仿真丝、真丝、刺绣墙布等。因纬线的密度、颜色又可细分为高精密墙布（经纬线密度高）、色织墙布（先将纱线染色，然后织布；对应的是染色墙布，先织布后染色）、色经墙布（经线2种以上颜色）、彩经墙布（经线颜色丰富）	适用于豪华档次场所的墙面裱糊
非织物壁布		指面层是由非纱线纺织而成的墙布。将纺织短纤维或者长丝采用机械、热粘等方法加固而成。其代表如仿蚕丝墙布、仿羊绒墙布、海吉布（玻璃纤维壁布）	适用于豪华档次场所的墙面裱糊

4. 参数指标

（1）壁纸

产品名称：PVC 壁纸、纯纸壁纸、无纺布壁纸、木纤维壁纸、植绒壁纸。

产品类型：PVC、纯纸、无纺纸、纸基、无纺纸基、布基。

产品功能：普通壁纸、防霉壁纸。

产品规格：

窄幅壁纸：幅度 530±5mm，卷长 10±0.05m。

宽幅壁纸：幅度（900～1000）±10mm，卷长 50＋0.50m。

（2）壁布

产品名称：真丝墙布、亚麻墙布、棉麻墙布等；PVC 墙布、仿硅藻泥、仿蚕丝墙布等。

产品类型：织物类壁布、非织物壁布。

产品功能：普通墙布（GWC）、阻燃墙布（RWC）。

产品规格：

无缝墙布：幅宽 2.4～3.0m，匹长 50m＋0.50m。

窄幅墙布：幅宽 0.92～1.37m，匹长 10±0.05m。

5. 相关标准

（1）现行国家标准《壁纸》GB/T 34844。

（2）现行行业标准《聚氯乙烯壁纸》QB/T 3805。

（3）现行行业标准《墙布》FZ/T 44003。

（4）现行行业标准《玻璃纤维壁布》JC/T 996。

6. 生产工艺

（1）以 PVC 壁纸的生产工艺为例（图 2.3.3-5）

图 2.3.3-5　PVC 壁纸的生产工艺流程图

1）混料涂布

将 PVC 粉、DOP、碳酸钙等材料，在搅拌器中完成混合原料的工序，制成流动性 PVC 糊供涂布使用。涂布即是用涂布刀将糊料均匀地涂在原纸表面（图 2.3.3-6）。

图 2.3.3-6　混料涂布

2）硬化印刷

利用瓦斯加热器通过热风循环系统，对原纸表面涂层进行干燥（胶化）。再通过两个冷却轮以循环冷冻水对较热的面料进行冷却硬化。接着使用印刷轮及循环油墨在面料表面印上所需的图案（图 2.3.3-7）。

3）版间干燥

每版印刷之间利用单独循环对每一次印刷后的图案进行干燥（图 2.3.3-8），防止两版壁纸图案排斥。

图 2.3.3-7　硬化印刷

图 2.3.3-8　版间干燥

4）软化压花

在面料软化后利用压花轮压制花纹（图 2.3.3-9）。压花分为对花和不对花两种。应结合产品面料与压花轮接触的瞬间，将表面温度控制在适宜温度。经过软化压花后，通过风冷系统和两个冷却轮以循环冷冻水对面料进行冷却硬化。

图 2.3.3-9　软化压花

5）裁耳

将壁纸裁为 530mm 左右的宽度或其他定尺规格。裁耳宽度原则上为 530±5mm（图 2.3.3-10）。遇裁边等特殊状况，按满足对边需要所能达到的最大宽度调节。左右下裁刀偏心度之和应小于 60μm。

6）积料卷取

对壁纸表面瑕疵进行检查，发现瑕疵时应立即做记号，将该部分在卷取时剔除。利用卷取机按需要尺寸将产品卷成单支产品，壁纸尺寸原则上每卷 10m，或按定制要求定尺卷取（图 2.3.3-11）。

图 2.3.3-10　裁耳

图 2.3.3-11　积料卷取

（2）以织物壁布的生产工艺为例（图 2.3.3-12）

图 2.3.3-12　织物壁布的生产工艺流程图

图 2.3.3-13　穿头整经

1）穿头整经

将丝线根据样品分别进行染色、调色，确保织布颜色、花样符合设计要求。将若干筒子分成细条，将一定根数的经纱按规定的长度和宽度平行卷绕在经轴或织轴上进行织造（图 2.3.3-13）。

2）提花织造

将穿头、整经后经线，通过提花机进行纺织，将不同颜色的经、纬线交错缝织，组成设计要求的图案及纹理（图 2.3.3-14）。

3）防水、定型

对布料进行防水处理，在其表面涂覆一层防水剂或在织物表面层

图 2.3.3-14　提花织造

压防水微孔膜。之后通过九节烘箱用高温保证布料符合克重及防水效果（图 2.3.3-15）。

4）原布检验

防水和定型结束后，检验原布是否平整，表面是否有瑕疵，防水性能、克重、摩擦色牢度等指标是否达标（图 2.3.3-16）。

图 2.3.3-15　防水、定型　　　　图 2.3.3-16　原布检验

5）壁布复合

将原布、高温网膜、水刺棉无纺布、低温网膜各层间上胶，通过高温高压设备进行压紧、拉平、复合、定型、打卷即可成为成品（图 2.3.3-17）。

图 2.3.3-17　壁布复合

7. 品牌介绍（排名不分先后，表 2.3.3-2）

表 2.3.3-2

品牌	简介
玉兰家居	广东玉兰集团股份有限公司成立于1984年，是一家集研发、设计、生产、营销于一体的综合性现代化企业集团公司。产品已涵盖壁纸、壁布、布艺、家居用品、软装一体化等领域
EUROART 欧雅壁纸	欧雅壁纸，1980年创立于中国台湾，专业生产、内外销售胶面壁纸的现代化企业，汲取西方文化艺术的同时，融合东方特色的雅致与秀美，产品包含欧式、现代、田园儿童素色、地中海等风格
旷野匠心装饰材料 KUANG YE JIANG XIN ZHUANG SHI CAI LIAO	苏州旷野匠心建筑装饰材料有限公司成立于2022年，位于江苏省苏州市，主营销售产品涵盖地毯、墙布、窗帘、艺术画等软装品类，为客户提供多样化的定制服务

8. 价格区间（表 2.3.3-3）

表 2.3.3-3

名称	规格（cm）	价格
纯纸壁纸	53×1000	60～200 元／卷
PVC 壁纸	53×1000	50～100 元／卷
无纺布壁纸	53×1000	55～200 元／卷
木纤维壁纸	53×1000	150～500 元／卷
绒面壁纸	53×1000	50～500 元／卷
织物类壁布	100×1000	30～500 元／卷
非织物壁布	100×1000	28～200 元／卷

注：以上价格为 2023 年网络电商平台价格，价格受品牌、规格、功能、材质以及原材料价格浮动、市场环境等因素的影响（以上价格仅供参考）。

9. 验收要点

（1）资料检查：应有产品合格证书、检验报告及使用说明书等质量证明文件。

（2）包装检查：

1）壁纸幅宽 530mm，一般为无芯卷。幅宽 900～1000mm，一般以纸管为芯，用透明塑料薄膜包装后装纸箱。

2）壁布应卷绕紧密整齐，两端面用硬质护板防护，聚酯薄膜热塑包装。竖放在整洁、干燥的包装箱内，避免撞击碰伤。

3）包装完整、无破损，生产厂名、商标、产品名称、国家标准代号、规格尺寸、可拭性或可洗性符号、耐光性符号、图案拼接符号、样品、生产日期、出厂批号、卷验号、等级合格证等标注清楚、齐全，且以上指标与订单要求一致。

（3）实物检查：

1）壁纸的长度、宽度、厚度等规格应符合设计要求且与合同或订单一致。花色应与样品或设计要求一致，图案清晰、色彩均匀、厚薄一致，表面无色差、褶皱和气泡，无跳丝、抽丝等现象。壁纸无色差、伤痕和皱折、气泡、套印精度、露底、漏印、污染点等外观质量缺陷。套印精度偏差值应控制在 0.7～2.0mm。

2）壁纸的物理性能指标，如褪色性、耐摩擦、色牢度、遮蔽性、湿润拉伸负荷、胶粘剂可拭性、可洗性应符合相关标准的规定。取部分壁纸燃烧，木纤维壁纸在燃烧时没有黑烟，燃烧后的灰尘也是白色的；如果冒黑烟、有臭味，则可能是 PVC 材质的壁纸。在壁纸背面滴几滴水，看是否有水汽透过纸面，透气性是否合格。切部分壁纸泡入水中、刮壁纸表面和背面看是否褪色或泡烂。

3）壁布的幅宽、匹长和单位面积质量等应符合设计要求且与合同或订单一致。布面花型图案均匀，不得有影响使用的开裂、破洞、污渍、跳纱、脱胶等瑕疵。单位面积内，如位移、纬斜、断经、断纬或缺经、缺纬、异物等布面外观瑕疵点数控制在规范范围内。

4）壁布的耐摩擦色牢度、耐光色牢度、撕破强力、断裂强力（湿）、防霉性能、防水性能、易去污性能、燃烧性能等级等内在质量指标符合相关标准的要求。

5）壁纸（布）溶出的钡（Ba）、镉（Cd）、铬（Cr）、铅（Pb）、砷（As）、汞（Hg）、硒（Se）、锑（Sb）等重金属（或其他）元素、氯乙烯单体、甲醛等有害物质限量值应符合相关标准的规定。

10. 应用要点

壁纸用量的计算：

（1）计算壁纸用量需要以下要素

壁纸规格（壁纸幅宽、壁纸单卷长度）、壁纸花距（对花壁纸适用）、室内高度（扣除踢脚线、吊顶石膏线）、墙面周长（扣除门、窗宽度）。

壁纸计算公式：

$$卷数 = \frac{总幅数}{每卷所出幅数}$$

$$总幅数 = \frac{粘贴壁纸墙面的周长}{墙纸幅宽}$$

$$每卷所出幅数 = \frac{墙纸单卷长度}{室内高度 + 花距}$$

1）若壁纸为素色壁纸或不用对花，则花距为零。

2）花距即重复图案的间距，花距根据设计及幅宽为 5~68cm。

示例：要选购 0.53m×10m 的壁纸，房高是 2.6m，房间周长 20m（扣除门、窗宽度），花距 0.29m。

（2）每卷壁纸可以裁多少幅

每卷所出幅数：$10 \div (2.6 + 0.29) = 3.46 \approx 4$ 幅（若非整数需退一位，意味着一卷壁纸可以裁出完整墙面 4 幅）

（3）计算需要多少幅纸

总幅数：$20 \div 0.53 = 37.74 \approx 38$ 幅（若非整数需退一位，意味着一卷壁纸可以裁出完整墙面 38 幅）

（4）折合成卷

总卷数：$37 \div 3 = 12.33 \approx 13$ 卷（若非整数需进一位，意味着一卷壁纸可以裁出完整墙面 13 卷）

11. 材料小百科

壁纸壁布包装图例说明（表 2.3.3-4）：

表 2.3.3-4

序号	说明	符号	序号	说明	符号
	裱糊时的可拭性			图案拼接	
1	可拭性	〜	7	随意拼接	→│O
	可洗性		8	直接拼接	→│←
2	可洗性	≈	9	错位拼接	→│←
3	特别可洗	≋	10	换向交替拼法	↑↓
4	可刷洗	≋▲		涂敷胶粘剂方法	
	耐光性（退色性）		11	将胶粘剂涂敷于壁纸背面	
5	一般耐光 3 级		12	将胶粘剂涂敷于墙面	
6	耐光良好 4 级				

2.4.1 铝合金板

1. 材料简介

铝属于有色金属中的轻金属，外观呈银白色，化学性质活泼，在空气中易生成一层氧化铝薄膜，可起到一定的耐腐蚀性作用。但纯铝的强度和硬度较低，为提高铝的实用性，常添加镁、锰、铜、硅、锌等元素制成铝合金。

铝合金具有密度低、抗腐蚀性能、力学性能与加工性能好、无毒、易回收、导电性、传热性优良等特点。按其成分和加工方法又分为变形铝合金和铸造铝合金。建筑工程中所采用的铝板即为变形铝合金。将变形铝合金熔铸成坯锭（图2.4.1-1）再进行塑性加工，通过轧制、挤压、拉伸、锻造等方法制成铝合金板坯（图2.4.1-2）。再进行压型、穿孔、转印等深加工制成诸如铝扣板、铝单板、铝蜂窝板等铝合金装饰板材。

图 2.4.1-1 坯锭

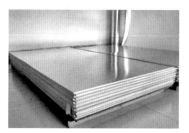

图 2.4.1-2 铝合金板坯

2. 构造、材质

（1）铝扣板

构造：由一体成型的铝合金板基材与饰面层组成（图2.4.1-3）。

材质：

基材：铝合金、钛铝合金、铝镁合金、铝锰合金。

面层：PVC膜、氟碳漆、聚酯漆等。

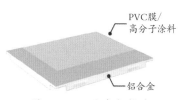

PVC膜/
高分子涂料

铝合金

图 2.4.1-3 铝扣板构造

（2）铝方通

构造：由一体成型的铝合金方管基材与饰面层组成（图2.4.1-4）。

材质：

基材：铝合金、钛铝合金、铝镁合金、铝锰合金。

面层：PVC膜、氟碳漆、聚酯漆等。

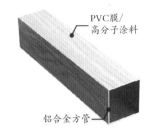

图 2.4.1-4　铝方通构造

（3）铝单板

构造：由铝合金单板基材（含加强筋和角码等部件）与涂饰层组成（图2.4.1-5）。

材质：

基材及部件：铝合金。

涂饰层：聚偏氟乙烯树脂（PVDF）。

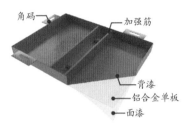

图 2.4.1-5　铝单板构造

（4）铝蜂窝板

构造：由铝蜂窝芯上下粘结铝板构成（图2.4.1-6）。

材质：

面板、底板、芯材：铝合金。

胶粘剂：聚氨酯型胶粘剂。

涂饰层：氟碳漆、聚酯漆、丙烯酸等。

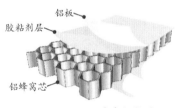

图 2.4.1-6　铝蜂窝板构造

（5）铝塑板

构造：由中间层的低密度聚乙烯（PE）芯板和上下层的铝合金板复合而成，铝板表面为涂料层（图2.4.1-7）。

材质：

上下层板：铝合金板。

中间层芯板：低密度聚乙烯（PE）。

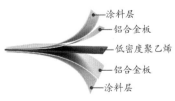

图 2.4.1-7　铝塑板构造

涂饰层：氟碳、聚酯、丙烯酸。

3. 分类（表 2.4.1-1）

表 2.4.1-1

名称	图片	材料解释	应用
铝扣板		以铝合金板材为基底，通过开料、剪角、模压而成。表面处理工艺主要有静电喷涂、烤漆、滚涂、珠光滚涂、覆膜等。其中静电喷涂、烤漆易出现色差且使用寿命短；而滚涂、珠光滚涂使用寿命居中且无色差；覆膜则因采用膜的优劣决定其效果与寿命	适用于室内装饰工程的办公室、厨房、卫生间等场所吊顶
铝方通		通过滚压或冷弯成型的长条形铝材，可随意安装和拆卸，方便维护和保养。表面处理工艺主要有喷涂（碳氟、聚酯）、烤漆、阳极氧化、木纹热转印等	适用于场站等人流密集且空气流通要求较高的场所
铝单板		（1）优质高强度铝合金板材冲压而成，由面板、加强筋和角码组成。板面较大时须在背面增加加强筋。可在内侧安装隔声保温材料。 （2）经铬化处理后，再采用氟碳喷涂。具有卓越的抗腐蚀性和耐候性，抗酸雨、盐雾和各种空气污染物，能抵御强烈紫外线的照射，长期保持不褪色、不粉化，使用寿命长	适用于各类建筑内外墙、梁柱、雨篷、电梯包边、阳台包边、广告指示牌、室内异形吊顶等
铝蜂窝板		（1）又称蜂窝夹层铝板，是以六边形铝蜂窝为芯材，上下各一层铝薄板，由双组分聚氨酯高温固化胶通过高温加压复合而成。 （2）蜂窝芯板相互牵制的密集蜂窝犹如无数工字梁，可均匀分散来自板面的压力，保证其备较高的平整度及抗挠、抗压能力。 （3）蜂窝芯分隔成的多个封闭空间阻止了空气流动，使热量和声波受到极大的阻碍，起到隔热、保温、隔声的效果。 （4）其饰面层采用聚酯漆或氟碳漆喷涂（或滚涂），外墙板宜选用喷涂板，漆层厚度≥40μm，以保证涂层的耐久性	适用于民用建筑与航空航天领域。如建筑外幕墙挂板、室内装饰工程、航空制造业等

名称	图片	材料解释	应用
铝塑板		（1）又称铝塑复合板，由上下铝合金板面层，中间夹低密度聚乙烯（PE）芯板复合而成。用于室外工程时，需选用饰面涂覆氟碳树脂（PVDF）涂层的板材。 （2）其将金属铝材料与聚乙烯塑料结合，保留原组成材料的主要优点，使其具备诸如饰面高档、价格经济、质轻高强、耐候耐腐、隔声隔热、易于加工、施工便捷等优势	用于大楼外墙、帷幕墙板、旧楼改造翻新、室内墙壁及天花板装修、广告招牌、展示台架、净化防尘工程

4. 参数指标

（1）铝扣板

面层材料：PVC 膜、氟碳漆、聚酯漆。

面层工艺：喷涂、滚涂、印刷、阳极氧化、金属拉丝。

产品规格：

长宽：300mm×300mm、450mm×300mm、600mm×300mm、600mm×600mm 等。

厚度：0.4～0.8mm。

（2）铝方通

面层材料：PVC 膜、氟碳漆、聚酯漆。

面层工艺：喷涂、热转印、覆膜、阳极氧化。

产品规格：

长度：2m、3m、4m、6m，可定制；厚度：0.4～3.5mm。

（3）铝单板

面层材料：氟碳漆、聚酯漆、丙烯酸。

面层工艺：喷涂、热转印、覆膜、阳极氧化。

产品规格：

长宽：150mm×250mm～1220mm×2440mm，最大可做 1800mm×8000mm。

厚度：1.5mm、2.0mm、2.5mm、3.0mm，可定制。

（4）铝蜂窝板

面层材料：氟碳漆、聚酯漆、丙烯酸、木纹纸、石纹膜。

面层工艺：静电喷涂、滚涂、热转印、覆膜、磨砂拉丝、阳极氧化。

产品规格：

长宽：1220mm×2440mm、1250mm×2500mm，最大可做1500mm×4500mm。

板厚：12mm、15mm、18mm、20mm、25mm、30mm、35mm。

面板厚：0.6～3.0mm；蜂窝芯厚度0.5～100mm。

（5）铝塑板

面层材料：氟碳漆、聚酯漆、丙烯酸。

面层工艺：静电喷涂、滚涂、热转印、覆膜、磨砂拉丝、阳极氧化。

产品规格：

长宽：2440mm×1220mm，最大可做6000mm×2000mm。

板厚：3mm、4mm、5mm、6mm；面板厚：0.15～4.0mm。

参数标记说明：

（1）装饰用铝单板标记：产品名称、使用环境、膜材质、成膜工艺、基材厚度、铝材牌号、标准号

示例：建筑装饰用铝单板　W　FC　GT　3.0　3003　GB/T 23443—2009

产品名称为建筑装饰用铝单板、使用环境为W室外、氟碳涂层FC、辊涂工艺GT、厚3.0mm、铝材牌号3003、标准号GB/T 23443—2009。

（2）幕墙用氟碳铝单板标记：产品名称、涂装工艺、基材厚度、合金牌号、标准号

示例：幕墙用氟碳铝单板　GT　3.0　3003　JG/T 331—2011

产品名称为幕墙用氟碳铝单板、辊涂工艺GT、厚3.0mm、铝材牌号3003、标准号JG/T 331—2011。

（3）装饰用铝塑复合板标记：产品名称、燃烧性能、装饰面层材质、规格、标准号

示例：普通装饰用铝塑复合板　G　PE　2440×1220×4　GB/T

22412—2016

产品名称为普通装饰用铝塑复合板、燃烧性能为普通型 G、装饰面层为聚酯涂层 PE、规格为 2440mm×1220mm×4mm、标准号 GB/T 22412—2016。

（4）幕墙用铝塑复合板标记：产品名称、类型、规格、铝材厚度、标准号

示例：幕墙用铝塑复合板　HFR2440×1220×40.50　GB/T 17748—2016

产品名称为幕墙用铝塑复合板、HFR 为高阻燃型、规格为 2440mm×1220mm×40.50mm、标准号 GB/T 17748—2016。

（5）铝板分类与代号

1）按涂层：氟碳（FC）、聚酯（PE）、丙烯酸（AC）、陶瓷（CC）、阳极氧化（AF）。

2）按工艺：辊涂（GT）、液体喷涂（YPT）、粉末喷涂（FPT）、阳极氧化（YH）。

3）按阻燃：普通型（G）、阻燃型（FR）、高阻燃型（HFR）。

5. 相关标准

（1）现行行业标准《金属吊顶》QB/T 1561。

（2）现行国家标准《建筑装饰用铝单板》GB/T 23443。

（3）现行行业标准《建筑幕墙用氟碳铝单板制品》JG/T 331。

（4）现行国家标准《普通装饰用铝塑复合板》GB/T 22412。

（5）现行国家标准《建筑幕墙用铝塑复合板》GB/T 17748。

（6）现行国家标准《变形铝及铝合金牌号表示方法》GB/T 16474。

6. 生产工艺

以铝扣板的滚涂生产工艺流程为例（图 2.4.1-8）：

图 2.4.1-8　铝扣板的滚涂生产工艺流程图

（1）开卷

将铝卷装上开卷机，进入清洗池通过化学材料将杂质去除。在

常温下进行酸性脱脂，脱脂后再进行水洗，清除铝材表面的油脂和灰尘等（图2.4.1-9）。

（2）滚涂

通过烤箱烤干后进入涂底漆环节。把颜色粉通过喷枪喷撒在铝卷材表面。底漆涂装后进入烤箱，在高温烤箱内匀速前进确保铝材颜色均匀（图2.4.1-10）。

（3）印花

在滚涂基础上进行多次印花并高温烘烤，使花色色稳固，色泽美丽。然后进入风机区降温并涂上光油。最后在表面铺保护膜，卷料机将制作好的成品整齐收卷（图2.4.1-11）。

（4）裁剪

分条机将半成品卷平均切割成4份长条，随着板材从分条机出来，送进剪板机，通过数控调节裁剪出固定的规格（图2.4.1-12）。

（5）压型

将裁剪好的片料进行基础压型，然后进行最后的裁边和折边处理，完成铝扣板的生产（图2.4.1-13）。

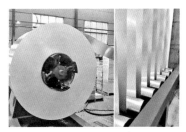

图2.4.1-9 开卷

图2.4.1-10 滚涂

图2.4.1-11 印花

图2.4.1-12 裁剪

图2.4.1-13 压型

7. 品牌介绍（排名不分先后，表 2.4.1-2）

品牌	简介
AUPU 奥普	奥普创立于 1993 年，位于浙江省杭州市，是一家以生产卫浴电气化产品为主的企业，产品涵盖浴霸、全功能阳台、集成吊顶、照明、新风系统、集成墙面等品类
友邦吊顶 设计更好的顶与墙	友邦吊顶，中国集成吊顶行业缔造者和领导者，成立于 2004 年，位于浙江省嘉兴市，专注于以创新设计和卓越性能缔造一流的室内吊顶整体解决方案
FSION 法狮龍 时尚吊顶	法狮龍建材科技有限公司创建于 2005 年，位于浙江省嘉兴市，是一家专业从事集成吊顶产品及其配套设施的研发、制造、销售的建材产品供应商

8. 价格区间（表 2.4.1-3）

名称	规格（mm）	价格
铝扣板（滚涂）	300×300，厚度 0.6	40～50 元 /m²
铝方通（喷粉）	50×100×4000，厚度 1	100～120 元 /m
铝单板（喷粉）	600×600，厚度 2	150～170 元 /m²
铝蜂窝板	1220×2440，厚度 15	50～75 元 /m²
铝塑板	1220×2440，厚度 4，面板厚 0.15	30～40 元 /m²

注：以上价格为 2023 年网络电商平台价格，价格受品牌、规格、功能、材质以及原材料价格浮动、市场环境等因素的影响（以上价格仅供参考）。

9. 验收要点

（1）资料检查：应有产品合格证书、检验报告及使用说明书等质量证明文件。合格证应包含企业名称、检验结果和检验合格标记、产品颜色和规格、产品批号或生产日期。

（2）外包装检查：包装应有足够的强度和刚度，产品装饰面应覆有保护膜。

（3）实物检查：

铝板的颜色、涂层、构造、铝材牌号应符合设计与订货合同要求。铝板的长度和宽度、厚度、对角线差、边直度、翘曲度等尺寸偏差应控制在相关标准允许范围内。面板表面应光洁平整，无扭曲变形、凹凸不平、腐蚀氧化、压痕、印痕、擦伤和毛刺等缺陷。

铝板涂层应无露底、脱落、黑斑、麻点，以及明显的流挂、气泡、橘皮等缺陷。涂层厚度、表面硬度、柔韧性、附着力、耐冲击性、耐磨耗性、耐盐酸性、耐油性、耐碱性、耐沾污性、耐老化性、耐盐雾性等应符合标准要求。

铝吊顶板在 $160N/m^2$ 的静荷载条件下，最大弹性变形量小于 10mm，塑性变形量小于 2mm。铝塑复合板的滚筒剥离强度、耐温差性、燃烧性能指标应符合相关标准要求。

10. 应用要点

喷涂工艺的应用：

（1）静电喷涂工艺，是指根据静电吸引原理，以接地的被涂物作为正极，以油料雾化器（即喷杯或喷盘）接高压电作为负极，利用电晕放电使涂料雾化并在高压直流电场作用下负电荷，使涂料吸附于正电荷工件表面的涂装方法。

（2）粉末喷涂工艺，是用喷粉设备把粉末涂料喷涂到工件表面，在静电作用下，粉末会均匀地吸附于工件表面，形成粉状的涂层；粉状涂层经过高温烘烤流平固化，变成最终涂层；粉末喷涂的喷涂效果在机械强度、附着力、耐腐蚀、耐老化等方面优于喷漆工艺。

11. 材料小百科

氟碳涂料：

氟碳涂料是指以氟树脂为主要成膜物质的涂料；又称氟碳漆、氟涂料、氟树脂涂料等。在各种涂料中，氟树脂涂料由于引入的氟元素电负性大，碳氟键能强，具有特别优越的耐候性、耐热性、耐低温性、耐化学药品性等各项性能，且具有独特的不粘性和低摩擦性。应用广泛的氟树脂涂料主要有聚四氟乙烯（PTFE）、聚偏二氟乙烯（PVDF）、氟烯烃 – 乙烯基醚共聚物（FEVE）三大类型。

2.4.2　不锈钢制品

1. 材料简介

　　不锈钢（图 2.4.2-1）是不锈耐酸钢的简称，耐空气、蒸汽、水等弱腐蚀介质或具有不锈性的钢种称为不锈钢；不锈钢是以不锈、耐蚀性为主要特性，且铬含量大于 10.5%，碳含量小于 1.2%。按组织状态常分为马氏体、铁素体、奥

图 2.4.2-1　不锈钢卷材

氏体、奥氏体 - 铁素体（双相）不锈钢及沉淀硬化不锈钢等。另外，按成分又可分为铬不锈钢、铬镍不锈钢和铬锰氮不锈钢等；还可根据钢在高温淬火后的反应和微观组织分为铁素体不锈钢（淬火后不硬化）、马氏体不锈钢（淬火后硬化）、奥氏体不锈钢（高铬镍型）等。

2. 构造、成分

　　成分：以奥氏体为例，含铬大于 18%，8% 左右的镍及少量钼、钛、氮等元素。

3. 分类（表 2.4.2-1）

表 2.4.2-1

名称	图片	材料解释	应用
镜面不锈钢		（1）业内用 BA 表示，经冷轧后光亮退火，并经抛光。板面平整且光度如镜，可形成镜像反射。 （2）分为 6K、8K、10K、12K 四个等级，一般 8K 可达到普通镜子的光面效果，6K 只是表面有一定亮度，达不到镜子效果，10K 和 12K 的效果最好，12K 表面超清，无磨痕与划伤	建筑装饰、电梯轿厢、厨房家具；电器面板与外壳、标志标牌、箱包、首饰盒等

名称	图片	材料解释	应用
拉丝不锈钢		业内用 HL 表示，即经适当粒度抛光砂带的连续研磨生成研磨花纹的产品	建筑装饰、电梯轿厢、电器面板、标志标牌、箱包等
雾面不锈钢		业内用 2B 表示，冷轧后经热处理、酸洗，再以精轧加工使表面适度光亮，呈雾面效果	室内外装饰、电梯轿厢、标志标牌等
蚀刻不锈钢		以 8K 镜面板或者拉丝板为底板，在其表面覆丝网印刷耐酸保护膜，用氯化亚铁溶液进行腐蚀，以达到蚀刻图案的效果	星级酒店，大型商场，高级娱乐场所等
和纹不锈钢		（1）又称砂纹不锈钢，远看由一圈圈的砂纹组成，近看则为不规格乱纹，是由磨头上下左右不规则摆动磨成。 （2）因其表面的特殊纹路，比普通不锈钢更耐磨损、耐刻划、抗指纹	室内外装饰、电梯轿厢、厨房家具、标志标牌等
镀色不锈钢		（1）又称镀膜不锈钢，即通过水镀或电镀在不锈钢表面形成有色金属离子膜层。 （2）电镀即高温真空容器内，借用惰性气体的辉光放电使钛、锆金属或合金蒸气离子化，离子经电场加速而沉积到带负电荷的不锈钢板上，形成色泽丰富艳丽的膜	室内外装饰墙板、天花、电梯轿厢、标志标牌等
压纹不锈钢		（1）又称不锈钢花纹板，即通过机械在不锈钢板上进行压纹，使板面呈凹凸图纹。 （2）外观刚劲亮丽，硬度高，耐磨，易清洁、免维护、抗击、抗压、抗刮痕及不留手指印	室内外装饰、工业装潢、电梯装潢、设施装潢、厨具等
波纹不锈钢		属于压纹不锈钢一类，其基于 8K 镜面不锈钢的反光特性，用冲压的方式实现不锈钢板表面平滑凹凸，呈水波纹的效果	售楼中心、高端商场、豪华酒店的墙、顶及水景饰面装饰

4. 参数指标

组织：马氏体、铁素体、奥氏体、奥氏体 – 铁素体（双相）、沉淀硬化等。

成分：铬不锈钢、铬镍不锈钢、铬锰氮不锈钢等。

牌号：以奥氏体为例，201、304、316 等。

表面：原面、钝面、雾面、粗砂、细砂、毛丝面、亮面、压纹等。

镀色：宝石蓝、黑、咖啡、锆金、青铜、古铜、玫瑰金、香槟金、浅绿等。

厚度：0.4mm、0.6mm、0.8mm、1.0mm、1.2mm、1.5mm、2.0mm、2.5mm、3.0mm 等。

不锈钢标示法：

（1）美国钢铁学会标记：用三位数字来标示各种标准级的可锻不锈钢

1）奥氏体型不锈钢用 200 和 300 系列三位数标示，例如以 201、304、316 为标记。

2）铁素体和马氏体型不锈钢用 400 系列数字表示，铁素体不锈钢以 430 和 446 为标记，马氏体不锈钢以 410、420、440C 为标记。

3）奥氏体–铁素体（双相）、沉淀硬化及铁含量低于 50% 高合金用专利或商标命名。

（2）中国不锈钢标记：用元素符号表示化学成分，用数字表示成分含量。不锈钢钢号首数字表示平均含碳量为千分之几，紧跟合金元素字母后的数字表示该元素含量为百分之几

示例 1：06Cr19Ni10（美标 AISI304，日标 SUS304）

"06" 表示碳含量小于 0.06%、"Cr19" 表示铬（Cr）含量约为 19%、"Ni10" 表示镍（Ni）含量约为 10%。

示例 2：12Cr17Mn6Ni5N5（美标 AISI201，日标 SUS201）

"12" 表示碳含量小于 0.12%、"Cr17" 表示铬（Cr）含量约为 17%、"Mn6" 表示锰（Mn）含量约为 6%、"Ni5" 表示镍（Ni）含量约为 5%、"N5" 表示氮含量约为 5%。

5. 相关标准

（1）现行国家标准《不锈钢和耐热钢　牌号及化学成分》GB/T 20878。

（2）现行国家标准《不锈钢冷轧钢板和钢带》GB/T 3280。

6. 生产工艺

不锈钢的生产工艺流程（图 2.4.2-2）：

图 2.4.2-2　不锈钢的生产工艺流程图

（1）剪板

将规格板通过剪板机或者激光开料机裁剪为需要的尺寸（图 2.4.2-3），注意规格板的损耗。

（2）刨槽折弯

刨槽工艺是不锈钢折弯成型的辅助工序，在不锈钢折弯处用立式或卧式刨槽刨切出 V 形槽

图 2.4.2-3　剪板

（图 2.4.2-4），提高不锈钢造型的尺寸精确度，使材料易于折弯成型。将刨槽后的半成品不锈钢板放入折弯机（图 2.4.2-5），根据深化图纸要求折成对应的不锈钢造型。

图 2.4.2-4　刨槽

图 2.4.2-5　折弯

（3）焊接

将预加工成型的不锈钢构件通过氩弧焊焊接（图 2.4.2-6）。焊接应在不锈钢背面，如在不锈钢表面焊接，需对其焊点进行打磨处理。注意预热温度、焊接速度、焊接电流和电压的控制，避免出现焊接变形、裂纹、气孔等质量问题。

图 2.4.2-6　焊接

（4）表面处理（表 2.4.2-2）

表 2.4.2-2

抛光打磨	酸洗钝化	电解抛光
砂纸、布轮或手持砂轮机抛光焊点或焊缝	酸洗钝化膏和酸洗钝化液进行处理	被抛工件及不溶性金属互为阴阳极于电解槽电解抛光
焊道处理	镜面	拉丝
原理类似于电解抛光，用毛刷对焊缝处涂刷	通过抛光设备研磨抛光，经覆膜后达到镜面效果	在擦洗垫或不锈钢刷表面上连续或不规则的摩擦
雾面喷砂	蚀刻	和纹
使用锆珠粒研磨、加工，使板面呈现细微珠粒状砂面	在不修改表面通过化学腐蚀形成各种花纹图案	通过研磨机，由磨头上下不规则的上下左右摆动而成
镀色	压纹	激光切割

真空环境下将板材和不同气体电镀形成不同颜色	通过不锈钢压纹机在底板辊轧以形成凹凸的花纹	利用高功率密度激光束照射不锈钢，加热至汽化温度，蒸发形成孔洞

7. 品牌介绍（排名不分先后，表 2.4.2-3）

表 2.4.2-3

品牌	简介
	福建吴氏鸿达不锈钢有限公司成立于 2012 年，位于福建省福州市，以生产加工不锈钢制品、金属材料批发、代购代销，室内外装饰工程设计、施工
	宁波盛天金属科技有限公司成立于 2020 年，位于浙江省宁波市，是从宁波欣盛金属制品有限公司发展而来，拥有自己的研发团队及产品专利，集不锈钢研发、生产、销售于一体
	上海臣川实业有限公司成立于 2015 年，位于上海市，专业承接各类金属材料深化设计、生产加工和安装。为高端商业展示提供设计、加工及安装等一条龙服务
	上海邑呈装饰工程有限公司成立于 2009 年，位于上海市，是一家不锈钢金属生产的企业。专业从事金属装饰设计、加工、安装、维护等。拥有先进的专业加工设备，独创的工艺流程和科学的技术管理

8. 价格区间（表 2.4.2-4）

表 2.4.2-4

序号	类型	计算公式						
1	材料价格	展开面积（m²）×厚度（mm）×7.93（g/cm³）×单价（元/kg）						
2	材料损耗	材料价格×5%						
3	表面处理（元/m²）	镜面	拉丝	雾面喷砂	蚀刻	和纹	镀色	压纹
		12	15	40	100	15	60	100
4	加工费（m）	剪板		刨槽		折弯		
		1		1.2		1.2		
5	安装费	板材安装费			线条安装费			
		60 元/m²			8~12 元/m			
6	辅料费	板材辅料费			线条辅料费			
		15 元/m²			2~3 元/m			

注：以上不锈钢价格随有色金属价格浮动，受市场环境等因素的影响（以上价格仅供参考）。

9. 验收要点

（1）资料检查：应有产品合格证书、检验报告及使用说明书等质量证明文件。

（2）包装检查：

1）检查不锈钢制品的包装是否完好无损，包括内外包装。

2）包装上的产品品牌、规格、型号以及数量应与订单要求一致。

（3）实物检查：

1）检查不锈钢制品表面是否平整，无裂纹、划痕、氧化、锈蚀等缺陷。尺寸是否符合要求。

2）检查不锈钢制品的材质，包括材料牌号、化学成分、物理性能等应符合要求，碳、锰、磷、硫、硅、铬、镍、钼、氮、铜、铌和钽化学成分极限值应在标准规定范围内。

10. 应用要点

化学元素与不锈钢性能：

（1）铬（Cr）元素：铬能显著提高不锈钢的强度、硬度、耐磨性、抗氧化性以及耐蚀性，但同时降低塑性和韧性。铬还能提高钢耐局部腐蚀，比如晶间腐蚀。

（2）碳（C）元素：含碳量的增加可提升不锈钢的屈服点和抗拉强度，但同时降低塑性和抗冲击性，当碳量超过0.23%时，其焊接性能也会变差。含碳量高还会降低不锈钢的耐大气腐蚀能力，增加冷脆性和时效敏感性。

（3）镍（Ni）元素：镍使不锈钢强度降低而塑性和韧性提高，可显著降低奥氏体不锈钢的冷加工硬化倾向、硬化速率；镍可提高不锈钢的耐酸碱腐蚀能力，增强其热力学稳定性与高温抗氧化性。

（4）钼（Mo）元素：钼可强化不锈钢中铬的耐蚀作用的提升，使不锈钢的晶粒细化，提高淬透性和热强性能、机械性能。但其对钢的耐蚀性和力学性能均产生不利影响，特别是导致塑性、韧性下降。钼含量增加的同时，镍、氮、锰等元素的含量也要相应提高，以保持形成元素的平衡。

（5）钛（Ti）元素：钛是不锈钢中的强脱氧剂，它能使不锈钢的内部组织致密，细化晶粒力；降低时效敏感性和冷脆性，改善焊接性能。在奥氏体不锈钢中加入适量钛可避免晶间腐蚀。

11. 材料小百科

（1）磁性鉴别

实践中，常有人习惯用磁铁测试不锈钢是否有磁性，来初步鉴别不锈钢优劣、真伪的方法是片面或错误的。因为马氏体及铁素体不锈钢是有磁性的；虽然奥氏体不锈钢是无磁或弱磁性。但奥氏体经过冷加工，其结构组织也会向马氏体转化，进而磁性变大。

（2）晶间腐蚀

晶间腐蚀是局部腐蚀的一种，沿金属晶粒间的分界面向内部扩展的腐蚀。主要由于晶粒表面和内部间化学成分的差异以及晶界杂质或内应力的存在。晶间腐蚀破坏晶粒间的结合，大大降低金属的机械强度。而且腐蚀发生后金属和合金表面仍保持一定的金属光泽，看不出被破坏的迹象，但晶粒间结合力显著减弱，力学性能恶化，不能经受敲击，所以是一种很危险的腐蚀。通常出现在黄铜、硬铝合金和一些不锈钢、镍基合金中。

（3）不锈钢的类别

1）奥氏体型不锈钢

基体以面心立方晶体结构的奥氏体组织（γ相）为主，无磁性，主要通过冷加工使其强化（并可能导致一定的磁性）的不锈钢。

2）奥氏体-铁素体（双相）型不锈钢

基体兼有奥氏体和铁素体两相组织（其中较少相的含量一般大于15%），有磁性，可通过冷加工使其强化的不锈钢。

3）铁素体型不锈钢

基体以体心立方晶体结构的铁素体组织（α相）为主，有磁性，一般不能通过热处理硬化，但冷加工可使其轻微强化的不锈钢。

4）马氏体型不锈钢

基体为马氏体组织，有磁性，通过热处理可调整其力学性能的不锈钢。

5）沉淀硬化型不锈钢

基体为奥氏体或马氏体组织，并能通过沉淀硬化（又称时效硬化）处理使其硬（强）化的不锈钢。

2.4.3 玻璃制品

1. 材料简介

玻璃的主要化学成分是硅酸盐复盐，属非晶无机非金属材料，以石英砂（SiO_2含量约72%）、氧化钠（Na_2O含量约15%）、氧化钙（CaO含量约9%）、纯碱（Na_2CO_3）、长石、石灰石（$CaCO_3$）等为主要原料，加入少量辅助原料，在1600℃左右高温下熔融、成型，并经急速冷却而制成的无规则结构的非晶态固体材料。玻璃在凝固过程中，由于黏度急剧增加，分子无法按晶格有序排列形成无定型非结晶体，因而其物理及力学性能表现为均质的各向同性。

玻璃是人类最早发明的人造材料之一。最初是由火山爆发喷出的酸性岩凝固而形成，古埃及人最早制作出玻璃装饰品和玻璃器皿。约公元前1000年，我国制造出无色玻璃。1873年，比利时制造出平板玻璃。随着科学技术的发展，玻璃制品由单纯采光和装饰功能，逐步向控制光线、调节热量、节约能源、控制噪声等功能综合发展。在建筑装饰工程中，玻璃已发展成为一种重要的装饰材料，随着兼具装饰性与功能性玻璃产品的问世，诸如基于玻璃深加工而成的镜面玻璃、彩色玻璃（图2.4.3-1）、花纹玻璃、钢化玻璃、夹胶玻璃、中空玻璃以及玻璃砖、玻璃锦砖等，为建筑装饰装修工程提供了更加广阔的选择。

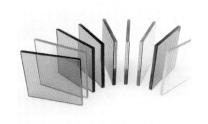

图 2.4.3-1　彩色玻璃

2. 构造、材质

（1）玻璃原片

构造：无规则结构的非晶态固体（从微观上看，玻璃分子不像晶体那样在空间具有长程有序的排列，而近似于液体具有短程有序）。

材质：主要有二氧化硅（SiO_2）及氧化钙、氧化钠、少量氧化镁和氧化铝等。

（2）夹层玻璃

构造：由两片或多片玻璃之间嵌夹透明薄胶片（或其他夹层材料），经热压粘合复合而成（图2.4.3-2）。

材质：

玻璃板：平板玻璃、钢化玻璃或其他玻璃。

透明胶片膜：PVB膜、SGP膜、EVA膜、PU膜。

图2.4.3-2　夹层玻璃

其他中间膜：彩色膜、SGX类印刷膜、XIR类Low-E膜。

其他夹层材料：纸、布、植物、丝、绢、金属丝、金属网、金属板。

（3）中空玻璃

构造：由两片或多片玻璃周边用框间隔，中间层充干燥空气，四周高强高气密性胶密封而成（图2.4.3-3）。

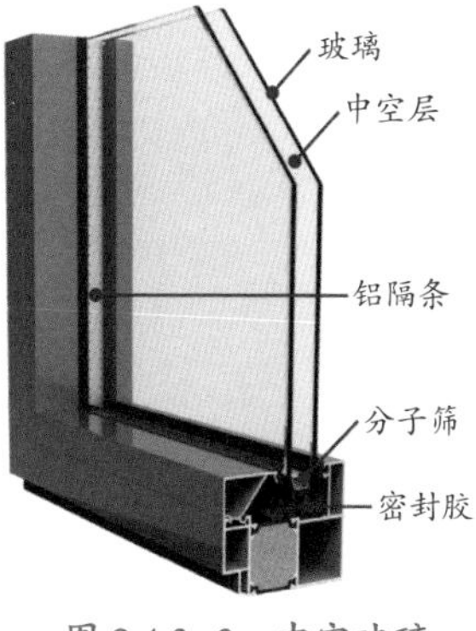

材质：

玻璃板：钢化玻璃或镀膜玻璃、Low-E玻璃等。

中间层：空气或氩、氖、氙气等惰性气体。

密封胶：丁基胶、聚硫胶、硅酮胶等。

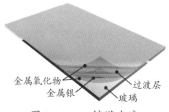

图2.4.3-3　中空玻璃

（4）镀膜玻璃

构造：由玻璃表面涂敷金属或金属氧化物构成。

材质：

玻璃板：平板玻璃或钢化玻璃等（图2.4.3-4）。

热反射膜：如铬、钛、镍或不锈钢等金属氧化物。

低辐射膜：如银、铜或锡、钛、锌等金属氧化物。

图2.4.3-4　镀膜玻璃

（5）镜面玻璃

构造：由浮法玻璃表面镀金属涂层及防护涂层制成（图 2.4.3-5）。

材质：

玻璃板：特级浮法玻璃等。

金属涂层：镀银、镀铝或镀铜等。

防护涂层：高抗腐蚀性镜背环保油漆。

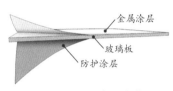

图 2.4.3-5　镜面玻璃

3. 分类（表 2.4.3-1）

表 2.4.3-1

名称	图片	材料解释	应用
平板玻璃		又称玻璃白片、原片或净片，泛指普通平板玻璃，属钠钙玻璃类，生产与应用最为广泛，也是玻璃深加工的基础材料。按其生产工艺主要有引上法（有槽/无槽）、平拉法和浮法。浮法即将玻璃熔浆引入熔锡的浮炉，利用玻璃比重小于锡液的原理，使玻璃熔液在自身重力及表面张力的作用下浮于锡液面并自由摊平，以得到厚度均匀、上下表面平整的平板玻璃	适用于一般室内外门窗、家具柜门、台面等；以及各类深加工玻璃的原材料
钢化玻璃		又称强化玻璃，一种预应力玻璃。为提高强度，采用物理工艺（将普通退火玻璃加热到接近软化点温度，再进行快速均匀冷却）或化学工艺（将含有碱金属离子的硅酸盐玻璃浸入熔融状态的锂盐中，通过不同离子互换，造成外层收缩小而内层收缩大），在玻璃表面形成压应力，内部形成张力，提高强度与安全等性能	适用于玻璃幕墙、室内隔断玻璃、采光顶棚、玻璃护栏、观光电梯以及汽车、电子仪表、军工特种行业等
中空玻璃		由两层或多层平板玻璃构成，玻璃间充入干燥气体，四周用高强度高气密性复合胶粘剂，将玻璃与密封条、玻璃条粘接、密封。高性能中空玻璃（如 Low-E）除在两层玻璃中间封入干燥空气之外，还要在外侧玻璃中间空气层侧，涂上一层热性能好的特殊金属膜，以截断由太阳射向室内的能量，起到隔热效果	适用于各类节能建筑的窗、幕墙玻璃及火车、汽车、轮船、冷冻柜的门窗玻璃等

名称	图片	材料解释	应用
烤漆玻璃		又称背漆玻璃，其通过喷涂、滚涂、丝网印刷或淋涂等方式涂装油漆，再经30~45℃烤制8~12h而成。其色彩丰富，附着力强，抗紫外线，抗颜色老化	适用于室内墙柱面装饰、台面、天花、家具门板等
玉砂玻璃		（1）又称蒙砂玻璃，可分为酸蚀蒙砂玻璃和喷砂蒙砂玻璃。将水与金刚砂混合高压喷射在玻璃表面，使其平面表面造成侵蚀，从而形成半透明的雾面效果。（2）玻璃制蒙砂后，表面光泽柔和、手感光滑细腻，如玉般洁白无瑕、温润光洁	适用于建筑装饰门窗、地面、玄关隔断、屏风、背景墙；玻璃艺术品、科技产品等
压花玻璃		（1）又称压花（滚花）玻璃，即用压延法制造的平板玻璃。玻璃硬化前用刻有花纹的辊筒在玻璃的单面或双面压上花纹，制成单面或双面有图案的压花玻璃。（2）表面压有深浅不同的花纹图案，因其凹凸不平，光线透过时即产生漫射，透过玻璃观察物像产生模糊感，形成透光不透视的特点	适用于室内各个空间，如客厅、餐厅、书房、隔断、玄关、屏风、背景墙等
镶嵌玻璃		将诸如彩色绘画、朦胧雾面、剔透清晰等不同工艺效果的小片异形玻璃搭配组合后，用金属条镶嵌焊接制成一幅完整的镶嵌玻璃	适用于艺术门窗、隔断、柜门、卫浴隔断等
夹层玻璃		（1）两片或多片玻璃之间嵌夹透明胶片，在一定温度、压力下胶合成整体平面或曲面的复合玻璃制品，属于安全玻璃。（2）夹层玻璃可做2、3、5、7、9层，玻璃可用普通平板玻璃、钢化玻璃、彩色玻璃、吸热玻璃或热反射玻璃等。夹层除采用透明胶片外，也可采用丝、绢、布、纸、植物或金属丝、金属网、金属板等	适用于玻璃幕墙、玻璃隔断、采光顶棚、玻璃护栏、观光电梯，以及各类装饰及安全要求的应用场所

名称	图片	材料解释	应用
热熔玻璃		又称水晶立体艺术玻璃或熔模玻璃，属于玻璃热加工工艺，即采用特制热熔炉，以平板玻璃和无机色料等为主要原料，设定加热程序和退火曲线，软化后经模具模压成型后退火而成，还可进行雕刻、钻孔、修裁等再加工	适用于大型墙体嵌入玻璃、隔断玻璃
夹丝玻璃		（1）又称防碎玻璃、钢丝玻璃，即将金属丝网由供网装置展开后送入熔融的玻璃液，随着玻璃液通过上、下压延辊后制成。 （2）其强度高，遭受冲击破而不缺，裂而不散；防火性优越，可遮挡火焰，高温燃烧时不炸裂，避免棱角碎片伤人。 （3）金属丝网受高温辐射易氧化，玻璃表面可能出现"锈斑"状色渍和气泡	适用于高层楼宇和震荡性强的厂房天窗、顶棚顶盖，易受振动的门窗，以及有防火、防盗等要求的场所
玻璃砖		可分为实心砖与空心砖。又称"三明治玻璃砖"，灵感源于三明治，采用两块透明或经深加工处理后的艺术玻璃压成形的块状或空心盒状的砖型玻璃制品，中间夹层可搭配加入其他装饰效果材料	适用于公共建筑的外墙装饰、景观、室内隔墙、背景的镶嵌与点缀

4. 参数指标

产品名称：普通平板玻璃、钢化玻璃、夹层玻璃、中空玻璃、镀膜玻璃、玉砂玻璃、冰花玻璃、压花玻璃、镭射玻璃、烤漆玻璃、热熔玻璃、玻璃砖等。

原片工艺：浮法、平拉法、垂直引上法、旭法引上、压延法。

功能分类：原片玻璃、安全玻璃、节能玻璃、饰面玻璃。

产品规格：

玻璃原片：长宽（250～5550）mm×（100～2440）mm，厚度3～19mm。

玻璃砖：长宽115mm、190mm、240mm、300mm等，厚度80mm～100mm。

深加工玻璃尺寸：详见具体产品说明。

5. 相关标准

（1）现行国家标准《平板玻璃》GB 11614。

（2）现行国家标准《建筑用安全玻璃　第2部分：钢化玻璃》GB 15763.2。

（3）现行国家标准《建筑用安全玻璃　第3部分：夹层玻璃》GB 15763.3。

（4）现行国家标准《中空玻璃》GB/T 11944。

（5）现行行业标准《压花玻璃》JC/T 511。

6. 生产工艺

（1）平板玻璃的生产工艺流程（图2.4.3-6）

图2.4.3-6　平板玻璃的生产工艺流程图

1）混料烧融

将玻璃屑、石灰石、石英砂以及硅砂、苏打灰、白云石、霞长石和芒硝等配料称重混合后送入熔炉，加热至1500℃，形成类似流体的玻璃膏（图2.4.3-7）。

2）浮法浇筑

熔融玻璃从池窑中连续流入并

图2.4.3-7　混料烧融

漂浮在相对密度大的锡液表面上，在重力和表面张力的作用下，玻璃液在锡液面上铺开、摊平，形成上下表面平整的平板玻璃，硬化、冷却后被引上过渡辊台（图2.4.3-8）。

3）退火冷却

将成型的各种玻璃制品送入退火窑进行退火，平衡应力，防止自破自裂。压模过程中需要一直使用冷水进行冷却。玻璃毛坯通过滚筒运送至下一环节，一路上自然冷却

图2.4.3-8　浮法浇筑

（图 2.4.3-9）。

4）裁切

经锡池冷却后，用碳化钨刀头按要求尺寸对玻璃进行划痕（图 2.4.3-10），下方滑轨快速抬起，将玻璃震断，前方滚轮将纵向玻璃折断。滚筒破碎机沿划痕整齐切除，边缘角料回到初始再利用。

图 2.4.3-9　退火冷却

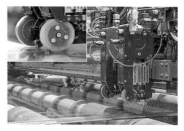

图 2.4.3-10　裁切

（2）钢化玻璃的生产工艺流程（图 2.4.3-11）

图 2.4.3-11　钢化玻璃的生产工艺流程图

1）玻璃加工

钢化玻璃是在平板玻璃加工的基础上，再进行钢化的过程。采用数控切片机将平板玻璃按设计要求进行切割、磨边、打孔，经清洗、干燥，确保其表面无杂质（图 2.4.3-12）。

图 2.4.3-12　玻璃加工

2）电炉加热

将加工后的玻璃原片送入钢化炉，在钢化温度范围（620～640℃）内将玻璃加热到接近软化温度（此时处于黏性流动状态），多次加热使内外层产生应力差（图 2.4.3-13）。

图 2.4.3-13　电炉加热

3）风栅淬冷

保温一定时间后快速移至风栅中进行淬冷（图 2.4.3-14）。在钢化风栅中用压缩空气均匀、迅速喷吹玻璃的两个表面，使玻璃急剧冷却。经过多次骤冷，使内外层应力差保持住形成固定的应力状态，即钢化完成。

图 2.4.3-14　风栅淬冷

（3）中空玻璃的生产工艺流程（图 2.4.3-15）

图 2.4.3-15　中空玻璃的生产工艺流程图

1）铝条折弯

采用折弯机按照产品设计要求的规格、材质、尺寸，对铝条进行一体折弯，制作中空玻璃的铝格框间隔条（图 2.4.3-16）。

2）灌分子筛

铝条成型后通过自动分子筛灌装机对其进行灌分子筛（图 2.4.3-17）。灌冲期间避免灌冲不满、灌冲口堵胶不严密等质量隐患。

图 2.4.3-16　铝条折弯

图 2.4.3-17　灌分子筛

3）打丁基胶

分子筛灌注完成后在铝隔框两侧涂布丁基胶（图 2.4.3-18）。压合后丁基胶宽度需大于 5mm。还应注意涂布时的波浪、断胶以及间隔条正面的残胶不要合片到中空玻璃里面。

4）玻璃合片

对玻璃进行磨边、清洗、烘干，确保其表面无杂质后即可进行合片。首先将单片玻璃置于合片机上，将铝隔框按尺寸固定在玻璃上，再送入合片机，将两片玻璃合片固定。最后在四周进行二次密封（图2.4.3-19），中空玻璃即生产完成。

图2.4.3-18　打丁基胶

图2.4.3-19　玻璃合片

（4）玻璃砖的生产工艺流程（图2.4.3-20）

图2.4.3-20　玻璃砖的生产工艺流程图

图2.4.3-21　混料烧融

1）混料烧融

将玻璃屑、石灰石及石英砂称重混合后送入熔炉，加热至1500℃，使玻璃粉料熔化成为熔融状态，形成类似流体的玻璃膏（图2.4.3-21）。

2）压制成型

熔炉将定量的玻璃膏挤出，通过下方自动裁剪机切断，顺着滑道进入下方模具，模具柱塞下压将玻璃膏压制成型（图2.4.3-22）。

3）冷却定型

将经压制成型的玻璃通过冷风由1500℃急速冷却降温至600℃，使玻璃膏维持自身形状（图2.4.3-23）。之后通过传送带，经一段连

图2.4.3-22　压制成型

370

续的火炉烘烤以保持温度后送至熔接机。

4）熔接

熔接机会对每块坯料进行重新加热，直至边缘处于软化状态，再送至挤压站挤压，使上下两块玻璃边缘结合，合二为一形成单块玻璃砖（图 2.4.3–24）。

图 2.4.3-23　冷却定型

图 2.4.3-24　熔接

5）退火定型

熔接完成后送入冷却室，逐步退火冷却至 80℃（图 2.4.3–25）。控制退火过程中的温度下降速度和温度分布，以避免玻璃砖在冷却过程中产生裂纹或变形。送出生产线后即开始质检，检查玻璃砖四周是否齐平，表面是否变形。

6）边缘处理

在玻璃砖边缘喷上一层液化乙烯，以便后期施工阶段粘接牢固（图 2.4.3–26）。最后送入传送带打印产品编号和生产日期等信息，再经抽样进行撞击测试合格后即可包装。

图 2.4.3-25　退火定型

图 2.4.3-26　边缘处理

7. 品牌介绍（排名不分先后，表 2.4.3-2）

表 2.4.3-2

品牌	简介
福耀集团 Fuyao Group	福耀集团 1987 年成立于福建省福州市，OEM 配套服务和汽车玻璃全套解决方案知名供应商，专注于汽车安全玻璃和工业技术玻璃领域的大型跨国集团
洛玻玻璃	中国洛阳浮法玻璃集团始建于 1956 年，中国建材集团旗下，是中国重要的浮法玻璃制造和玻璃深加工基地之一，集科研开发、生产经营、进出口贸易等于一体的大型企业集团
SG 南玻集团	中国南玻集团成立于 1984 年，总部位于深圳蛇口国家自贸区。较早的低辐射节能玻璃制造商，专业从事浮法玻璃和工程玻璃、太阳能玻璃和硅材料、光伏组件等可再生能源产品的生产和销售
L	福州老黎玻璃工程有限公司成立于 2014 年，位于福州市仓山区，主要承接室内外不锈钢、各种工程玻璃，公司服务于全国地产、配套酒店等

8. 价格区间（表 2.4.3-3）

表 2.4.3-3

名称	规格	价格
平板玻璃	5mm 厚	45～65 元 /m²
钢化玻璃	5mm 厚	85～110 元 /m²
中空玻璃	双层中空玻璃 8mm 厚	220～250 元 /m²
玉砂玻璃	12mm 厚	180～240 元 /m²
压花玻璃	5mm 厚	160～200 元 /m²
夹丝玻璃	10mm 厚	240～280 元 /m²
烤漆玻璃	5mm 厚	125～150 元 /m²
镶嵌玻璃	4mm 厚	480～600 元 /m²
热熔玻璃	6mm 厚	210～250 元 /m²
玻璃砖	190mm×190mm×80mm	10～20 元 / 块

注：以上价格为 2023 年网络电商平台价格，价格受品牌、规格、功能、材质以及原材料价格浮动、市场环境等因素的影响（以上价格仅供参考）。

9. 验收要点

（1）资料检查：应有产品合格证书、3C 认证、检验报告及使用说明书等质量证明文件。

（2）包装检查：

1）玻璃的包装宜采用木箱或集装箱（架）包装。玻璃与玻璃之间、玻璃与箱（架）之间应采取防护措施，防止玻璃破损和玻璃表面划伤。

2）包装标志应符合国家有关标准的规定，每个包装箱应标明"朝上、轻搬正放、小心破碎、防雨怕湿"等标志或字样。

（3）实物检查：

1）玻璃制品的长宽、厚度、对角线差、厚薄差等尺寸偏差值符合相关规范与设计要求。玻璃表面应无划痕、气泡、夹杂物斑点等点状缺陷，点状缺陷密集度、线道、划伤、裂纹、光学变形、断面缺陷、弯曲度、虹彩、光学性能等指标符合标准要求。

2）钢化玻璃的表面应力、霰弹袋冲击性能、耐热冲击性能的力学性能，以及其碎片状态等指标符合标准要求。钢化玻璃的爆边、划伤、夹钳印、裂纹、缺角等外观质量指标符合标准要求。

3）中空玻璃的边部密封材料、间隔材料、干燥剂等应符合相应标准要求。密封材料应能够满足中空玻璃的水汽和气体密封性能，并能保持中空玻璃的结构稳定。密封胶的粘结性能、边部密封材料水汽渗透率符合标准要求。

10. 应用要点

（1）玻璃选用要点

1）屋面玻璃或雨篷玻璃必须使用夹层玻璃或夹层中空玻璃，其胶片厚度不应小于 0.76mm。

2）地板玻璃必须采用夹层玻璃，点支承地板玻璃必须采用钢化夹层玻璃。钢化玻璃必须进行均质处理。

3）易于受到物体碰撞部位的建筑玻璃，应采取保护措施。

4）根据易发生碰撞的建筑玻璃所处的具体部位，可采取在视线高度设醒目标志或设置护栏等防碰撞措施。碰撞后可能发生高处人体或玻璃坠落的，应采用可靠护栏。

（2）安全玻璃的最大许用面积（表2.4.3-4）

表2.4.3-4

玻璃种类	公称厚度（mm）			最大许用面积（m²）
钢化玻璃	4			2.0
	5			2.0
	6			3.0
	8			4.0
	10			5.0
	12			6.0
夹层玻璃	6.38	6.76	7.52	3.0
	8.38	8.76	9.52	5.0
	10.38	10.76	11.52	7.0
	12.38	12.76	13.52	8.0

注：安全玻璃的暴露边不得存在锋利的边缘和尖锐的角部。

（3）有框平板玻璃、超白浮法玻璃和真空玻璃的最大许用面积（表2.4.3-5）

表2.4.3-5

玻璃种类	公称厚度（mm）	最大许用面积（m²）
平板玻璃、超白浮法玻璃、中空玻璃	3	0.1
	4	0.3
	5	0.5
	6	0.9
	8	1.8
	10	2.7
	12	4.5

（4）室内玻璃栏板应用要点

1）设有立柱和扶手，栏板玻璃作为镶嵌面板安装在护栏系统中，栏板玻璃应使用符合表2.4.3-4规定的夹层玻璃。

2）栏板玻璃固定在结构上且直接承受人体荷载的护栏系统，当栏板最低点离一侧楼地面高度不大于5m时，应使用公称厚度不小于

16.76mm 的钢化夹层玻璃；当栏板最低点离一侧楼地面高度大于 5m 时，则不得采用单纯由玻璃作为栏板的系统。

11. 材料小百科

（1）钢化玻璃自爆

"自爆"是指钢化玻璃在没有任何外力作用的情况下自身发生爆裂的现象。钢化玻璃自爆时间没有确定性，或者刚出炉，或者出产后 1～2 月，或者出产后 1～2 年，甚至出产后 4～5 年才自爆。普通钢化玻璃的自爆率为 0.3%～3%，随着基片品质的提升，自爆率也会随之降低。

实践中分析，钢化玻璃自爆主要是与玻璃基片存在的硫化镍杂质微粒与其他异质相颗粒相关。玻璃中的裂纹萌发和扩展主要是在颗粒附近处产生的残余应力所导致的。此应力分为两类，一类是硫化镍在玻璃钢化加热、冷却，以及常温状态下晶相转变产生的相变应力；另一类是由玻璃内部热膨胀系数不匹配产生的残余应力。而玻璃在经过钢化处理后，表面形成压应力，内部呈现张应力，两种力属于平衡状态。当产生上述局部应力集中，就会发生玻璃自爆。

减少钢化玻璃自爆的方法主要有使用含较少硫化镍结石的原片，即使用优质原片；生产过程中避免或减少各类异质相颗粒；避免玻璃在钢化过程中应力过大；对钢化玻璃进行二次热处理，通常称为引爆或均质处理。

（2）玻璃中氧化物的作用（表 2.4.3-6）

表 2.4.3-6

氧化物	增加	降低
二氧化硅	熔融温度、化学稳定性、热稳定性、机械强度	密度、热膨胀系数
氧化钠	热膨胀系数	化学稳定性、耐热性、熔融温度、析晶倾向、退火温度、韧性
氧化钙	硬度、机械强度、化学稳定性、析晶倾向、退火温度	耐火性
三氧化二铝	熔融温度、化学稳定性、机械强度	析晶倾向
氧化镁	耐热性、化学稳定性、机械强度、退火温度	析晶倾向、韧性

2.4.4 树脂制品

1. 材料简介

树脂有天然树脂与人工合成树脂之分。天然树脂是指自然界中植物经受创伤后分泌用作凝固、保护伤口的一类有机物质（如松香、琥珀、虫胶等），主要成分有各种萜烯类、酚类和树脂酸等有机化合物；合成树脂是指人工化学合成的一类高分子聚合物，是制造塑料的主要成分，起胶结作用，并决定塑料的硬化性质和工程性质，且常用树脂名称来命名塑料。其中聚乙烯（PE）、聚氯乙烯（PVC）、聚苯乙烯（PS）、聚丙烯（PP）和 ABS 树脂应用最为广泛（图 2.4.4-1）。

虽然与"树"的分泌物无关，合成树脂作为化学性质及物理性质

图 2.4.4-1 透光树脂板

与天然树脂相似的高分子聚合物，仍被称为树脂。广义上能作为塑料制品加工原料的任何高分子聚合物，被统称为"树脂"。

2. 构造、成分

由环己二醇共聚聚酯（PETG）、聚甲基丙烯酸甲酯（PMMA）、聚碳酸酯（PC）、聚苯乙烯（PS）、不饱和聚酯树脂（UPR）等高分子材料及氢氧化铝、过氧化甲乙酮（固化剂）、辛酸钴苯乙烯溶液（促进剂）、色浆等组成。

3. 分类（表 2.4.4-1）

表 2.4.4-1

名称	图片	材料解释	应用
透光树脂板		（1）将各种天然植物、金属薄板、纺织物等夹在浮雕纹的树脂之间，经高温层压制成不同效果与应用场景的透明板材。 （2）非晶型共聚聚酯（PETG）是透光树脂板的主流选材，其具有突出韧性和高抗冲击强度，较高的机械强度和优异的柔韧性	适用于酒店、会所、KTV、商场等各类饰面造型、桌台、展柜灯饰等

名称	图片	材料解释	应用
亚克力板		（1）亚克力由英文（Acrylic）音译而来，以聚甲基丙烯酸甲酯（Poly Methyl Meth Acrylate，PMMA）为原料的合成板材，具有较好的透光性能，光线穿过率为93%，高于浮法玻璃。 （2）亚克力板颜色纯正、色彩丰富、美观平整，耐候性良好，使用寿命长。但表面不耐划伤，板材会随着温度及湿度的变化而伸缩	适用于建筑采光棚、橱窗、灯箱，工业仪表面板及护盖，以及手术医疗器具、卫浴设施、婴儿保育箱、水族箱等
聚碳酸酯板		（1）又称PC板、聚酯板、卡普隆板。以聚碳酸酯（PC）树脂为主材，属合成树脂板，具有耐冲击、抗变形、阻燃等优点。 （2）透光率小于90%，低于玻璃及亚克力板；表面不耐划伤，不耐碱及有机溶剂，与混凝土接触后，会出现弯曲、白浊现象	适用于屋顶阳光板、住宅内部门窗等
透光云石		（1）属于高分子合成材料，采用不饱和聚酯树脂（UPR）、氢氧化铝 [Al(OH)$_3$] 和其他辅料浇铸成型。即采用透光树脂制作的人造石。 （2）无辐射、质轻、高硬、耐污、耐腐，可弯曲加工，无缝粘接，浑然天成	适用于制作透光背景、顶棚、地铺等，以及各种透光艺术品等

4. 参数指标

（1）透光树脂板

材质：PETG、PMMA、PC、PS等。

幅面：2440mm×1220mm、3050mm×1220mm，可定制。

厚度：6~20mm。

表面：光面、纹理、亚光面、高透抛光、磨砂处理。

透光：

可见光透过率88%~92%。

环己二醇共聚聚酯（PETG）透光率达90%。

聚甲基丙烯酸甲酯（PMMA）透光率90%～92%。

聚碳酸酯（PC）透光率88%～90%。

聚苯乙烯（PS）透光率达89%。

（2）亚克力板

材质：PMMA（聚甲基丙烯酸甲酯）。

幅面：2440mm×1220mm、3050mm×1220mm，可定制。

厚度：2～20mm。

表面：光面、纹理、亚光面、高透抛光、磨砂处理。

透光：可见光透过率90%～92%。

（3）聚碳酸酯板（PC板、聚酯板、卡普隆板）

材质：聚碳酸酯（PC）。

幅面：2440×1220mm、6000×2100mm，可定制。

厚度：1～15mm。

表面：光面、纹理、亚光面、高透抛光、磨砂处理。

透光：可见光透过率88%～90%。

（4）透光云石

材质：不饱和树脂（UPR）、氢氧化铝［Al（OH）$_3$］。

幅面：2440mm×1220mm、3050mm×1220mm，可定制。

厚度：5～20mm。

表面：光面、亚光面。

透光：可见光透过率50%～80%。

5. 相关标准

（1）现行国家标准《塑料　环氧树脂　第1部分：命名》GB/T 1630.1。

（2）现行国家标准《浇铸型工业有机玻璃板材》GB/T 7134。

6. 生产工艺

树脂板的生产工艺流程（图2.4.4-2）：

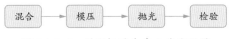

图2.4.4-2　树脂板的生产工艺流程图

（1）混合

先将不饱和树脂放入混合机搅拌，再分别添加氧化甲乙酮固化剂、辛酸钴苯乙烯溶液促进剂与不饱和树脂充分混合搅拌，确保各种原材料充分混合均匀（图2.4.4-3）。

图 2.4.4-3　搅拌

图 2.4.4-4　模压

（2）模压

将混合好的树脂料浆倒入模具中，通过压力或真空方式模压成型。用强力真空压缩机将灌注满树脂料浆的模具内多余气泡挤走，避免成品后留有气孔。料浆倒入模具后经1～2h即可凝固脱模（图2.4.4-4）。

（3）抛光

脱模后的毛（粗）坯，磨平进浆水口；用小型机械工具修整合模线；然后用240号砂纸对整个产品表面进行打磨。再重复用600号砂纸细磨平滑抛光（图2.4.4-5）。

（4）检验

树脂板制造完成后，需要进行

图 2.4.4-5　抛光

质量检验，确保其符合相关标准要求。对合格的树脂板进行包装储存。

7. 品牌介绍（表2.4.4-2）

表 2.4.4-2

品牌	简介
®DONCHAMP 汤臣压克力	汤臣（江苏）材料科技股份有限公司成立于2002年，知名压克力透明板制造商，以浇铸型工业有机玻璃（压克力）板材及相关产品研发、生产、销售为核心的高新技术企业

8. 价格区间（表 2.4.4-3）

表 2.4.4-3

名称	规格（mm）	价格
树脂板	1150×2350×8	2000～3000 元／片
亚克力板	1220×2440×5	260～350 元／片
聚碳酸酯板	2100×6000×10	600～630 元／片
透光云石	1220×2440×6	70～150 元／m²

注：以上价格为 2023 年网络电商平台价格，价格受品牌、规格、功能、材质以及原材料价格浮动、市场环境等因素的影响（以上价格仅供参考）。

9. 验收要点

（1）资料检查：应有产品合格证书、检验报告及使用说明书等质量证明文件。

（2）包装检查：板材表面应采用易于去除污染的胶面纸或牛皮纸、聚乙烯薄膜包装，包装箱内四周以衬垫物塞紧，并附有装箱单。

（3）实物检查：

1）板材表面应平整光洁、色泽均匀，无色差、裂纹、气泡、麻面、破损、划痕等缺陷。板材的尺寸偏差符合规范与设计要求。

2）板材的抗弯、抗压、抗冲击强度、洛氏硬度、耐磨性、热变形温度、抗溶剂银纹性、阻燃等性能应符合相关标准要求。

3）通过透光率测试、反射率测试和色差测量等手段检查亚克力板和透光云石的光学性能是否符合要求。

10. 应用要点

不同成分的树脂制品的性能及应用：

树脂制品常用的有 PS、PC、PETG、PMMA 等兼透光性和强度的高分子材料。论透光率，PMMA 最好，白光的穿透性高达 92%。耐温性 PC 最好，表面硬度 PMMA 最高，PC 最差，抗冲击强度 PC 最强，PS 最低。PMMA 跟 PS 相比，PMMA 更透明，其他方面相差无几。PS 适合做壁薄的东西，不宜做得很厚，PMMA 可做得厚一点。

PC（聚碳酸酯）是一种综合性能优良的工程塑料，具备出色的抗冲击强度、透光性，以及较高的强度、延展性和韧性。同时电性能优良，在较宽的温、湿度范围内具有良好的绝缘性和强度，广泛用作计算机及各种商用电器的外壳、盖子和结构部件。可用于制造大型灯罩、防护玻璃、光学仪器目镜筒，以及飞机上的透明材料。

PS（聚苯乙烯）透明、廉价、刚性、绝缘，印刷性好，易加工成型，具有较好的几何稳定性、热稳定性、电绝缘特性以及很微小的吸湿倾向。广泛应用于轻工市场、照明指示和包装等方面。在电气方面更是良好的绝缘材料和隔热保温材料，可以制作各种仪表外壳、灯罩、光学化学仪器零件、透明薄膜、电容器介质层等。

PMMA（亚克力）具有优良的光学特性、耐候特性及抗冲击特性。但其有室温蠕变特性，随负荷加大、时间增长，可导致应力开裂现象。成型方法有浇铸、射出成型、机加工、热成型等。尤其是射出成型，可大批量生产，制程简单，成本低。因此，它广泛应用于仪器仪表零件、汽车车灯、光学镜片、透明管道等。

PETG 是一种非结晶型共聚聚酯透明塑料，具有突出的韧性和高抗冲击强度，透明度高，透光率可达 90%，光泽好，易印刷且环保。具有较好的黏性、耐化学药剂和抗应力白化能力。特别适宜成型厚壁透明制品，其二次加工性能优良，可以进行常规的机加工修饰。

11. 材料小百科

（1）不饱和聚酯树脂

不饱和聚酯树脂是一种热固性树脂，当其在热或引发剂的作用下，可固化成为一种不溶不融的高分子网状聚合物。由于其具有低收缩率、耐候性好、高光泽度、高耐磨、低放热、高韧性等优点，而被应用于透光云石的生产。但机械强度很低，不能满足大部分使用要求，当用玻璃纤维增强时可成为一种复合材料，俗称"玻璃钢"（Fiber Reinforced Plastics，FRP）。"玻璃钢"的机械强度等各方面性能与树脂浇筑体相比有了很大的提高。

（2）有机玻璃与亚克力

由透明塑料如 PS、PC 等或由回收甲基丙烯酸甲酯（Methyl Meth Acrylate，MMA）制成的板材统称有机玻璃。亚克力由英文"acrylic"音译而来，以聚甲基丙烯酸甲酯（Poly Methyl Methacrylate，PMMA）为原料的合成板材。故特将高品质纯料 MMA 所制成的 PMMA 板命名为亚克力板。

2.4.5 陶瓷砖

1. 材料简介

传统陶瓷采用黏土类及其他天然矿物（瓷土粉）等原料经粉碎、成型、煅烧等加工而成。根据其原料成分与工艺不同，可分为陶质、瓷质和介于二者之间的炻瓷、细炻、炻质共五类。陶质制品以较高黏性与塑性的陶土、沙土为原料配以少量瓷土或熟料等，经1000℃

图 2.4.5-1 瓷质砖

左右温度烧制而成。其呈多孔结构、吸水率较大、断面粗糙无光、击之声浊。瓷质制品以粉碎的岩石粉（瓷土粉、长石粉、石英粉等）为主要原料，经1300～1400℃高温烧制而成。其结构坚硬致密，吸水率小、色洁白、半透明，叩之声脆（图2.4.5-1）。炻质制品介于陶与瓷之间，也可称为半瓷，其结构比陶质致密，略低于瓷质，一般吸水率较小。

吸水率大于10%的称为陶质砖（如釉面砖），可用于普通档次的内墙、地面铺装；吸水率小于0.5%的称为瓷质砖（如玻化砖），可用于中、高档次的地面铺装，经特殊工艺也可用于墙面铺装；吸水率在0.5%～10%的炻质砖（如外墙小方砖、陶瓷锦砖），一部分用于外墙墙砖的铺装，一部分用于室内墙地面的铺装。

2. 构造、成分

（1）构造

按生产工艺与结构的不同，可分为通体砖、釉面砖两类。

通体砖：包括通体砖、抛光砖、玻化砖、瓷抛砖等，砖通体材质完全一致（图2.4.5-2），坯体多为瓷质、炻瓷、细炻、炻质。

釉面砖：包括釉面砖、抛釉砖、彩釉仿古砖等，由面釉层、印花层、底釉层中的全部或部分构造与砖底坯构成（图2.4.5-3），砖坯为瓷质、炻瓷、细炻、炻质、陶质。

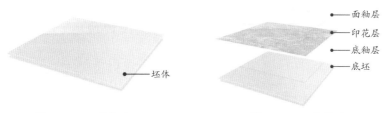

图 2.4.5-2　通体砖　　　　　　　图 2.4.5-3　釉面砖

（2）成分

按原料成分的不同，可分为瓷质砖、炻瓷砖、细炻砖、炻质砖、陶质砖。

1）陶土：二氧化硅（SiO_2）65.18%～71.86%，三氧化二铝（Al_2O_3）5.02%～17.99%，三氧化二铁（Fe_2O_3）3.27%～6.61%，氧化钙（CaO）0.75%～1.68%，氧化镁（MgO）0.89%～2.07%。

2）瓷土：二氧化硅（SiO_2）46.51%，三氧化二铝（Al_2O_3）39.54%，水（H_2O）13.95%。

3）釉料：SiO_2 是釉的主要成分，Al_2O_3 是形成釉的网络中间体，CaO 是釉中的主要熔剂，MgO 是活性助熔剂，Li_2O、Na_2O、K_2O（R_2O）是强助熔剂。

3. 分类（表 2.4.5-1）

表 2.4.5-1

名称	图片	材料解释	应用
釉面砖		（1）表面经施釉高温高压烧制而成的瓷砖，由釉面与砖坯构成，釉面纹路多样、色彩丰富，砖坯分为陶土和瓷土两种。 （2）陶质砖坯体呈淡红色，质地疏松，吸水率较高，强度较低；瓷质砖坯体呈灰白色，质地紧密，吸水率较低，强度较高	适用于一般档次的室内装修墙地面铺装（区分墙砖与地砖）
仿古砖		从彩釉砖演化而来，与普通的釉面砖相比，其差别主要表现在釉面图案与色彩采用做旧的复古风格。坯体一般为炻质（吸水率 8% 左右）	适用于乡村田园、地中海及古典主义风格的室内装修工程中墙、地面铺装

名称	图片	材料解释	应用
陶瓷锦砖		（1）陶瓷锦砖又名陶瓷马赛克，用优质瓷土烧成，一般做成15～30mm的小砖，再按各种图案反贴在30cm见方的牛皮纸（或尼龙网格）上，称作一联。 （2）陶瓷锦砖色泽多样，质地坚实，经久耐用，能耐酸、耐碱、耐火、耐磨、抗压力强，吸水率小，不渗水，易清洗	适用于室内装修工程厨卫空间的墙、地面铺装或其他空间的背景墙点缀
通体砖		（1）砖通体材质、颜色、纹理一致。经切割倒角加工，见光砖坯仍与砖面一致。 （2）通体砖有抛光砖、仿古砖、广场砖、超市砖、外墙砖等，由于其生产方式的局限性，一般以纯色或颗粒纹路为主	适用于各类一般档次的室内外墙地面铺装
抛光砖		（1）属于通体砖，由通体砖经打磨抛光而成。较普通通体砖表面更光洁。 （2）如砖坯吸水率低于0.5%，则应归类为玻化抛光砖。反之，则只可称为抛光砖	适用于一般档次的室内装修墙面、地面铺装
玻化砖		（1）将吸水率低于0.5%的瓷质通体砖统称为玻化砖，由优质高岭土强化高温烧制而成，表面光洁，质地坚硬。 （2）如将玻化砖进行抛光即得玻化抛光砖，抗污渍、抗渗透均优于普通抛光砖。 （3）玻化砖又可细分为微晶石砖、超微粉砖、渗花玻化砖、多管布料玻化砖	适用于人流量较大的公共空间地面的铺装

名称	图片	材料解释	应用
抛釉砖		（1）在特殊玻璃质釉面（透明面釉或透明凸状花釉）抛光制成。其釉料透明不遮底釉和各道花釉，只抛光透明釉的薄层。 （2）采用先印花，后堆釉，再抛光工艺，纹理逼真、花色丰富、立体感强、质感通透，集合了釉面砖、仿古砖、抛光砖优势。 （3）抛釉砖的强度会略低于玻化砖	适用于较高档次（且人流不太密集）的室内装修墙面、地面铺装
瓷抛砖		（1）采用三维通体布料技术，数码喷墨立体渗花工艺，生成类似石材的通体纹路与花色的坯体，经高温烧结并抛光而成。 （2）相对抛釉砖，其实质为在通体瓷质砖表面进行抛光，故耐磨性好、材质紧密、质感温润、纹理逼真。 （3）由于其通体的仿石效果与更好的致密性，可在豪华装修中作为石材的平替	适用于较高档次的室内装修墙、地面铺装

4. 参数指标

产品名称：釉面砖、玻化砖、抛光砖、瓷抛砖、抛釉砖；仿古砖、广场砖、外墙砖。

成型工艺：挤压砖（A），分精细与普通，干压砖（B）。

表面工艺：印花、施釉、抛光；有釉（GL）、无釉（UGL）。

吸水率：低吸水率砖（Ⅰ）、中吸水率砖（Ⅱ）、高吸水率砖（Ⅲ）。

材质分类：瓷质砖、炻瓷砖、细炻砖、炻质砖、陶质砖。

产品规格：模数（M）、非模数。

陶质砖：边长300mm×300mm、300mm×600mm等；厚度6～9mm；

炻质砖：边长100mm、200mm及200mm×300mm、300mm×450mm等；厚度5～8mm。

瓷质砖：边长600mm、800mm、900mm及600mm×1200mm、700mm×1400mm；厚度8～12mm。

参数标记说明

1）陶瓷砖标记：成型方法、执行标准及陶瓷砖类别、名义尺寸和工作尺寸，模数（M）和非模数、表面特性，如有釉（GL）或无釉（UGL）、背纹（需要时）

示例1：精细挤压砖、GB/T 4100—2015，附录A，AⅠa　M 25cm×12.5cm（W240mm×115mm×10mm）　GL

精细挤压砖、执行标准为GB/T 4100—2015附录A，AⅠa类、模数（M）、名义尺寸25cm×12.5cm，工作尺寸240mm×115mm×10mm，有釉（GL）。

示例2：干压砖、GB/T 4100—2015，附录L，BⅢ　15cm×15cm（W150mm×150mm×9.5mm）　UGL

干压砖、执行标准为GB/T 4100—2015附录L，BⅢ类、名义尺寸15cm×15cm，工作尺寸150mm×150mm×9.5mm，非模数、无釉（UGL）。

2）陶瓷砖分类与代号（表2.4.5-2）

表2.4.5-2

按吸水率 E 分类		低吸水率（Ⅰ类）		中吸水率（Ⅱ类）		高吸水率（Ⅲ类）
		$E \leqslant 0.5\%$（瓷质砖）	$0.5\% < E \leqslant 3\%$（炻瓷砖）	$3\% < E \leqslant 6\%$（细炻砖）	$6\% < E \leqslant 10\%$（炻质砖）	$E > 10\%$（陶质砖）
按成型方法分类	挤压砖（A）	AⅠa 类	AⅠb 类	AⅡa 类	AⅡb 类	AⅢ 类
		精细　普通	精细　普通	精细　普通	精细　普通	精细　普通
	干压砖（B）	BⅠa 类	BⅠb 类	BⅡa 类	BⅡb 类	BⅢ 类

注：BⅢ类仅包括有釉砖。

5. 相关标准

（1）现行国家标准《陶瓷砖》GB/T 4100。

（2）现行国家标准《建筑材料放射性核素限量》GB 6566。

（3）现行国家标准《陶瓷砖试验方法　第1部分：抽样和接收条件》GB/T 3810.1。

（4）现行国家标准耐化学腐蚀性（级）GLA、GLB、GLC。

6. 生产工艺

陶瓷砖的生产工艺流程（图 2.4.5-4）：

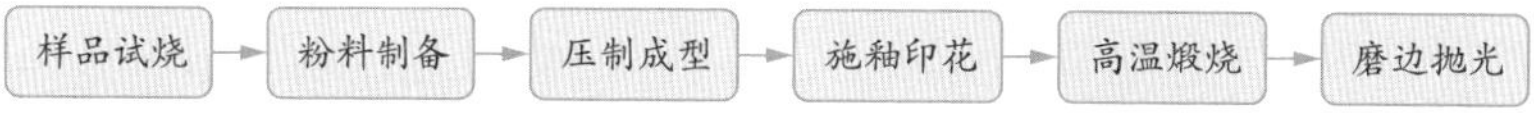

样品试烧 → 粉料制备 → 压制成型 → 施釉印花 → 高温煅烧 → 磨边抛光

图 2.4.5-4　陶瓷砖的生产工艺流程图

（1）样品试烧

将样品按程序进行制粉、打饼、试烧，并对试烧后样饼的白度、强度、吸水率等物理性能进行检测。同时，从制粉环节中抽取样品（图 2.4.5-5），检测原料中各种化学成分含量是否符合工艺技术要求。

黏土　　石英　　长石

图 2.4.5-5　原料主要成分

（2）粉料制备

将配好的原料送入球磨机研磨成浆（图 2.4.5-6），过程中进行过筛、除铁，以去除粗颗粒和杂质，避免铁元素对瓷砖白度的影响以及形成黑点、熔洞等杂质。过筛除铁后不断搅拌均化，以改善泥浆流动性，增加后期可塑性，提高坯体强度，减少烧成时的开裂。均化后的泥浆经检测合格，输送到喷雾塔高压雾化，通过热风炉干燥制成粉料颗粒。

图 2.4.5-6　球磨

（3）压制成型

制备好的粉料通过模具布料并压制成砖坯。压制过程中，要保证粉料质量以及压机的各项目操作参数，以确保产品的致密度和平整度（图 2.4.5-7）。

图 2.4.5-7　压制成型

图 2.4.5-8　数码喷墨打印

（5）高温煅烧

砖坯干燥后入窑炉烧成（图 2.4.5-9）。砖坯进入窑炉前先上底浆，以防砖坯在煅烧高温段软化状态时与辊棒粘结。煅烧温度 1250℃左右，300 余米窑炉生产线，使瓷砖的烧成时间充分，烧成后的产品吸水率更低，砖面更光亮平整、细腻无针孔，坯体白度大大提升。

图 2.4.5-10　磨边

（4）施釉印花

压制成型的砖坯需经 1100℃左右的烧制。烧成后的坯体需经两次施釉，第一层是钛白釉，称为底釉，起间隔作用。第二层是锆白釉，称为面釉。施釉完成后经高清喷墨机将调制好的花纹打印至砖坯表面（图 2.4.5-8）。

图 2.4.5-9　高温煅烧

（6）磨边抛光

半成品还需经过磨边（图 2.4.5-10）、刮平、抛光、后磨边、风干等步骤。磨边要确保尺码和对角线符合标准。将用于抛光的磨块由粗到细排列，将经过铣平的瓷砖表面逐步研磨成具有光泽度并呈现砖坯原有的纹理。

7. 品牌介绍（排名不分先后，表 2.4.5-3）

表 2.4.5-3

品牌	简介
GUAN ZHU 冠珠瓷砖	冠珠瓷砖隶属于新明珠集团股份有限公司，创立于 1993 年，广东省著名商标，高新技术企业。主要生产及销售各类墙地砖、马赛克、陶瓷岩板、石墨烯智控发热瓷砖等产品

品牌	简介
马可波罗磁砖	马可波罗（Marcopolo）成立于1996年，位于广东省东莞市，国内大型工程建设主要建材供应商，享有仿古砖至尊的美誉。产品涵盖亚光砖、抛光砖、抛釉砖、内墙瓷片、微晶石、手工雕刻砖等品类
诺贝尔瓷砖	杭州诺贝尔集团有限公司成立于1992年，总部位于浙江省杭州市。从事研发、生产、销售大板瓷抛砖、瓷抛砖、全瓷大理石瓷砖、木化石、厨卫瓷砖等产品
东鹏瓷砖 DONGPENG	广东东鹏控股股份有限公司始创于1972年，2014年品牌价值132.35亿元，位列建陶行业榜首。凭借引领行业消费潮流的产品、不断创新的商业模式，成为中国陶瓷行业领导者
新中源陶瓷	广东新中源陶瓷有限公司成立于1991年，是一家集科研、生产和销售于一体的知名建陶企业，营销总部位于广东省佛山市南庄镇。广东省著名商标，瓷砖十大品牌
蒙娜丽莎瓷砖 MONALISA TILES	蒙娜丽莎瓷砖始于1992年，位于广东省佛山市，国内知名瓷砖品牌，专注于建筑陶瓷产品研发、生产和销售的公司。提供优质、具有艺术感和设计感的小地砖、抛釉砖、千粒镜面瓷质砖、岩板、陶瓷板、仿古砖等产品
斯米克磁砖 CIMIC	上海斯米克建筑陶瓷股份有限公司专业生产和销售高级玻化石和高级釉面砖系列产品，有玻化石、大理石、云石代、釉面砖、艺术瓷五大类近千种产品，上海市著名商标企业

8. 价格区间（表2.4.5-4）

表2.4.5-4

名称	规格（mm）	价格
釉面砖	300×600×9	35～60元/m²
仿古砖	300×300×9	30～50元/m²
通体砖	800×800×11	120～180元/m²
抛光砖	800×800×11	80～150元/m²
玻化砖	800×800×11	80～100元/m²
抛釉砖	800×800×11	100～180元/m²
瓷抛砖	800×800×11	100～150元/m²

注：以上价格为2023年网络电商平台价格，价格受品牌、规格、功能、材质以及原材料价格浮动、市场环境等因素的影响（以上价格仅供参考）。

9. 验收要点

（1）资料检查

1）应有产品合格证书、检验报告及使用说明书等质量证明文件。

2）产品说明书中应包含陶瓷砖类别、执行标准、成型方法、名义尺寸和工作尺寸、模数（M）和非模数、面特性，如有釉（GL）或无釉（UGL）、背纹，以及按规范试验测出的摩擦系数、有釉砖的磨损等级等信息。

（2）包装检查

1）陶瓷砖应采用纸箱和／或泡沫塑料包装。

2）包装箱上应标有企业名称和地址、产品名称（吸水率）商标、数量、质量。产品上应有清晰的商标，产品质量等级、生产日期、执行标准号、名义尺寸和工作尺寸、表面特征，如有釉、无釉，烧成后表面处理，如抛光等。

（3）实物检查

1）瓷砖的品牌、花色、规格、型号、数量，以及产品的等级是否与采购合同要求一致，并符合设计师封样要求。

2）瓷砖的长度和宽度、厚度等尺寸偏差，以及边直度、直角度、表面平整度（弯曲度和曲度）、表面质量、背纹等外观质量符合规范与设计要求。

3）瓷砖表面应无破损、磕角、划伤等瑕疵。取4片同款瓷砖进行对拼，如出现拼缝不紧密，说明直角度不合格。将同样4片瓷砖平铺于水平面上，在砖缝处来回滑动手指，如有明显滞手感，说明平整度不合格。

4）瓷砖吸水率、破坏强度、断裂模数、无釉砖耐磨深度、有釉砖表面耐磨性、线性热膨胀、抗热震性、有釉砖抗釉裂性、抗冻性、摩擦系数、湿膨胀、小色差、抗冲击性、抛光砖光泽度等物理性能指标应符合相关规范要求。

5）瓷砖耐污染性、耐低浓度酸和碱化学腐蚀性、耐高浓度酸和碱化学腐蚀性、耐家庭化学试剂和游泳池盐类化学腐蚀性、有釉砖铅和镉的溶出量等化学性能指标应符合相关标准要求。

10. 应用要点

（1）瓷砖包装标记

瓷砖包装或说明书规定使用标记如图 2.4.5-11 所示。

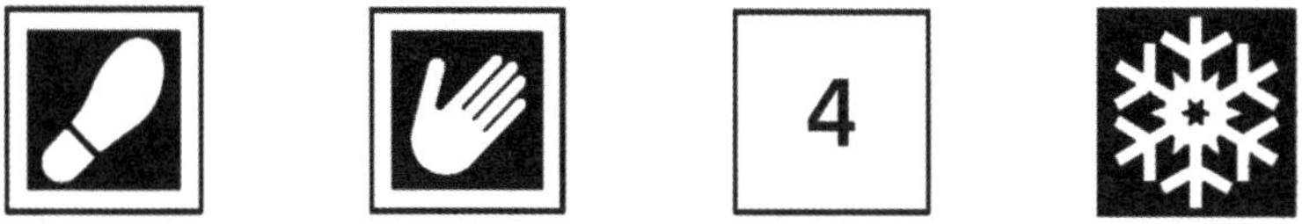

（a） （b） （c） （d）

图 2.4.5-11　瓷砖的标记

（a）该脚印表示适用于地面的砖；　　（b）该手印表示适用于墙面的砖；
（c）该数字表示有釉砖耐磨性的级别为 4；　（d）该标记表示具有抗冻性的砖

（2）耐磨等级应用要点

各级有釉砖耐磨性使用范围指导建议：

1）0 级：该级有釉砖不适用于铺贴地面。

2）1 级：该级有釉砖适用于柔软的鞋袜或不带有划痕灰尘的光脚使用的地面。

3）2 级：该级有釉砖适用于柔软的鞋袜或普通鞋袜使用的地面。大多数情况下，偶尔有少量划痕灰尘（例如：家中起居室，但不包括厨房、入口处和其他有较多人来往的房间），该等级的砖不能用于特殊的鞋，例如带平头钉的鞋。

4）3 级：该级有釉砖适用于平常的鞋袜，带有少量划痕灰尘的地面（例如：家中的厨房、客厅、走廊、阳台、凉廊和平台）。该等级的砖不能用于特殊的鞋，例如带平头钉的鞋。

5）4 级：该级有釉砖适用于有划痕灰尘、来往行人频繁的地面，使用条件比 3 类地砖恶劣（例如：入口处、饭店的厨房、旅店、展览馆和商店等）。

6）5 级：该级有釉砖适用于行人来往非常频繁并能经受划痕灰尘的地面，甚至于使用环境较恶劣的场所（例如：公共场所如商务中心、机场大厅、旅馆门厅、公共过道和工业应用场所等）。

11. 材料小百科

（1）施釉

施釉是对陶瓷制品进行深加工的重要手段，目的主要在于改善陶瓷制品的表面性能。釉层又称瓷釉，是指附着于陶瓷坯体表面的连续的玻璃质层。它是将釉料喷涂于坯体表面，经高温焙烧后产生的；高温焙烧时釉料能与坯体表面发生反应，熔融后形成玻璃质层。釉料是以石英、长石、高岭土等为主，再配以多种其他成分研制成的浆体。

（2）彩绘

陶瓷彩绘分为釉下彩和釉上彩两种。

1）釉下彩：是在生坯（或素烧釉坯）上进行彩绘，然后施涂一层透明釉料，再经高温釉烧而成。由于釉下彩在釉层以下，受釉层保护，在使用中不易磨损。然而，在表现力方面，釉下彩远不及釉上彩丰富多彩。釉下彩多为手工绘制，生产效率低，制品价格较贵，所以应用不广泛。我国传统的青花瓷器、釉里红以及釉下五彩等都是名贵的釉下彩制品。

2）釉上彩：是在已釉烧的陶瓷釉面上，采用低温彩料进行彩绘，在较低的温度（600～900℃）下经彩烧而成。由于釉上彩的彩烧温度低，许多陶瓷颜料均可采用，其彩绘色调十分丰富；除手工绘制外，还可以采用自动化生产，生产效率高，成本低，价格便宜，应用较普遍。但釉上彩画面易被磨损，表面也欠光滑。

釉上彩按绘制技术的不同又分为釉上古彩、粉彩、新彩。

1）古彩：历史称为"五彩"，因彩烧温度高，彩图坚硬耐磨又被称为硬彩。但古彩材料品种少，在艺术表现上受到局限。

2）粉彩：是在进行彩绘前，将一层玻璃白粉状材料先涂于需要彩绘的地方，使彩绘在白粉层上进行。由于可用作粉彩的颜料种类较多，故色彩丰富，并给人以立体感。

3）新彩：源自国外，故有"洋彩"之称。人工合成颜料便于配色且烧成温度范围较宽，成本低，是日用陶瓷普遍采用的釉上彩方法。目前广泛采用釉上贴花、刷花、喷花和堆金等"新彩"方法，其中贴花是釉上彩中应用最广泛的方法。

2.4.6　马赛克

1. 材料简介

马赛克（图 2.4.6-1）又称锦砖，译自 MOSAIC，发源于古希腊。原意是用镶嵌方式拼接而成的工艺品，后引申为一种镶嵌砖工艺，即以小块的有色锦砖瓷片镶嵌在墙地面铺装，拼成各种装饰图案的一种表现艺术。锦砖陶瓷片均经高温烧制，表面上釉，色泽绚丽多彩、质地坚实，每一

图 2.4.6-1　马赛克

小块方形、圆形、六角形等形状的小砖被粘在 300mm×300mm 的牛皮纸上便于铺设，故被称为"纸皮砖"，每一方牛皮纸锦砖计为一联。现代马赛克的护纸由牛皮纸发展为尼龙网片，嵌片除了采用陶瓷锦砖外，还可采用石片、贝壳、玻璃、金属片等。

2. 构造、材质

构造：小块镶片铺贴于尼龙网片（或牛皮纸）上构成（图 2.4.6-2）。

材质：陶瓷、石片、贝壳、玻璃、金属片等。

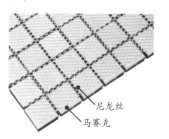

尼龙丝
马赛克

图 2.4.6-2　马赛克构造

3. 分类（表 2.4.6-1）

表 2.4.6-1

名称	图片	材料解释	应用
陶瓷马赛克		（1）又称陶瓷锦砖，由各种不同规格的数块小瓷砖，粘贴在牛皮纸上或专用的尼龙丝网上拼成联构成。这些小小的陶瓷砌块，每一块均经高温烧制，表面上釉，色泽绚丽多彩。 （2）防滑、耐高温、吸水率低	适用于泳池、娱乐场所、体育馆墙地面装饰，以及大型公共活动场馆的陶瓷壁画

名称	图片	材料解释	应用
石材马赛克		（1）天然石材开采、切割、打磨成各种规格、形态的小石块镶拼贴而成，是最古老和传统的马赛克品种。 （2）具有天然的质感，天然石材纹理，风格自然、古朴、高雅，是马赛克家族中档次最高的种类	适用于各类建筑装修、室内装饰
玻璃马赛克		（1）又称玻璃锦砖或玻璃纸皮砖，是一种将小规格彩色饰面玻璃作镶嵌材料制成的马赛克。 （2）外观有无色透明、着色透明、半透明，带金、银色斑点、花纹或条纹。 （3）玻璃马赛克具有色调柔和、朴实、典雅、美观大方、化学稳定性、耐酸碱、耐腐蚀、不褪色、冷热稳定性好等优点	适用于室内局部、阳台外侧装饰
水晶马赛克		（1）是完美的陶瓷工艺和玻璃工艺结合体。高温熔制的水晶马赛克可根据个性设计制成，其色彩绚丽和充满创意，并具有耐酸碱、永不褪色、阻燃、易于清洁等诸多优点。 （2）水晶马赛克具有多种纯色和由此搭配成不同系列的多种混贴、特殊类、拼图以及各种渐变系列，可拼贴出多姿多彩的图案	适用于墙面和厨房台面，也可用于装饰大厅的立柱，同时可剪贴成小片，用于腰线装饰和踢脚线装饰
贝壳马赛克		（1）由纯天然的珍珠母贝壳如白碟贝、黑碟贝、黄碟贝、鲍鱼贝、牛耳贝、粉红贝等镶嵌成一个相对大的砖面。 （2）其表面晶莹、色彩斑斓，具有纯天然和环保的优点，可以让使用空间无辐射与甲醛污染	适用于室内小面积地面、背景墙及作为装饰画板、家具表面装饰、贝壳工艺品、服饰配件

名称	图片	材料解释	应用
金属马赛克	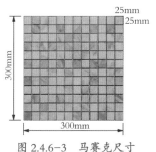	（1）由不锈钢片、铝塑板片、铝合金片等组成金属嵌片制成的马赛克。表面可以作拉丝、镜面、镭射、蚀刻等工艺等效果。金属马赛克施工简便，一般直接粘贴于基层，无须刷水泥填缝。 （2）金属马赛克材质坚硬耐磨，但不宜浸水或长期处于潮湿环境，表面也要避免尖锐硬物划伤	适用于宾馆、酒店、酒吧、车站、游泳池、娱乐场所、居家墙地面以及艺术拼花等

4. 参数指标

材质：陶瓷、石材、玻璃、水晶、贝壳、金属。

背贴：尼龙网、牛皮纸。

颜色：单色、混色、拼花。

单片边长：20mm、25mm（图2.4.6-3）、30mm、48mm、97mm等。

单联边长：285mm、300mm、305mm、330mm等。

颗粒厚度：4mm、6mm、8mm。

单方用量：10～12联。

图 2.4.6-3　马赛克尺寸

5. 相关标准

（1）相关行业标准《陶瓷马赛克》JC/T 456。

（2）相关国家标准《玻璃马赛克》GB/T 7697。

（3）相关行业标准《石材马赛克》JC/T 2121。

6. 生产工艺

马赛克的生产工艺流程（图2.4.6-4）：

镶片制备 → 拣选贴纸

图 2.4.6-4　马赛克的生产工艺流程图

（1）镶片制备

1）陶瓷马赛克：将硅酸盐、石英、氯化物等称重后混合，经粉碎、球磨、干燥后送入自动冲压机冲压成一定规格和形态的陶瓷坯块，经烘干、印花、上釉后进入窑炉烧制，陶瓷嵌片合格品经磨边后备用（图 2.4.6-5）。

图 2.4.6-5　陶瓷嵌片制备

图 2.4.6-6　玻璃嵌片制备

2）玻璃马赛克：将废玻璃、胶粘剂等经粉碎、混合，投入熔窑高温加热熔化为液体，同时添加颜料，混合均匀，再经澄清均化、冷却后通过玻璃液流入锡槽成型，形成所需要的玻璃带，再经退火冷却后切割磨光制成玻璃嵌片备用（图 2.4.6-6）。

3）石材马赛克：将天然石材原石料通过切割机将石块切割成条，再经由条切成块，然后通过手工切割、打磨，制成石材嵌片备用（图 2.4.6-7）。

4）金属马赛克：其制备过程同其他马赛克嵌片。将金属板经裁切、冲压、打磨、抛光后制成相应规格与饰面效果的金属嵌片，并贴保护膜备用（图 2.4.6-8）。

图 2.4.6-7　石材嵌片制备

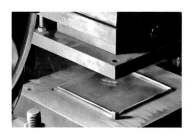

图 2.4.6-8　金属嵌片制备

（2）拣选贴纸

将制备好的马赛克嵌片经目测挑拣合格品置于特定的模具内，然后在正面贴纸或背面贴网，进入烘干机内将网贴与马赛克紧紧粘在一起（图 2.4.6-9）。

图 2.4.6-9　拣选贴纸

7. 品牌介绍（排名不分先后，表 2.4.6-2）

表 2.4.6-2

品牌	简介
GUAN ZHU 冠珠瓷砖	冠珠瓷砖隶属于新明珠集团股份有限公司，创立于 1993 年，广东省著名商标，高新技术企业。主要生产销售各类墙地砖、马赛克、陶瓷岩板、石墨烯智控发热瓷砖等全品类产品
BISAZZA	Bisazza 碧莎马赛克为室内及户外装修提供玻璃马赛克的生产商。成立于 1956 年，位于意大利阿尔特维琴察，在全球范围内的零售店达到 5000 家
JNJ 伟祺	JNJ mosaic 是伟祺企业旗下面向国际高端市场的马赛克品牌，创立于 2001 年，以极致品质、精细工艺、个性定制服务、匹配空间应用方案倍受推崇，并远销欧美及中东各国
彩花	彩花瓷砖成立于 1998 年，专业生产"彩花牌"陶瓷马赛克的先进企业，其生产的马赛克瓷砖规格多样、造型优美、颜色丰富、纹理和效果灵活多变
SICIS	SICIS 席希思成立于 1987 年意大利，艺术工厂位于意大利拉文纳，全球知名的马赛克生产商，集马赛克的创造、发明、设计、生产于一体的大型瓷砖生产企
JINSHENG	山西金圣石业成立于 2007 年，工厂分别位于山西省太原市和福建省水头市，是一家集生产加工、进口石材、石材马赛克产品、销售贸易、工程施工于一体的综合性企业
拾风 石材定制 福建安和居建材有限公司	拾风为福建安和居建材有限公司的品牌，创立于 2018 年，位于福建省福州市，是一家以石材、石材马赛克产品加工生产为主的专业建材公司，拥有 3500m^2 专业石材加工厂房
HX 华夏	华夏石材成立于 2001 年，位于湖南省长沙市，是一家专业服务于房地产、酒店、别墅、园林景观、家庭装修的综合型石材、石材马赛克产品装饰企业

8. 价格区间（表 2.4.6-3）

表 2.4.6-3

名称	规格（mm）	价格
陶瓷马赛克	300×300×5	70～160 元 /m²
石材马赛克	300×300×7	230～460 元 /m²
玻璃马赛克	300×300×6	70～260 元 /m²
水晶马赛克	300×300×6	100～260 元 /m²
贝壳马赛克	300×300×2	600～3000 元 /m²
金属马赛克	300×300×4	180～300 元 /m²

注：以上价格为 2023 年网络电商平台价格，价格受品牌、规格、功能、材质以及原材料价格浮动、市场环境等因素的影响（以上价格仅供参考）。

9. 验收要点

（1）资料检查：应有产品合格证书、检验报告及使用说明书等质量证明文件。

（2）包装检查：产品应采用纸箱包装，在箱内应有防潮材料。如空隙过大，应采用软物充填四周，每箱内应有盖有检验标志的产品合格证和产品使用说明。

（3）实物检查：

1）目测马赛克应无裂纹、疵点及缺边、缺角现象。如陶瓷马赛克，应无夹层、釉裂、开裂、斑点、粘疤、起泡、坯粉、麻面、波纹、缺釉、橘釉、棕眼、落脏、溶洞、缺角、缺边、变形等外观质量缺陷。

2）马赛克颗粒间规格、大小应一致，每片颗粒边沿应整齐，将单联马赛克置于水平地面，整体应平整且厚度均匀。马赛克颗粒的长宽、厚度，以及联张尺寸偏差均在规范范围内。

3）马赛克的吸水率、耐磨性、热膨胀系数、抗裂性、抗冻性、耐污染性、耐化学腐蚀性等各项物理及化学性能，以及铺贴衬材的粘结性、铺贴衬材的剥离性、铺贴衬材的露出等指标均符合相关标准要求。

10. 应用要点

马赛克铺装要点：

在马赛克的铺贴过程中会出现如流浆、整块滑落等现象，一般是由于施工节奏没把握好造成的。合适的做法是等上一皮粘结层稍微固化后，再往上面贴下一皮。粘结材料首选瓷砖胶粘剂或大理石胶粘剂，颜色应为白色，使用其他杂颜色材料会影响水晶马赛克的色彩。放样时，需计算好张数，两线之间保持整张数，并根据设计及马赛克品种留出缝宽。成块的马赛克之间的缝间距一定要均匀，且间距的大小应与小块马赛克间本来的缝间距相等，以便整面墙视觉上整体统一。完工后，对马赛克的铺贴质量进行检查，表面应洁净、纹理清晰，粘贴牢固，无空鼓，无歪斜、无掉角、无裂纹等缺陷，接缝填嵌应密实，深浅、颜色一致。

11. 材料小百科

马赛克的起源：

马赛克为"MOSAIC"的中文音译，意思为"用拼花方式制成""镶嵌图案"，又称锦砖。马赛克的运用在古希腊统治阶层非常流行，人们尝试利用更多颜色、更小的碎石片创作丰富多样的马赛克图案，以取得更好的视觉效果。数百年后，马赛克的应用变得普遍，普通民宅及公共建筑的地板、墙面也开始用其来装饰。特别是到罗马时期，繁荣富裕的社会经济，使马赛克的运用得到空前的发展，也使古罗马建筑经马赛克的装点变得非常豪华。

创作圣彼得头像那样的镶嵌画（图2.4.6-10），艺术家们使用了成千上万片镶嵌物（独立切割出来的小石头或者玻璃）。这些镶嵌物被填进事先刻上图像初稿的灰泥墙壁中。为了与画面主体相称，镶嵌画使用了一种特别的，在意大利北部以厚玻璃制造出来的彩色玻璃镶嵌物。此外，还大量使用了大理石、天然彩石、珍珠母和宝石，甚至金箔和银箔包覆等。

图 2.4.6-10 圣彼得
镶嵌像

2.4.7　天然石材

1.材料简介

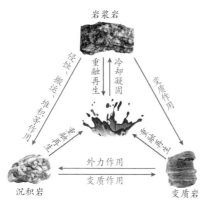

图 2.4.7-1　岩石圈的物质循环转换

天然石材是指从天然岩体中开采并经加工成块状或板状材料的总称。依据其形成条件，大致可分为岩浆岩（火成岩）、沉积岩（水成岩）、变质岩三大类（图 2.4.7-1）。

（1）岩浆岩（图 2.4.7-2）是由地壳深处熔融岩浆喷出至地表或侵入地壳，经冷却凝固所形成的岩石。常见的有花岗岩、安山岩、辉长岩和玄武岩

图 2.4.7-2　岩浆岩

等。根据生成原因又可分为火成岩和侵入岩。火成岩多为火山喷发而成，玄武岩就是典型的火成岩；侵入岩多为沿地壳裂隙而成，花岗岩就是典型的侵入岩。

图 2.4.7-3　沉积岩

（2）沉积岩（图 2.4.7-3）是地表不深处或露出地面的岩石经风化，再经水流或冰川搬运、沉积、成岩作用形成的岩石，如石灰岩、页岩和砂岩。其多为层状结构。与岩浆岩相比，其表观密度较小、强度较低、吸水率较大、耐久性较差。

（3）变质岩（图 2.4.7-4）是由先行形成的岩浆岩或沉积岩，在高温、高压及运动作用下，矿物成分、化学成分及结构构造发生质变形成的另一类岩石，如大理石、板岩、石英岩、玉石等。在变质过程中，岩浆岩既保留了原岩石结构的部分微观特征，又有变质过程中形成的

图 2.4.7-4　变质岩

重结晶、碎裂变形等特征。沉积岩经过变质过程后往往变得更为致密；深成岩经过变质过程后往往变得更为疏松。因此，不同变质岩的工程性质差异较大，这与其变质过程及内部结构等有关。

天然石材作为一种高档建筑装饰材料，广泛应用于室内外建筑装饰工程中，实践中常用到的天然石材大体有花岗岩、大理岩、板岩、砂岩、石灰岩等。

天然石材的分类及主要品种（图 2.4.7-5）：

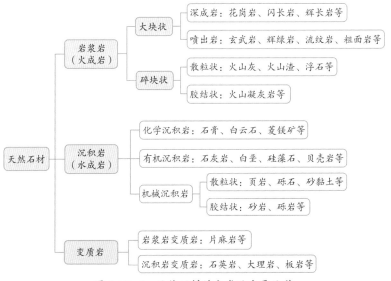

图 2.4.7-5 天然石材的分类及主要品种

2. 构造与成分

（1）岩浆岩（以花岗岩为例）

构造：呈中粗粒、块状、斑杂、球状构造或片麻状构造。

成分：主要矿物为石英（20%～60%）、钾长石和酸性斜长石，次要矿物则为黑云母、角闪石，少量辉石。副矿物有磁铁矿、榍石、锆石、磷灰石、电气石、萤石等。

（2）沉积岩（以砂岩为例）

构造：呈楔状的交错层理，砂状结构或块状构造。主要是由碎屑和填隙物两部分构成。

成分：

碎屑：石英、长石、白云母、方解石、黏土矿物、白云石、鲕绿泥石、绿泥石等。

填隙物：包括有硅质胶结物和碳酸盐质胶结物及与碎屑同时沉积的颗粒更细的黏土或粉砂质物。

（3）变质岩（以大理石为例）

构造：呈等粒或变晶结构，块状构造。

成分：主要是由方解石、石灰石、蛇纹石和白云石组成，其主要成分以碳酸钙（50%以上）为主，其他还有碳酸镁、氧化钙、氧化锰及二氧化硅等。

3. 分类（表2.4.7-1）

表2.4.7-1

名称	图片	材料解释	应用
花岗岩		（1）属于酸性岩浆岩中的侵入岩，是典型的深成岩。主要成分为 SiO_2 和 Al_2O_3 等，并以石英或长石等矿物形式存在。 （2）其构造致密、质地坚硬、强度高、耐磨、耐酸、抗风化。但其所含石英在高温下易晶变、膨胀开裂，因此不耐火	适用于砌筑基础、墩、柱、护坡等，同时也是室外幕墙、广场、踏步铺装的首选
页岩		（1）属于沉积岩，为黏土（高岭石、水云母等）脱水胶结重结晶而成的岩石，具有明显的薄页状层理构造，称为页岩。 （2）按成分可分为炭质页岩、钙质页岩、砂质页岩、硅质页岩等。其中硅质页岩强度稍大，其余较软弱。浸水易发生软化和膨胀，变形模量小，抗滑，稳定性极差	适用于室内内墙装饰板；页岩灰渣也可用作制造水泥熟料、陶瓷纤维、陶粒等建筑用材
砂岩		属于沉积岩，由源区岩石经风化、剥蚀、搬运在盆地中堆积形成。细砂粒胶结而成的稳定结构，主要含硅、钙、黏土和氧化铁。氧化硅胶结的硅质砂岩呈浅灰色，质地坚硬耐久；由碳酸钙胶结的钙质砂岩呈灰白色，强度与耐酸性较差	适用于内外幕墙墙板及园建，以及雕刻浮雕板、门套、窗套、花瓶、罗马柱等异形加工

名称	图片	材料解释	应用
洞石		（1）属于沉积岩，是碳酸盐结构的石灰岩，因表面有孔洞而得名。其在沉积过程中碳酸盐矿物因气体存在形成孔隙，同时自身的碳酸钙成分极易被水溶解腐蚀，堆积物中会出现许多天然的无规则的孔洞。 （2）洞石本身的密度比较高，但大量孔洞使得其体积密度偏低、吸水率升高、强度下降，因此物理性能指标低于大理石	适用于室内内墙装饰墙板。如经防护处理也可用作地面铺装。由于其耐酸性较差，不适合大面积应用于建筑外墙干挂
大理石		（1）属于变质岩，主要是由方解石或白云石在高温、高压等地质条件下重结晶变质而成。主要成分以碳酸钙、碳酸镁为主，次要成分有氧化钙、氧化锰及二氧化硅等，属于碱性石材。其材质细腻，纹理自然丰富、色调多样，具有极强的装饰效果。 （2）其结构致密、表观密度大，具有适当柔软度和黏度，故易于雕琢与抛光。因其主要成分为碳酸钙，故抗酸性、抗风化能力较差，故除少数如汉白玉、艾叶青等质纯、杂质少、较稳定、耐久的品种可用于室外，绝大多数大理石只宜用于室内	适用于较高档室内装饰工程中用作墙面、地面装饰板，以及用作台面板、包柱等；还可用作雕刻工艺美术品、文具、灯具、器皿等
板岩		属于变质岩，具有板状构造，沿板理方向可以剥成薄片，故称为板岩。由黏土质、粉砂质沉积岩或中酸性凝灰质岩石、沉凝灰岩经轻微变质作用形成。成分以绢云母为主，其次为绿泥石、石英以及少量黄铁矿和方解石。原岩因脱水，硬度增强，但矿物成分基本上没有重结晶，具有变余结构和构造，外表呈致密隐结晶。其质地较硬，表面凹凸不平，耐磨且防滑	适用于室内外墙面装饰、地面铺装、园林庭院路径等。古代盛产板岩的地区也常用作瓦片、碑、砚等

常用的石材（表2.4.7-2）：

表2.4.7-2

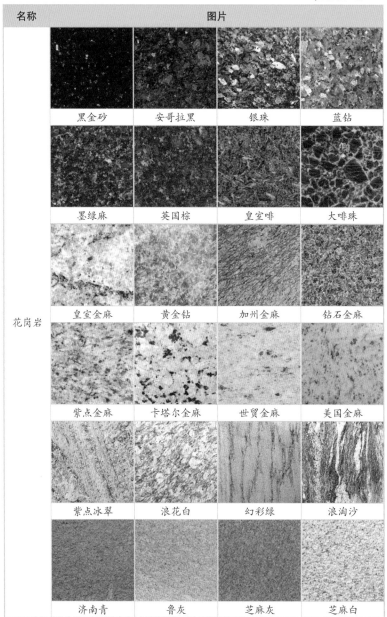

名称	图片			
花岗岩	黑金砂	安哥拉黑	银珠	蓝钻
	墨绿麻	英国棕	皇室啡	大啡珠
	皇室金麻	黄金钻	加州金麻	钻石金麻
	紫点金麻	卡塔尔金麻	世贸金麻	美国金麻
	紫点冰翠	浪花白	幻彩绿	浪淘沙
	济南青	鲁灰	芝麻灰	芝麻白

名称	图片			

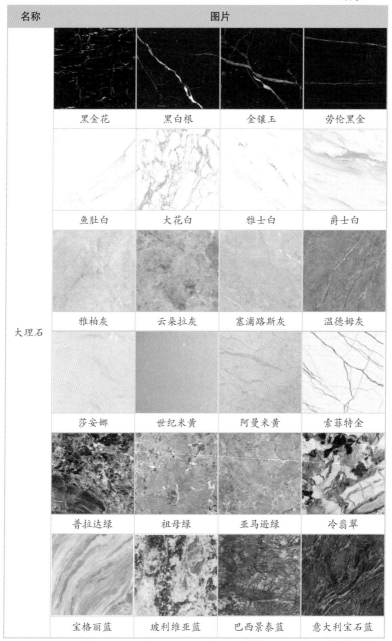

大理石

黑金花	黑白根	金镶玉	劳伦黑金
鱼肚白	大花白	雅士白	爵士白
雅柏灰	云朵拉灰	塞浦路斯灰	温德姆灰
莎安娜	世纪米黄	阿曼米黄	索菲特金
普拉达绿	祖母绿	亚马逊绿	冷翡翠
宝格丽蓝	玻利维亚蓝	巴西景泰蓝	意大利宝石蓝

名称	图片			
洞石	白洞石	米黄洞石	红洞石	银灰洞石
	金啡洞石	象牙洞石	玉石洞石	木纹洞石
木纹石	法国木纹石	意大利木纹石	白木纹石	灰木纹石
页岩	黄锈石页岩	高粱红页岩	黑页岩	青云石
砂岩	红砂岩	黄砂岩	白砂岩	灰砂岩
板岩	锈色板岩	红板岩	绿板岩	黑板岩

4. 参数指标

种类：花岗岩（G）、大理石（M）、石灰石（L）、砂岩（Q）、板石（S）。

板型：荒料；毛光板（MG）、型板（PX）、圆弧板（HM）、异形板（YX）。

板面：镜面板（JM）、粗面板（CM）、亚光面板（YM）。

工艺：机切面、光面、火烧面、荔枝面、斧剁面、蘑菇面、拉槽面、酸洗面等。

防护：硅类（硅酸盐、硅氧烷等）、氟树脂类（氟–丙烯酸酯等）。

等级：优等品（A）、一等品（B）、合格品（C）。

规格：

荒料：大料，长 2800mm× 宽 800mm× 高 1600mm。

中料，长 2000mm× 宽 800mm× 高 1300mm。

小料，长 1000mm× 宽 500mm× 高 400mm。

大板：长宽，2400mm×1200mm 以上。

厚度，16mm、18mm、20mm、25mm、30mm 等。

规格板：详见定制加工图纸。

（1）石材常规参数表（表 2.4.7–3）

表 2.4.7–3

项目	花岗岩	页岩	砂岩	大理石	洞石	石英岩	板岩
密度 （g/cm³）	2.7～2.9	2.55～2.65	2.4～2.6	2.6～2.8	2.68	2.5～2.8	2.5～3.3
弯曲强度 （MPa）	15.0	7.0	8.9	17.0	6.0	7.0	25
莫氏硬度	5.5	7.0	3～7	3.5	6.5	7.0	1.5～4
吸水率 （%）	0.35	0.25	1.13～2.43	0.3	0.86	1.0	0.25

（2）参数标志说明

天然石材标志：石材名称（或石材种类代码＋产地代码＋产地顺序码）、类别、规格尺寸、等级、标准编号

示例1：房山汉白玉大理石（M1101）BL PX JM 600×600×20 A GB/T 19766—2016

房山汉白玉大理石、BL 为白云石大理石、PX 为普型板、JM 为镜面板材、荒料加工的规格尺寸 600mm×600mm×20mm、A 级优等品、标准号 GB/T 19766—2016。

示例2：济南青花岗石（G3701）PX JM 600×600×20 A GB/T 18601—2009

济南青花岗石、PX 为普型板、JM 为镜面板材、荒料加工的规格尺寸 600mm×600mm×20mm、A 级优等品、标准号 GB/T 18601—2009。

5. 相关标准

（1）现行行业标准《天然大理石荒料》JC/T 202。

（2）现行国家标准《天然大理石建筑板材》GB/T 19766。

（3）现行国家标准《天然花岗石建筑板材》GB/T 18601。

（4）现行国家标准《建筑材料放射性核素限量》GB 6566。

6. 生产工艺

石材的开采及各类加工：

（1）荒料开采

从石材矿区用金刚石锯绳（图 2.4.7-6）等工具将石头开采并分割成具有一定规格的方正荒料（图 2.4.7-7）。

图 2.4.7-6 金刚石锯绳

图 2.4.7-7 荒料开采

图 2.4.7-8　单臂式圆盘锯

圆盘锯：金刚砂刀头，锯片厚7~8mm，刀片半径60~300cm。台车在牵引机构带动下做纵向往复运动，完成荒料从前到后的锯切；水平移动螺杆带动锯片移动或由料车移动来完成荒料从左到右的锯切。

砂锯：曲轴带动连杆推动锯框做简单的往复摆式运动，从而使钢锯条带动钢砂磨料挤压、磨削石

图 2.4.7-9　上摆式砂锯

（2）大板锯解

荒料运至加工厂后，标好切向、厚度以及包胶的颜色，再搬运至切割车间，经圆盘锯（图2.4.7-8）或上摆式砂锯（图2.4.7-9）切割成毛板。

材，完成锯切工作。荒料随工作台由下向上进给。框架锯可以加工10~40mm厚大板。

（3）光板抛磨

切割好的毛板需进行粗磨、备网以及刷胶，填缝胶补，然后导入磨机进行研磨抛光得到光板（图2.4.7-10）。

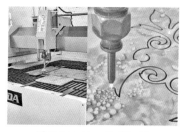

图 2.4.7-10　石材抛光机

（4）切板

将大板通过红外线切割机或手动切割机切割成所需要的尺寸规格。曲线拼花则要采用数控水刀切割机，水刀喷嘴用硬质合金、蓝宝石等材料做成，喷口直径0.05mm，经过超高压加压器喷出的高压水能像刀一样切割材料（图2.4.7-11）。

图 2.4.7-11　水刀切割

◀传统仿形

数控仿形

图 2.4.7-12　石材仿形

（5）仿形（图 2.4.7-12）

传统的仿形机类似配钥匙的原理，以预先制成的靠模为依据，加工时在一定压力作用下，触头沿靠模表面移动，通过仿形机构使刀具做同步仿形动作，从而加工出与靠模相同型面的构件。机械数控仿形机则采用全自动数控系统，CAD 图纸导入系统，数控仿形机自动造型加工，生产效率得到较大的提高。

（6）浮雕

将 CAD 图纸导入全自动数控系统，浮雕机自动雕刻出具有立体感的石雕（图 2.4.7-13），尺寸大的浮雕需分块雕刻再拼接。雕刻全部完工后，进行细部处理，并用粗砂布、细砂布磨光。

图 2.4.7-13　石材浮雕

（7）防护

采用喷、刷、滚、淋、浸泡等方式将石材防护剂（硅酸盐类防护剂、有机硅低聚物类防护剂、丙烯酸类防护剂、有机氟硅类防护剂和有机氟碳类防护剂）涂布在石材表面，使其在石材的毛细孔中与羟基结合形成网状保护层，防止石材病变现象的发生。

（8）石材面层处理工艺（表 2.4.7-4）

表 2.4.7-4

机切面（Machine-cut）表面粗糙，明显机切纹路	亚光面（Honed）表面光泽度低于 10°	光面（Polished）表面有高光泽镜面效果

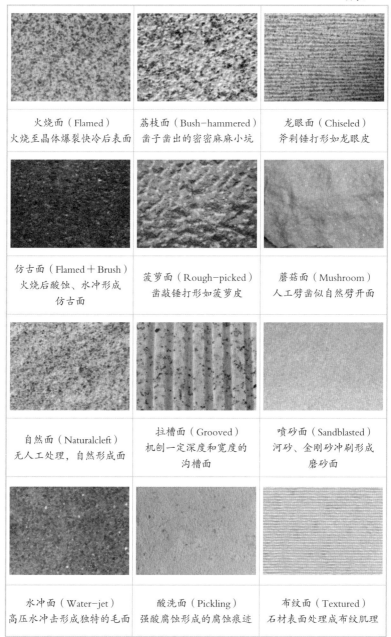

火烧面（Flamed） 火烧至晶体爆裂快冷后表面	荔枝面（Bush-hammered） 凿子凿出的密密麻麻小坑	龙眼面（Chiseled） 斧剁锤打形如龙眼皮
仿古面（Flamed＋Brush） 火烧后酸蚀、水冲形成 仿古面	菠萝面（Rough-picked） 凿敲锤打形如菠萝皮	蘑菇面（Mushroom） 人工劈凿似自然劈开面
自然面（Naturalcleft） 无人工处理，自然形成面	拉槽面（Grooved） 机刨一定深度和宽度的 沟槽面	喷砂面（Sandblasted） 河砂、金刚砂冲刷形成 磨砂面
水冲面（Water-jet） 高压水冲击形成独特的毛面	酸洗面（Pickling） 强酸腐蚀形成的腐蚀痕迹	布纹面（Textured） 石材表面处理成布纹肌理

（9）石材各类磨边加工（表 2.4.7-5）

表 2.4.7-5

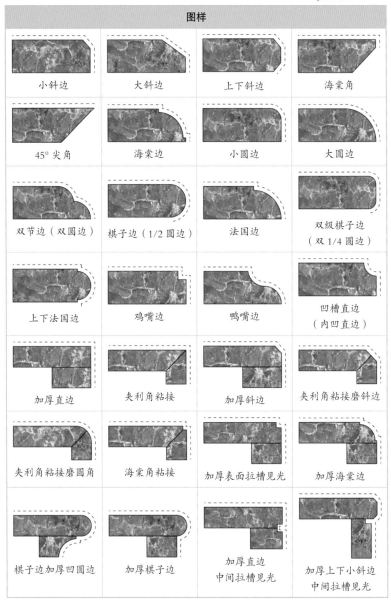

图样			
小斜边	大斜边	上下斜边	海棠角
45°尖角	海棠边	小圆边	大圆边
双节边（双圆边）	棋子边（1/2 圆边）	法国边	双级棋子边（双 1/4 圆边）
上下法国边	鸡嘴边	鸭嘴边	凹槽直边（内凹直边）
加厚直边	夹利角粘接	加厚斜边	夹利角粘接磨斜边
夹利角粘接磨圆角	海棠角粘接	加厚表面拉槽见光	加厚海棠边
棋子边加厚凹圆边	加厚棋子边	加厚直边中间拉槽见光	加厚上下小斜边中间拉槽见光

注：图中虚线表示见光面。

412

7. 品牌介绍（排名不分先后，表 2.4.7-6）

表 2.4.7-6

品牌	简介
JINSHENG	山西金圣石业成立于 2007 年，工厂分别位于山西省太原市与福建省水头市，是一家集生产加工、进口石材、销售贸易、工程施工于一体的综合性企业
拾风 石材定制 福建安和居建材有限公司	拾风为福建安和居建材有限公司的品牌，创立于 2018 年，位于福建省福州市，是一家以石材、石材马赛克产品加工生产为主的专业建材公司，拥有 3500m² 专业石材加工厂房
岩泽石材	福建省泉州市岩泽石材成立于 2018 年，主营中、高端大理石。坚持高定位、高效率、高质量的标准，服务于客户
鲁匠	郑州鲁匠实业成立于 2016 年，总部位于河南省新郑市，是一家集天然石材矿山开采、生产、安装施工于一体的国家幕墙、装修一级企业
HX 华夏	华夏石材成立于 2001 年，位于湖南省长沙市，是一家专业服务于房地产、酒店、别墅、园林景观、家庭装修的综合型石材装饰企业

8. 价格区间（表 2.4.7-7）

表 2.4.7-7

项目	花岗石	页岩	砂岩	大理石	洞石	石英岩	板岩
大板价	50～500 元	90～300 元	150～450 元	100～8000 元	200～500 元	1400～3000 元	100～650 元
规格板	大板价格出材率＋切割加工 10 元 /m²＋排版 5 元 /m²						
防护费	水性防护：5～6 元 /m²；油性防护：8～10 元 /m²						
背胶费	树脂胶：8～12 元 /m²；背沙（水溶性）：12～15 元 /m²						
包装费	10～15 元 /m²（木箱包装）						
运输费	8～12 元 /（m²•km）或 0.18～0.24 元 /（t•km）						

项目	花岗石	页岩	砂岩	大理石	洞石	石英岩	板岩
加工费	加筋	磨边	倒角抛光	45°正倒 / 背倒		L 形无缝边	
	8 元 /m	8 元 /m	10 元 /m	6 元 /m		18 元 /m	
	挖盆孔	切角	无缝边	拉槽磨光		平板拼粘	
	50 元 / 个	7 元 / 个	26 元 /m	12 元 /m		10 元 /m	

注：以上价格为 2023 年石材供应商的报价，价格受石材种类、品牌、规格以及其他后期加工和防护费用等市场环境因素的影响（以上价格仅供参考）。

9. 验收要点

（1）资料检查

1）应有产品合格证书、检验报告及使用说明书等质量证明文件。石材加工厂应提供每种石材的物理性能指标检测报告，如不能提供原件，应提供加盖送检厂公章的复印件。

2）当合同约定应对石材进行见证检测，或对石材的质量发生争议时，应进行见证检测。

（2）包装检查

1）检查包装是否破损，包括外框木架是否钉牢靠；包装应满足在正常条件下安全装卸、运输的要求；检查包装箱上是否需书写箱号及附装箱清单。

2）板材外包装应注明企业名称、商标、标记；应有"向上"和"小心轻放"的标志。对安装顺序有要求的板材，应在每块板材上标明安装序号。

3）按板材品种、等级等分别包装，并附产品合格证（包括产品名称、规格、等级、批号、检验员、出厂日期）；板材光面相对且加垫。

（3）实物检查

1）检查数量：石材到货后，首先根据材料清单，检查材料到货数量是否正确。

2）外观质量：石材应无明显色差，花纹均匀，图案鲜明，无杂色、石斑、石艮、断纹、射线、色斑、砂眼等缺陷。板面边角整齐，无断裂、破损、缺棱掉角现象。坚固性差的板材应采用背网加固，背网用胶粘剂应使用饰面石材用胶粘剂。镜面板、花岗石不低于80光泽单位；大理石不低于70光泽单位。

3）尺寸偏差：石材加工应周正、厚薄均匀、切边要整齐、石材尺寸偏差、平面度公差、角度公差应符合相关标准要求。干挂板材的单块面积不应大于$1.5m^2$。室内安装时，亚光面和镜面板材厚度≥20mm，粗面板材厚度≥23mm；室外安装时，亚光面和镜面板材厚度≥25mm，粗面板材厚度≥28mm。

4）物理性能：室外或卫生间潮湿环境下，石材用作墙面铺装或干挂时，特别注意其体积密度、吸水率、干燥压缩强度、弯曲强度、剪切强度、抗冻系数等物理性能指标要符合相关标准要求。花岗岩石材用作室内环境时，要对其放射性指标进行复试，并按复试结果对应相应放射性分类标准使用。

10. 应用要点

（1）石材应用要点

天然石材具有良好的装饰性与耐久性，在高档装修工程中常被采用。同时，其具有成本高、自重大、部分使用环境局限等方面的缺陷，工程实践应用中需考虑其强度、热物理性能、耐磨性与耐风化能力、抗冻融性能等指标是否满足使用要求，是否与建筑物的设计要求及环境相适应。

大理石具有良好的装饰性能，常被应用于高级建筑的内部高档装修工程，如室内墙面、柱面、台阶与地面的表面铺贴。此外，大理石还可用作良好的雕塑材料。但由于大理石的主要成分为碱性物质碳酸钙，易被酸性物质腐蚀，特别是其中的有色物质易在大气中溶出或风化，失去光泽。因此，大多数大理石不宜用于室外工程。

花岗岩具有良好的硬度、强度与抗风化性，可应用于恶劣环境中。通常剁斧板材应用于各类建筑物的室外地面、台阶、基座装饰；机刨板材应用于室内外地面、台阶、基座、踏步、檐口、护坡等处的表面装饰；粗磨板材应用于室内外墙面、柱面、台阶、纪念碑与铭牌；磨光板材应用于要求色彩与光泽的室内外墙面、地面、柱面的装饰。当花岗岩应用于外墙时，要复试其抗冻融性指标是否符合标准要求；其应用于室内工程时，要复试其放射性指标是否符合标准要求。

（2）石材防护剂选用要点

1）石材防护剂选择：石材防护剂按主要成分可分为有机硅氧烷、有机氟硅聚合物、树脂三大类。含有机硅、有机氟成分的防护剂能够通过溶剂渗入石材内部，溶剂蒸发后与石材自身物质通过化学键产生结合，形成网状保护层并与石材牢固结合，起到防水、防污、抗腐蚀的效果。而树脂型防护剂，则是通过将石材表面密封而起到防护的作用，当表面防护层被破坏，防护效果将受到一定影响。所以，优选有机硅、有机氟类的防护剂，以达到有效防止石材返碱的效果。

2）石材防护剂涂刷：防护剂涂刷时一定要将石材表面全部覆盖，不能漏刷，不留下死角。涂刷应足量，让石材充分吸收，直至静置2h表面仍保留湿润，说明达到饱和状态。防护剂的干固、凝结、形成网状膜需要在涂刷完静置，称为养生。夏、秋季温度高，养生要在24h以上；寒冷的冬、春季，养生更要在48h以上。

11. 材料小百科

（1）石材返碱的原因

石材的返碱一般与潮湿共生。返碱产生的原因大致是水泥或其他胶粘材料中的强碱性成分、石材自身的多孔性因素，以及水作为碱性物质溶解与析出的推手。

在潮湿环境下，当水泥作为石材铺装的粘接材料时，水泥中的碱性物质溶解到水中，通过微孔微裂隙结构，在毛细作用和水的蒸发作用力下往石材表面析出。当碱性物质析出石材表面后，会随时间推移发生凝结、变质和固化。其中凝结是返碱的初级阶段，碱性物质凝结沉淀在表面呈粉末状物质，易清洗。而变质和固化则为氢氧化钠、氢氧化钙等活泼强碱性物质，与空气中的二氧化碳、硫化物等发生化学反应，生成碳酸钙、硫化物等逐渐固化，难以清洗，行业又称其为"白华"现象。

（2）石材返碱的治理

如石材返碱为初步凝结，可用晶面机＋百洁垫，搭配石材皂液或石材清洗剂，进行整体表面清洗。石材干燥后，将渗透型防护剂倒在地面上，用晶面机＋百洁垫均匀抛磨，至防护剂吸收、干燥，重复做2～3遍，养生24h以上，将表面清理干净；用晶面机＋百洁垫做封釉处理。如石材返碱为中后期的变质和固化，则需对石材进行重新研磨后，再做以上步骤的抛光、清洁、封釉处理。若对防护有更高要求，可以在研磨过程中，在研磨水里加入水性防护剂，做基础的防护处理。

（3）装饰装修材料放射性水平分类

根据装饰装修材料放射性水平大小，划分为以下三类：

1）A类装饰装修材料

装饰装修材料中天然放射性核素镭-226、钍-232、钾-40的放射性比活度同时满足$I_{Ra} \leqslant 1.0$和$I_r \leqslant 1.3$要求的为A类装饰装修材料。A类装饰装修材料产销与使用范围不受限制。

2）B类装饰装修材料

不满足A类装饰装修材料要求但同时满足$I_{Ra} \leqslant 1.3$和$I_r \leqslant 1.9$要求的为B类装饰装修材料。B类装饰装修材料不可用于Ⅰ类民用建筑的内饰面，但可用于Ⅱ类民用建筑物、工业建筑内饰面及其他一切建筑的外饰面。

3）C类装饰装修材料

不满足A、B类装修材料要求但满足$I_r \leqslant 2.8$要求的为C类装饰装修材料。C类装饰装修材料只可用于建筑物的外饰面及室外其他用途。

（4）石材常用术语（表2.4.7-8）

表2.4.7-8

名词	解释
毛料	由矿山直接分离下来，形状不规则的石料
荒料	由矿山直接分离或毛料经加工而成，符合一定规格要求的石料
料石	用毛料加工成的具有一定规格，用来砌筑建筑物用的石料
规格料	符合标准规格的荒料
协议料	由供需双方议定规格的荒料
毛板	由荒料切割且未经处理的板材
毛光板	有一面经抛光具有镜面效果的毛板
粗面板	表面平整粗糙的板材
普型板	正方形或长方形的建筑板材
规格板	规定尺寸的普型板
圆弧板	装饰面轮廓线的曲率半径处处相同的建筑板材

名词	解释
异形板	普型板和圆弧板以外的其他形状的建筑板材
协议板	由供需双方议定的板材
复合板	以石材为饰面层使用结构胶粘剂粘合其他材料而成的板材
超薄板	石材大板切成1mm薄片背面粘玻璃纤维，拥有足够的柔韧性
异形	加工成特殊的非平面外形的石材
花线	具有一定几何图形的截面，沿一定轨迹延伸所形成的装饰用石质板条
柱体	截面轮廓呈圆形的建筑或装饰用石柱
立方料	用于广场地面、路面或路缘铺设用的天然石料
锥形柱	柱表面上的素线延长为相交的柱
圆柱	柱表面上的素线为平行的柱
椭圆形柱	横截面形状为椭圆的柱
纺锤体柱	横截面形状如纺锤的柱
罗马柱	柱表面有罗马槽的柱
梅花柱	横截面形状为梅花瓣形的柱
螺纹柱	横截面形状为螺纹的柱
多色柱	由多种石材粘结加工成的柱
柱头（柱顶）	安装在柱身最上部的部分
柱腰	安装在柱身大致齐腰位置的部分
柱座	安装在柱身最底部位置的部分

（5）开采及加工术语（表2.4.7-9）

表2.4.7-9

名词	解释
采场	回采矿石的场地
回采	由矿体分离矿石的过程
剥离	开采前将矿体周围的非矿体物质清除的过程
锯解	将荒料加工成毛板的过程
切割	将板材加工成一定尺寸的过程
磨光	将毛板表面加工成具有平整光滑的过程
抛光	将细面板表面加工成具有镜像光泽的过程

2.4.8 人造石材

1. 材料简介

人造石材（图 2.4.8-1）是一种通过人工制造而成的建筑装饰材料，它具有类似天然石材的外观和性能，性能比天然石材更稳定，而成本相对更加经济。

图 2.4.8-1　人造石材

人造石材按制造原理分为铸石型、烧结型、胶结型三类。铸石型是模拟火成岩的形成，以玄武岩、辉绿岩等较低熔点的矿物原料，经配料混合与高温熔化后浇筑成型，再经冷却结晶、退火制成；烧结型同烧结玻璃或陶瓷的原理，将长石、方解石、石英等粉料和赤铁矿粉、高岭土经混浆制坯、焙烧熔融、高温晶化而成；胶结型是采用大理石或方解石、石英砂等无机物粉料，添以填料、颜料等，配以胶结材料，经混合浇筑、振动挤压等工艺胶结而成。按材料成分不同，又可分为以不饱和聚酯树脂为胶结剂的聚酯人造石；以水泥为胶结料，砂石为粗细骨料的硅酸盐人造石；以及硅酸盐人造石复合聚酯人造石或将有机单体浸入其内部聚合固化形成的复合人造石。

人造石材具有许多优点，如颜色均匀、花色繁多、光泽度好、抗压耐磨、吸水率低等。同时，它也便于安装和维护，因此在建筑装饰装修等领域得到广泛的应用。

2. 构造、材质

构造：由骨料、胶结料、颜料及其他助剂按凝固（或烧结）而成的板块状石料。

材质：

骨料：氧化铝类天然矿粉、石英砂、方解石、天然碎石、石粉、玻璃、贝壳等。

胶结料：各类树脂（不饱和聚酯、乙烯基酯、甲基丙烯酸甲酯）、硅酸盐等。

3. 分类（表2.4.8-1）

表2.4.8-1

名称	图片	材料解释	应用
人造石		（1）以聚甲基丙烯酸甲酯（PMMA，亚克力）或不饱和聚酯树脂（UPR）为基体，以氢氧化铝为填料，加入天然碎石、石英砂、分解石或其他无机填料，加入催化剂、固化剂、颜料等外加剂，经过混合搅拌、固化成型、脱模烘干、表面抛光等工序加工而成。 （2）耐酸碱、重量轻、韧性好、拼接无缝，易加工复杂形状，易于修复如新。硬度略低、不抗划伤，承重易变形，不可接触过热物体	适用于室内墙面、柱面、服务台面、厨卫柜台面等
人造石英石		（1）又称赛丽石，由90%以上天然石英和10%色料、树脂和其他胶粘剂、固化剂，经负压真空、高频振动成型，加温固化（温度高低是根据固化剂种类而定）生产而成的人造石板材。 （2）质地坚硬（莫氏硬度5～7）、结构致密（密度2.37g/cm³）具有其他装饰材料无法比拟的耐磨、耐压、耐高温、抗腐蚀、防渗透等特性。 （3）接缝痕迹明显，异形造型不易加工，复杂造型难度大，磕碰崩角难修复	适用于公共建筑装修中如酒店、餐厅、银行、医院、实验室作业台面；以及家庭装修中如橱柜台面、餐桌、茶几、窗台等
人造岗石		（1）又称合成石，是以大理石碎料、石粉为主要原料，可添加贝壳、玻璃等材料为点缀，以树脂为胶结剂，经真空搅拌、高压振荡成型，再经室温固化等工序制成的合成石荒料。可进一步深加工成板料与其他造型料。 （2）除了保留天然纹理，还可加入色素，丰富其色泽多样性。填料为碳酸钙类的石料	适用于装饰装修工程中室内墙面、柱面、地面、窗台、家具台面等

名称	图片	材料解释	应用
微晶石		（1）可分为无孔微晶石、通体微晶石、复合微晶石三大类，业内习惯将复合微晶石代指为微晶石，即微晶玻璃陶瓷复合板。利用模板布料、筛网布料、幻彩布料等多维布料技术实现不同类型、不同颗粒度、不同组合方式的微晶玻璃与陶瓷粉料的立体复合，经二次高温熔融定型，仿型浅磨削抛光而制成的微晶相与玻璃相共存的复合材料。 （2）集中了玻璃与晶体材料（包括陶瓷材料）二者的特点，质地坚实细腻，外观晶莹亮丽，柔美均匀。吸水率低，不易受污染，耐候性优良	适用于高级宾馆、商场、写字楼、银行、饭店、高级别墅等场所的内外墙面、地面、柱面及台面等
水磨石		（1）属于硅酸盐人造石，是将碎石、玻璃、石英石等骨料拌入水泥粘接料制成混凝土后，经表面研磨、抛光而成的制品。以水泥粘接料制成的水磨石叫无机磨石，用环氧粘接料制成的水磨石又叫环氧磨石或有机磨石，按施工制作工艺又分现场浇筑和预制板材两种。 （2）表面光滑、平整，易于洗刷，耐磨，强度高，价格低，装饰感强、花色多样。掺和料是各种石子或大理石碎粒	适用于人流集中的大型公共空间的地面、台阶、台面等部位
岩板		（1）由天然石粉、长英石等天然原材料，经特殊工艺，借助 36000t 以上压机压制，结合先进的生产技术，经过 1250℃ 以上高温烧制而成，能够经得起切割、钻孔、打磨等加工过程的超大规格新型人造石材类材料。 （2）经高温高压生成的岩板，莫氏硬度达到 6 级以上，具有极强的耐腐、耐刮、耐磨的特性	可用于酸碱实验室台面、医院抗菌墙体和操作台面等高要求领域，以及高档次家居墙柱、地、台面等

4. 参数指标

（1）人造石（图2.4.8-2）

成分：亚克力树脂＋氢氧化铝粉／碳酸钙粉等填料＋颜料。

莫氏硬度：7.5。

抗压强度：≥100MPa。

抗折强度：≥10MPa。

图2.4.8-2 人造石

光泽度：大于80～100单位。

规格：宽幅760mm×长度2440mm、3050mm、3660mm；厚度12mm、15mm、18mm。

（2）石英石（图2.4.8-3）

材质：亚克力树脂＋＞90%石英晶体＋微量元素。

莫氏硬度：5～7。

抗压强度：≥190MPa。

抗折强度：≥10MPa。

光泽度：大于60单位。

图2.4.8-3 石英石

规格：宽幅760mm×长度2440mm、3050mm、3660mm；厚度8mm、15mm、18mm、20mm。

（3）人造岗石（图2.4.8-4）

材质：亚克力树脂＋＞90%天然大理石碎料、石粉＋马赛克、贝壳、玻璃。

莫氏硬度：3～4。

抗压强度：＜96MPa。

抗折强度：＜24MPa。

光泽度：60～75单位。

图2.4.8-4 人造岗石

规格：长度3050mm×宽度800mm、900mm、1250mm；厚度8mm、15mm、18mm、20mm。

（4）微晶石（图2.4.8-5）

材质：3～5mm微晶复合玻璃复合在陶瓷玻化石表面。

莫氏硬度：6～6.5。

抗压强度：＜400MPa。

抗折强度：＜35MPa。

光泽度：＞95单位。

规格：边长600mm、800mm、1000mm；厚度13～18mm。

图2.4.8-5　微晶石

（5）水磨石（图2.4.8-6）

材质：碎石、玻璃、石英石＋水泥、环氧剂。

莫氏硬度：7。

抗压强度：≥80MPa。

抗折强度：≥5MPa。

光泽度：60～95单位。

图2.4.8-6　水磨石

规格：长度2400mm、2700mm、3200mm×宽度1200mm、1600mm、1800mm；厚度10～20mm。

（6）岩板（图2.4.8-7）

材质：天然石粉、长英石。

莫氏硬度：≥5。

抗压强度：≥100MPa。

规格：长度1800mm、2400mm、3600mm×宽度800mm、1200mm、1600mm；厚度3mm、6mm、9mm、12mm、15mm、20mm。

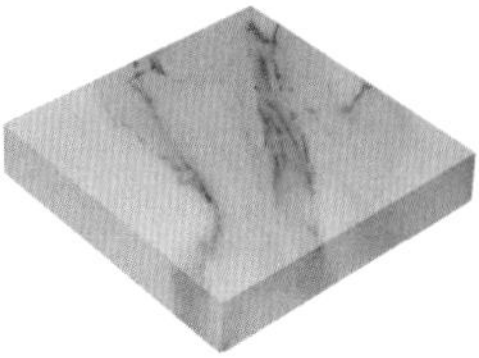

图2.4.8-7　岩板

参数标记说明：

人造石石材标记：名称、基体树脂英文、规格尺寸、厚度、等级、标准号

示例1：人造石实体面材　PMMA/Ⅰ　12.0　A/JC/T 908—2013

人造石实体面材、以聚甲基丙烯酸甲酯为基体、Ⅰ型、厚度12.0mm、A级人造石、标准号JC/T 908—2013。

示例2：人造石英石　UPR　3050mm×1450mm×16mm　B/JC/T 908—2013

人造石英石、以不饱和聚酯树脂为基体、尺寸为3050mm×1450mm×16mm、B级石英石、标准号JC/T 908—2013。

5. 相关标准

（1）现行行业标准《人造石》JC/T 908。

（2）现行行业标准《建筑装饰用人造石英石板》JG/T 463。

6. 生产工艺

聚酯人造石的生产工艺流程（图 2.4.8-8）：

图 2.4.8-8　聚酯人造石的生产工艺流程图

（1）配料搅拌

将聚酯树脂、天然石粉和颜料进行筛选、过滤、干燥后经研磨至粒径更小的颗粒，再将原料放入混合机中进行搅拌，直到混合均匀（图 2.4.8-9）。

（2）布料压制

将混合好的原料放入模具中，同时加入聚酯树脂，通过高频振动使物料均匀分布（图 2.4.8-10），在表面加上一层玻纤布，在其上铺撒一层石灰石，控制好温度和压力进行压制。压制完成后，将模具放入固化室中进行固化（24h 左右）。

图 2.4.8-9　搅拌

图 2.4.8-10　布料压制

（3）切片打磨

固化完成后，将模具取出，刮去表面凸出颗粒。然后进行切片和打磨（图 2.4.8-11）。这一步需要使用专业的切割和打磨设备，以确保产品的尺寸和表面光滑度。

424

（4）涂层抛光、切割包装

最后，将产品进行涂层和抛光处理（图 2.4.8-12），以增加产品的光泽度和耐磨性。后期根据产品需求，将人造石材切割成各种规格并进行包装。

图 2.4.8-11　切片打磨

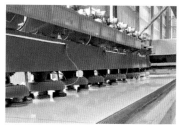

图 2.4.8-12　涂层抛光

7. 品牌介绍（排名不分先后，表 2.4.8-2）

表 2.4.8-2

品牌	简介
CORIAN® SOLID SURFACE	杜邦中国集团有限公司可丽耐（Corian）隶属于美国杜邦集团，世界上较早生产人造石的品牌。可丽耐以天然矿物质为主要成分，致力于研发、生产石英石、人造石等产品
staron®	星容（staron），三星第一毛织是三星集团三个母公司之一，成立于1954年。三星第一毛织从1989年开始从事化工材料行业，开发生产工程塑料、建材材料和电子材料等产品。1997年开始生产人造大理石
sinostone 赛凯隆	广东中旗新材料股份有限公司，成立于2007年，位于广东省佛山市，sinostone 赛凯隆拥有四大系列，近300多种颜色，是集绿色环保人造石材研发、制造、综合服务为一体的科技企业
萬峯石材	万峰石材科技股份有限公司成立于2000年，位于广东省河源市，集新型建筑材料技术研发与人造石材及其异形材料的研发、生产、销售、应用设计、现场施工和后期养护服务于一体的高新技术企业
POLYSTONE® 宝丽石	珠海宝丽石建材科技有限公司成立于1998年，公司位于广东省珠海市。知名人造石品牌，专业从事人造石、石英石生产商的技术企业

8. 价格区间（表2.4.8-3）

表2.4.8-3

名称	规格	价格
聚酯人造石	厚度15mm	$200 \sim 350$ 元 $/m^2$
人造石英石	厚度15mm	$150 \sim 500$ 元 $/m^2$
人造岗石	厚度15mm	$150 \sim 350$ 元 $/m^2$
微晶石	厚度15mm	$200 \sim 350$ 元 $/m^2$
水磨石	厚度15mm	$200 \sim 500$ 元 $/m^2$
岩板	厚度9mm	$200 \sim 1300$ 元 $/m^2$

注：以上价格为2023年网络电商平台价格，价格受品牌、规格、功能、材质以及原材料价格浮动、市场环境等因素的影响（以上价格仅供参考）。

9. 验收要点

（1）资料检查：应有产品合格证书、检验报告及使用说明书等质量证明文件。

（2）包装检查：人造石包装应无破损，应采用木箱或其他合适材料包装，每件产品之间应采用纸或塑料薄膜隔开，每件包装重量不超过4000kg。包装箱上应标记箱号及附装箱清单，包括生产厂、生产日期或生产批号、产品标志及不同产品的规格和数量等内容。

（3）实物检查：

1）外观质量：检查人造石材表面应无破裂、裂缝或起泡，无缺棱、缺角、气孔。表面光滑平整，无波纹、方料痕、刮痕、裂纹，光面的人造石材表面应有良好的光泽度；色泽均匀一致，不得有明显色差。触摸产品表面有丝绸感，无涩感，无明显高低不平感。

2）尺寸偏差：对加工尺寸进行抽查，查看到货材料厚度是否满足合同规定厚度，误差是否在允许范围内，对不符合要求的人造石材进行退货处理。

3）物理性能：人造石材的荷载变形和冲击韧性、吸水率、耐污性、耐热性、耐高温性能等物理性能指标应符合相关标准要求。人造石PMMA类A级不小于65，B级不小于60；人造石UPR类A级不小于60，B级不小于55；石英石的莫氏硬度不小于5；人造岗石的莫氏硬度不小于3。

10. 应用要点

人造石材选用：

（1）亚克力：相较于天然石材更耐酸碱腐蚀，表面光洁、无孔隙，易打理，且手感温润。其硬度不高，方便切割，面对各种异形厨房台面或岛台可做无缝一体效果。虽不易裂，但因其硬度普通，台面易划有痕迹。亚克力是较贵的树脂材料，所以选择亚克力人造石的时候要注意亚克力含量，一般在40%以上都是品质很高的材料，作为厨房台面可以保证较长的寿命。

（2）石英石：硬度非常高，相较于亚克力人造石更耐磨、耐高温，其采用天然石英石颗粒做填料，所以仍保留天然石材的纹理，台面更有石材质感。硬度高，使用时不易造成划痕。但也因其硬度过高，无法像亚克力人造石那样做成无接缝的一体台面。

（3）岩板：价格较贵，高端台面首选。岩板是将天然石粉、长英石等材料经过3.6万吨高压压制后，再经1250℃高温烧制而成的。密度高、硬度大、渗水率极低、防火耐高温、耐酸碱腐蚀，表面光滑易清洁。但是其为脆性材料，抗冲击力弱。

综上所述，石英石台面性价比最高，也最实用；如考虑呈现一体式台面效果可选择亚克力人造石，但其强度与耐磨性较差；追求效果与档次且预算充足时，可以选择岩板。

11. 材料小百科

巴氏硬度与莫氏硬度：

（1）巴氏硬度：是巴柯尔（Barcol）硬度的简称，最早由美国 Barber-Colman 公司提出，以一定形状的硬钢压针，在标准弹簧试验力作用下，压入试样表面，用压针的压入深度确定材料硬度，定义每压入 0.0076mm 为一个巴氏硬度单位。巴氏硬度单位表示为 HBa。

（2）莫氏硬度（Mons'hardness scale）：又称摩氏硬度，是表示矿物硬度的一种标准。1822年由德国矿物学家腓特烈·摩斯（Frederich Mohs）提出，是在矿物学或宝石学中使用的标准。莫氏硬度是用刻痕法将棱锥形金刚钻针刻划所测试矿物的表面，并测量划痕的深度，该划痕的深度就是莫氏硬度，以符号 HM 表示。

▌2.4.9　木地板

1. 材料简介

地板是指用于房屋楼、地面铺装的面层材料，一般由木料或类似于木料的其他材料制成。实木地板最早起源于中国新石器时期河姆渡文化，发现于 1973 年河姆渡遗址，出土的 1000 多件干栏式建筑构件中，其中最大一幢建筑的地梁上就铺设有带企口的实木地板，也就是说我国在 7000 年前就已经使用实木作为地面材料了。

现代地板的标准化生产出现在北欧国家（如瑞典、挪威、比利时），其技术水平（特别是强化地板）一直居于世界领先水平。而中国现代地板行业的发展虽然较短，但发展迅速，木地板从最初的不上油漆的素板发展到现在已有多种面层工艺的成品地板。品种也发展为由实木地板（图 2.4.9-1）、实木复合地板、竹地板、强化地板、软木地板等产品齐驱并驾、共同发展的市场状态。

图 2.4.9-1　木地板

2. 构造、材质

（1）实木地板

构造：由通体实木原木层加表面油漆层构成（图 2.4.9-2）。

材质：

原木层：硬槭木、印茄木、亚花梨木、柚木、橡木、栎木、香脂木豆、番龙眼、圆盘豆等。

油漆层：PU 漆、木蜡油、UV漆、水性涂料等。

图 2.4.9-2　实木地板

（2）实木复合地板

构造：由面漆层、原木面层、复合层、防潮层等构成（图 2.4.9-3）。

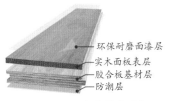

图 2.4.9-3　实木复合地板

材质：

原木面层：硬槭木、印茄木、亚花梨木、柚木、橡木、栎木、香脂木豆、黑胡桃、桃花心木、阔叶黄檀、大果紫檀、番龙眼、圆盘豆等。

复合层：3～5层原木复合、多层胶合板。

油漆层：PU漆、UV漆等。

（3）竹地板

构造：由天然竹板层加表面油漆涂层构成（图2.4.9-4）。

材质：

竹板层：天然竹材（楠竹等）。

油漆层：PU漆、UV漆等。

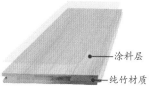

图2.4.9-4 竹地板

（4）强化地板

构造：由耐磨层、装饰层、基材层、平衡层（防潮层）构成（图2.4.9-5）。

材质：

耐磨层：三氧化二铝耐磨纸。

装饰层：印有花纹的浸渍纸。

基材层：高密度板或刨花板。

平衡层：人工印刷平衡纸。

图2.4.9-5 强化地板

（5）软木地板

构造：由耐磨涂层、软木面层、基材层等构成，分为粘贴式（图2.4.9-6）和锁扣式（图2.4.9-7）。

材质：

油漆涂层：PU漆、UV漆、水性涂料等。

软木面层：栓皮栎橡树的树皮。

基材层：高密度板、栓皮栎橡树的树皮。

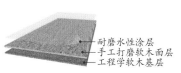

图2.4.9-6 粘贴式软木地板

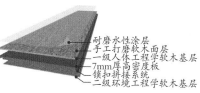

图2.4.9-7 锁扣式软木地板

3. 分类 （表 2.4.9-1）

表 2.4.9-1

名称	图片	材料解释	应用
实木地板		也称为原木地板，是天然实木锯板烘干加工而成的地面饰面板。由于木头是热的不良导体，所以其具有保温、隔热的性能，起到冬暖夏凉的作用。同时，它具有木材自然生长的纹理、软硬适度的脚感、天然环保的优点	适用于各类高档、豪华室内装修的地面，如住宅、酒店及其他商业空间等。应用地暖地面时需经特殊抗变形处理
实木复合地板		（1）由实木单板（或实木木皮）为面层，以实木拼板、单板或胶合板为芯层或底层，经不同组合层压加工而成的地板。由于不同树种的板材交错层压，克服了实木地板湿胀干缩的缺点，干缩湿胀率小，具有较好的尺寸稳定性。 （2）其兼具强化地板的稳定性与实木地板自然木纹、舒适脚感（但较实木差）和使用安全的环保优势	适用于各类中、高档室内装修的地面，如住宅、写字楼、宾馆、商业空间等。由于其具有较好的抗变形能力，特别适用于地暖地面
竹地板		（1）也称竹集成材地板，以天然竹子为原料，脱去原浆，高温高压拼接，再经过多层油漆，最后红外线烘干而成。 （2）其经过脱去糖分、脂肪、淀粉、蛋白质等特殊无害处理后，具有超强的防虫蛀功能。地板无毒，牢固稳定，不开胶，不变形。既有竹子的天然纹理，同时兼具原木地板的自然美感和陶瓷地砖坚固耐用的优点	适用于各类中、高档室内装修的地面，如住宅、写字楼、宾馆、商业空间等

名称	图片	材料解释	应用
强化地板		（1）也称浸渍纸层压木质地板，是以一层或多层高仿真印纹纸浸渍热固性氨基树脂，复合于刨花板或高密度板基材表层，背面加平衡防潮层，正面喷涂三氧化二铝（Al$_2$O$_3$）或碳化硅（SiC）耐磨涂层，再经热压成型的地板。 （2）其表层耐磨层具有良好的耐磨、抗压、抗冲击以及防火阻燃、抗化学品污染等性能。室内用的强化地板的表面耐磨转数应该在6000转以上。 （3）其脚感偏硬，但花色丰富，可仿真各种天然或人造花纹，木纹仿真度受印刷精度的影响；环保性能受所选用人造基材胶粘剂甲醛含量的影响	适用于各类中档室内装修的地面，如会议室、办公室、高清洁度实验室等，也可用于普通宾馆、饭店及民用住宅的地面装修等。 强化地板虽然有防潮层，但不宜用于浴室、卫生间等潮湿的场所
软木地板		（1）软木地板使用的原材料为与葡萄酒瓶塞一样的栓皮栎橡树的树皮，其主要生长在地中海沿岸及同一纬度的我国秦岭地区，一般由耐磨水性涂层、软木面层与工程学软木基层组成。 （2）可分为粘贴式软木地板和锁扣式软木地板。粘贴式软木地板，适合地热采暖，并且使用寿命相较锁扣地板要长，可以铺装在厨房、卫浴间。 （3）与实木地板相比，其更具环保性、隔声性、防潮性、防滑性，以及软木细胞的气囊提供的极佳的脚感	适用于会议室、图书馆、录音棚、剧场等对声学要求较高的场所。同时也适用于铺装厨房、卫浴、卧室、地暖等家居空间

4. 参数指标

（1）实木地板

材质：柚木、橡木、圆盘豆、印茄木、栎木、香脂木豆、阔叶黄檀、番龙眼等。

油漆：PU漆、UV漆、木蜡油、水性漆。

纹理：平面、拉丝、刨削、锯纹、手刮、手抓、做旧。

产品规格：幅面，（450～1500）mm×（60～220）mm，

厚度，16～20mm 等。

（2）实木复合地板

面层材质：柚木、橡木、圆盘豆、印茄木、栎木、香脂木豆、阔叶黄檀、番龙眼等。

基层材质：三层实木、多层实木、多层夹板。

油漆：PU 漆、UV 漆、水性漆。

纹理：平面、拉丝、刨削、锯纹、手刮、手抓、做旧。

产品规格：幅面，（450～1500）mm×（60～220）mm，

厚度，8mm、12mm、15mm 等。

（3）竹地板

材质：竹、楠竹等。

结构：水平型、重直型、组合型。

油漆：PU 漆、UV 漆、水性漆。

纹理：平面、拉丝、仿古。

颜色：本色、漂白、炭化。

产品规格：幅面（450～2200）mm×（75～200）mm，厚度8～18mm 等。

（4）强化地板

面层材质：单层浸渍装饰纸、热固性树脂浸渍装饰纸。

基层材质：高密度纤维板、刨花板。

环保等级：ENF、E0、E1。

产品规格：幅面（600～2430）mm×（60～600）mm，厚度6～15mm。

耐磨等级：商用Ⅰ级≥12000 转 / 商用Ⅱ级≥9000 转；

家用Ⅰ级≥6000 转 / 家用Ⅱ级≥4000 转。

（5）软木地板

面层材质：软木树皮未涂饰、软木树皮涂饰、石蜡、PVC、装饰单板。

基层材质：栓皮栎橡树树皮。

油漆：PU 漆、UV 漆、水性漆。

基层密度：Ⅰ类大于 500kg/m³、Ⅱ类 450～500kg/m³、Ⅲ类 400～450kg/m³。

产品规格：

粘贴式：305mm×305mm/300mm×600mm/450mm×600mm，厚度3～10mm。

锁扣式：305mm×915mm/450mm×600mm，厚度10～12mm。

分类：粘贴式、锁扣式。

5. 相关标准

（1）现行国家标准《实木地板　第1部分：技术要求》GB/T 15036.1。

（2）现行国家标准《实木复合地板》GB/T 18103。

（3）现行国家标准《竹集成材地板》GB/T 20240。

（4）现行国家标准《浸渍纸层压木质地板》GB/T 18102。

（5）现行行业标准《软木类地板》LY/T 1657。

6. 生产工艺

（1）实木地板的生产工艺流程（图2.4.9-8）

图2.4.9-8　实木地板的生产工艺流程图

1）原木加工

初步制材是指利用木工锯机对原木进行剖料、剖分、裁边、截断等操作（图2.4.9-9），使圆木锯开形成生产地板所需要的规格和尺寸。

2）烘干养生

使用烘干窑加热处理，将木材内存水分排出。对锯材进行干燥处理以及恒温条件下消除木材内部应力（养生）的过程（图2.4.9-10）。

图2.4.9-9　切割

3）刨光开槽

左右立轴刀将坯料两长边刨直，上下平轴刀，将坯料两端短边刨光。砂光机将正板面砂光，同时衡量坯料厚度。用横头机开出两端短榫位（图2.4.9-11），并定长。用四面刨开出左右两边长榫位，并定宽。

图 2.4.9-10 干燥窑烘干

图 2.4.9-11 开榫

4）油漆涂装

使用滚涂机、紫外光干燥机、红外线干燥机、砂光机等自动化生产线对地板修色并涂装。地板涂装大多采用水性漆，先上 UV 腻子，然后砂光，再上 UV 底漆，再砂光、上 UV 面漆（图 2.4.9-12）。

（2）强化地板的制造工艺流程（图 2.4.9-13）

图 2.4.9-12 涂装

组坯热压 → 养生 → 分切开槽

图 2.4.9-13 强化地板的生产工艺流程图

图 2.4.9-14 热压

1）组坯热压

按强化地板结构，依次把平衡纸、密度板、装饰纸、耐磨纸叠放在一起。通过热压机将耐磨纸、装饰纸、高密度纤维板和平衡纸热压成型。先压贴密度板与其背面的平衡纸，再压贴正面的装饰纸和耐磨纸（图 2.4.9-14）。

2）养生

热压后的半成板因热胀的原因会产生伸展的应力，热压完成后需进行冷却养生，冷却之后降低大板的温度，将地板堆垛，释放内应力。

3）分切开槽

将整张大板切割成小板，再将小板切割成相应规格的地板坯尺寸。在板的四边铣出榫槽，不同的榫槽形状按照设计要求使用不同的刀具。开槽先开两边长槽，再开两端短槽（图 2.4.9-15）。开槽后用防水蜡对榫槽进行防潮喷涂处理。

图 2.4.9-15　榫槽加工

7. 品牌介绍（排名不分先后，表 2.4.9-2）

表 2.4.9-2

品牌	简介
天格®地板	天格地板创始于1993年，总部位于上海市虹桥商务区，是一家专注于木地板领域，集研发、生产和销售于一体的高科技地板企业，是中国地板行业的一线品牌和领军企业
大自然地板 Nature	大自然家居有限公司成立于1995年，总部位于广东省佛山市，全球颇具影响力的家居产品解决方案供应商，专业致力于绿色健康的家居产品研发、生产和销售
圣象地板 power dekor	圣象集团成立于1995年，总部位于上海市，构建了完整、庞大、成熟的绿色产业链，打造起绿色、环保、健康并可持续的产品原料、开发、生产、销售和服务的供应链体系
久盛地板	久盛地板有限公司成立于2002年，位于浙江省湖州市，主营各类实木地热地板，实木地暖地板等，是集研发、制造、销售于一体的全球专业木地板供应商和服务商。荣获中国实木地板十大品牌、浙江省著名商标、中国驰名商标
安信地板	上海安信地板有限公司成立于1994年，总部位于上海市，是一家整合木材产业链，提供全方位一体化服务的综合木制品企业，业务涵盖实木地板、实木地热地板、实木复合地板、全屋整木定制以及相关地板配套产品

8. 价格区间（表 2.4.9-3）

表 2.4.9-3

名称	规格（mm）	价格
实木地板	610×125×18	220～400 元 /m²
实木复合地板	910×125×15	150～350 元 /m²
竹地板	1030×130×17	150～350 元 /m²
强化地板	1287×200×10	80～300 元 /m²
软木地板	300×600×6	180～500 元 /m²

注：以上价格为 2023 年网络电商平台价格，价格受品牌、规格、功能、材质以及原材料价格浮动、市场环境等因素的影响（以上价格仅供参考）。

9. 验收要点

（1）资料检查：应有产品合格证书、检验报告及使用说明书等质量证明文件。

（2）包装检查：地板出厂时应按类别、规格、等级分别包装。包装箱应印有或贴有清晰不易脱落的标志，包括产品名称、厂名厂址、执行标准、规格型号、产品等级、木材名称或流通商品名（拉丁名）、数量、涂饰方式、生产日期或批号等标志，非平面实木地板应在外包装上注明。

（3）实物检查：

1）外观质量：木竹类地板应板面平整，无活节、死节、蛀孔、表面裂纹、树脂囊、髓斑、腐朽、缺棱、加工波纹、榫舌残缺、漆膜划痕、漆膜鼓泡、漏漆、漆膜皱皮、漆膜上针孔、漆膜粒子等缺陷。强化地板应无干、湿花，无表面划痕、表面压痕、透底、光泽不均、污斑、鼓泡、鼓包、纸张撕裂、局部缺纸、崩边、颜色不匹配、表面龟裂、分层、榫舌及边角缺损等缺陷。

2）尺寸偏差：地板的长度、宽度以及厚度尺寸应符合加工精度要求，板材的直角度、边缘的直线度、板面翘曲度，以及拼装离缝、拼装高度差等指标均应符合标准要求。可取出 10 块左右徒手在水平面试拼装，观察其企口咬合、拼装间隙、相邻板间高差。

3）理化性能：实木地板的含水率、漆膜表面耐磨、漆膜附着力、漆膜硬度、漆膜表面耐污染、重金属含量（限色漆）如可溶性铅、可溶性镉、可溶性铬、可溶性汞等指标；实木（竹）复合地板竹另增加的浸渍剥离、静曲强度、弹性模量、甲醛释放量等指标；强化地板的静曲强度、内结合强度、含水率、密度、吸水厚度膨胀率、表面胶合强度、表面耐冷热循环、表面耐划痕、尺寸稳定性、表面耐磨、表面耐香烟灼烧、表面耐干热、表面耐污染腐蚀、表面耐龟裂、抗冲击、甲醛释放量、耐光色牢度等指标均应符合相关标准规定。

4）地板漆大致分为 PU 漆和 UV 漆，应避免购买 PU 漆，其含苯和甲醛较高，且漆面寿命短。UV 漆又分为淋涂与滚涂，淋涂 UV 漆需经常打蜡，漆面寿命一般为 2～3 年；而滚涂 UV 漆一般为亚光效果且更耐磨。可根据漆内是否加入三氧化二铝粉末，判断漆面是否经过紫外光固化。

5）强化地板耐磨转数并非越高越好，家用地板耐磨转数 4000～6000 转即可，商用地板 ≥ 9000 转。部分产品标志 15000～18000 转则不一定实用。耐磨转数可查看地板背面基本参数喷码，家用 I 级 = AC3 = 6000 转 = 38g，家用 II 级 = AC2 = 4000 转 = 45g。

10. 应用要点

地板的常见拼法：

（1）工字拼（图 2.4.9-16）

工字拼，也叫砌砖式拼，朴实工整、铺装损耗较少。369 拼法，又称三分之一拼法，是工字拼的一种。将两块地板的短边接缝分别位于上下两块地板的三分之一处，短边接缝整体呈阶梯状。

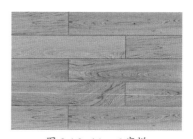

图 2.4.9-16 工字拼

（2）人字拼（图 2.4.9-17）

人字拼，地板与地板拼成"人"字样，整体纹路错落有致，立体感较强，比平直铺装的地板多了灵巧与精美，但材料损耗也相对较大。

（3）鱼骨拼（图 2.4.9-18）

鱼骨拼，是人字拼的升级，区别为拼接单元块呈菱形，就像鱼骨排列，也称为鱼骨纹。鱼骨拼更加美观，自带极强的立体感，具有很强的视觉冲击力。

图 2.4.9-17 人字拼

图 2.4.9-18 鱼骨拼

（4）田字拼（图 2.4.9-19）

田字拼，先将几块同长度地板拼成小正方形，再将各小正方形按地板方向分别纵横排列，从而呈现"田"字形效果。田字拼施工简单，立体感强，有复古感，地板损耗率 2%，相比其他拼贴方式损耗较少。

（5）多边形拼法（图 2.4.9-20）

多边形拼法，是先将地板拼接组合为一个多边形，再重复多块进行拼贴。这种拼贴法呈现三维透视的效果，使空间更具层次感。

图 2.4.9-19 田字拼

图 2.4.9-20 多边形拼法

11. 材料小百科

木地板常用涂装：

常用地板涂料有聚氨酯涂料、紫外光固化涂料、木蜡油、水性涂料等。

（1）聚氨酯涂料（PU 漆）

聚氨酯涂料是聚氨基甲酸酯涂料的简称，又称 PU 漆，是由多异氰酸（主要是二异氰酸）和多羟基化合物（多元醇）反应生成，以氨基甲酸酯为主要成膜物质的涂料。在木质制品中使用的是双组分羟基固化型聚氨酯涂料。

PU漆漆膜饱满，附着力强、硬度高、耐磨性、耐候性优良。但施工性差，涂饰方式以淋涂为宜。PU漆对水分敏感，如木材水分过高或环境潮湿，漆膜易形成气泡、针眼或变色等。固化时间长，要3～7d才能完成生产。由于涂装过程中会产生大量的VOC（挥发性有机物）排放，异氰酸酯中的−NCO基有毒性，会诱发哮喘、气管炎等疾病。此类PU漆已逐渐被淘汰。

（2）紫外光固化涂料（UV漆）

紫外光固化涂料简称UV漆，其涂层必须被一定波长的紫外线辐照后才会固化。特点是固化速度快，只需几秒到几十秒涂层即干，可以打磨，固化时受热影响小，其96%以上组分能固化成膜，涂一次即可得到相当厚的漆膜，效率高，不污染环境。紫外光固化涂料环保，漆膜性能优良，硬度、耐磨性、耐污性均较优异。但损伤的漆膜难以修整。涂饰方式一般为淋涂或辊涂，辊涂面漆的效果略差于PU漆。

（3）木蜡油

木蜡油以天然植物油和蜡为基料，天然色素调色料，能完全渗入木材纤维，给予木材滋润养护，透气、防水、耐紫外线照射，是天然绿色涂料。但其在木材表面不形成覆盖膜，耐水和耐污性较弱。原料主要以梓油、亚麻籽油、苏子油、松油、蜜蜂蜡、植物树脂及天然色素融合而成，调色所用的颜料为环保型有机颜料，不含三苯、甲醛以及重金属等有毒成分。

（4）水性涂料

水性涂料是指由能均匀分散于水相中呈胶体分散液的水性树脂制成的涂料。基本组成包括聚合物乳液或分散体、成膜助剂、消泡剂、流平剂、增稠剂、润湿剂、香精等，其中聚合物乳液或分散体是成膜的基料，决定了漆膜的主要性能。双组分水性聚氨酯漆，一组是带−OH的聚氨酯分散液，另一组是水性固化剂。双组分混合后通过交联反应，可显著提高耐水性、硬度、丰满度、光泽度，综合性能较好。

2.4.10 塑料地板

1. 材料简介

塑料地板是以塑料为主要原材料，加入增塑剂、稳定剂、着色剂等辅料，由片状基材经涂敷工艺或经压延、挤出或挤压生产的地板。按材质可分为硬质、半硬质和软质（弹性）三种，软质地板多为卷材，硬质地板多为块材；按成分可分为聚氯乙烯（PVC）塑料、聚乙烯（PE）塑料和聚丙烯（PP）塑料等数种。由于PVC具有较好的耐燃性和自熄性，加上其性能可以通过改变增塑剂和填充剂的加入量来变化，所以，目前PVC塑料地板使用面最广。

2. 构造 / 材质

（1）PVC地板

构造：由基材层、印刷层、耐磨层与UV层组成（图2.4.10-1）。

材质：聚氯乙烯、共聚树脂以及增塑剂、稳定剂、着色剂等。

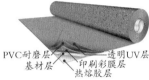

图 2.4.10-1 PVC 地板

（2）LVT地板

构造：由基材层、印刷层、耐磨层与UV层组成（图2.4.10-2）。

材质：聚氯乙烯树脂、碳酸钙粉、增塑剂、稳定剂、润滑剂、改性剂、炭黑等。

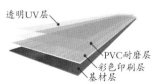

图 2.4.10-2 LVT 地板

（3）SPC地板（石塑地板）

构造：由基材层、印刷层、耐磨层、UV层组成（图2.4.10-3）。

材质：热塑高分子与天然石粉形成具高密度纤网状结构基材，树脂表面覆PVC高分子耐磨层。

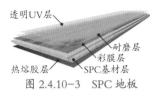

图 2.4.10-3 SPC 地板

（4）WPC地板（木塑地板）

构造：共挤木塑保护层、木塑芯层（图2.4.10-4）。

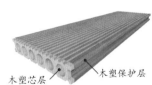

图 2.4.10-4 WPC 地板

材质：30% 木粉、60% 高密度聚乙烯（HDPE）及 10% 添加剂。

3. 分类（表2.4.10-1）

表2.4.10-1

名称	图片	材料解释	应用
PVC 地板		又称塑胶地板，分为块材与卷材两种，主要成分为聚氯乙烯材料。分两类结构，其一为同质透心，即从底到面的花纹材质都是一样的；其二为复合式，即最上层是纯PVC透明层，下层为印花层和发泡层	适用于家庭、医院、学校、商场、工厂、办公室等空间
LVT 地板		（1）石塑地板或木塑地板的早期产品。底料层以PVC树脂和石粉为主，分别由PVC树脂、碳酸钙粉、增塑剂、稳定剂、润滑剂、改性剂、炭黑等加工而成。 （2）相较于石塑地板，主要区别为材料配合比及胶粘安装方式不同	适用于学校、幼儿园、游乐房、办公室等场所
SPC 地板		（1）又称石塑地板，学名"PVC片材地板"，采用石粉构成高密度、高纤维网状结构坚实基层，表面覆以超强耐磨高分子PVC耐磨层，经多道工序加工而成。 （2）结构上主要分为同质透心片材、多层复合片材、半同质透心片材；形状上分为方形材和条形材。 （3）纹路逼真、耐磨超强，光亮防滑	适用于学校、医院、疗养院、实验室、商超、体育场馆、办公、厂房、机场、站房、码头及家居空间等
WPC 地板		（1）又称木塑地板，主要由木材（木纤维素、植物纤维素）为基础材料与热塑性高分子材料（塑料）和加工助剂等，混合均匀后再经模具设备加热挤出成型而制成的绿色环保材料。 （2）具有防水、防潮、防火、色彩多样，可塑性强，环保无污染，安装便利等特点	适用于园林景观、别墅等户外平台、走道、阳台露台，少量可应用在室内

4. 参数指标

（1）聚氯乙烯类地板

产品名称：聚氯乙烯（PVC）卷材地板／半硬质聚氯乙烯（LVT）

块状地板／硬质聚氯乙烯（SPC）地板。

结构类型：同质（HT）／非同质（CT）；非同质又分为致密型（CB）与发泡型（FB）。

耐磨等级：T 级／P 级／M 级／F 级。

使用等级：家用级／商用级／轻工业级。

（2）木塑地板

产品名称：木塑地板（WPC）。

饰面类型：素面／饰面；饰面又分为涂饰／浸渍纸／共挤。

结构类型：实心／空心。

基材类型：发泡／不发泡。

使用环境：室内用／室外用。

（3）参数标记说明

塑料地板标记：产品名称、标准号、使用等级、结构分类、长度、宽度、总厚度、耐磨层等级及厚度

示例1：半硬质聚氯乙烯块状地板 –GB/T 4085—2015 –HT–600×600×2.0–T2.00

半硬质聚氯乙烯块状地板、标准号 GB/T 4085—2015、使用等级22级、同质、长度600mm、宽度600mm、总厚度2.0mm、耐磨层等级 T 级厚度2.00mm。

示例2：半硬质聚氯乙烯块状地板 –GB/T 4085—2015 –CT–600×600×2.0–T0.10

半硬质聚氯乙烯块状地板、标准号 GB/T 4085—2015、使用等级22级、非同质、长度600mm、宽度600mm、总厚度2.0mm、耐磨层等级 T 级厚度0.10mm。

5. 相关标准

（1）现行国家标准《聚氯乙烯卷材地板　第1部分：非同质聚氯乙烯卷材地板》GB/T 11982.1。

（2）现行国家标准《聚氯乙烯卷材地板　第2部分：同质聚氯乙烯卷材地板》GB/T 11982.2。

（3）现行国家标准《半硬质聚氯乙烯块状地板》GB/T 4085。

（4）现行国家标准《硬质聚氯乙烯地板》GB/T 34440。

（5）现行国家标准《木塑地板》GB/T 24508。

6. 生产工艺

（1）PVC 地板的生产工艺流程（图 2.4.10-5）

图 2.4.10-5　PVC 地板的生产工艺流程图

1）混料密炼

将 PVC 粉、可塑剂、安定剂、润滑剂、填充剂等按次序投料混合，经密炼后压延机压制成片状半成品（图 2.4.10-6），加工成中间层、下底层料。同时将所需透明耐磨层、印刷装饰层根据尺寸裁切。

图 2.4.10-6　混料密炼

图 2.4.10-7　油压成型

2）油压成型

根据产品结构配方、设计花色要求，将各层材料铺设重叠摆放整齐，经油压机热压成型，使产品各层之间牢固地粘接成整体（图 2.4.10-7）。

3）淋膜回火

热压成型的半成品经 PU 涂层固化处理，使产品耐磨、光洁。再经淋膜回火后产品物理性能方面具有更好的稳定性（图 2.4.10-8）。

4）静置养生

将回火后的半成品置于恒温室

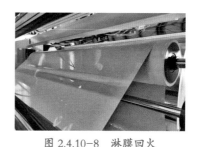

图 2.4.10-8　淋膜回火

冷却、静置，完全消除产品应力，使每张半成品温度较为均匀后方可成型。

5）倒角刻沟

对产品进行倒角刻沟（图2.4.10-9），使产品的诸如仿木纹、仿大理石、仿花岗岩等纹路立体且逼真。

（2）SPC地板的生产工艺流程（图2.4.10-10）

图2.4.10-9　倒角刻沟

混料塑化 → 压延 → UV滚涂 → 分切、开槽

图2.4.10-10　SPC地板的生产工艺流程图

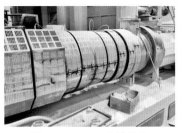

图2.4.10-11　混料塑化

1）混料塑化

通过严格配合比将聚氯乙烯树脂、钙粉、炭黑等投入混料机混合，并加热至120℃高温进行塑化（图2.4.10-11）。塑化后挤出基材再压延成地板基材层。

2）压延

用三辊或四辊压延机分别把SPC基材层、PVC彩膜、PVC耐磨层一次性加热贴合、压纹而成（图2.4.10-12），过程中全程无胶水施工。

图2.4.10-12　压延

3）UV滚涂

压延后的板材经过1～2d的平衡养生。养生后板材表面上滚涂一层透明UV保护层，具有防灰尘、防划伤，增加光亮度、耐磨度等作用（图2.4.10-13）。

4）分切、开槽

把生产好的大块SPC地板采用多片锯的方法进行分切，得到需要规格的小板材。最后通过开槽设备，对板材四周进行边缘成型处理（图2.4.10-14），得到最终成品。

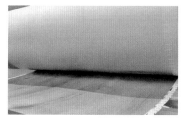

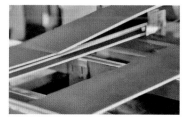

图 2.4.10-13　UV 滚涂　　　　　　图 2.4.10-14　分切、开槽

（3）WPC 地板的生产工艺流程（图 2.4.10-15）

图 2.4.10-15　WPC 地板的生产工艺流程图

1）混料造粒

木塑板的原材料主要包括木粉、聚乙烯或聚丙烯塑料、添加剂等。将上述原料按一定比例投入混料机混合均匀（图 2.4.10-16）。

图 2.4.10-16　混料造粒

2）共挤压纹

将原料投入挤出机加热至软化后通过模具挤出成型，再通过压纹机压出设计木纹理（图 2.4.10-17）。通过自然冷却使木塑板快速降温，

图 2.4.10-17　共挤压纹

使其形状和尺寸稳定。

3）修边裁切

将冷却好的木塑板经切割机、开槽机、修边机等设备（图 2.4.10-18），切割成设计要求的尺寸及规格。最后对木塑板表面进行加工，涂覆上一层 UV 膜，使其具有一定的防水、抗紫外线等性能。

图 2.4.10-18　修边裁切

7. 品牌介绍（排名不分先后，表 2.4.10-2）

品牌	简介
Armstrong FLOORING 阿姆斯壮地材	阿姆斯壮地材 1860 年创立于美国，全球较大的地材制造商，旗下拥有弹性卷材、片材、地毯、橡胶地板、墙材等多品类全系列产品
LG Hausys	LG 集团创立于 1947 年，国际性企业集团。领域覆盖化学能源、电机电子、机械金属、贸易服务、金融以及公益事业、体育等领域

8. 价格区间（表 2.4.10-3）

表 2.4.10-3

名称	规格（mm）	价格
PVC 地板	600×600	100～300 元 / 卷
LVT 地板	935×152.4	50～210 元 /m²
SPC 地板	914.4×150	50～210 元 /m²
WPC 地板	1200×181	70～200 元 /m²
橡胶地板	2000×20000	30～50 元 /m²

注：以上价格为 2023 年网络电商平台价格，价格受品牌、规格、功能、材质以及原材料价格浮动、市场环境等因素的影响（以上价格仅供参考）。

9. 验收要点

（1）资料检查：应有产品合格证书、检验报告及使用说明书等质量证明文件。

（2）包装检查：包装完整，包装上明显标志应包含产品标志、商标、生产日期或批号、数量、型号、生产单位名称、地址等内容。

（3）实物检查：

1）外观质量：板面应整洁、干净，无划痕、裂纹、分层、褶皱、气泡、漏印、缺膜、图案变形等问题。

2）尺寸偏差：地板的总厚度、耐磨层厚度，卷材产品的宽幅、卷长或块状产品的长宽、直角度等尺寸偏差值符合相关标准要求。

3）物理性能：聚氯乙烯类地板的单位面积质量偏差、残余凹陷、色牢度、剥离强度、耐磨性、燃烧性能、防滑性等，以及木塑类地板的最小集中荷载、静曲强度、弹性模量、表面胶合强度、表面耐磨等物理性能指标均应符合相关标准要求。

10. 应用要点

PVC、LVT、SPC、WPC 地板选用要点：

（1）PVC 地板又称塑胶地板，主要成分为聚氯乙烯。其泛指一个大类，即凡采用聚氯乙烯为原料制造的地板，大致可称为 PVC 地板。一般为卷材，也有块材。适合大面积铺装，施工简易、铺装方便。可应用于医院、学校、工厂、办公室等空间。

（2）LVT 地板又称胶粘乙烯基（Glue down vinyl）或者乙烯基（Vinyl tile）地板。主要成分是聚氯乙烯＋少量的碳酸钙粉，属于可弯曲的弹性地板，专业表述为"半硬质片材塑料地板"，甚至可以弯曲成卷。LVT 可胶粘或锁扣铺装。主要应用于学校、幼儿园、游乐房、办公室等场所。

（3）SPC 地板俗称石晶地板、石塑地板。主要成分是 25% 聚氯乙烯＋75% 碳酸钙粉，属于硬性塑料地板，能弯曲，但弯曲度较小。SPC 地板基本采用锁扣铺装。适合家庭、酒店、饭店、学校、医院等场所使用。

（4）WPC 地板俗称木塑地板。主要成分是聚氯乙烯＋木粉，属于半硬性的片材塑料地板，因为添加了木粉，所以叫木塑地板。有些产品完全不添加木纤维，则可以理解成石塑地板类。主要用于户外，少量会应用在室内。WPC 户外铺装比较复杂，需要将龙骨固定好，再将 WPC 地板装配上去。

11. 材料小百科

亚麻地板：

亚麻地板（图 2.4.10-19）不属于塑料地板，其是由亚麻籽油、石灰石、软木、木粉、天然树脂、黄麻等可再生的纯天然原材料制成。其以卷材为主，花纹和色彩由表及里纵贯如一，是单一的同质透心结构，能够保证地面长期亮丽如新。在温度低的环境下会断裂，不防潮。

图 2.4.10-19　亚麻地板

2.4.11 地毯

1. 材料简介

图 2.4.11-1　地毯

地毯（图 2.4.11-1）是以棉、麻、毛、丝、草纱线等天然纤维或化学合成纤维类原料，经手工或机械工艺进行编结、栽绒或纺织而成的地面铺敷物。我国生产的编织地毯，使用强度极高的面纱股绳作经纱和纬纱，根据图案再在经纱上扎入彩色粗毛纬纱构成毛绒，然后经剪毛、刷绒等工艺织成。英国自 1720 年首创布鲁塞尔地毯织机，机制地毯应运而生。当今机制地毯已占世界消费总量的 99%。

地毯分类方法很多，按用途分为地毯、壁毯、炕毯、祈祷毯等；按原料分为羊毛毯、丝毯、黄麻毯、化纤毯等。按工艺分为机制地毯，如簇绒地毯、威尔顿地毯、阿克明斯特地毯；手工地毯，如手工栽绒地毯、手工编织平纹地毯、手工簇绒地毯等。

2. 构造、材质

（1）手工打结地毯

构造：由人工将绒头纱自下而上垒织栽绒，手工打结编织固定构成毯面。

材质：羊毛、真丝等。

（2）手工枪刺地毯

构造：由手持机械将绒头纱植入胎布织成毯面，胶合毯背，再附底布与包边。

材质：

毯面：国产羊毛、新西兰羊毛、人造丝、竹纤维等。

毯背：天然黄麻、棉布等。

（3）机制簇绒地毯（图 2.4.11-2）

构造：通过簇绒针上下移动往复运动将绒头纱线植入底布，经上胶握持绒头而成。

材质：

毯面：羊毛、尼龙、丙纶、纱线、涤纶等。

毯背：丙纶、涤纶、棉布、涤棉混纺等。

图 2.4.11-2　簇绒地毯毯面

（4）机制威尔顿地毯

构造：由绒纱、经纱、纬纱三纱交织的毯面（图 2.4.11-3、图 2.4.11-4），以及防松涂层与毯背组成。

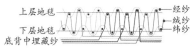

图 2.4.11-3　单面威尔顿结构　　图 2.4.11-4　双面威尔顿结构

材质：

毯面：羊毛、尼龙、丙纶、纱线、涤纶等；毯背：丙纶、涤纶、棉布、涤棉混纺等。

（5）阿克明斯特地毯

构造：由经纱、纬纱、绒纱交织的毯面与基布、背胶组成。经切割成等长度的绒纱，以"U"或"J"字形裁埋至经纱层，再由纬纱加以固定构成毯面（图 2.4.11-5）。

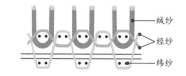

图 2.4.11-5　阿克明斯特地毯结构

材质：

毯面：羊毛、尼龙、丙纶、纱线、涤纶等；毯背：丙纶、涤纶、棉布、涤棉混纺等。

（6）拼块地毯

构造：拼块地毯由毯面、底背两部分组成，地毯面层多为圈绒结构（图 2.4.11-6）。

材质：

毯面：尼龙、丙纶、涤纶、聚丙烯（PP）等。

图 2.4.11-6　拼块地毯结构

毯背：沥青＋无纺布、PVC＋无纺布、乳胶、聚乙烯（PE）、聚碳酸酯（PC）等。

3. 分类（表 2.4.11-1）

表 2.4.11-1

名称	图片	材料解释	应用
纯手工地毯		（1）又称手工打结地毯，将经纱固定在机梁上，再将绒头纱手工打结编织固定在经线上，以羊毛或真丝等天然纤维为原料，在防火、抗静电、透气和色牢度等方面均优于化纤机织毯。 （2）手工织毯不受色泽、数量限制，可将几十种色彩和谐地糅合。其密度大、毛丛长，经整修呈现色彩丰富和立体感强的特征。因其烦琐的工艺，故生产周期一般为半年以上	适用于高档场所，如酒店总统套房、大堂吧、宴会厅、贵宾厅等地面铺装
枪刺地毯		（1）人工采用刺枪编织的地毯。枪刺工艺即用一种形似枪的刺绣工具，以纯羊毛和真丝为材料，将不同颜色的毛纱根据图案刺绣到胎布上，类似十字绣，再在毯背涂胶水并附上底布，手工包边而成。手工毯摆脱了机器对门幅的限制，更适合宽幅面地毯的制作。 （2）刺枪工艺较大地提高了手工毯的生产效率，生产周期为1～2个月，实现了高档地毯规模化生产，但其精密度与使用寿命不如纯手工毯	适用于高档场所，如酒店总统套房、大堂吧、宴会厅和高档办公室、贵宾接待厅等场所的铺装
簇绒地毯		（1）又称栽绒地毯，起源于19世纪的美国佐治亚州。其并非经纬交织，而是将绒头纱通过排针纺机在底布上往复栽绒并形成圈绒毯面，或将毛圈割断进一步形成割绒毯面，再在底布背面涂胶固着毛圈或毛绒。也可根据需求增加一层或两层背衬，以增加地毯的弹性与牢固度。 （2）簇绒地毯是机制地毯中效率较高的生产工艺，价格便宜，但品种较少。一般采用涤纶、锦纶、丙纶等混纺纱，高档产品也有纯羊毛纱	主要适用于作走道、室内的地面铺设材料，酒店装修首选地毯

名称	图片	材料解释	应用
威尔顿地毯		（1）该工艺源于英国威尔顿，故称为威尔顿地毯，属于机制地毯，其通过经纱、纬纱、绒头纱三纱交织，后经上胶、剪绒制成割绒毯面，或不剪绒直接制成圈绒毯面。 （2）具有天鹅绒般的毯面效果，色彩和谐，温馨典雅。具有良好的绒头牢度、外观保持力、清晰的图案装饰能力。 （3）依据毯毛的位置，可将威尔顿地毯分为单面威尔顿地毯和双面威尔顿地毯。双面威尔顿地毯起源于比利时，特点是织物丰满、结构紧密、平方米绒纱克重大，因织机是双层织，故生产效率比较高，适合批量生产备货。目前市面主流的家用机织块毯基本都是双面威尔顿	适用于家用地毯和酒店、公寓客房
阿克明斯特地毯		（1）该工艺源于英国阿克明斯特，故称为阿克明斯特地毯。其参照东方地毯的编结方法，用机械将绒纱先切割成指定长度后，以"U"或"J"字形的固结方法裁埋到地毯经纱层之间，再用纬纱加以固定，因此地毯背面无沉纱。 （2）阿克明斯特织机属于单层织物且机速低，织造效率非常低，仅是威尔顿织机的30%。图案花型及色泽丰富，适用于制作高档长绒头羊毛地毯	适用于酒店餐厅、走道、宴会厅、酒吧、会议室等公共场所
拼块地毯		（1）拼块地毯俗称"方块地毯"，又名拼装地毯，它是以弹性复合材料作背衬并切割成正方形的新型铺地材料。 （2）拼块地毯耐磨、耐污、阻燃、隔声、防潮、抗静电、尺寸稳定、不易变色，运输与铺装方便	主要适用于办公室、健身房等公用场合

4. 参数指标

（1）手工地毯

毯面材质：羊毛、真丝（蚕丝）等。

毙背材质：棉布等。

绒头类型：8 字结（波斯结）、马蹄结（土耳其结）、双结。

绒头高度：9mm（可定制）。

毙体厚度：15～16mm。

裁绒道数：70 道、90 道、100 道、120 道、150 道、160 道、200 道、260 道、300 道、360 道（道数 /304.8mm ＝ 1 英尺 ＝ 30.48cm）。

（2）枪刺地毯

毙面材质：国产羊毛、新西兰羊毛、腈纶、尼龙或羊毛混纺等。

毙背材质：天然黄麻、棉布等。

绒头类型：割绒、圈绒、割绒圈绒组合。

绒头高度：7～10mm（可定制）。

毙体厚度：9～14mm。

绒头质量：每平方码磅重，4.5 磅、5.5 磅、6.5 磅、8.5 磅（1 磅 ＝ 0.454 千克）（1 码 ＝ 3 英尺 ＝ 0.9144m）。

（3）簇绒地毯

毙面材质：羊毛、羊毛混纺、尼龙、丙纶、纱线、涤纶等。

毙背材质：丙纶、涤纶、棉布、涤棉混纺等。

绒头类型：割绒、圈绒、割绒圈绒组合。

绒头高度：5～7mm（可定制）。

毙体厚度：9～14mm。

绒头质量：每平方米克重，300 型、350 型、400 型、450 型、500 型、550 型、600 型、650 型、700 型、750 型。

（4）机织地毯

产品类型：单面（穿条）威尔顿地毯、双面（双层）威尔顿地毯、阿克明斯特地毯。

毙面材质：羊毛、羊毛混纺、尼龙、丙纶、纱线、涤纶等。

毙背材质：丙纶、涤纶、棉布、涤棉混纺等。

绒头类型：割绒、圈绒、割绒圈绒组合。

绒头高度：3～10mm（可定制）。

毙体厚度：8～12mm。

绒头质量：每平方米克重，700 型、750 型、800 型、850 型、900 型、950 型、1000 型、1050 型、1100 型、1150 型。

（5）拼块地毯

毯面材质：尼龙、丙纶、涤纶、PE、PP、混纺等。

毯背材质：沥青、乳胶、PE、PVC、PC 等。

绒头类型：割绒、圈绒、割绒圈绒组合。

绒头高度：3～5mm。

毯体厚度：5～10mm。

5. 相关标准

（1）现行国家标准《手工打结羊毛地毯》GB/T 15050。

（2）现行国家标准《手工枪刺胶背地毯》GB/T 27729。

（3）现行国家标准《簇绒地毯》GB/T 11746。

（4）现行国家标准《机织地毯》GB/T 14252。

（5）现行行业标准《拼块地毯》QB/T 2755。

6. 生产工艺

（1）手工地毯的制作工艺流程（图 2.4.11-7）

绘图 → 染线 → 挂经 → 编织

图 2.4.11-7　手工地毯的制作工艺流程图

1）绘图

手工地毯分为中式图案和波斯图案（图 2.4.11-8），工艺师设计出地毯的花纹图样后，按照地毯尺寸放大并制成蓝图，蓝图上每个方格用不同符号标志代表不同颜色的纱线，供织工按图编织。

图 2.4.11-8　绘图

2）染线

采用传统染色工艺，使纱线在常温下长时间附着植物色素，也可结合应用化学合成染料，以增加色彩的多样性。根据设计稿，将纱线染成对应颜色（图 2.4.11-9）。

图 2.4.11-9　染线

3）挂经

根据地毯尺寸的不同准备相应大小的织机，将经线按照固定距离绕在上下水平的横梁上，经线的疏密决定地毯的质地，经线越密，图案越细致清晰（图2.4.11-10）。

图 2.4.11-10　挂经

4）编织

先要用素线编织几厘米似帆布样的平滑长条，然后按蓝图用不同颜色的纱线在经线上打结，接着切断绒线，形成一个绒头。织好一排后拉经线，使前后经线

图 2.4.11-11　编织

形成一个交叉的纹，在穿过一条纬线后用特制的铁梳子拍打压实（图2.4.11-11），如此重复由点到线、由线到面一点一点地成型。编织完成后检查是否有脱线或颜色不匹配，并进行整理。

（2）威尔顿地毯的生产工艺流程（图2.4.11-12）

图 2.4.11-12　威尔顿地毯的生产工艺流程图

图 2.4.11-13　纺丝

1）纺丝

将聚合物溶液或熔体加工成纤维长丝。纺丝的方法有熔融法、溶液法、熔喷法、静电法等。熔融法纺丝是主流，将高分子材料熔融后进行纺丝（图2.4.11-13），生产成本低，效率高。包括涤纶长丝、短纤、锦纶、丙纶长丝、尼龙单丝等。

2）织毯

将所需颜色的纱线装到威尔顿织机上，装好纱线后，设定工艺参数后启动机器，自动编制坯毯（图2.4.11-14）。下机后的毯子，

送到修补工序对毯子进行初检，对
出现的一些问题进行弥补。

图 2.4.11-14　编制毯面

3）衬背

坯毯初检合格后，在涤纶衬背
上涂一层水基胶，然后将衬背放在
最初的帆布衬背上，将地毯纤维固
定，再将地毯放入滚压机，使两个
背衬牢固粘合。上胶完成后，设置
特定的温度，对毯子进行高温固绒、加热定型。

4）平毛

经过平毛工序对地毯半成品进行毯面整平处理，以纠正毯面局部
高低不平等问题，使地毯厚薄一致、毯面平整光洁（图 2.4.11-15）。

5）裁剪

切割机将地毯纵向切割后，再由人工裁剪出需要的形状
（图 2.4.11-16）。裁剪以后进入自动化锁边工序，以保证地毯既美观
又不掉毛。

图 2.4.11-15　平毛

图 2.4.11-16　裁剪

7. 品牌介绍（排名不分先后，表 2.4.11-2）

表 2.4.11-2

品牌	简介
山花地毯 SHANHUA CARPET	山花地毯集团成立于1981年，位于山东省威海市，是中国较早进行现代专业化地毯制造的厂家之一。国内地毯行业标志性品牌，亚洲地区颇具实力的综合性专业地毯制造商

品牌	简介
	海马集团公司成立于1958年，位于山东省威海市，主要从事系列地毯产品研发、设计、生产、销售的企业，产品涵盖阿克明斯特地毯、印花地毯、簇绒地毯、手工枪刺地毯等
	华德地毯集团成立于1986年，位于河南省巩义市，主要生产簇绒地毯、印花地毯、手工毯、阿克明斯特等，致力于提供快捷而完善的地面解决方案

8. 价格区间（表2.4.11-3）

表2.4.11-3

名称	规格	价格
纯手工地毯	包工包料，按 m² 计价	200～800 元 /m²
枪刺地毯	包工包料，按 m² 计价	300～600 元 /m²
机制簇绒地毯	包工包料，按 m² 计价	60～180 元 /m²
机制威尔顿地毯	包工包料，按 m² 计价	100～350 元 /m²
阿克明斯特地毯	包工包料，按 m² 计价	180～350 元 /m²
拼块地毯	包工包料，按 m² 计价	50～180 元 /m²

注：以上价格为2023年网络电商平台价格，价格受品牌、规格、功能、材质以及原材料价格浮动、市场环境等因素的影响（以上价格仅供参考）。

9. 验收要点

（1）资料检查：应有产品合格证书、检验报告及使用说明书等质量证明文件。

（2）包装检查：包装应完整，产品标签应缝合或附在地毯上。标签应标明产品名称、企业、商标、纤维类型及含量、主要规格、执行编号、质量等级、检验合格证明。

（3）实物检查：

外观质量：毯面图案纹样清晰美观、剪口清晰、深宽一致，片口坡度适宜。颜色无明显截色、错色、印色、串色、色头不正等问题。毯面平顺光洁，绒头松散丰满有光泽、手感好，无浮毛、脱毛、沟岗、刀花、显道、半截头等缺陷。毯边平直、不溜边，无荷叶边，撩边松紧粗细一致、不露边经，不呲边。毯背平整，不显绞口，无凸经、跳纬，无沟岗、修整痕和稀密不匀。

内在质量：地毯的幅宽、卷长、厚度及尺寸偏差，地毯毯形、经头密度、栽绒道数或单位面积绒头质量、单位面积总质量、绒头材质、绒头长度、色牢度、纤维类型及含量等参数符合相关规范及设计、合同要求。

原材料是地毯品质的保证。可通过标签标注了解地毯的纤维成分及含量，或采取观察、手摸及燃烧相结合的方法识别原料。棉的燃烧速度快，灰末细软，气味似纸张燃烧，无光泽；羊毛燃烧速度慢，有烟有泡，灰多且呈脆块状，气味似头发燃烧；化纤及混纺燃烧后熔融成胶体并可拉成丝状。

10. 应用要点

地毯材质选用：

地毯根据纤维分类，主要分为天然纤维、化学纤维、混纺三种。

（1）天然纤维（表2.4.11-4）

表2.4.11-4

天然纤维	优点	缺点
棉	柔软、脚感舒适、可染性好、防滑	尘螨堆积、不易清洁
麻	防潮、防滑、防霉、防蛀、透气、耐磨	脚感生硬、不耐腐蚀
真丝	丝光柔顺、防潮、防蛀、弹性高、抗静电	不耐碱、价格高
羊毛	防静电、吸声好、弹性好、保暖好、阻燃	不耐蛀、易霉变掉毛
竹纤维	具有抗菌、抑菌、除螨、防臭和抗紫外线功能	易染色、易掉毛

（2）化学纤维（表2.4.11-5）

表2.4.11-5

化学纤维	优点	缺点
锦纶 （尼龙纤维）	强度与耐磨性聚合成纤维之首，耐腐蚀、耐霉蛀、吸湿性好	透气性差、易产生静电、不耐光、不耐热、易变皱
腈纶 （聚丙烯腈纤维）	有"人造羊毛"之称，有仿羊毛的效果。耐光性好、弹性好	易产生静电、易吸附灰尘、易起球、不耐热

化学纤维	优点	缺点
丙纶 （聚丙烯纤维）	价廉、质轻、耐磨、弹性好、强度高、原料丰富、生产成本低	易产生静电、易吸附灰尘、耐燃性较差
涤纶 （聚酯纤维）	耐磨性仅次于锦纶、耐光性仅次于腈纶。防霉蛀、弹性好	染色困难、吸湿性差、易产生静电、易吸附灰尘

（3）混纺

混纺地毯是在纯毛纤维中加入一定比例的化学纤维制成，如羊毛＋尼龙、天丝＋尼龙、羊毛＋腈纶、羊毛＋涤纶、羊毛＋黄麻等。该类地毯在图案花色、质地手感等方面与纯毛地毯差别不大，但却克服了纯毛地毯不耐虫蛀、易腐蚀、易霉变、掉毛的缺点，同时提高了地毯的阻燃性、耐磨性、稳定性和耐用性，并降低了制作成本。

11. 材料小百科

地毯相关认证标志（表2.4.11-6）：

表2.4.11-6

环保标志	简介
	中国环保地毯认证书 表示地毯经国家认可实验室检验，达到现行国家标准《室内装饰装修材料 地毯、地毯衬垫及地毯胶粘剂有害物质释放限量》GB 18587 A级指标要求
	国际高级环保地毯美国CRI认证 CRI（The Carpetand Rug Institute，美国地毯协会）高级绿色环保标签（Green Label Plus）项目是针对地毯与胶粘剂产品的一项由企业自愿参加的检测项目，制定了地毯行业迄今为止最高的室内空气质量（IAQ）标准
	新加坡地毯绿色环保认证 由新加坡环境理事会推出的一项产品认证计划。旨在认证符合环保标准的产品，包括地毯、地板、建筑材料和电器等。地毯通过该认证需满足特定的环保标准，例如使用环保材料、低挥发性有机化合物含量低、耐污染等，并须通过严格检测

2.4.12 织物

1. 材料简介

织物（图 2.4.12-1）是由细小柔长物通过交叉（两组纱线直线运动相遇后上下交替接触，构成正余弦曲线状稳定叠压）、绕结（曲线运动的纱线相遇后弧圈内侧接触构成稳定穿套）、连接（互相靠近或接触的纱线依靠粘结等外部作用力构成）构成的平软片块物。交叉、绕结和连接是纱线能构成的三种稳定结构关系，使织物保持稳定的形态和特定力学性能。众多纱线构成稳定的

图 2.4.12-1 织物

关系后就形成了织物。机织物是由存在交叉关系的纱线构成的。针织物是由存在绕结关系的纱线构成的。无纺织物是由存在连接关系的纱线构成的。第三织物是由存在交叉／绕结关系的纱线构成的。

在室内装饰工程中，织物所涉及的内容覆盖了诸如壁布、窗帘、沙发、台布等方方面面，布料所独具的色彩、质感、光影、触感等性能，对室内氛围、格调、意境可以起到至关紧要的调节作用。

2. 构造、材质

（1）针织布：用织针将纱线弯曲成圈并相互串套而形成的织物。分为经编（图 2.4.12-2，指针织中利用经纱纵行结圈连成织物的方法）和纬编（图 2.4.12-3，纬向运行的纱线逐段上下弯曲形成线圈，依次穿入上一纱线形成的线圈，循环绕结成布的织造方法）两种。

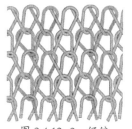

图 2.4.12-2 经编

（2）梭织布：梭织面料是织机以投梭的形式，将纱线通过经、纬向的交错而组成，其组织一般有平纹、斜纹和缎纹三大类以及它们的变化。

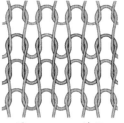

图 2.4.12-3 纬编

1）平纹织物：经纱或纬纱每隔一根交织一次，交织点排列稠密，正反面没有区别（图 2.4.12-4）。

2）斜纹织物：经纱或纬纱至少隔两根纱线交织一次，采用添加经、纬交织点，改变织物组织结构（图 2.4.12-5）。

3）缎纹织物：经纱或纬纱在织物中形成一些单独的、互不连接的经组织点或纬组织点，布面几乎全部由经纱或纬纱覆盖，表面似有斜线，但没有明显的斜线纹路（图 2.4.12-6）。

图 2.4.12-4　平纹织物　　图 2.4.12-5　斜纹织物　　图 2.4.12-6　缎纹织物

3. 分类（表 2.4.12-1）

表 2.4.12-1

名称	图片	材料解释	应用
棉麻		（1）以棉和麻为原材料的纺织品。将采摘来的棉花和蓖麻的种子，经过晒干、机器脱粒，分解出种子和棉麻部分，再经机器压制，纺织成线、布匹，最后经染制成品。 （2）质轻、透气、环保、抗静电、不起球、抗辐射、不抗皱	适用于装饰面料、沙发布、靠垫、抱枕、窗帘布、背景布、球鞋
丝绒		（1）割绒丝织物的统称。表面有绒毛，大多是由专门的经丝被割断后所构成。由于绒毛平行整齐，故呈现丝绒所特有的光泽。 （2）手感丝滑，有韧性、遮阳、透光、通风、隔热、防紫外线、防火、防潮、易清洗	适用于家居窗帘布、汽车装饰布、沙发套布、行李箱内衬及坐垫

名称	图片	材料解释	应用
雪尼尔		（1）雪尼尔由不同粗细和强度的短纤维或长丝通过捻合而成。分为染色雪尼尔、色织雪尼尔、双面雪尼尔、遮光雪尼尔等。 （2）雪尼尔提花是在纺织时加上提花工艺，使面料呈现不同花型，颜色丰富、花型多变、羽绒丰满、手感柔软、织物厚实。雪尼尔提花面料是高档窗帘中必不可少的一种	适用于窗帘、沙发套、床品等
塔夫绸		（1）英文 Taffeta 的译音，又称涤塔夫、塔夫绢。意为平纹织物，是以平纹织造的熟织高档丝织品。经纱采用复捻熟丝，纬丝采用并合单捻熟丝，织品密度大，是绸类丝织品中最紧密的。 （2）绸面细洁光滑、平挺美观、光泽好，织品紧密、手感硬挺，但折皱后易产生永久性折痕	适用于舞会礼服，婚纱礼服以及窗帘或墙纸等高档布料
塔丝隆		（1）塔丝隆（Taslan）是由锦纶长丝和锦纶空气变形丝织成的织物，也称塔丝纶。分为提花塔丝隆、蜂巢塔丝隆、全消光塔丝隆。 （2）透气性好、轻柔飘逸、穿着舒适	家居、时装、鞋帽、箱包等，可替代丝绸织物
春亚纺		俗称防雨布，也可以叫"涂层尼龙纺"。布面平挺光滑，质地轻而坚牢耐磨、弹力和光泽度佳、不缩、易洗、快干、手感好	套装、西服、窗帘的衬布、雨伞、羽绒服等
牛津布		（1）又称牛津纺，一种功能多样、用途广泛的面料，市场上主要有套格、全弹、锦纶、提格等品种。1900 年起源于英国，以牛津大学命名的传统精梳棉织物。 （2）质轻、手感柔软、防水性好、耐用性好	适用于工程用厂房、工地等覆盖布、防护服、箱包、服装、遮阳棚等

名称	图片	材料解释	应用
高精密提花		（1）高支数高密度的提花工艺，通过计算机控制提花机进行编织，织出的面料质地细腻、触感柔软，花型图案清晰、立体感强。同时，还可以根据需求定制，具有多样性和个性化特点。在织造时，其经纬密度必须要大于200支数。 （2）具有细腻、别致、柔韧、柔滑等特点。因其本身的制造过程工艺复杂烦琐，所以价格贵	适用于高档的床上用品、沙发套、窗帘、高档服装、汽车内饰等
阳离子压花		腈纶分子是酸性基，与阳离子染料的色素阳离子产生离子键的结果，使之成为具有鲜艳色泽、丰富多彩的花型	适用于窗帘、台布、箱包和服装等
活性印花		（1）活性印染加工。染色和印花过程，活性基团与纤维分子结合，使染料和纤维形成整体。 （2）设计元素多样：植物花卉、几何图形、英文字母及不同色块组合，表现不同的设计风格。 （3）活性印花的面料色彩亮丽，色牢度好，手感柔软，可以常洗不褪色、久用如新	适用于真丝、针织等全棉无油脂的面料印花
色织提花		（1）织造之前就已经把纱线染成不同的色彩再进行提花，此类面料不仅提花效果显著且色彩丰富柔和，是提花中的高档产品。 （2）最大的优点就是纯色自然、线条流畅，风格独特，简单中透出高贵的气质，很好搭配各式家具，这一点是非印花布所能媲美的	多用于床上用品、窗帘

4. 参数指标（表 2.4.12-2）

表 2.4.12-2

项目名称	参数指标				
耐水压（kPa）	Ⅲ级		Ⅱ级		Ⅰ级
	≥ 50		≥ 35		≥ 20
透湿率 [g/（m²·24h）]	≥ 8000		≥ 5000		≥ 3000
幅宽（英寸）	单门幅		双门幅		定高
	36、45、54		60、90		120
匹长（码/段）	薄织物			厚织物	
	120			60 ～ 80	
织造工艺	印花（圆网印花、转移印花等）、提花、绣花（平绣、贴花绣、珠片绣、毛巾绣、水溶纱等）、色织、割绒、植绒				
面料等级	羊毛、真丝、麻、粘胶纤维、涤纶、锦纶、腈纶、维纶、丙纶				
克重（g/m）	化纤	棉	麻	混纺	丝绸
	50 ～ 300	70 ～ 250	100 ～ 400	150 ～ 250	20 ～ 200
密度（根/10cm）	52、68、72				

5. 相关标准

（1）现行国家标准《纺织品　燃烧性能　织物表面燃烧时间的测定》GB/T 8745。

（2）现行国家标准《纺织品　燃烧性能　垂直方向损毁长度、阴燃和续燃时间的测定》GB/T 5455。

6. 生产工艺

以布料的生产工艺流程为例（图 2.4.12-7）：

图 2.4.12-7　布料的生产工艺流程图

（1）络筒

络筒又称络纱，织前将捻线机下来的原纱（筒子纱）重新卷绕成一定形状、容量大的筒子，同时消除纱线上的杂质和疵点（图2.4.12-8）。

图2.4.12-8　络筒

（2）整经

将大筒纱固定于纱架，通过整经机将一定根数的经纱按规定的长度和宽度平行卷绕在经轴或织轴上；整经方式主要有轴经、分条、分段、球经整经四种（图2.4.12-9）。

（3）浆纱

将整好的经轴放在浆纱机上吸浆后烘干，增强其抗断裂强度，以利于上机织造。主要有经轴上浆、织轴上浆、整浆联合、染浆联合、单纱上浆、绞纱上浆等方式（图2.4.12-10）。

图2.4.12-9　整经

图2.4.12-10　浆纱

（4）穿经织造

将经轴上的每根经纱按顺序通过穿经机穿入综丝和钢箱，并在经纱上插放停经片，将经、纬纱线相互交织成织物。将经轴在梭织机上通过梭子导纬纱，按工艺要求交织成坯布，并卷绕成布卷（图2.4.12-11）。

图2.4.12-11　穿经织造

（5）成品坯检

通过验布机及刷布机对织造下机的布卷进行疵点检验及整理除

杂。之后通过折布机按码长（折幅）对刷过的坯布进行折叠整理后，对符合标准的布区按品种、工艺、客户要求，将一定段数的坯布打包成包或条，以便于储存、运输及销售。

7. 品牌介绍（排名不分先后，表2.4.12-3）

表2.4.12-3

品牌	简介
腾川·布老虎 CLOTH TIGER	腾川·布老虎成立于1996年，产品覆盖窗帘、家居、床品等，总部基地坐落在浙江省杭州市仁和工业园，是一家集家居软装设计研发、工艺制作、营销服务、仓储物流于一体的经营连锁的品牌企业
匠 旷野匠心装饰材料 KUANG YE JIANG XIN ZHUANG SHI CAI LIAO	苏州旷野匠心建筑装饰材料有限公司成立于2022年，位于江苏省苏州市，主营销售产品涵盖地毯、墙布、窗帘、艺术画等软品类，为客户提供多样化的定制服务

8. 价格区间（表2.4.12-4）

表2.4.12-4

名称	规格				
布料 （元/m）	纯棉/棉麻	真丝	绒布	涤纶	化纤
	25～50	120～400	50～100	20～40	15～35
	塔夫绸	塔丝隆	高精密提花	牛津布	春亚纺
	≤130	10～70	50～300	15～30	15～30
窗帘	窗帘价格＝面料每米单价×米数（宽度）×褶皱倍数＋辅料价格（5元/m） （注：高度按2.8m测算）				

注：以上价格为2023年网络电商平台价格，价格受品牌、规格、功能、材质以及原材料价格浮动、市场环境等因素的影响（以上价格仅供参考）。

9. 验收要点

（1）资料检查：应有产品合格证书、检验报告及使用说明书等质量证明文件。

（2）包装检查：

1）检查布料的包装是否完好，是否有破损、变形等现象。

2）包装上的产品品牌、规格、型号以及数量应与订单要求一致。

（3）实物检查：

1）外观检查：布料无脱丝、裂纹、破损、针眼、污渍、线状疵点、条块状疵点、印花不良、图案质量、缝迹质量、纫缝质量、缝纫质量、刺绣等质量问题。

2）内在质量：布料的材质、长度、宽度、厚度以及克重等参数，以及断裂强力、撕破强力、纱线滑移、起毛起球、水洗干洗尺寸变化率、色牢度等指标应符合设计要求及规范要求。

3）通过手感、目测或者火烧辨别面料材质，面料材质基本分为棉麻、涤纶、雪尼尔、高精密、绒布、真丝等。如果手感粗糙僵硬，基本上是因为涤纶的成分比较高。

10. 应用要点

各种布料的辨别方式（表 2.4.12-5）：

表 2.4.12-5

纤维名称	燃烧情况	气味	剩余物的颜色和形状
棉麻	极易燃烧，离开火焰继续燃烧	同棉	呈灰白色粉末状，易飘散
羊毛、蚕丝	着火后徐徐燃烧，边冒烟边起泡，离开火焰继续燃烧，有时自己熄灰	同毛发	呈松脆、光泽的黑色块状
锦纶	近火焰熔融收缩，接触火焰燃烧，离开火焰即熄灭	有臭味	呈硬而光亮浅褐色球块
涤纶	近火焰熔融收缩，接触火焰即燃烧，离开火焰能继续燃烧，易熄灭，有黑烟	无臭味	呈硬而光亮深褐色球块
腈纶	近火焰熔融收缩，接触火焰即燃烧，离开火焰继续燃烧，火焰旺，有黑烟	特殊臭味	呈松脆黑色空心球状
维纶	近火焰收缩，接触火焰即燃烧，火焰小	特殊臭味	呈不定型黑褐色块状
丙纶	近火焰边收缩边熔融，接触火焰即燃烧，离开火焰继续燃烧	轻微臭味	呈硬而光滑的蜡状物

11. 材料小百科

（1）织物的纱支数

纱支是组成成品布的最基本单位，纱支的数字与其粗细成反比，数字越大则越细，而相应的对原料（棉花）的品质要求也越高。例如50g棉花可以做成30根1m的纱，那就是30支（或称30S）。服装一般用60~80支，床上用品用30~60支。还有一种比较特殊的布，是由不同的纱支混织，比如部分贡缎面料，它的经线是60支、纬线是40支，对于这种布可以说是60支，亦可以说是40支。如果一块布料都用同样粗细的棉纱来织的，可以直接形容为30支、40支。

支数也并非越高越好。纱的支数越高，纱就越细，用这样的纱织布就越薄，布相对越柔软舒适。部分商家宣传120支的面料，过薄的面料并不适合做织物，这时需要提防卖家有偷换概念的嫌疑，可能卖家说的是经纬密度而不是支数。

（2）计量单位"匹"

我国古代度制单位有跬、步、尺、仞、寻、常、墨、丈、端、匹、疋、束，逐步演变为分、寸、尺、丈、引"五度"制。根据"礼玄缥，五两以两为束，每束两两卷之二丈双合则成匹，凡十卷为五束，以应天九地十之数，与此制异焉"。

匹为长度单位，按照国家现行标准换算成长度，约33.33m。因此，一匹布长33m左右，宽根据制法限制应是1.4m左右，即一匹布长33m左右、宽1.4m左右。

（3）织物参数名词解释

1）布匹：通指布料。匹是指一段布料，一般规格为33m，在生产过程中，因布料不同或生产上的其他原因，一匹布不一定就是33m，有25m、45m等。

无论多长，都将一段布料叫一匹布，一件布匹一般是600m，也就是20匹布。也有每匹布的长度不一的次零布，混装成一件。至于宽就不一定了，有的宽2m，有的只有60cm，一般在1.4~1.5m的居多，如西装面料一般是1.5m。

2）克重：一般为平方米面料重量的克数，以g/m^2表示。

3）紧度：经纱和纬纱所覆盖的面积之和占织物总面积的百分比。

4）幅宽：织物最外边的两根经纱间的距离。窄幅 36 英寸，中幅 44 英寸，宽幅 56～60 英寸，特宽幅 > 60 英寸。

5）密度：用于表示梭织物单位长度内纱线的根数，一般为 1 英寸（纺织业）或 10cm 内（我国标准）纱线的根数。

6）经纱密度：面料长度方向；该向纱线称为经纱；其 1 英寸内纱线的排列根数为经密（经纱密度）；

7）纬纱密度：面料宽度方向；该向纱线称为纬纱；其 1 英寸内纱线的排列根数为纬密（纬纱密度）；

8）丹尼数：纺织业纤维的计算单位，DEN 数代表织物的厚度和透明度，"D"是指织物纤维的纤度单位。每 9000m 纤维重多少克就称多少 D。

9）F 数：原料规格中的股数或纤维孔数。可以表示一根纱里面有多少细绒。一般来说，F 数均为 12 的倍数。

10）纬弯斜：格子布纬弯斜要求不得 ≤ 3%，平纹布纬弯斜 ≤ 5%；

11）缩水率：成品水洗后经向、纬向伸缩率。天然纤维 ≤ 6%，化学纤维 ≤ 4%。

12）泼水度：指面料经过泼水剂特殊处理，其表面可使水滴形成圆珠状，不会产生渗透、扩散，达到荷叶般的泼水功能（莲花效应）。一般要求达到 4 级。

13）强度：织物承受拉伸、压缩、弯曲等力量时的稳定性和耐久性。衡量织物强度指标主要有破坏强度、断裂伸长率、断裂伸长能量等。

14）耐水压：指单位面积承受水压力，在标准实验室条件下，织物承受蒸馏水往上喷的压力，并记录水压最大值。

15）透湿度：指汗气透过织物的性能，是体现人体散热发汗时维持身体产热和散热的热平衡能力指标之一。

16）色牢度：包括水洗牢度（变褪色、沾色）、耐水牢度（变褪色、沾色）、日晒牢度（变褪色）、耐摩擦牢度（变褪色、沾色）、耐汗渍牢度（变褪色、沾色）、升华牢度、移染性等，以级别为衡量标准（1 级差～5 级好）。

2.4.13 皮革

1. 材料简介

经鞣制、硝制等处理加工所得的动物皮毛，再经整理和修饰，即为革，又称皮革（图2.4.13-1）。动物皮革又称真皮，主要有猪皮革、牛皮革、羊皮革、马皮革、驴皮革和袋鼠皮革等。其中，牛皮、羊皮和猪皮是制革所用原料的三大皮种。

图 2.4.13-1　皮革

作为天然皮革的替代产品，人造皮革生产的基本原理是在纺织布等基料上，由各类配方的PVC（聚氯乙烯）、PE（聚乙烯）、PU革（聚氨酯）等树脂发泡或覆膜加工制成。人工皮革经历了PVC人造革、PU人造革、PU合成革、超纤皮的发展，极似真皮特性的皮革表面工艺及其基料的纤维组织，几乎达到真皮的效果。

2. 构造、材质

（1）真皮革

构造：由动物皮坯与填充树脂、涂饰树脂面层组成（图2.4.13-2）。

图 2.4.13-2　真皮革结构

材质：

皮胚：动物皮，如牛皮、羊皮、猪皮、鳄鱼皮等。

涂层：酪素、聚氨酯（PU）等。

（2）人造皮革

构造：由织物基布与粘接树脂层、涂饰树脂面层组成（图2.4.13-3）。

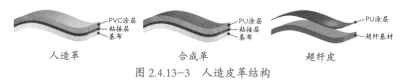

人造革　　　　　合成革　　　　　超纤皮

图 2.4.13-3　人造皮革结构

材质：

基布：涤纶、棉、丙纶等纺织布或无纺布。

粘接层：含有二甲基甲酰胺（DMF）等溶剂的聚氨酯。

涂层：酪素、聚氨酯（PU）、聚氯乙烯（PVC）等。

3. 分类（表2.4.13-1）

表2.4.13-1

名称	图片	材料解释	应用
真皮		由动物原皮直接加工而成的全粒面皮，或对较厚皮层的动物皮脱毛后横切成上下两层，由纤维组织严密的上层加工成头层皮。动物生皮经脱脂、浸碱、软化、浸酸、鞣制、剖削、染色等工艺加工制成的皮料	适用于制作高级服装、靴筒、皮带、手套、箱包、沙发、汽车坐垫，以及高档装饰软包、背景墙等
二层皮		（1）用片皮机将动物厚皮剖层而得，是纤维组织较疏松的二层部分，经喷涂或覆膜加工而成，也称贴膜皮。 （2）价格较头层皮便宜，利用率高，也可制成高档次品种，如进口二层皮，因工艺独特，质量稳定，品种新颖，成为高档皮革，价格与档次不亚于头层真皮	适用于制作普通皮衣、皮靴、皮带、箱包、沙发、汽车坐垫，以及装饰软包、背景墙等
再生皮		（1）将动物废皮及边角料粉碎成纤维状，加植物纤维及各种配合剂粘合压制成型，面层加工工艺与真皮相同。 （2）皮张边缘较整齐、利用率高、价格便宜；由于再生皮原料主要是天然皮革废料，所以有一定的吸湿性和透水性、透气性，也有一定的耐热性、耐磨性和弹性，但强度较差，抗撕裂性能差	适用于制作平价皮带、旅游鞋、皮带、箱包、沙发、拉杆袋、球杆套等，以及装饰软包、背景墙等

名称	图片	材料解释	应用
人造革		（1）也叫仿皮或胶料，第一代是将PVC（聚氯乙烯）树脂浆料以溶液、增塑溶胶或薄膜等涂覆于纺织或无纺布基上制得。第二代是将PU（聚氨酯）树脂溶于DMF溶液中制成浆料，再涂在布基上，树脂逐渐凝固形成微孔聚氨酯粒面层，再用干法贴面成型，经过压花、喷涂生成。 （2）花色品种繁多，防水性能好，边幅整齐，利用率高，价格相对真皮便宜，但透气性、耐磨性、耐寒性均不如真皮	适用于制作各种皮革制品，或替代部分的真皮材料。如沙发、箱包、鞋面、广告用革、地板革、家装内饰革、汽车内饰革
合成革		（1）表面由PU（聚氨酯）涂覆，基料是由涤纶、棉、丙纶等合成纤维制成的无纺布（非织造布），经PU树脂湿法加工、溶剂萃取等一系列后处理工艺制成的具有中空藕状纤维结构的聚氨酯合成革。 （2）合成革是模拟天然革的组成和结构，并作为真皮代用材料，具有合成纤维无纺布底基和聚氨酯微孔面层共同特点。比普通人造革更接近天然革，其正反面都与天然革相似。革面光滑并具有透气性，不易发霉和虫蛀，在防水、耐酸碱、防微生物方面优于天然皮革	适用于制作平价皮衣、旅游鞋、皮带、箱包、沙发、拉杆袋、球杆套等，以及室内装饰工程软硬包等
超纤皮		（1）采用与天然皮革束状胶原纤维结构和性能相似的超细纤维，利用非织造布工艺加工成具有三维网状结构的高密度无纺布，获得性能优异且具有微孔结构、高韧性的超纤基布。再经涂饰或覆合湿法（或干法）高性能PU树脂薄膜而成。 （2）由于其基布采用超细纤维，弹性好，强度高，手感柔软，透气性好，许多物理性能可超过天然皮革，外观的高度仿真已具有天然皮革的特征	适用于制作中高档皮衣、皮带、鞋帽、箱包、沙发、汽车坐垫、体育用品球类，以及室内装饰工程软硬包等

4.参数指标

（1）天然皮革

品名：头层真皮、二层皮、再生皮。

材质：牛皮、羊皮、马皮、猪皮、鳄鱼皮及其他动物皮等。

纹理：荔枝纹、牛纹、羊纹、树皮、鳄鱼纹等。

颜色：棕色、黑色、咖啡色、橘色、其他颜色等。

规格（图2.4.13-4）：

长宽：（800～1500）mm×1800mm等。

厚度：0.5～3mm等。

（2）人造皮革

品名：人造革、合成革、超纤皮。

面层：聚氨酯、聚氯乙烯；发泡革、不发泡革。

基层：棉、涤纶、锦纶、丙纶；A类平纹、B类斜纹。

纹理：荔枝纹、牛纹、羊纹、树皮、鳄鱼等。

颜色：棕色、黑色、咖啡色、橘色、其他颜色等。

规格（图2.4.13-5）：

幅宽：1380～1400mm。

长度：33m/卷。

厚度：0.5～1.2mm等。

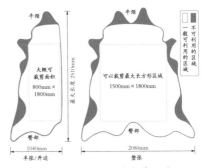

图2.4.13-4 天然皮革尺寸

图2.4.13-5 人造皮革尺寸

5. 相关标准

（1）现行国家标准《家具用皮革》GB/T 16799。

（2）现行国家标准《聚氯乙烯人造革》GB/T 8948。

（3）现行国家标准《聚氨酯干法人造革》GB/T 8949。

（4）现行国家标准《皮革和毛皮　有害物质限量》GB 20400。

6. 生产工艺

（1）真皮皮革的生产工艺流程（图2.4.13-6）

图2.4.13-6 真皮皮革的生产工艺流程图

1）洗皮

将原料皮放入洗皮滚筒，添加清洁剂、脱毛剂，将腌制的盐分洗掉（图2.4.13-7），原料皮重新吸收水分，变得柔软干净，再经过压面机挤出多余的水分。

2）鞣制

将清洗的原料皮倒入鞣制滚筒，加入以铬为主的化工原料鞣制成抗腐蚀、抗收缩的皮革。经鞣制的皮送进挤压机挤出水分，保持舒展状态。鞣制皮呈粉蓝色，被称为蓝湿皮或蓝坯皮（图2.4.13-8）。

图2.4.13-7 洗皮滚筒

图2.4.13-8 蓝湿皮

3）削匀

蓝湿皮有薄有厚，放进机器磨皮削匀，调整为统一厚度（图2.4.13-9）。磨皮削匀后的皮，其天然粒面基本被破坏，后面工序再重新压纹。

4）染色

把皮放入大型染色剂中，添

图2.4.13-9 削匀

加染料与加脂剂。加脂剂会均匀渗透到皮革内部，提高皮的柔软性、触感、光泽度和耐水性。浸染完的皮需立即清洗多余染料，并再次挤出多余的水分，然后将皮舒展晾干并静置，使染料和加脂剂在皮中稳固。

图 2.4.13-10　绷板

5）绷板

用绷板夹夹住皮革边缘将皮面拉直绷平，使皮革纤维组织结构定型、皮面平整（图 2.4.13-10）。干燥后的皮还需经过人工修边，去除变形变硬的边缘部分，再按不同颜色储存备用。

6）压纹

对皮做回潮处理，再拉软或震软，然后放进压花机，压出各种设计花纹或仿动物的毛孔纹路。

7）涂饰

调好相应颜料并测试喷涂，确定无误后放入自动化设备批量喷涂上色并滚涂一层软性聚氨酯，以调节皮表面光泽度（图 2.4.13-11），最后精细抛光、熨烫平整。

（2）人造皮革的生产工艺流程
（图 2.4.13-12）

图 2.4.13-11　喷涂上色

搅拌　➡　覆料　➡　压花

图 2.4.13-12　人造皮革的生产工艺流程图

1）搅拌

先将聚氨酯树脂、木质粉、DMF 溶剂按比例放入搅拌器搅拌，制成混合液（图 2.4.13-13），混合液再经脱泡机及过滤网过滤，去除杂质和气泡。

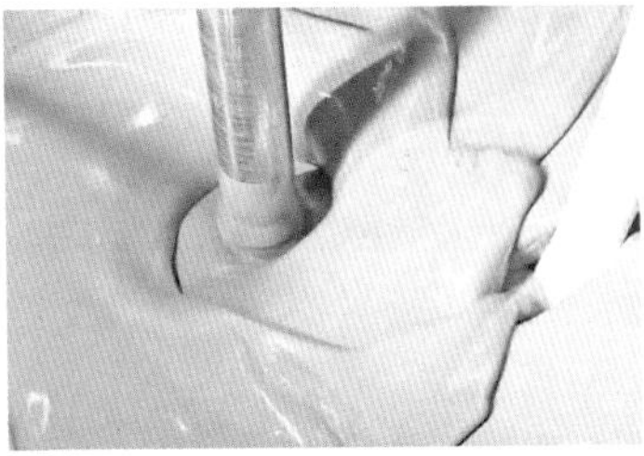

2）覆料

将乙烯基混合浆料涂布于基布

图 2.4.13-13　搅拌

图 2.4.13-14 基布

（图 2.4.13-14）后，通过挤压辊将涂层变薄且均匀凝固，再经烤箱干燥固化。待完全冷却后，在其表面涂胶粘剂，将内衬棉布与其贴合，经由滚轮压牢。通过辊轴将含有增稠剂、染色剂的第二层乙烯基溶液涂覆在第一层上面，放入烘箱干燥，使其脱去溶剂形成固体涂层。烤箱热量激活增稠剂，致第二层膨胀，待乙烯基硬化，将底层的基布剥离。

3）压花

将皮革牵引通过花辊碾压，在表面形成纹理（图 2.4.13-15），随后在皮革表面喷涂 UV 涂饰剂。最后对成品进行摩擦、抗拉伸以及防火等测试。

图 2.4.13-15　压花

7. 品牌介绍（排名不分先后、表 2.4.13-2）

表 2.4.13-2

品牌	简介
宝恩集团 POLYGRACE	宝恩集团创办于 1954 年，山东省名牌企业，大型皮革及皮革制品专业化生产制造企业，主要有牛皮沙发革及包袋革、真皮沙发家具及办公座椅、真皮包袋及皮革制品、鞋帮、明胶等产品
XINGYE TECHNOLOGY 兴业科技	兴业皮革科技股份有限公司成立于 1992 年，总部位于福建省晋江市，大型鞋面、家具皮革材料提供商，专注于牛头层皮产品研发、生产与销售的企业，产品以纳帕皮、自然摔纹皮、特殊效应皮为主
FENG AN 峰安	峰安皮业股份有限公司成立于 1984 年，位于福建省晋江市，皮革产品专业制造商。集牛头层皮、二层皮等系列产品的生产和销售于一体，主要产品有纳帕皮、粒面皮、仿鹿皮、自然摔粒面皮等

8. 价格区间（表2.4.13-3）

表2.4.13-3

名称	规格（mm）	价格
真皮	长宽小于1800×1500	500～3000元/m^2
人造革	门幅小于1380	60～80元/m^2
合成革	门幅小于1380	40～60元/m^2
超纤皮	门幅小于1380	50～80元/m^2

注：以上价格为2023年网络电商平台价格，价格受品牌、规格、功能、材质以及原材料价格浮动、市场环境等因素的影响（以上价格仅供参考）。

9. 验收要点

（1）资料检查：应有产品合格证书、检验报告及使用说明书等质量证明文件。

（2）包装检查：包装应完整，产品品牌、规格、型号以及数量应与订单要求一致。

（3）实物检查：

1）外观质量：皮革的表面图案、花纹应清晰，无裂纹、斑点、脱皮、划痕、磨损、光泽度差、颜色不均等瑕疵。全张革应厚薄基本均匀，无油腻感（油蜡革除外）；革身应平整、柔软、丰满有弹性。正面革应不裂面、无管皱，主要部位不得松面；涂饰革涂饰均匀，不掉浆，不裂浆。绒面革绒毛均匀，颜色基本一致。

2）尺寸偏差：检查皮革的规格、厚度是否符合要求，并进行测量和记录。

3）理化性能：皮革的拉伸负荷、断裂伸长率、撕裂负荷、剥离负荷、表面颜色牢度、耐寒性、老化性、耐顶破强度、耐折牢度、低温耐折牢度、耐揉搓性、耐光性、硫化性、黏着性等，以及pH值、pH值稀释差、禁用偶氮染料、游离甲醛、可萃取的重金属、挥发性有机物等理化性能指标应符合相关标准要求。

10. 应用要点

如何鉴别真皮与人造革：

（1）手摸：触摸皮革表面，真皮手感柔软、丰满、有弹性，用指压皮面会连带周围出现许多碎小、均匀花纹，手指移开，则花纹消失。人造革则革面发涩、柔软性差；指压皮革面无连带渐变花纹，或只出现粗大凹陷纹路，指甲划试皮革面的痕迹较难复原如初。

（2）眼看：真皮纹路天然，毛孔清晰，光泽自然，暗亮柔和；而人造革革面纹路不自然，无毛孔，光泽较真皮亮，却不柔和。真皮背面有明显的纤维束，呈毛绒状且均匀，而人造革背面有明显布底，或仿真皮纤维束。真皮切口一致，纤维清晰且细密，而人造革切口无天然革纤维感，可见底部纤维、树脂胶合的层次。

（3）嗅味：真皮有天然皮革及鞣制药水的气味；而人造革则有刺激性塑料气味。

（4）点燃：从皮革背面撕部分纤维点燃，真皮燃烧有毛发烧焦气味，灰烬易碎呈粉状；人造革燃烧火焰较旺，收缩迅速，有难闻的塑料味，冷却后发硬呈块状。

（5）水试：置细小水珠于真皮表面，数分钟后水珠通过毛孔扩散，可看到明显湿斑，水分被吸收；而人造革则不具有吸水性。

11. 材料小百科

（1）头层皮

头层皮可分为：全粒面，也叫全青；半粒面，也叫半青或青修；磨面（压花）；特殊效应皮，如手擦、磨砂、蜡变、套印、毛皮、亚光、亮光、单色、双色、三色。

1）全粒面（全青皮）

全粒面革位居诸多皮革品种榜首。不磨面，伤残少，没有涂层，保持皮天然状态，毛孔清晰细小，排列不规则，透气性强，耐磨，丰满细致，属于高档皮料，价格昂贵。弱点是皮面纹理不一，色牢度较弱。

2）半粒面（半青皮）

皮面经轻微修磨后，有薄涂层，伤残略多，保持皮的半天然状态，手感柔软，是全青皮的克隆效果，属于中档皮料，价格低于全青皮。弱点是色牢度较弱。

3）磨面（压花）

将带有严重伤残的皮革，经过重磨，用厚厚的涂饰层掩盖，再滚压上花纹，是整容的皮，失去原有的皮面本色，其手感差，透气性差，没有弹性，属于低档皮料。

4）特殊效应皮

该类皮融合一、二、三类，按不同制作要求修饰皮面，添加珠、金属铝或铜元素，综合喷涂皮革上，再滚一层水性光透明树脂，具有各种光泽，鲜艳夺目，雍容华贵，是市场上流行的皮革，属于中档皮。

（2）粒面革与修面革

1）粒面革是由伤残较少的上等原料皮加工而成，革面上保留完好的天然状态，涂层薄，能展现出动物皮自然的花纹美；不仅耐磨，而且具有良好的透气性。

2）修面革是利用磨革机将表面磨革后进行涂饰，再压上相应的花纹而制成的，是对带有伤残或粗糙的天然革面进行"整容"后的产品。

（3）真皮标志

真皮标志（图2.4.13-16）是指中国皮革协会在国家市场监督管理总局注册的商标，是天然皮革制品的专用标志。真皮标志的注册商标是由一只全羊、一对牛角、一张猪脸组成的艺术变形图案。图案寓意牛、

图2.4.13-16　真皮标志

羊、猪是皮革制品的三种主要天然皮革原料；图案呈圆形鼓状，一方面象征着制革工业的主要加工设备转鼓，另一方面象征着皮革工业滚滚向前发展。图案中央有GLP三个字母，是真皮产品的英文缩写。

真皮标志要求产品是由天然皮革制成的。不是用真皮制作的产品不能佩挂真皮标志。欲佩挂真皮标志，需经过中国皮革协会的严格审查，批准后方可佩挂。

（4）偶氮染料

偶氮是一种有机化合物，化学性质稳定，因其良好的色牢度和宽泛的颜色范围，多用于纤维的染色和印花，并可用于多种材质（皮革、纸张、油漆、塑料、橡胶等）的染色。但其危害在于当色牢度不佳时，会从纺织品转移到人体皮肤上，经人体某些代谢产物的还原，部分偶氮染料会释放出某些具有致癌性的芳香胺。

附录

🏠 装饰工程相关材料进场见证取样复验汇总表

装饰工程相关材料进场见证取样复验汇总表

序号	材料名称	复检项目	执行标准
1	阻燃电线	导体直径	《额定电压450/750V及以下交联聚烯烃绝缘电线和电缆》JB/T 10491—2022；《电缆和光缆在火焰条件下的燃烧试验 第12部分：单根绝缘电线电缆火焰垂直蔓延试验 1kW预混合型火焰试验方法》GB/T 18380.12—2022
		20℃时导体电阻	
		单根绝缘电线垂直燃烧试验	
		导体直径、导体	
		电阻、单根绝缘电线垂直燃烧试验	
		单根电缆垂直燃烧性能	
2	电线、电缆（低压配电系统）	截面	《建筑节能工程施工质量验收标准》GB 50411—2019
3	照明灯具、开关、插座	绝缘材料的耐非正常热和耐燃	《家用和类似用途固定式电气装置的开关 第1部分：通用要求》GB/T 16915.1—2014；《家用和类似用途插头插座 第1部分：通用要求》GB/T 2099.1—2021
4	无规共聚聚丙烯PP-R管	纵向回缩率	《冷热水用聚丙烯管道系统 第2部分：管材》GB/T 18742.2—2017
		简支梁冲击试验	
		静液压试验	
5	聚乙烯PE管	静液压强度	《给水用聚乙烯（PE）管道系统 第1部分：总则》GB/T 13663.1—2017；《给水用聚乙烯（PE）管道系统 第2部分：管材》GB/T 13663.2—2018；《给水用聚乙烯（PE）管道系统 第3部分：管件》GB/T 13663.3—2018
		炭黑分散性	

序号	材料名称	复检项目	执行标准
6	交联聚乙烯 PE-X 管	静液压试验	《冷热水用交联聚乙烯（PE-X）管道系统 第1部分：总则》GB/T 18992.1—2003；《冷热水用交联聚乙烯（PE-X）管道系统 第2部分：管材》GB/T 18992.2—2003
		交联度	
7	耐热聚乙烯 PE-RT 管	静液压试验	《冷热水用耐热聚乙烯（PE-RT）管道系统》CJ/T 175—2002
8	铝塑复合管 XPAP	静液压试验	《铝塑复合压力管 第1部分：铝管搭接焊式铝塑管》GB/T 18997.1—2020；《铝塑复合压力管 第2部分：铝管对接焊式铝塑管》GB/T 18997.2—2020
		爆破压力	
		管环剥离力	
		交联度	
9	硬聚氯乙烯建筑给水管 PVC-U	拉伸屈服强度	《给水用硬聚氯乙烯（PVC-U）管材》GB/T 10002.1—2023
		落锤冲击试验	
		密度	
10	硬聚氯乙烯建筑排水管 PVC-U	拉伸屈服强度	《建筑排水用硬聚氯乙烯（PVC-U）管材》GB/T 5836.1—2018；《建筑排水用硬聚氯乙烯（PVC-U）管件》GB/T 5836.2—2018
		落锤冲击试验	
		密度	
11	卫生器具	^{226}Ra、^{232}Th、^{40}K 的比活度	《建筑材料放射性核素限量》GB 6566—2010
		内照射指数	
		外照射指数	
12	砂	筛分析	《普通混凝土用砂、石质量及检验方法标准》JGJ 52—2006；《建设用砂》GB/T 14684—2022
		含泥量	
		泥块含量	

序号	材料名称	复检项目	执行标准
13	石	筛分析	《普通混凝土用砂、石质量及检验方法标准》JGJ 52—2006
		含泥量	
		泥块含量	
		针、片状颗粒含量	
		压碎值指标	
14	轻粗集料	颗粒级配（筛分析）	《轻集料及其试验方法 第1部分：轻集料》GB/T 17431.1—2010；《轻集料及其试验方法 第2部分：轻集料试验方法》GB/T 17431.2—2010
		堆积密度	
		筒压强度（强度标号）	
		吸水率	
		粒型系数	
15	轻细集料	颗粒级配（筛分析）	
		堆积密度	
16	通用硅酸盐水泥	强度	《通用硅酸盐水泥》GB 175—2023
		安定性	
		凝结时间	
17	砌筑水泥	强度	《砌筑水泥》GB/T 3183—2017
		安定性	
		凝结时间	
		保水率	
18	抹面胶浆、抗裂砂浆	拉伸粘结强度	《建筑节能工程施工质量验收标准》GB 50411—2019；《外墙外保温工程技术标准》JGJ 144—2019
19	烧结普通砖	抗压强度	《烧结普通砖》GB/T 5101—2017
20	烧结多孔砖	抗压强度	《烧结多孔砖和多孔砌块》GB/T 13544—2011；《砌体结构工程施工质量验收规范》GB 50203—2011

序号	材料名称	复检项目	执行标准
21	烧结空心砖、烧结空心砌块	抗压强度	《烧结空心砖和空心砌块》GB/T 13545—2014
22	蒸压灰砂多孔砖	抗压强度	《蒸压灰砂多孔砖》JC/T 637—2023
		抗冻性	
23	普通混凝土小型空心砌块	抗压强度	《普通混凝土小型砌块》GB/T 8239—2014
24	轻集料混凝土小型空心砌块	抗压强度	《轻集料混凝土小型空心砌块》GB/T 15229—2011
25	蒸压加气混凝土砌块	立方体抗压强度	《蒸压加气混凝土砌块》GB/T 11968—2020
		干密度	
		导热系数	
26	聚氨酯防水涂料	固体含量	《聚氨酯防水涂料》GB/T 19250—2013
		断裂延伸率	
		拉伸强度	
		低温柔性	
		不透水性	
27	聚合物水泥防水涂料	断裂延伸率	《聚合物水泥防水涂料》GB/T 23445—2009
		拉伸强度	
		低温柔度	
		不透水性	
		抗渗性	
28	改性沥青聚乙烯胎防水卷材	拉力	《改性沥青聚乙烯胎防水卷材》GB 18967—2009；《弹性体改性沥青防水卷材》GB 18242—2008；《塑性体改性沥青防水卷材》GB 18243—2008；《自粘聚合物改性沥青防水卷材》GB 23441—2009
	弹性体改性沥青防水卷材	最大拉力时延伸率	
	塑性体改性沥青防水卷材	不透水性	
	自粘橡胶沥青防水卷材	低温柔度（或柔度）	
	自粘聚合物改性沥青聚酯胎防水卷材	耐热度	

序号	材料名称	复检项目	执行标准
29	聚氯乙烯防水卷材	断裂拉伸强度	《聚氯乙烯（PVC）防水卷材》GB 12952—2011；《氯化聚乙烯防水卷材》GB 12953—2003；《高分子防水材料 第1部分：片材》GB 18173.1—2012
	氯化聚乙烯防水卷材	扯断伸长率	
	氯化聚乙烯-橡胶共混防水卷材	不透水性	
	高分子防水片材	低温弯折性	
30	绝热用模塑聚苯乙烯泡沫塑料板（适用于墙体、幕墙、屋面、地面）	表观密度	《建筑节能工程施工质量验收标准》GB 50411—2019；《绝热用模塑聚苯乙烯泡沫塑料（EPS）》GB/T 10801.1—2021；《屋面工程质量验收规范》GB 50207—2012；《建筑地面工程施工质量验收规范》GB 50209—2010
		压缩强度	
		导热系数	
		燃烧性能	
31	绝热用挤塑聚苯乙烯泡沫塑料板（适用于墙体、幕墙、屋面、地面）	压缩强度	《建筑节能工程施工质量验收标准》GB 50411—2019；《绝热用模塑聚苯乙烯泡沫塑料（EPS）》GB/T 10801.1—2021；《屋面工程质量验收规范》GB 50207—2012；《建筑地面工程施工质量验收规范》GB 50209—2010
		导热系数	
		燃烧性能	

序号	材料名称	复检项目	执行标准
32	岩棉板	密度	《建筑材料及制品燃烧性能分级》GB 8624—2012；《绝热用岩棉、矿渣棉及其制品》GB/T 11835—2016
		密度极限偏差	
		渣球含量	
		不燃性	
		燃烧性能（不燃性、燃烧热值）	
		最高使用温度	
		有机物含量	
		吸湿率	
		导热系数	
33	碳素结构钢	拉伸性能（屈服强度、抗拉强度、断后伸长率）	《碳素结构钢》GB/T 700—2006
		弯曲性能	
34	防火涂料	耐燃时间	《钢结构工程施工质量验收标准》GB 50205—2020
		火焰传播比值	
		质量损失	
		炭化体积	
		粘结强度	
		抗压强度	
35	阻燃胶合板	燃烧增长速率指数	《建筑材料及制品燃烧性能分级》GB 8624—2012
		火焰横向蔓延长度	
		600s 内总热释放量	
		燃烧长度	
		燃烧滴落物	
36	细木工板	甲醛释放限量	《室内装饰装修材料 人造板及其制品中甲醛释放限量》GB 18580—2017
	胶合板		
	中密度纤维板		

序号	材料名称	复检项目	执行标准
37	木饰面板、饰面人造木板	甲醛释放限量	《室内装饰装修材料 人造板及其制品中甲醛释放限量》GB 18580—2017;《民用建筑工程室内环境污染控制标准》GB 50325—2020;《建筑材料及制品燃烧性能分级》GB 8624—2012
		燃烧性能（燃烧增长速率指数、火焰横向蔓延长度、600s 内总热释放量、燃烧长度、燃烧滴落物）	
38	金属膨胀螺栓	抗拉拔力	《混凝土结构后锚固技术规程》JGJ 145—2013
39	干挂环氧结构胶	弯曲弹性模量	《干挂石材幕墙用环氧胶粘剂》JC 887—2001
		冲击强度	
		拉剪强度	
		压剪粘结强度	
40	硅酮结构密封胶	拉伸粘结性	《建筑用硅酮结构密封胶》GB 16776—2005
		相容性	
		邵氏硬度	
41	聚氨酯建筑密封胶	拉伸粘结性	《聚氨酯建筑密封胶》JC/T 482—2022
		低温柔性	
		施工度	
		耐热度（地下工程除外）	
42	石材幕墙密封胶	耐污染性	《建筑装饰装修工程质量验收标准》GB 50210—2018
43	瓷砖胶粘剂（适用于墙体）	拉伸粘结强度	《建筑节能工程施工质量验收标准》GB 50411—2019;《陶瓷砖胶粘剂》JC/T 547—2017
44	壁纸	有害物质限量	《室内装饰装修材料 壁纸中有害物质限量》GB 18585—2001

序号	材料名称	复检项目	执行标准
45	陶瓷砖	吸水性 抗冻性（寒冷地区） 放射性	《陶瓷砖》GB/T 4100—2015
46	石材	弯曲强度 冻融循环后压缩强度（适合用于寒冷地区） 室内用花岗岩放射性	《建筑材料放射性核素限量》GB 6566—2010； 《建筑装饰装修工程质量验收标准》GB 50210—2018； 《天然花岗石建筑板材》GB/T 18601—2009
47	复合木地板	甲醛释放限量	《室内装饰装修材料 人造板及其制品中甲醛释放限量》GB 18580—2017
48	塑料地板	甲醛释放限量	《室内装饰装修材料 人造板及其制品中甲醛释放限量》GB 18580—2017
49	地毯	燃烧长度 燃烧性能–临界热辐射能量	《建筑材料及制品燃烧性能分级》GB 8624—2012
50	铝塑复合板	180°剥离强度	《建筑幕墙用铝塑复合板》GB/T 17748—2016
51	门窗	气密性能 水密性能 抗风压性能	《建筑装饰装修工程质量验收标准》GB 50210—2018； 《建筑外门窗气密、水密、抗风压性能检测方法》GB/T 7106—2019
52	幕墙	气密性能 水密性能 抗风压性能 平面内变形性能	《建筑装饰装修工程质量验收标准》GB 50210—2018； 《建筑幕墙气密、水密、抗风压性能检测方法》GB/T 15227—2019； 《建筑幕墙层间变形性能分级及检测方法》GB/T 18250—2015